ÉCOTOXICOLOGIE GÉNÉRALE ET APPLIQUÉE

ÉCOTOXICOLOGIE
GÉNÉRALE ET APPLIQUÉE

Raymond Van Coillie
en collaboration avec Lise Parent

Télé-université
Université du Québec
Québec (Québec) Canada
2016

Collection

Sciences de l'environnement

dirigée par Yves Jean, Ph. D., professeur à la Télé-université

Ouvrages déjà parus

Gestion des ressources renouvelables. Secteurs agricole et forestier
Pierre Chevalier, 1993.

Introduction à la gestion des ressources naturelles
Yves Jean, 1994.

Gestion de l'environnement en milieux urbain et industriel
Pierre Chevalier, 1995.

Environnement, économie et entreprise
Paul Lanoie, Benoît Laplante, Michel Provost et Raymond Brûlotte, 1995.

Technologies d'assainissement et prévention de la pollution
Pierre Chevalier et collaborateurs, 1996.

La communication environnementale de la problématique à l'évaluation
Alain Laramée, 1997.

Systèmes experts en environnement
Pierre Chevalier, Yves Jean et collaborateurs, 1998.

Évaluation environnementale
Lise Parent, 1998.

Les normes environnementales ISO 14000
Lise Parent, Yves Jean et collaborateurs, 2001.

Ce document est utilisé dans le cadre du cours *Écotoxicologie* (ENV 3013) offert par la Télé-université.

ISBN 978-2-7624-2358-7 (réimpression 2016)

Dépôt légal – Bibliothèque et Archives nationale du Québec, 2011
Dépôt légal – Bibliothèque et Archives Canada, 2011

Édité par :
Télé-université
Université du Québec
455, rue du Parvis
Québec (Québec) G1K 9H6
Canada

Distribué par :
Presses de l'Université du Québec
2875, boulevard Laurier
Québec (Québec) G1V 2M2
Canada
Téléphone : 418 657-4399
Télécopieur : 418 657-2096

Remerciements de Lise Parent

Le livre *Écotoxicologie générale et appliquée* est un ouvrage dont la conception s'est étalée sur plusieurs années. Il vise à transmettre des connaissances fondamentales propres à l'écotoxicologie et à son application. Même si cet ouvrage est avant tout un document pédagogique, il peut aussi servir de guide de référence pour toutes personnes intéressées à comprendre les mécanismes de la toxicité environnementale.

Monsieur Raymond Van Coillie, appuyé par son épouse Germaine, a écrit la majorité des textes. Ceux-ci ont été revus et commentés par les professeurs Lebrun (Belgique), Blaise (Canada) et Boudou (France) : je les remercie infiniment. Enfin, je remercie également tout le personnel de la Télé-université qui a participé de près ou de loin à l'édition de ce livre. D'abord, Renée Dumas, spécialiste en communication écrite, qui a révisé les textes ainsi que les ajouts et les modifications apportés au cours de la conception de cet ouvrage. Ensuite, Chantal Fournier, spécialiste en communication écrite, qui a pris la relève en terminant la révision des derniers chapitres et en assurant l'uniformisation de l'ensemble du volume. Merci aussi à Bernard Lépine puis à Louise Léger, Mélanie Dionne et Josée Tremblay, concepteurs graphiques, qui ont assuré l'édition de l'ouvrage. Merci également à Christiane Bilodeau qui a travaillé au traitement de texte et à la mise en forme des premières versions. Merci!

Lise Parent
Professeure, Télé-université

Remerciements de Raymond Van Coillie

Lorsque la professeure Lise Parent de la TÉLUQ m'a demandé d'écrire à mon départ à la retraite un livre de soutien à son cours ENV 3013 dans le nouveau domaine de l'écotoxicologie, j'ai hésité car ma retraite était pleinement occupée par des enseignements universitaires et des expertises. Mais, conscient des nombreux apports que j'avais reçus durant mes carrières universitaires, industrielles et gouvernementales au Québec et animé d'un souhait de transmettre ces apports à la relève, j'ai accepté le défi d'écrire ce livre à partir de mon expérience.

Ce livre a plusieurs connotations reliées au Canada et au Québec. En plus de cette originalité, il présente diverses applications. En outre, il répond à un souci plus pédagogique que scientifique spécialisé. Ces trois aspects le différencient parmi quelques rares autres livres publiés en français sur l'écotoxicologie comme ceux de mes collègues et amis Émilien Pelletier et François Ramade.

Un merci particulier à trois confrères appréciés, à savoir messieurs Christian Blaise, Alain Boudou et Philippe Lebrun, qui ont accepté d'écrire une préface à cet ouvrage.

Je dédie ce livre à mon épouse Germaine qui m'a soutenu avec beaucoup d'affection et a assumé les traitements successifs des données. De plus, je remercie amicalement madame Lise Parent pour sa collaboration à cet ouvrage ainsi qu'à son équipe pour l'édition.

Raymond Van Coillie

Avant-propos

C'est en 1983 que j'ai rencontré pour la première fois le professeur Raymond Van Coillie. Alors étudiante en sciences de l'environnement à l'Université du Québec à Montréal, j'ai assisté à l'une de ses conférences sur la toxicité de l'aluminium pour les saumons. Puis, en 1990, nos chemins se sont croisés une deuxième fois alors que nous faisions tous deux partie de l'équipe d'intervention Saint-Laurent du premier Plan d'action Saint-Laurent, qui visait à diminuer de 90 % l'apport en substances toxiques de 50 industries ciblées qui rejetaient leurs effluents dans le Saint-Laurent. Ultérieurement, j'ai demandé à M. Van Coillie s'il voulait contribuer à la conception d'un cours en écotoxicologie en me fournissant ses multiples documents et notes de cours à partir desquels je pourrais rédiger un livre de référence pour ce cours. Allant au-devant de ma demande, M. Van Coillie m'a plutôt offert d'écrire lui-même un livre sur l'écotoxicologie fondamentale et appliquée, qu'il pourrait léguer à ses petits-enfants et, surtout, à la relève scientifique en témoignage de sa très grande expérience en écotoxicologie environnementale. C'est donc avec la collaboration de son épouse Germaine, que M. Van Coillie et moi avons travaillé à la conception de cet ouvrage.

Précisons dès le départ que l'objectif de ce livre, outre de servir de document principal à un cours à distance en écotoxicologie (ENV 3013) offert par la Télé-université, était de colliger les connaissances fondamentales à la compréhension de problématiques environnementales où l'écotoxicologie était en cause. Il s'agit donc d'un ouvrage de référence général avec des applications québécoises et un hommage spécial aux travaux des chercheurs québécois œuvrant dans le domaine. Ce livre vise à décrire comment des polluants peuvent venir perturber le fonctionnement physiologique normal d'un organisme ainsi que celui d'un écosystème et comment il est possible d'évaluer l'exposition et les effets de ces polluants sur l'environnement en général : il aborde donc les aspects fondamentaux de l'écotoxicologie, mais dans une optique d'utilisation pratique.

Ce livre s'adresse particulièrement aux étudiants qui veulent se munir d'un ouvrage de référence sur l'écotoxicologie fondamentale et sur les différents outils disponibles pour mesurer l'agression toxique. Tous les concepts sont illustrés par des exemples d'applications québécoises et canadiennes dans un processus de gestion de l'environnement. Il s'adresse aussi à l'ensemble des praticiens de l'environnement responsables de la protection de l'environnement. Le niveau scientifique est accessible et permet l'appropriation du langage propre à l'évaluation écotoxicologique.

L'écotoxicologie telle qu'elle est définie dans ce livre, vise deux objectifs majeurs : étudier les processus de contamination des milieux et évaluer les effets des polluants sur la structure et le fonctionnement des systèmes naturels. Elle n'est pas étudiée au niveau moléculaire comme le fait Pelletier (2004) qui traite des mécanismes fondamentaux de la défense cellulaire par rapport aux stress du milieu et de l'application de la biochimie et de la biologie moléculaire aux problématiques environnementales complexes auxquelles notre société est quotidiennement confrontée. L'écotoxicologie n'y est pas non plus traitée comme dans Ramade (2007) qui analyse plutôt les mécanismes de la pollution des habitats et des conséquences des divers types de pollution.

Les différents principes écotoxicologiques fondamentaux de ce livre sont illustrés par de nombreux exemples de contaminants courants comme les métaux lourds, les HAP et leurs dérivés, les organochlorés, les pesticides, les organophosphates, les composés aromatiques, les phénols, les fluorures, etc. Lorsque cela était possible, nous avons aussi utilisé des exemples de contaminants, dits nouveaux, tels les médicaments, les produits d'hygiène, les nanoparticules, les radionucléides et les perturbateurs endocriniens. Toutefois, les approches d'évaluation écotoxicologique qui utilisent la protéomique, la génomique, la génétique et la biologie moléculaire sont peu ou pas abordées dans cet ouvrage d'ordre plus général.

L'écotoxicologie telle qu'elle est expliquée dans ce manuel, se répartit en différents chapitres qui traitent des définitions fondamentales, des mesures utilisées pour estimer certains paramètres qui y sont liés : les teneurs, la toxicité, l'exposition et les descripteurs de risque de la démarche d'évaluation du risque écotoxicologique en six étapes. Puis, cinq chapitres sont focalisés de façon plus précise sur la toxicologie en tant que telle : éléments et régulation toxicocinétiques, éléments et régulation toxicodynamiques et génotoxicité. Enfin, les principaux outils écotoxicologiques les plus utilisés pour évaluer l'agression toxique sont décrits : les approches, les analyses chimiques, les bioessais, les bioindicateurs environnementaux et les estimateurs de risque. Les deux derniers chapitres illustrent, à l'aide de deux cas, l'ensemble des principes fondamentaux étudiés.

Lise Parent

Préface de Christian Blaise

Les ouvrages afférents à l'écotoxicologie – une branche relativement jeune des sciences environnementales – ne sont certes pas encore légion en ce début de XXIe siècle. Ce livre, *Écotoxicologie générale et appliquée*, écrit par le docteur Raymond van Coillie en collaboration avec la professeure Lise Parent, contribue donc à combler un manque en ce sens et à garnir ce que l'on pourrait appeler la « bibliothèque environnementale planétaire » d'informations utiles et pertinentes en ce qui concerne les dangers et les risques posés par des sources (non) ponctuelles de pollution ou par des produits divers. Ainsi, on se rendra compte à la lecture de ce livre que l'écotoxicité est parfois complexe et qu'elle pourra se manifester, singulièrement ou par interaction, à partir d'agents chimiques, physicochimiques, voire microbiens. L'interprétation qui résulte d'études environnementales – et qui amènera *a posteriori* des prises de décision réalistes afin de sauvegarder les compartiments de la biosphère – devra obligatoirement être précédée de l'emploi d'outils fiables et de fins stratèges permettant de bien appréhender les insultes, d'origine anthropique ou naturelle, impactant notamment les milieux hydriques. À ce propos, le lecteur y trouvera une foule de renseignements, car ce livre est riche en exemples et en études de cas.

De par son historique de l'écotoxicologie, sa présentation des paramètres et des outils de mesures de l'écotoxicité, incluant un important chapitre sur la génotoxicité, ses démarches d'évaluation du risque, ses éléments de base en toxicocinétique et toxicodynamique, ainsi que ses nombreux exemples pratiques et données réelles provenant d'études de terrain, le contenu de cet écrit saura satisfaire autant le novice cherchant à s'instruire que le scientifique ou le gestionnaire aguerri avide de renouer avec les bases de cette discipline.

C'est donc avec enthousiasme que je recommande vivement ce livre, dont l'arrivée est opportune, à la grande communauté scientifique.

Christian Blaise, D. Sc.
Chercheur scientifique émérite, Environnement Canada
Professeur associé, UQAR-Rimouski
Canada

Préface d'Alain Boudou

L'écotoxicologie est une science relativement récente, dont l'objectif principal est d'analyser les mécanismes responsables du dysfonctionnement des systèmes écologiques et de fournir des outils prédictifs pertinents, notamment au regard de la complexité des processus mis en jeu en milieu naturel. Cette complexité résulte des actions et des interactions entre trois grands ensembles de facteurs, agissant isolément et en interaction et subissant des variations quasi permanentes, à la fois dans l'espace et dans le temps : (i) les facteurs abiotiques, correspondant à la physicochimie des milieux; (ii) les facteurs biotiques, relatifs à l'ensemble des êtres vivants et aux niveaux d'intégration qui les caractérisent, depuis la base cellulaire et moléculaire jusqu'aux biocénoses, voire la biosphère à l'échelle planétaire; (iii) les facteurs de contamination, la majorité d'entre eux étant générés par les activités anthropiques. Soulignons enfin le caractère nécessairement pluridisciplinaire des approches écotoxicologiques développées *in situ*, mais également à l'échelle du laboratoire.

Cet ouvrage, *Écotoxicologie générale et appliquée*, écrit par le professeur Raymond Van Coillie en étroite collaboration avec Lise Parent, professeure à la Télé-université (Université du Québec à Montréal), traduit parfaitement les propos liminaires de cette préface. Il est important de souligner que ce livre a été conçu comme support principal à un enseignement à distance en écotoxicologie, qui reposera conjointement sur une approche pédagogique *via* l'apprentissage, basée sur un ensemble d'études de cas provenant de différents sites québécois.

Il est toujours délicat, face à l'ampleur du sujet traité et aux références qui doivent être faites à de nombreuses disciplines scientifiques, de structurer un tel ouvrage qui aborde les aspects fondamentaux de l'écotoxicologie, tout en exprimant une forte volonté d'utilisation pratique pour initier le lecteur à une démarche d'évaluation des risques. Ainsi, les auteurs ont adopté un plan que l'on peut qualifier de classique au regard de l'enchaînement des douze chapitres de ce livre, mais qui conjointement aborde dans le détail des concepts fondamentaux comme la toxicocinétique ou la régulation toxicodynamique. Les deux études de cas placées à la fin de l'ouvrage, concernant l'exemple du site d'enfouissement sanitaire Bestan à Magog et celui des rejets des eaux de la station d'épuration de la zone Est de la ville de Québec, apportent une illustration concrète et démonstrative de la complexité des processus mis en jeu à la fois au niveau des sources de pollution et des effets potentiels ou réels générés à court et long terme sur les écosystèmes impactés.

Cet ouvrage est le fruit d'un très gros travail mené par nos deux collègues québécois. Il bénéficie de la très longue expérience acquise par Raymond Van Coillie dans le secteur de l'écotoxicologie appliquée et de l'initiative portée par Lise Parent consistant à rédiger un livre à finalité pédagogique.

Je recommande vivement ce livre aux étudiants francophones qui souhaitent travailler dans le vaste secteur des sciences de l'environnement, mais aussi à ceux qui veulent découvrir, à partir de bases scientifiques certes parfois techniques et de ce fait délicates à appréhender, les questions majeures actuellement posées par la dégradation de notre milieu naturel et par les lourdes conséquences qui peuvent en découler pour le devenir de notre planète. Je le recommande également à mes collègues enseignants et chercheurs, qui trouveront dans cette approche exhaustive de l'écotoxicologie une multitude d'informations et d'exemples pour leurs activités de formation mais aussi pour leurs réflexions personnelles, face à un secteur de recherche qui nécessite de plus en plus d'efforts pour une meilleure compréhension des mécanismes mis en jeu et d'innovation pour une meilleure estimation des risques et pour la mise en œuvre de stratégies de restauration des milieux.

Professeur Alain Boudou
Président de l'Université Bordeaux 1 « Sciences & Technologies »
Ancien directeur du Laboratoire d'Écophysiologie et Écotoxicologie des Systèmes Aquatiques, UMR CNRS/UB1 EPOC-5805
France

Préface de Philippe Lebrun

Sous le vocable « écotoxicologie », il y a en réalité deux visions radicalement différentes du monde qui nous entoure. L'une, l'écologie, conforme à la globalité, aux interactions et aux lois de la nature et de sa biodiversité, l'autre, la toxicologie, réductionniste, voire simplement égoïste car résolument orientée vers le seul *Homo sapiens*.

Comment concilier de tels extrêmes? Comment réunir en une même perception deux modes de pensées, deux approches, deux démarches aussi éloignées? Comment les assembler pour en faire émerger un tout cohérent? Et surtout, pourquoi associer environnement et santé, pourquoi vouloir à tout prix identifier bien-être personnel et bonheur collectif?

Celui qui saura lire et comprendre toute la richesse et la philosophie sous-jacente au présent traité *Écotoxicologie générale et appliquée* trouvera réponses à ces interpellations. C'est, en effet, grâce à une démarche convaincante que les auteurs ont su préciser leur pensée et leur cheminement scientifique qui, depuis la prise en compte de la dégradation de la qualité de notre environnement, débouche sur un constat indéfectible : l'homme n'est ni déconnecté ni étranger au milieu de vie dans lequel il est appelé à évoluer encore. Il en dépend d'autant plus qu'il n'en maîtrise que quelques paramètres. Tout au long de la lecture de cet imposant ouvrage, on découvre, en effet, combien les mécanismes et le fonctionnement des systèmes biologiques sont complexes et encore largement méconnus.

Lorsque, de surcroît, comme le principal auteur de ce remarquable ouvrage l'a vécu si souvent, on entreprend une immersion totale dans la réalité du terrain et que l'on visionne l'importance des phénomènes qui s'y déroulent, il n'y a plus de discussion possible : notre futur dépend de plus en plus de la maîtrise totale de la qualité de notre environnement. Conquérir et domestiquer la planète est bien mais pas à n'importe quels prix et dangers et surtout pas en y déversant plus de 200 000 substances chimiques étrangères aux systèmes naturels. Si ces agressions sont néfastes à la vie sauvage, aux cycles biogéochimiques, aux écosystèmes... elles le sont, à terme, beaucoup plus encore pour l'humanité. Ce qui est donc mauvais pour la nature l'est nécessairement pour l'homme et ménager, si pas protéger, l'une ne peut être que bénéfique à l'autre.

Et c'est ici qu'écologie et toxicologie convergent, se rencontrent et qu'émerge l'écotoxicologie : l'homme doit être la finalité, certes, mais non sans respecter l'univers dont il est issu et sans se conformer à ses lois. C'est, répétons-le, la seule voie pour qu'il puisse encore évoluer au sein du monde qui l'a façonné. Car tout compte fait l'*Homo sapiens* n'est-il pas qu'une modeste péripétie, si pas un simple accident de la nature?

Philippe Lebrun
Professeur ordinaire émérite
Université catholique de Louvain
Belgique

Table des matières

Chapitre 8

Chapitre 9

Liste des tableaux

Liste des encarts

Liste des figures

Note. – Dans ce document, le générique masculin est utilisé sans discrimination et uniquement dans le but d'alléger le texte.

Chapitre 1

Définitions et historique

Aperçu du chapitre

Ce premier chapitre vise, avant tout, à vous familiariser avec l'écotoxicologie, les éléments qui la composent et son origine. Nous constaterons comment l'écotoxicologie, telle qu'on la conçoit en ce début de siècle, est une science à la fois jeune, mais aussi en plein développement. Nous verrons ensuite les exigences que requiert l'écotoxicologie, dévoilant ainsi la complexité de ce domaine qui fait partie des sciences de l'environnement. Puis, nous définirons les termes *agents polluants*, *agents contaminants* et *agents toxiques* sous la forme de fiches dans lesquelles nous préciserons leur origine, leur nature, leurs effets et les mécanismes de contrôle qui leur sont propres. Par ailleurs, une partie importante de ce chapitre fait l'historique de l'écotoxicologie, laquelle est étroitement liée à la toxicologie. Nous verrons, quand et comment, d'Hippocrate à Klaassen et Lauwerijs, en passant par Socrate, Aristote et Pott, la toxicologie s'est développée et s'est spécialisée en différentes sous-disciplines ayant chacune leurs objets de recherche et de surveillance, dont l'écotoxicologie. Pour terminer ce chapitre, nous ferons une revue de l'état de l'écotoxicologie au Québec.

1.1 Définitions

L'étymologie du mot « écotoxicologie » est grecque; il vient des mots *logos*, *toxikov* et *oikos*, qui signifient respectivement *connaissance*, *poison* et *habitat*; c'est donc la connaissance des poisons dans des habitats. Ces poisons sont des substances chimiques qui ont des effets néfastes dans des organismes biologiques : ces effets constituent des toxicités. Les substances toxiques peuvent être regroupées en trois catégories : des éléments naturels en concentrations trop élevées (métaux lourds, sulfures, etc.), des composés fabriqués par l'humain (pesticides synthétiques, plastiques, etc.) ou des dérivés de combustion incomplète (hydrocarbures aromatiques polycycliques, dioxines et furannes chlorés, etc.). En plus de ces substances, certains agents physiques, dans des conditions excessives, entraînent également des toxicités (températures trop hautes des eaux issues des centrales thermiques nucléaires et autres, rayons ultraviolets, etc.).

Les substances toxiques ne doivent pas être confondues avec les toxines, lesquelles sont des agents toxiques sécrétés par certains animaux et végétaux : venins de serpents et scorpions, alcaloïdes de plantes du genre

Datura avec effet délirant, amatoxines de champignons amanites avec effet toxique pour le foie, neurotoxines de protozoaires *Gonyaulax* en symbiose avec des moules en saison estivale, etc. (Klaassen *et al.*, 1986). Les toxines ne sont pas étudiées dans cet ouvrage.

Le mot « écotoxicologie », utilisé pour la première fois en 1969 par Truhaut, résulte de la fusion des mots *écologie* et *toxicologie*. L'écologie est « l'étude des rapports des êtres vivants avec leur milieu naturel »; elle est articulée selon des écosystèmes qui sont des « ensembles des êtres vivants dans un même milieu et des éléments non vivants qui leur sont liés vitalement » (Larousse, 1990). La toxicologie correspond à « l'étude des effets néfastes d'agents chimiques ou physiques dans des systèmes biologiques » (Klaassen *et al.*, 1986); elle évalue les effets toxiques dans des organismes biologiques comme tels – et non dans leurs écosystèmes – et apparaît ainsi moins holistique que l'écotoxicologie (Ramade, 1992). Certains estiment d'ailleurs que cette dernière est une extension récente de la toxicologie de l'environnement (Truhaut, 1974 et 1977; Klaassen *et al.*, 1986).

Comme toute nouvelle science, l'écotoxicologie est matière à diverses interprétations, lesquelles conduisent à plusieurs définitions. Par souci de représentativité, nous avons choisi cinq définitions et nous les présentons dans le tableau 1.1.

Tableau 1.1 Quelques définitions de l'écotoxicologie

Auteurs	Définitions proposées	Remarques
Truhaut, 1974 et 1977 (France)	Discipline qui étudie les substances toxiques qui provoquent des altérations ou perturbations des fonctions des organismes biologiques conduisant à des effets nocifs.	Truhaut semble avoir été le premier à utiliser le mot *écotoxicologie* à partir de 1969. Médecin toxicologue, il a considéré l'écotoxicologie comme une extension de la toxicologie humaine à l'environnement et ainsi adopté une vision réductionniste de l'écotoxicologie.
Ramade, 1977, 1979, 1987 et 1992 (France)	Étude des modalités de contamination de l'environnement par les agents polluants naturels ou artificiels produits par l'activité humaine, ainsi que de leurs mécanismes d'action et effets sur les êtres vivants. Étude des mécanismes par lesquels s'effectue la pollution de la biosphère et de ceux par lesquels les polluants agissent sur les peuplements végétaux et animaux propres aux divers écosystèmes, sur les ressources naturelles biologiques, voire sur la pérennité de la biosphère.	Ramade est incontestablement une sommité en écotoxicologie. Écologiste, il a insisté sur une approche écologique holistique pour l'écotoxicologie.

Tableau 1.1 (*suite*)

Auteurs	Définitions proposées	Remarques
Butler, 1978 (Canada)	Étude des effets des substances toxiques dans les écosystèmes.	Butler fut le pionnier de l'écotoxicologie au Canada. Chimiste, il a décrit l'écotoxicologie en accordant plus d'attention à ses aspects chimiques et toxicologiques qu'à ses aspects écologiques.
Moriarty, 1983 et 1988 (Angleterre)	L'écotoxicologie se préoccupe des effets des polluants dans des écosystèmes, tandis que la toxicologie étudie ces effets chez de simples organismes biologiques.	Moriarty, écologiste, a traité l'écotoxicologie à partir de 1983 avec une approche plus écologique que toxicologique.
Cairns, 1988 et 1995 (États-Unis)	Mesure des nuisances toxiques chez des espèces individuelles et à des plus hauts niveaux d'organisation biologique pour définir des effets minimaux dans des écosystèmes.	Cairns, écologiste, a élargi et articulé la vision écologique de l'écotoxicologique.

Ce tableau montre qu'il est difficile de cerner l'écotoxicologie, comme c'est le cas pour tout domaine récent en sciences de l'environnement. Pour contrer cette difficulté, nous avons choisi d'esquisser un portrait de l'écotoxicologie en retenant huit éléments qui la caractérisent : une ouverture interdisciplinaire, des analyses chimiques et toxiques « *in vitro* » et « *in situ* », une démarche qui intègre des analyses limitées et des évaluations plus globales, une attention prioritaire au milieu aquatique, une orientation non exclusive vers la santé environnementale, une vision spatiale et temporelle, des évaluations nuancées et un développement proactif.

Examinons maintenant chacune de ces huit caractéristiques.

1. *Une ouverture interdisciplinaire*, car l'écotoxicologie a besoin de plusieurs sciences, notamment :
   - la chimie pour l'analyse des contaminants tels les métaux lourds, certains autres métaux et métalloïdes, les pesticides, les hydrocarbures aromatiques polycycliques (HAP) et divers autres composés organiques;
   - la physique pour la mesure des pollutions thermiques et des rayonnements radiotoxiques (radioactivités, rayons ultraviolets, etc.);
   - la science de l'air pour le transport par voie aérienne des contaminants et leur retombée;
   - la science de l'eau pour la diffusion et la sédimentation des contaminants dans les écosystèmes aquatiques;

- la science des sols pour l'absorption et l'infiltration des contaminants et leur migration vers les eaux souterraines;
- la biologie pour l'étude des effets des contaminants sur tous les niveaux des êtres vivants des règnes animal et végétal;
- l'écologie pour le cycle et les effets des contaminants dans les écosystèmes;
- la toxicologie pour le rapport des causes à effets des contaminants.

2. *Des résultats d'analyses chimiques et toxiques obtenus en laboratoire (in vitro) et des résultats observés dans la nature (in situ).* Soulignons ici que les bioessais de toxicité faits en laboratoire servent à étudier les effets des contaminants dans des conditions contrôlées, alors que les bioindicateurs pris dans le milieu en révèlent les effets dans les conditions variables des écosystèmes.

3. *Une démarche qui intègre des analyses limitées et des évaluations plus globales.* On ne peut pas restreindre l'écotoxicologie à des dépistages avec des dosages chimiques et des bioessais de toxicité de contaminants. L'écotoxicologie s'avère davantage holistique, car elle étudie aussi les effets de l'exposition aux substances toxiques et leurs risques dans les écosystèmes à l'aide de bioindicateurs et autres moyens. L'intégration de ces différents aspects se fait dans une démarche d'évaluation écotoxicologique que nous verrons au chapitre 4.

4. *Une attention prioritaire au milieu aquatique* car, tôt ou tard, les contaminants émis dans l'air ou entraînés dans le sol migrent vers les eaux; d'ailleurs, les connaissances et les outils (analyses, bioessais et bioindicateurs) sont plus nombreux et variés pour les écotoxicologies des eaux douces et marines que pour les écotoxicologies du sol et de l'air.

5. *Une orientation non exclusive vers la santé environnementale.* En effet, un environ-nement renfermant des substances toxiques peut avoir des répercussions sur la santé humaine par la contamination des eaux potables ou récréatives, de l'air ambiant et des ressources halieutiques ou terrestres comestibles (Guérin *et al.*, 2003). Pour illustrer notre propos, citons deux faits connus : a) la maladie de Minamata au Japon à cause de la neurotoxicité du mercure bioaccumulé dans les poissons, crustacés et mollusques contaminés par ce métal rejeté par une usine dans une baie en milieu marin (Ui, 1972; Tsubaki et Irukayama, 1977; Takizawa, 1979); b) une augmentation des otites et maladies respiratoires chez les nourrissons d'Inuits du Grand Nord québécois, allaités avec du lait

maternel contaminé par des organochlorés synthétiques; ceux-ci sont bioaccumulés dans les aliments locaux (bélugas, moules et phoques) à la suite de leurs transports atmosphériques et de leurs retombées (Dewailly *et al.*, 1992).

En santé environnementale, on se limite généralement à l'environnement immédiat de l'humain (Guérin *et al.*, 2003), ce qui s'avère plus réductionniste que l'écotoxicologie qui intègre l'humain dans son écosystème, comme toutes les autres espèces (Pinel Alloul, 2000). L'étude de la santé environnementale est ainsi moins orientée vers l'écotoxicologie que vers la « toxicologie de l'environnement » ou « toxicologie environnementale », laquelle est définie comme une « science qui étudie les effets des substances toxiques dans l'environnement humain » (Klaassen *et al.*, 1986; Moriarty, 1988; Ramade, 1992; Pinel Alloul, 2000). Toutefois, cette portée réduite de la toxicologie environnementale à l'humain a été élargie à la faune et à d'autres composantes écologiques (Klaassen *et al.*, 1986; Francis, 1994; Landis et Hu, 1995; Crane et Newman, 1996) et il en résulte une certaine confusion. Aujourd'hui, certains tendent à considérer *toxicologie environnementale* et *écotoxicologie* comme des appellations synonymes.

6. *Une vision non seulement spatiale mais aussi temporelle.* La dispersion spatiale des agents toxiques dans l'environnement est souvent étudiée, mais leur évolution dans le temps est moins connue; elle est l'un des principaux défis de l'écotoxicologie. De fait, ce qu'il advient des agents toxiques s'avère plus difficile à cerner, car il faut tenir compte de plusieurs phénomènes complexes tels que :
   - l'adsorption des substances toxiques sur des particules en suspension dans l'air et l'eau, et sur des particules dans les sols et les sédiments;
   - la désorption partielle de ces substances à partir de ces diverses particules;
   - la photodégradation partielle ou totale de composés toxiques par les rayons ultraviolets solaires;
   - la biodégradation partielle ou totale de ces composés par des microorganismes et autres organismes biologiques;
   - la bioaccumulation de substances toxiques peu ou non biodégradables dans des animaux et végétaux;
   - la percolation de ces substances à travers les sols vers les eaux souterraines, puis les eaux superficielles;

– la volatilisation, le déplacement dans l'air et la retombée de ces substances;
– le cycle de vie de ces substances toxiques.

7. *Des évaluations nuancées.* En effet, en écotoxicologie comme dans plusieurs sciences environnementales, les zones grises de méconnaissance ou de doute sont nombreuses; la prudence s'impose lors des évaluations. Ceci est d'autant plus vrai que les substances toxiques suscitent une peur, parfois démesurée, chez des gens insuffisamment informés et un intérêt des médias pour des nouvelles sensationnelles.
8. *Un développement proactif.* Au lieu d'attendre et de réagir à un phénomène toxique, on essayera de prévoir et se préparer à celui-ci à l'aide d'une écotoxicologie prédictive qui s'appuie sur divers modèles (Cairns et Niederlehner, 1995).

Les huit caractéristiques que nous venons de décrire nécessitent des mises en commun d'expertises complémentaires pour l'écotoxicologie. Hélas, ces dernières sont souvent éparpillées pour des motifs de juridiction et (ou) de cloisonnement; c'est notamment le cas au Québec entre les intervenants en écotoxicologie spécialisée (air, eaux douces, eaux marines, sols, métaux lourds, hydrocarbures, organochlorés, etc.), en écologie, en chimie environnementale, en santé environnementale et en toxicologie.

Dans les sections qui suivent, différencions, pour mieux les comprendre, les *agents polluants*, les *agents contaminants* et les *agents toxiques*, puis illustrons leur complémentarité. À cette fin, nous les définirons, puis nous les décrirons brièvement en précisant leur origine, leur nature; nous indiquerons également leur effet et comment les contrôler.

1.1.1 Agents polluants

Définition

- Agents qui exercent des influences perturbatrices sur l'environnement (Ramade, 1992).

Origine

- *Agents polluants naturels.* Laves et fumées de volcans, coliformes fécaux transférés de sols vers des eaux marines lors de longues pluies (Programme de salubrité des eaux coquillières sous la responsabilité d'Environnement Canada, 1996), feuilles automnales amassées dans des ruisseaux, etc.
- *Agents polluants artificiels.* Effluents déversés, sels de déglaçage répandus sur des autoroutes, insecticides agricoles, etc.

Nature

- *Agents polluants chimiques.* Pesticides, excès de lisier de porc, oxydes d'azote émis par les automobiles, etc.
- *Agents polluants physiques.* Rayons ultraviolets trop abondants pour les larves de morue de l'Atlantique (Environnement Canada, 1996), sons des décollages et atterrissages d'avions, crues majeures, etc.
- *Agents polluants biologiques.* Nombreuses bactéries de biodégradation qui épuisent l'oxygène local d'un cours d'eau, streptocoques et staphylocoques de neiges usées (Van Coillie et Visser, 1974), goélands concentrés autour des lieux d'enfouissement sanitaire, etc.

Effet

- Pollution, soit une « perturbation de l'équilibre naturel de l'environnement » (Ramade, 1992). Elle est lentement réversible après le retrait du polluant; un nouvel équilibre naturel peut aussi se développer, ce qui est observé, par exemple, après le refroidissement d'une lave volcanique.

Contrôle

- Prévention, lorsque cela est possible.

1.1.2 Agents contaminants

Définition

– Agents qui ont des teneurs élevées par rapport aux teneurs naturelles normales (Francis, 1994).

Origine

– *Agents contaminants naturels*. Mercure méthylé dans les réservoirs hydroélectriques d'Hydro-Québec à la Baie-James, pendant plusieurs années après leur remplissage (Brouard *et al*., 1991), soufre des émanations volcaniques, métaux issus d'un dragage accentué du lit du fleuve Saint-Laurent entre Cornwall et Québec (Cossa *et al*., 1998).

– *Agents contaminants artificiels*. Biphényles polychlorés (BPC), herbicide courant 2,4-D (acide dichlorophénoxyacétique), arséniate de cuivre et de chrome issu des poteaux électriques, etc.

Nature

– *Agents contaminants chimiques*. Métaux lourds en excès, organochlorés en général, pesticides synthétiques, etc.

– *Agents contaminants microbiologiques*. Salmonelles pathogènes des eaux des lieux d'enfouissement sanitaires (Van Coillie *et al*., 1992), bactéries fécales et autres agents pathogènes dans les eaux de baignade du fleuve Saint-Laurent (MSC et MSSS, 1998), micro-organismes des fuites des fosses de purin de porcs, etc.

Effet

– Contamination, soit « un déséquilibre des teneurs naturelles » (Francis, 1994); sa réversibilité se révèle souvent lente.

Contrôle

– Surveillance des dépassements des critères de qualité, lesquels sont des valeurs de référence définies par des institutions gouvernementales après des compilations de la littérature scientifique, des propositions de lignes directrices préliminaires et d'objectifs ultérieurs et des consultations. Ces critères varient selon les usages. Tous ces critères sont recommandés par le Conseil canadien des ministres de l'Environnement (CCME) et les plus sévères sont souvent voisins des teneurs naturelles. Un critère de qualité retenu pour un règlement devient une norme. Signalons à ce propos que les normes réglementaires de qualité sont nettement moins nombreuses que les critères de qualité, car la réglementation est un processus consensuel et sélectif qui doit tenir compte de plusieurs enjeux socio-économiques et technologiques.

1.1.3 Agents toxiques

Définition

- Agents, qui à cause de leurs teneurs excessives, « occasionnent des effets néfastes dans des organismes biologiques » (Klaassen *et al.*,1986).

Origine

- *Agents toxiques naturels.* Cadmium et plomb en concentrations excessives, nicotine de la cigarette lorsqu'il y a abus, haute dose de caféine, etc.
- *Agents toxiques artificiels.* Gaz moutarde militaire, insecticides organophosphates mal utilisés, tributylétain employé comme agent antisalissure pour les coques de bateaux (Fent, 1996), etc.

Nature

- *Agents toxiques chimiques.* Monoxyde de carbone des gaz d'échappement d'automobiles dans un espace fermé, métaux lourds sur un terrain de fonderie, certains sédiments portuaires très contaminés, etc.
- *Agents toxiques physiques.* Radioactivité du plutonium des centrales nucléaires, excès de turbidité pour la photosynthèse des algues, abus de rayons ultraviolets B cancérogènes, etc.

Effet

- Toxicité, soit « un ensemble variable d'effets néfastes » (Klaassen *et al.*, 1986); elle est lentement réversible, sauf dans des cas extrêmes tels que mortalité, anomalies du développement embryonnaire et neurotoxicité du cerveau.

Contrôle

- *Surveillance des dépassements des seuils de toxicité, lesquels sont les plus* basses teneurs à partir desquelles une toxicité débute; ces seuils se révèlent déterminants pour établir des critères de qualité selon l'équation suivante :

$$\text{Critère de qualité} = \frac{\text{seuil de toxicité}}{\text{facteur de sécurité}}$$

Notons que le facteur de sécurité varie entre 10 et 1000 selon les cas; il augmente avec la toxicité d'un agent, l'exposition à celui-ci et la méconnaissance à son sujet (Van Coillie, 2005d). Compte tenu du facteur de sécurité, un critère de qualité est toujours inférieur à un seuil de toxicité et un faible dépassement d'un critère de qualité ne permet pas de conclure à une toxicité.

1.1.4 Complémentarité des types d'agents

Pour illustrer la complémentarité de ces trois types d'agents, nous avons choisi les déséquilibres survenus dans les réservoirs hydroélectriques d'Hydro-Québec à la Baie-James (Brouard *et al.*, 1991; Lucotte *et al.*, 1999). Lors du remplissage de ces réservoirs, les inondations ont provoqué une *pollution* organique. En effet, les végétaux et les sols inondés sont devenus un substrat organique propice à une prolifération de micro-organismes de biodégradation. Cette prolifération a entraîné des conditions anaérobies en profondeur et une baisse du pH dans ces réservoirs. Ces facteurs ont favorisé une méthylation du mercure local d'origine géologique. Subséquemment, des teneurs élevées de mercure méthylé ont été observées; il s'agit d'une seconde pollution. Le mercure méthylé étant facilement bioaccumulé, la *contamination* de mercure méthylé dans les réservoirs a été amplifiée chez les poissons, surtout les brochets et les dorés piscivores. C'est le phénomène de bioamplification. Comme les Cris locaux ont consommé régulièrement ces poissons durant plusieurs années, ils ont été contaminés à leur tour par le mercure méthylé (Comité de la Baie-James sur le mercure, 1988). Chez certains Indiens très contaminés, on a décelé un début de paresthésie nerveuse (sensation anormale et anesthésie légère) qui peut être liée à la toxicité du mercure méthylé.

De façon générale, nous pouvons considérer que tout agent toxique est un contaminant et un polluant, mais que la réciproque ne s'applique pas. De fait, tout polluant ou tout contaminant n'est pas nécessairement toxique, car sa toxicité exige une teneur excessive. Les agents polluants, contaminants et toxiques ont en commun le même effet général, à savoir un déséquilibre dans l'environnement où il est, souvent mais pas toujours, lentement réversible. Ils sont différents cependant par définition, mais aussi en fonction de leur classification par ordre croissant, selon les deux critères suivants :

Critères	**Classification par ordre croissant**
Nombre de composés	Agents toxiques < contaminants < polluants
Déséquilibre provoqué	Polluants < contaminants < agents toxiques

Notons finalement que divers micro-organismes sont parfois considérés comme des polluants et des contaminants; ils pourraient être aussi apparentés à des agents toxiques, car ils occasionnent des effets néfastes dans des organismes biologiques. Toutefois, les micro-organismes tels que les méningocoques, les salmonelles dysentériques et les virus de la fièvre aphteuse, appelés pathogènes, sont étudiés en microbiologie médicale, vétérinaire ou spéciale, mais ne le sont pas en toxicologie (Klaassen *et al.*, 1986); nous n'en traitons donc pas dans cet ouvrage.

Ce manuel de référence fait davantage appel à des exemples de contaminants plutôt conventionnels comme les métaux lourds, les HAP et leurs dérivés, les organochlorés, les pesticides, les organophosphates, les composés aromatiques, les phénols, les fluorures, etc. Cependant, lorsque cela était possible, nous avons illustré certains principes d'agressions toxiques par des exemples de contaminants, dits nouveaux, tels les médicaments, les produits d'hygiène, les nanoparticules, les radionucléides et les perturbateurs endocriniens.

1.2 Historique

L'écotoxicologie fait partie des récents développements de la toxicologie, bien que l'écologie y soit aussi déterminante (Truhaut, 1974 et 1977; Ramade, 1977, 1979 et 2007; Moriarty, 1983 et 1988; Levin *et al.*, 1989). Comme l'origine de l'écotoxicologie est liée à la toxicologie, un aperçu de l'évolution de cette dernière est opportun. Le tableau 1.2 présente schématiquement les grands moments de l'histoire de la toxicologie à partir des données recueillies à ce sujet par Doull et Bruce (1986), Lu (1991) et Gallo (1996 et 2001).

La toxicologie est aussi vieille que l'humain. En effet, dès les débuts de l'Antiquité, l'homme a utilisé des substances toxiques de diverses provenances pour la guerre, l'exécution et (ou) le suicide. Par exemple, en Égypte antique, des papyrus datés d'environ –1500 présentent 800 recettes de poisons mortels avec des métaux tels que l'antimoine, le cuivre, l'étain et le plomb et (ou) des alcaloïdes d'origine végétale.

On a aussi eu recours à certains poisons en médecine. Son fondateur, Hippocrate, a écrit, en –400 en Grèce antique, des instructions pour contrôler l'absorption et le surdosage de substances toxiques employées pour des thérapies; ce fut le timide commencement de la pharmacologie.

L'utilisation des substances toxiques pour tuer est demeurée fréquente dans la Grèce antique bien que celle-ci soit vue comme une pionnière de la démocratie. Les deux premiers faits toxicologiques décrits illustrent cette utilisation : a) en –399, le philosophe Socrate fut condamné pour anticonformisme à boire de la ciguë qui provoque un empoisonnement létal rapide; son disciple Platon assista à la scène et a noté les détails des effets toxiques de la ciguë, lesquels sont dus à ses alcaloïdes végétaux; b) Démosthène (–385 à –322), homme politique athénien, se suicida avec du cyanure caché dans sa plume, à la suite de défaites successives.

Tableau 1.2 Historique de la toxicologie

Intervenants	Apports
Hippocrate (–460 à –380) Grèce antique	Contrôle de l'absorption et surdosage de substances toxiques employées pour des thérapies : initiation au concept de la pharmacologie
Socrate (–399)	Condamné à boire de la ciguë
Démosthène (–385 à –322)	Suicide au cyanure
Aristote (–384 à –322) et Théophraste (–370 à –286)	Étude méthodique des poisons, surtout l'arsenic, le mercure et le plomb
Dioscorides (50)	Première classification des poisons selon leurs origines minérale, végétale ou animale
Pline l'Ancien (23 à 79)	Précise les effets toxiques des gaz de l'éruption volcanique du Vésuve, ainsi que la protection toxicovigilante des masques contre ces gaz
Maimonides (1198)	Premier essai toxicologique, intitulé *Les poisons et leurs antidotes*
Paracelsus (1534)	Premier précis toxicologique titré *Bergsucht*
Bernardini Ramazzini (1633 à 1714)	*De Morbis Artificium* (ouvrage sur les maladies des travailleurs) Fondateur de la médecine au travail
Pott (1713 à 1788)	Pionnier en cancérologie
Magendie (1783-1855) et Bernard (1813-1878)	Fondateurs de la toxicodynamique
Orfila (1787-1853)	Père de la toxicologie analytique et de la toxicologie légale
Rehn (1895)	Étude où l'aniline utilisée dans les imprimeries et les colorations fut reconnue cancérogène lorsqu'on y est exposé de manière chronique
Lewin (1929)	Étude de la toxicocinétique des alcools et publication du premier traité de toxicologie
Peters *et al.* (1945)	Développement de l'antidote BAL (*British Anti Lewisite*) pour capter l'arsenic, le mercure ou le plomb

Tableau 1.2 (*suite*)

Intervenants	**Apports**
Müller (1946)	Découverte du mécanisme d'action du DDT (dichlorodibenzotrichloroéthane) utilisé comme insecticide
Schrader (1952)	Introduction des pesticides organophosphatés
Browning (1953)	Édition du premier précis sur la toxicologie des solvants industriels organiques
Orrenius et Remmer (1965)	Démonstration du rôle central des cytochromes P450 dans les biotransformations des substances toxiques organiques
Mc Clellan (1979)	Évaluation des effets radiotoxiques des radionucléides de l'industrie nucléaire
Lauwerijs (1990)	Explicitation de la toxicologie occupationnelle du cadmium et d'autres métaux
Klaassen (2001)	Ouvrage mondial de référence sur la toxicologie

Sources : Doull et Bruce (1986), Lu (1991) et Gallo (2001).

Parallèlement, une étude méthodique des poisons – surtout l'arsenic, le mercure et le plomb – a débuté avec Aristote (–384 à –322), métaphysicien formé par Platon, et s'est poursuivie avec son élève Théophraste (–370 à –286). Elle fut notamment utilisée par Mithridate VII (–123 à –63), roi des Grecs d'Asie mineure. Ce dernier, redoutant les intrigues de son entourage, s'en est servi pour préciser des doses progressives acceptables de poisons qu'il absorbait, en vue de se prémunir contre ceux-ci et pour préparer des antidotes. C'est de là que vient l'expression « se mithridatiser ».

À l'époque romaine, la tendance à tuer avec des poisons s'est accentuée à un point tel que Sulla promulgua, en –89, la première loi contre cette pratique. Mais ceci n'empêcha pas l'empereur Néron de recourir à des doses énormes d'arsenic, diluées dans l'eau de refroidissement de soupes, pour éliminer brutalement et successivement son père adoptif Claude, Britannicus le fils de ce dernier, sa mère Agrippine, sa femme Octavie, sa favorite Poppée et son empoisonneur officiel Locuste.

En outre, l'étude des poisons continuait elle aussi à progresser. Entre autres, Dioscorides établit en 50 la première classification des poisons selon leur origine, minérale, végétale ou animale. Quant à lui, Pline l'Ancien précisa en 79 les effets toxiques des gaz de l'éruption volcanique du Vésuve et la protection toxicovigilante avec des masques contre ces gaz.

Comme art d'empoisonnement mortel, la toxicologie a connu son apothéose au Moyen Âge. Pour supprimer efficacement ses rivaux, on utilisait souvent du cyanure de mercure et (ou) des venins; ce moyen fut régulièrement choisi par les entourages des « rois maudits » de France au XIVe siècle, des doges de Venise aux XIVe et XVe siècles, particulièrement le pontife Alexandre XI né Borgia, son fils César et sa fille Lucrèce.

Pour contrer cette coutume, divers remèdes populaires ont été développés; une évaluation critique de ceux-ci a été publiée en 1198 par Maimonides dans le premier essai toxicologique, intitulé *Les poisons et leurs antidotes*.

À la Renaissance, les empoisonnements d'adversaires politiques sont devenus moins nombreux, mais plus raffinés. Mentionnons à ce propos que la régente de France, Catherine de Médicis (1519-1589), demanda d'expérimenter divers poisons chez des prisonniers et, après l'annotation méticuleuse des symptômes observés, privilégia certains alcaloïdes de plantes pour les utiliser contre des rivaux de ses fils.

Cependant, le docteur Paracelsus (1493-1541), aussi de l'époque de la Renaissance, est le véritable fondateur de la toxicologie. Son adage, *sola dosis fecit venenum* ou seule la dose fait le poison, puisque aucune substance n'est toxique en elle-même, a été l'origine de la relation dose-réponse, la base de la toxicologie. Il explicita le besoin d'expérimentations pour préciser cette relation et pour distinguer les doses thérapeutiques par rapport aux doses toxiques; il fut ainsi également le père de la pharmacologie. Il a appliqué ces notions aux empoisonnements de mineurs germaniques avec l'arsenic et le mercure, et il a publié en 1534 à ce sujet un ouvrage pionnier, intitulé *Bergsucht*. Comme nous le verrons un peu plus loin, la conception de Paracelsus, par rapport à la dose qui fait le poison, a été nuancée et n'est pas applicable pour certaines substances toxiques, dont les perturbateurs endocriniens.

Aux XVIIe, XVIIIe et XIXe siècles, l'essor scientifique de la toxicologie se confirma lentement. En effet, malgré quelques empoisonnements épisodiques liés à la politique, comme ceux que madame Deshayes commercialisa à la « chambre ardente » du roi Louis XIV pour plus de 2000 victimes, plusieurs développements majeurs ont été apportés à la toxicologie par les intervenants suivants :

- Ramazzini (1633-1714), qui fut l'auteur du premier manuel en toxicologie du travail en 1700.
- Pott (1713-1788), qui décrivit la maladie des ramoneurs de cheminée exposés de manière chronique à la suie, dont les hydrocarbures aromati-

ques polycycliques (HAP) qui sont cancérogènes; il fut ainsi un pionnier en cancérologie.

- Magendie (1783-1855), physiologiste, qui étudia les mécanismes d'action de la strychnine utilisée par certains peuples primitifs dans leurs flèches de guerre, et son élève Bernard (1813-1878) qui élargit ensuite cette étude au curare, à la nicotine et au monoxyde de carbone; ils sont considérés comme les fondateurs de la toxicodynamique.
- Orfila (1787-1853), qui établit des corrélations entre les données chimiques et biologiques des substances toxiques et publia des méthodes d'analyse chimique et d'autopsie pour fournir des preuves légales d'empoisonnement; il devint ainsi le père de la toxicologie analytique et celui de la toxicologie légale; parmi ses disciples, Laënnec décrivit, en 1831, l'anémie saturnine due au plomb et Christison publia, en 1845, un traité sur les poisons.
- Rehn, qui publia en 1895 une étude où l'aniline utilisée dans les imprimeries et les colorations fut reconnue cancérogène lorsqu'on y est exposé de manière chronique.

1.2.1 Développement de la toxicologie au XXe siècle

Au XXe siècle, le développement de la toxicologie s'est accentué et accéléré. Certes, son emploi à des fins sinistres a continué avec l'utilisation de certaines substances toxiques : le gaz moutarde, toxique pour les yeux et les nerfs, en 1917-1918 lors de la Première Guerre mondiale et en Irak en 1991, le cyclon dans les chambres à gaz et le cyanure en 1941-1945 lors de la Seconde Guerre mondiale, l'acide benzénique pour les exécutions des condamnés à mort aux USA après 1950 et des organophosphates avec cyanure (Tabun) ou fluorure (Sarin), très neurotoxiques, employés par des groupes terroristes après 1980.

Mais plusieurs apports importants ont aussi permis de confirmer la toxicologie comme discipline scientifique au XXe siècle. Soulignons, à ce propos, les contributions de Lewin qui étudia la toxicocinétique des alcools et publia le premier traité détaillé de toxicologie en 1920-1929; celles de Peters et de ses collègues qui développèrent, en 1945, l'antidote très utilisé BAL (*British Anti Lewisite*) pour capter l'arsenic, le mercure ou le plomb; celles de Müller qui découvrit, en 1946, le mécanisme d'action du DDT (dichlorodibenzotrichloroéthane), premier insecticide de synthèse utilisé à partir de 1942 en lotion par les armées américaines dans le Pacifique lors de la Seconde Guerre mondiale; celles de Schrader qui introduisit des pesticides organophosphates synthétisés dont il précisa la toxicologie en 1952; celles de Browning qui édita, en 1953, le premier précis sur la toxicologie des solvants industriels organiques; celles des équipes d'Orrenius et de Remmer qui montrèrent, en 1964 et 1965, le rôle central des cytochromes P450 dans les biotransformations des substances toxiques organiques et des accoutumances à certaines d'entre elles; celles de Mc Clellan qui évalua, en 1979, les effets radiotoxiques des radionucléides de l'industrie nucléaire; celles de Lauwerijs qui explicita en 1990 la toxicologie occupationnelle pour entre autres les métaux; et enfin celles de Klaassen *et al.*, qui publièrent en 1996 et après différentes éditions d'un ouvrage mondial de référence sur la toxicologie.

En plus de ces contributions scientifiques, la toxicologie a aussi bénéficié, après 1960, de l'apport de grandes institutions :

- FAO (Food Agricultural Organization) et WHO (World Health Organization) qui ont précisé, à partir de 1962, des doses journalières admissibles (DJA) de pesticides et autres substances toxiques dans les aliments.
- USNAS (United States National Academy of Science) et USNRC (United States National Research Council) qui ont entrepris, en 1965, les analyses de risque toxicologique.
- ACGIH (American Conference of Governmental Industrial Hygienists), NIOSH (National Institute of Safety and Health) et ATSDR (Agency for Toxic Substances and Disease Registry) qui ont publié aux États-Unis, depuis 1968, des profils toxicologiques, des mesures de toxicité et des seuils d'exposition pour de nombreuses substances chimiques; de plus, OSHA (Occupational Safety and Health Administration), USEPA (United States Environmental Protection Agency) et USFDA (United States Food and Drug Administration) ont réglementé, à partir de 1970, les procédures d'évaluation toxicologique et de toxicovigilance contre les substances toxiques.
- IARC (International Agency for Research on Cancer) qui a validé et classifié, depuis 1980, les agents cancérogènes.
- OECD (Organization of Economic Corporation and Development) qui a précisé, en 1981, les « bonnes pratiques de laboratoire » pour l'utilisation des substances toxiques.

1.2.2 Industrialisation et catastrophes environnementales

La prise en charge de la toxicologie par ces puissantes institutions était devenue nécessaire car, d'une part, il fallait diminuer les empoisonnements en milieu de travail : amiantose, silicose et autres maladies de mineurs, divers cancers dans les alumineries, raffineries pétrochimiques et industries de chimie organique, et hémorragies liées à des solvants industriels; d'autre part, il y a eu un grand nombre de catastrophes en toxicologie environnementale et agroalimentaire à partir de 1950; nous vous les présentons au tableau 1.3.

Tableau 1.3 Catastrophes en toxicologie environnementale et agroalimentaire, depuis 1950

Dates et lieux	Substances toxiques	Effets néfastes
1950-1960 Minamata et Niigata, Japon	Mercure méthylé dans des poissons; ce métal provenait des effluents de deux usines productrices de plastique	Maladie de Minamata : 107 décès et 1742 cas de lésions cérébrales et d'anomalies embryonnaires
1950-1960 Toyoma, Japon	Cadmium dans du riz contaminé par les fumées d'une fonderie de métaux	Maladie de Itae-Itae : plus de 200 cas de lésions rénales et osseuses
1965 Turquie	Hexachlorobenzène dans le blé comme fongicide neurotoxique : plus de 4000 cas	Porphyrie (due à une synthèse trop élevée d'un précurseur de l'hémoglobine) et action
1959 Maroc	Tricrésylphosphate dans des huiles frelatées de cuisson	Effets neurotoxiques : plus de 10 000 cas
1962-1970 Vietnam	« Agent orange » qui était un herbicide composé de 2,4-D et 2,4,5-T (acides chlorophénoxyacétiques) contaminés avec des dioxines chlorées	Immunodépression chez des soldats américains et vietnamiens : plus de 3000 cas
1968 Fukuoka et Yusho, Japon	BPC (biphényles polychlorés) et furannes chlorés dans des huiles de riz	Acné chlorique à la peau : plus de 1700 cas
1972 Irak	Mercure phénylé dans le blé canadien et américain comme fongicide	Atteintes neurologiques : 500 décès et plus de 6000 cas non fatals
1976 Seveso, Italie	Dioxines et furannes chlorés émis par l'explosion d'une usine chimique	Acné chlorique à la peau : 190 cas
1978 Love Canal, États-Unis	Solvants industriels et autres produits toxiques diffusés à partir d'une décharge recouverte vers des habitations	Malaises divers : 1030 familles évacuées à la suite d'un taux élevé d'avortements (42 %)
1979 Mississauga, Canada	Chlore émis par des wagons-citernes après le déraillement d'un train	Difficultés pulmonaires : 200 000 personnes évacuées

→

Tableau 1.3 (*suite*)

Dates et lieux	Substances toxiques	Effets néfastes
1979 et après Rivières Bell, Churchill, La Grande et Wabigoon, Canada	Mercure méthylé dans des poissons; ce métal provenait de papetières qui produisaient leur chlore pour le blanchiment de leurs papiers ou de réservoirs hydroélectriques pendant plusieurs années après leur remplissage	Atteintes neurologiques : plus de 130 cas
1982 et après Nouveau-Québec, Canada	Organochlorés transportés dans l'air vers l'écosystème arctique et ensuite bioaccumulés dans les ressources nutritives et le lait maternel des femmes inuites	Immunodépression entraînant des otites et maladies respiratoires chroniques chez des nourrissons allaités : plus de 500 cas
1984 Bhopal, Inde	Méthyle isocyanate émis par l'explosion d'une usine de production d'insecticides carbamates Sevin	Effets toxiques aigus oculaires, pulmonaires et embryonnaires : plus de 4000 décès et plus de 200 000 cas non fatals
1986 Tchernobyl, Ukraine	Plutonium radioactif et autres agents radiotoxiques émis à la suite de l'explosion d'une centrale nucléaire	Leucémie et autres cancers : plus de 28 décès déclarés et plus de 1000 cas
1988 et 1991 Irak	Organophosphates Sarin, Soman, Tabun et VX utilisés par l'Irak pour « gazer » des Kurdes	5000 décès minimum
1990 à 1992 Montchanin, France	Carbone organique volatil émis par une décharge industrielle	Morbidité irritative respiratoire chez quelques centaines d'individus exposés

Sources : Doull et Bruce (1986), Lu (1991), Environnement Canada (1991), Francis (1994) et Guérin *et al.* (2003).

1.2.3 Diversification de la toxicologie : la naissance des spécialités

Tous ces empoisonnements relativement récents, diverses exigences en santé et sécurité au travail, une sévérité accrue de la surveillance pour les aliments et les médicaments, ainsi que des préoccupations nouvelles en santé environnementale ont entraîné un élargissement et une diversification de la toxicologie. De fait, cette dernière se ramifie aujourd'hui en une quinzaine de toxicologies spécialisées.

- *Toxicologie clinique* : thérapie des empoisonnements aigus involontaires et volontaires dans des centres antipoison;
- *Toxicologie médicale* : surveillance et traitement des empoisonnements chroniques;
- *Toxicologie systémique* : toxicologie spéciale des reins, yeux ou autres organes;

- *Toxicologie psychopathologique* : aspect touchant la toxicomanie qui se préoccupe des abus et des dépendances subséquentes de certaines substances telles que le tabac, l'alcool et les drogues d'évasion;
- *Toxicologie épidémiologique* : suivi des agents toxiques dans des communautés;
- *Toxicologie pharmacologique* : détermination des effets secondaires toxiques des médicaments;
- *Toxicologie agroalimentaire* : étude des effets néfastes des pesticides et excès d'engrais utilisés en agriculture, et des additifs de préservation ajoutés aux aliments;
- *Toxicologie vétérinaire* : surveillance et thérapie des effets toxiques chez le bétail et les animaux domestiques;
- *Toxicologie industrielle et occupationnelle* : suivi des agents toxiques et de leurs effets néfastes en milieux de travail, tels les mines, usines, tours à bureaux et autres;
- *Toxicologie environnementale et écotoxicologie* : étude des effets des substances toxiques dans l'environnement humain et les écosystèmes respectivement;
- *Toxicologie policière et légale* : détermination des empoisonnements criminels;
- *Toxicologie militaire et politique* : utilisation d'agents toxiques à des fins de combat, de torture ou d'exécution;
- *Toxicologie analytique* : étude des méthodes d'analyse des substances toxiques telles que les métaux lourds, organochlorés, drogues d'évasion et autres;
- *Toxicologie expérimentale* : examen du cheminement et des actions des agents toxiques dans des organismes biologiques au moyen de bioessais;
- *Toxicologie réglementaire* : contrôle des substances toxiques par des lois et des institutions de surveillance.

Comme spécialités, la toxicologie environnementale et l'écotoxicologie ne sont apparues qu'à partir des années 50, lors des catastrophes toxicologiques de la seconde moitié du XXe siècle, présentées au tableau 1.3. Elles se sont toutefois développées très rapidement grâce à divers apports majeurs que décrivent Nriagu (1979), Klaassen *et al.* (1986), Boudou et Ribeyre (1989), Environnement Canada (1991 et 1996), Ramade (1992) et Calow (1993-1994). Nous les résumons ci-dessous en incluant leurs références historiques.

- Premiers bioessais d'écotoxicité avec des truites (Doudoroff, 1951; Sprague, 1966; Mc Kim, 1973), des algues unicellulaires (Greene, 1971) et des puces d'eau (Association française de normalisation, 1974; American Society for Testing and Materials, 1984); premiers bioessais de génotoxicité avec des bactéries (mutagénicité, Ames, 1971), des cultures cellulaires (échange de chromatides, Kligerman, 1979), des tritons (micronoyaux, Jaylet, 1986) et des plantes (Programme d'environnement des Nations unies, 1986).
- Mise en évidence de la bioaccumulation et des effets néfastes des insecticides organochlorés DDT (dichlorodibenzotrichlorohétane) et autres chez les humains (Casarett, 1968), les oiseaux (Peacall, 1970) et les poissons (Office of Science and Technology of United States, 1971).
- Création des ministères de l'Environnement dont l'USEPA (United States Environmental Protection Agency) en 1970, Environnement Canada en 1974 et le ministère de l'Environnement du Québec en 1978. Ils appliquèrent plusieurs lois déterminantes telles que le *Federal Water Pollution Control en 1972, le Clean Air Act en 1972, le Toxic Substances Control Act en 1976 et le Conservation and Recovery Act en 1977, aux États-Unis, la Loi sur les pêches* en 1971 et la *Loi canadienne de protection de l'environnement* en 1988, au Canada, ainsi que la *Loi sur la qualité de l'environnement* en 1973, au Québec.
- Monographies sur une trentaine d'agents toxiques prioritaires dans l'environnement à partir de 1971. Signalons notamment les monographies publiées par le Conseil national de recherches du Canada pour la protection de l'environnement canadien sur l'insecticide fénitrothion (1976), le fluor (1979c), l'herbicide 2,4-D (acide 2,4-dichlorophénoxyacétique) (1979d), des métaux comme l'arsenic (1979a) et le plomb (1986), les BPC (biphényles polychlorés) (1982b), les HAP (hydrocarbures aromatiques polycycliques) (1983a) et les organoétains (1985).
- Tests de substances toxiques avec plusieurs espèces réunies dans des mésocosmes, soit des enclos installés dans la nature (Wilson, 1972; Giesy, 1978; Solomom, 1980 et Ramade, 1992), ou dans des microcosmes, soit de petits écosystèmes montés en laboratoire (Taub, 1982; Cairns, 1985).
- Modélisation des bioconcentrations de composés chimiques à partir de leur coefficient de solubilité dans l'octanol et l'eau : modèle *Quantitative Structure Activity Relationships* (Veith, 1979).

- Révélation de l'importance de la spéciation, soit la détermination des différentes formes d'une substance inorganique, pour la biodisponibilité, la bioaccumulation et l'écotoxicité des métaux lourds tels que l'aluminium, le cadmium, le cuivre, l'étain, le fer, le mercure, le plomb et le zinc (Campbell et Tessier, 1979; Luoma, 1979; Astruc, 1986).
- Méthodes d'identification et de réduction des causes d'écotoxicité dans un effluent (Anderson et Mount, 1983; USEPA, 1989).
- Identification des effets de perturbation du système endocrinien de certains composés dans l'environnement, notamment le fongicide tributylétain de peintures de bateau; ce dernier provoque un phénomène appelé « imposexe », à une très basse concentration (2 ng/l) chez des mollusques marins où des structures reproductrices mâles se développent chez des femelles dont le système reproducteur est subséquemment affecté (Thompson, 1985; Bryan et Gibbs, 1991; Fent, 1996). Des dioxines chlorées, des herbicides triazine et des insecticides organochlorés sont également reconnus comme perturbateurs d'hormones mâles ou femelles.

Tous ces acquis démontrent que l'écotoxicologie, bien qu'elle soit la dernière toxicologie apparue, est en forte progression.

1.2.4 Écotoxicologie au Québec

Au Québec, l'écotoxicologie est également une jeune discipline en croissance. De fait, à notre connaissance, ses premières réalisations n'ont été mentionnées qu'en 1975 (Leduc, 1975; Vaillancourt, 1975; Van Coillie *et al.*, 1975), mais ses effectifs atteignaient déjà une centaine de personnes en 1986.

L'état de l'écotoxicologie au Québec a été décrit avec celui de la toxicologie dans une étude effectuée par Van Coillie *et al.* (1986) et Leduc *et al.* (1987). À notre connaissance, aucune autre publication n'existe sur le sujet. Bien que les données de l'étude datent de 1986, elles demeurent encore représentatives, selon nous, pour définir la situation actuelle de la toxicologie au Québec. En effet, les différents départs survenus ont été globalement comblés par des remplacements directs ou par de nouvelles institutions. Ces données nous permettent les constats suivants :

- L'inventaire réalisé en 1986 a dénombré au moins 500 professionnels œuvrant en toxicologie au Québec; les étudiants à la maîtrise et au doctorat, ainsi que les techniciens n'ont pas été répertoriés.

- Les profils de formation de ces 500 professionnels se répartissaient comme ceci, 33 % de bacheliers en sciences, 20 % d'hygiénistes, 18 % de maîtres en sciences, 16 % de docteurs en sciences, 10 % de docteurs en médecine et 3 % d'autres diplômés.
- Les toxicologues qui ont une reconnaissance officielle corporative, reçue à la suite d'une spécialisation aux États-Unis après leur diplôme de médecine, ne dépassaient pas une douzaine au Québec.
- Toutes les spécialisations de la toxicologie existaient au Québec, sauf la toxicologie militaire; leurs effectifs professionnels étaient distribués comme suit : 170 en toxicologie industrielle et occupationnelle, 123 en toxicologie humaine (appellation qui regroupe les toxicologies clinique, médicale, systémique et épidémiologique), 100 en écotoxicologie, 72 en toxicologie agroalimentaire, 27 en toxicologie pharmacologique et 8 en toxicologie policière.
- Dans la majorité des secteurs, la toxicologie était présente et les proportions de leurs effectifs étaient les suivantes : 34 % au gouvernement provincial, 33 % dans les industries (principalement des hygiénistes), 14 % dans les universités, 10 % chez des consultants, 7 % au gouvernement fédéral et 3 % à Hydro-Québec, à la Communauté urbaine de Montréal, dans des groupes environnementaux, etc.
- Dans les spécialisations de la toxicologie et les secteurs de travail intéressés à celle-ci, aucune équipe de professionnels ne comptait plus de 7 membres au Québec, ce qui indiquait une dispersion des apports.
- Cette dispersion dans diverses juridictions favorisait peu la coordination; de fait, celle-ci fut faible lors des incendies avec menaces toxicologiques à Saint-Basile en 1988 et à Saint-Amable en 1991; cette dispersion est apparue relativement vite si l'on regarde les pionniers de la toxicologie au Québec en 1960-1975, à savoir Plaa et Brodeur à l'Université de Montréal, Ecobichon et McDonald à l'Université McGill et Nantel à l'Université Laval. Toutefois, après 1995, un effort d'articulation entre les différentes toxicologies au Québec s'est développé à l'aide du CIRTOX (Canadian Interuniversity Research in Toxicology), de l'INSPQ (Institut national de la santé publique du Québec), du Chapitre Saint-Laurent du SETAC (Society of environmental toxicology and chemistry) et du SRA (Society of risk analysis), ainsi que du Centre interinstitutionnel de recherche en écotoxicologie (CIRÉ) autrefois appelé Réseau de recherche en écotoxicologie du Saint-Laurent (RRESL).

- En écotoxicologie, en 1986, les professionnels étaient répartis selon la distribution suivante : 30 dans les universités, 22 au gouvernement provincial, 17 au gouvernement fédéral, 15 chez des consultants, 9 dans les industries et 7 dans d'autres secteurs.
- Les équipes qui comptaient plus de cinq professionnels en écotoxicologie se trouvaient, en 1986, au Centre de toxicologie de l'environnement de l'Université du Québec à Montréal, à Environnement Canada à Longueuil, à l'INRS-Eau (Institut national de la recherche scientifique) de l'Université du Québec à Québec, au MENV (ministère de l'Environnement du Québec) à Québec et à Pêches et Océans Canada à Québec également. Par la suite, l'équipe d'écotoxicologie de Pêches et Océans Canada a rejoint l'Institut Maurice-Lamontagne à Sainte-Flavie, celle d'Environnement Canada s'est installée au Centre Saint-Laurent à Montréal et l'INRS-Eau, Terre et Environnement a déménagé à Québec. Par ailleurs, cinq autres équipes se sont agrandies à l'IRB (Institut de recherche en biotechnologie du Conseil national de recherches du Canada) à Montréal, au GRIL (Groupe de recherches interuniversitaires en limnologie) dans plusieurs universités du Québec, au PAPRICAN (Pulp and Paper Research Institute of Canada) à Pointe-Claire, à l'Université du Québec à Rimouski et à l'INRS-Santé – Institut Armand-Frappier à Pointe-Claire, maintenant déménagé à Laval.
- Les laboratoires qui offrent des services en écotoxicologie au Québec depuis 1986 sont : Bodycote à Pointe-Claire et ensuite à Sainte-Foy, GDG-Biolab à Cap-de-la-Madeleine, LCQ Environnement-Maxxam à Sainte-Foy et Biolab à Jonquière.

Ce portrait de l'écotoxicologie et de la toxicologie au Québec montre que ces spécialités y sont importantes et dynamiques, mais que leurs actions sont dispersées. Depuis une dizaine d'années toutefois, le Chapitre Saint-Laurent, section québécoise de la Society of environmental toxicologiy and chemistry et de la Society of risk analysis, le Centre interinstitutionnel de recherche en écotoxicologie (CIRÉ), le Centre interuniversitaire de recherche en toxicologie au Québec et le Réseau de recherche en santé environnementale tentent de concerter leurs actions et de regrouper leurs efforts.

Conclusion

Nous avons vu dans ce chapitre que l'écotoxicologie, bien qu'étant une science relativement nouvelle, est issue de plusieurs autres sciences qui, elles, sont fondamentales et existent depuis fort longtemps. Ces deux dernières caractéristiques ont conduit à l'élaboration d'un jargon tout à fait propre à l'écotoxicologie qu'il importe de bien posséder. Il est effectivement nécessaire de pouvoir distinguer ce qu'on entend par agents polluants, contaminants ou toxiques. Les nuances entraînent des stratégies adaptées que ce soit pour la mesure des effets, ou pour les approches de surveillance et de contrôle.

Les huit éléments utilisés pour caractériser ce qu'est l'écotoxicologie font un bon résumé de ce premier chapitre : une ouverture interdisciplinaire, des analyses chimiques et toxiques *in vitro* et *in situ*, une démarche qui intègre des analyses limitées et des évaluations plus globales, une attention prioritaire au milieu aquatique, une orientation non exclusive vers la santé environnementale, une vision spatiale et temporelle, des évaluations nuancées et un développement proactif.

Dans le prochain chapitre, nous préciserons la terminologie spécifique relative aux mesures et aux teneurs des polluants ou d'agents toxiques. Cette terminologie correspond en quelque sorte au vocabulaire à la base des études écotoxicologiques.

Chapitre 2

Mesures de teneurs et de toxicité

Aperçu du chapitre

Comme toute science, l'écotoxicologie utilise une terminologie spécifique qui peut devenir un obstacle si elle n'est pas décrite. Pour minimiser cette difficulté, nous définirons et expliquerons, dans ce chapitre, le vocabulaire de base de l'écotoxicologie, ce qui facilitera la compréhension des chapitres ultérieurs.

Dans un premier temps, nous définirons les mesures de différentes teneurs (chimiques, microbiologiques, physiques) et en donnerons des exemples. Dans un deuxième temps, les mesures de toxicité seront décrites, comme la dose létale, les doses d'effet et (ou) d'inhibition, la concentration létale, les concentrations d'effet et (ou) d'inhibition, les concentrations seuils, les unités toxiques et les concentrations en toxique équivalent pour certaines substances chimiques. Nous verrons, en caractérisant chacune de ces mesures, comment elles ont été développées et à quels concepts toxicologiques elles se rapportent.

2.1 Mesures de teneurs

Les *agents polluants*, *agents contaminants* et *agents toxiques* ont des teneurs de nature chimique, microbiologique ou physique, dans l'eau, dans l'air, dans les sols ou chez les vivants, comme nous l'avons vu au premier chapitre. Dans cette section, nous allons voir comment ces teneurs sont exprimées (Calow, 1994; Hoffmann *et al.*, 2003; Manahan, 2003; Newman, 2001; Unger, 2003).

2.1.1 Teneurs chimiques

Les teneurs chimiques sont généralement exprimées par des concentrations (tableau 2.1). On définit souvent la concentration comme un rapport entre un poids et un volume, soit :

$$C = p/v$$

où

C : Concentration

p : Poids en grammes, parfois en moles ou occasionnellement en équivalents chimiques. Chaque mole M contient 6×10^{23} molécules et son poids moléculaire est la somme de ses poids atomiques en grammes;

un équivalent chimique (éq) correspond à un poids moléculaire/nombre de liaisons ionisées de la substance mesurée

v : Volume en litres ou en mètres cubes du milieu dans lequel la substance est mesurée

Tableau 2.1 Exemples de teneurs chimiques exprimées en concentration

Teneurs chimiques naturelles	Teneurs chimiques excessives
Jusqu'à 10 ng de mercure total/l dans l'eau de lac non filtrée dans le Nord du Québec (Lucotte *et al.*, 1999)	10 à 40 ng de mercure total/l dans les lacs et rivières influencés par la pollution industrielle (Hoffman *et al.*, 2003)
< 0,1 ng de BPC/l dans les eaux marines (Niimi, 1994)	3 ng de BPC/l dans l'eau marine du détroit de Puget (Wa) aux États-Unis (Niimi, 1994)
0,8 nM de cadmium/l dans un lac non pollué d'Abitibi au Québec, ce qui équivaut à 90 ng de cadmium/l (Couillard *et al.,* 1995)	9000 nM de cadmium dans des eaux minières d'Abitibi au Québec, ce qui équivaut à 1 000 000 ng de cadmium/l (NRCC, 1979a)
< 60 µéq de sulfates/l dans les eaux douces non acidifiées, ce qui correspond à < 2,9 mg de sulfates/l (CNRC, 1982a; Van Coillie *et al.,* 1982)	570 µéq de sulfates/l dans le lac Clearwater à Sudbury en Ontario avant une diminution locale industrielle des émissions de SO_2, ce qui correspond à 27,5 mg de sulfates/l (Dillon *et al.*, 1986)
< 0,3 µg de fluorures/m³ d'air échantillonné pendant 24 heures (BEST, 1980)	21,3 µg de fluorures/m³ d'air échantillonné pendant 24 heures près d'une aluminerie de vieille technologie à Jonquière au Québec (BEST, 1980)
0,1 à 0,4 µg d'acroléine/m³ d'air échantillonné pendant 24 heures (Environnement Canada, 1999a et Bonvalot *et al.,* 2000)	3 à 8,1 µg d'acroléine/m³ d'air échantillonné fumeurs ou des villes avec chauffage hivernal pendant 24 heures dans des maisons de au bois (Environnement Canada, 1999a)
0 pg/m³ de PBDE totaux dans l'air	10-1300 pg/m³ de PBDE totaux dans l'air au sud de l'Ontario en 2000 (Gouin *et al.*, 2002)
< 1 pg/l de PBDE totaux dans l'eau	4400 pg/l dans l'eau en aval de Granby au Québec (Berryman *et al.*, 2009)

Le terme *concentration* est également employé en écotoxicologie pour des rapports de poids p/p; on parle alors de concentration pondérale (C') tableau 2.2) :

$C' = p_1/p_2$

p_1 = Poids en grammes ou moles de la substance mesurée

p_2 = Poids en grammes de poids frais ou sec de sols, sédiments ou composantes biologiques

Tableau 2.2 Quelques teneurs chimiques exprimées en concentration pondérale (p_1/p_2)

Teneurs chimiques naturelles	**Teneurs chimiques excessives**
0,1 à 40 mg d'arsenic/kg de sol en poids frais (Environnement Canada, 1993a)	10 860 mg d'arsenic/kg de sol en poids frais, près d'usines de préservation du bois avec de l'arséniate de cuivre (Environnement Canada, 1993a)
0,2 à 3,9 µg de HAP/kg de sédiments marins en poids sec (Environnement Canada, 1994a et CCME, 1999a)	2,5 à 36,8 µg de HAP/kg de sédiments marins en poids sec au port de Vancouver (Environnement Canada, 1994a)
0,4 à 0,8 mg de plomb/kg de foie de bernaches *Branta canadiensis* en poids frais (CNRC, 1980)	6 à 53 mg de plomb/kg de foie de bernaches *Branta canadiensis* en poids frais aux lieux de chasse avec cartouches de plomb (CNRC, 1980)
7,6 pM de benzo-a-pyrène/g d'albumine de marmottes *Marmota monax* dans la vallée du fleuve Saint-Laurent, ce qui équivaut à 1,9 pg/g (Environnement Canada, 1994a)	70 pM de benzo-a-pyrène/g d'albumine de marmottes *Marmota monax* voisines d'une aluminerie de vieille technologie, ce qui équivaut à 17,6 pg/g (Environnement Canada, 1994a)
0 pg/m^3 de PBDE totaux dans les sédiments	2,7 – 91 µg/Kg CO* de PBDE totaux dans les sédiments en Colombie-Britanique en 2001 (Rayne *et al.*, 2003)
0 pg/l de PBDE totaux dans les boues résiduaires	1700 à 3500 µg/kg p.s.** dans les boues résiduaires au sud de l'Ontario (Kolic *et al.*, 2004)
0 µg/kg p.l. de PBDE totaux dans la graisse de béluga dans l'Arctique canadien	81,2 – 160 µg/kg pl*** de PBDE totaux dans la graisse de béluga dans l'Arctique canadien (Alaee *et al.*, 1999)

* CO : carbone organique
** p.s. : poids sec
*** p.l. : poids lipodique

Dans certains cas, la *concentration* est calculée selon un rapport de volumes (v/v), on parle alors de concentration volumique (C'') (tableau 2.3) :

$C'' = v_1/v_2$

v_1 = Volume en litres de la substance mesurée

v_2 = Volume en litres ou m^3 du milieu dans lequel la substance est mesurée

Tableau 2.3 Quelques teneurs chimiques exprimées en concentration volumique (v_1/v_2)

Teneurs chimiques naturelles	**Teneurs chimiques excessives**
< 5 ml de monoxyde de carbone/m³ d'air échantillonné pendant 8 heures, ce qui correspond à < 5,5 µg/l (Environnement Canada, 1991)	> 17 ml de monoxyde de carbone/m³ d'air échantillonné pendant 8 heures, ce qui correspond à 18,6 µg/l (Environnement Canada, 1991a) > 10 ml/l = 1 % d'effluent industriel non traité déversé dans un plan d'eau au Québec (MENV, 1999)

Devant ces multiples façons de mesurer les concentrations, certains ont recours à des concentrations par proportions. Le tableau 2.4 présente les principales concentrations par proportions utilisées en écotoxicologie.

Tableau 2.4 Nomenclature des proportions chimiques

Proportions	**P/V dans l'eau et le sang**	**P/V dans l'air**	**P/P dans le sol et les tissus biologiques**	**V/V dans les effluents ou l'air**
100 % = 1	kg/l	—	kg/kg	l/l
0,1 % = 10^3	g/l	—	g/kg	ml/l
ppm = 10^6	mg/l	—	mg/kg	µl/l
ppb = 10^9	µg/l	mg/m³	µg/kg	—
ppt = 10^{12}	ng/l	µg/m³	ng/kg	—
ppq = 10^{15}	pg/l	ng/m³	pg/kg	—

Légende

ppm	= partie par million	mg	= milligramme
ppb	= partie par billion ou milliard	µg	= microgramme
ppt	= partie par trillion ou billiard	ng	= nanogramme
ppq	= partie par quadrillion ou trilliard	pg	= picogramme

Mais, l'emploi de proportions peut s'avérer une source de confusion. Par exemple, une teneur excessive de 2,5 ppm de dioxyde de soufre (SO_2) dans l'air équivaut à 2,5 µl SO_2/l d'air, mais peut aussi s'exprimer selon la formule suivante (USEPA, 1983) :

$$\text{ppm} \times \frac{\text{poids moléculaire}}{\text{volume moléculaire}} = 2{,}5\ \mu\text{l/l} \times 64\ \text{g}/24{,}46\ \text{l} = 6{,}54\ \text{mg/m}^3\ \text{d'air}$$

Compte tenu de la confusion possible, on doit vérifier à quoi correspond la proportion; par exemple, lorsqu'on utilise une proportion comme 0,5 ppm, il faut vérifier si cette proportion correspond à des p/v, p/p ou v/v, et si elle est fournie en grammes, litres, poids moléculaire ou volume moléculaire. Dans ces conditions, on comprend également qu'une proportion de 0,5 ppm d'aluminium dans l'eau, soit 0,5 mg Al/l, n'équivaut pas automatiquement à 0,5 ppm d'aluminium dans de l'humus ou dans l'air, car un litre d'air, un litre d'humus et un litre d'eau pèsent respectivement 1,2 g; 0,667 kg et 1 kg.

Le système international SI apparaît préférable aux proportions. Les revues scientifiques exigent d'ailleurs l'utilisation de ce système et, dans ce contexte, les concentrations chimiques en écotoxicologie sont généralement exprimées en :

- mg/l de liquide
- ng/m^3 d'air
- mg/kg de solide

2.1.2 Teneurs microbiologiques

Pour exprimer les teneurs microbiologiques, on adopte généralement des dénombrements de micro-organismes pathogènes par volume. Le tableau 2.5 présente quelques exemples de teneurs microbiologiques naturelles et excessives.

Tableau 2.5 Exemples de teneurs microbiologiques

Teneurs microbiologiques naturelles	**Teneurs microbiologiques excessives**
< 200 coliformes fécaux/100ml d'eau; norme de qualité d'eau pour la baignade (MENV, 2000)	2000 coliformes fécaux/100 ml d'eau dans le fleuve Saint-Laurent à la prise d'alimentation en eau à Lauzon, en mars 1998 (MENV, 2000)
Aucune *Pseudomonas æruginosa* (bactérie d'otite)/100 ml d'eau (Chartrand *et al.*, 1995)	> 1600 *Pseudomonas æruginosa* (bactérie d'otite)/100 ml d'eau dans l'eau de lixiviat d'un lieu d'enfouissement sanitaire de la région de Montréal (Van Coillie *et al.*, 1990)

Rappelons ici que les effets toxiques des micro-organismes pathogènes sont davantage étudiés en microbiologie qu'en écotoxicologie.

2.1.3 Teneurs physiques

Les paramètres les plus fréquents pour mesurer et exprimer les teneurs physiques sont :

- La *conductivité*, soit l'aptitude de l'eau à conduire des charges électriques; elle s'exprime en µS/cm à 25 °C; rappelons que « S » est le symbole de Siemens, une unité de conductance, anciennement appelée « mho » (Environnement Canada, 1980).
- La *couleur en UCV* de l'eau; UCV signifie « unités de couleur vraie », aussi appelées unités Hazen; elle est mesurée par comparaison avec une série colorée d'étalons de platine-cobalt (Environnement Canada, 1980).
- La *turbidité en UNT* de l'eau; UNT signifie « unités néphélométriques totales »; elle est déterminée en précisant l'absorption d'une lumière par des particules turbides en suspension, à l'aide d'un instrument préalablement étalonné avec des échantillons de turbidité connue (Environnement Canada, 1980).
- La *radiation en Bq* (Becquerel); cette dernière unité est liée à une désintégration nucléaire par seconde et correspond à 27 pCi. Rappelons que le « curie » ou Ci est une ancienne mesure de radiation provenant de 3,7 x 10^{10} désintégrations nucléaires par seconde (NRCC, 1983; Francis, 1994).

Le tableau 2.6 présente quelques exemples de teneurs physiques naturelles et excessives.

Tableau 2.6 Exemples de teneurs physiques

Teneurs physiques naturelles	Teneurs physiques excessives
50 à 500 µS/cm pour la conductivité des rivières (Environnement Canada, 1980)	1000 à 10 000 µS/cm dans certains effluents industriels (Environnement Canada, 1980)
< 15 UVC pour la couleur des rivières (Environnement Canada, 1980)	300 UVC dans des eaux de drainage de boues organiques (Environnement Canada, 1980)
1 UNT pour la turbidité des rivières (Environnement Canada, 1980)	1000 UNT dans des eaux d'égouts résiduaires (Environnement Canada, 1980)

Tableau 2.6 (*suite*)

Teneurs physiques naturelles	Teneurs physiques excessives
< 0,27 Bq de radon 222/l d'air dans les maisons (Francis, 1994)	> 1 Bq de radon 222/l d'air dans des bâtiments d'exploitation minière d'uranium au Canada (Francis, 1994)
0,02 à 0,05 Bq de strontium 90/l dans les Grands-Lacs (NRCC, 1983)	7,25 Bq de strontium 90/l dans le lac des Perches qui reçoit les effluents du complexe nucléaire de Chalk River, Ontario (NRCC, 1983)
20 Bq d'uranium 238/kg de sol (NRCC, 1983)	440 Bq d'uranium 238/kg de terril de mine d'uranium (NRCC, 1983)

Toutes ces teneurs chimiques, microbiologiques et physiques sont comparées à des critères de qualité qui sont des teneurs acceptables définies par des institutions gouvernementales telles que le CCME (Conseil canadien des ministres de l'Environnement), le ministère de la Santé du Canada et le ministère de l'Environnement du Québec.

2.2 Mesures de toxicité

Il existe divers types de toxicité, à savoir la toxicité aiguë ou subaiguë, la toxicité chronique ou subchronique, la toxicité cumulative ou retardée, la toxicité directe ou indirecte, la toxicité létale ou sublétale (sous-létale), la toxicité locale ou générale, la toxicité sélective ou autre (Klaassen, 1986a; Lu, 1991; CSST, 1994; Newman, 2001; Lu et Karen, 2002; Viau et Tardif, 2003). Les mesures des toxicités aiguë, chronique, létale et sublétale s'avèrent les plus utilisées et se distinguent selon les deux critères suivants :

Durée par ordre croissant : toxicité aiguë, qui agit à court terme, toxicité chronique, qui agit à long terme;

Gravité par ordre croissant : toxicité sublétale (ou sous-létale), qui ne tue pas, toxicité létale, qui tue.

La différence entre la toxicité aiguë et la toxicité chronique est peu explicite, tandis que la distinction entre les toxicités létale et sublétale est évidente. On considère généralement qu'une toxicité chronique se développe sur une longue période (*chronos* en grec signifie *le temps – la durée*); en outre, cette période peut être estimée à moins de 10 % de la longévité, ou moins de 6 mois à 2 ans pour les mammifères de laboratoire, soit le délai approximatif de la cancérogenèse (Klaassen, 1986; Lu, 1991). Toutefois, une telle estimation s'applique difficilement à l'écotoxicologie, car les longévités sont trop variées en environnement. Par exemple, des longévités de 10 % pour des bactéries, des algues unicellulaires vertes, des poissons et des tortues marines équivalent à respectivement 2 minutes, 2 heures, 2 ans ou 20 ans! Face à cet étalement de la durée, les interprétations d'une toxicité chronique peuvent être nombreuses en toxicologie de l'environnement.

Entre autres, la classification pour la toxicologie aquatique, adoptée par Environnement Canada et le MENV dans leurs règlements, est celle que l'USEPA (1991a) a choisie à ce sujet, soit :

Toxicité aiguë aquatique : durée de moins de 4 jours et toxicité généralement létale;

Toxicité chronique aquatique : durée de plus de 4 jours et toxicité généralement sublétale.

La toxicité peut être estimée par des bioessais ou biotests. On procède à des essais où l'on teste la toxicité des substances avec des organismes biologiques. Ces substances sont simples (composé inorganique ou organique) ou complexes (effluent industriel ou municipal, émission gazeuse d'usine ou d'incinération, sol ou eau de percolation de sol). Signalons ici que les bioessais peuvent non seulement vérifier la toxicité de substances toxiques, mais aussi leur bioaccumulation, leur biodégradation, leur biotransformation et (ou) leur vitesse toxicocinétique, que nous étudierons plus loin.

Mentionnons cependant que même si les bioessais sont les outils éprouvés pour estimer la toxicité, ils présentent certaines limites dans leurs capacités d'extrapolation aux conditions naturelles. Leur réductionnisme à l'égard des facteurs écotoxicologiques (abiotiques, biotiques et modalités d'exposition) doit conduire à une grande prudence, même si quelques études ont constaté que certains résultats étaient extrapolables. En effet, l'USEPA a montré qu'il y a 88 % de corrélations statistiques entre les résultats des bioessais et ceux des études de terrain (USEPA, 1991a).

Les bioessais de toxicité testent plusieurs teneurs de la substance toxique, généralement au moins cinq : ceci permet ensuite de déterminer une mesure terminale (*endpoint*) de la toxicité. En toxicologie de l'environnement, les premières mesures terminales de bioessais de toxicité ont été précisées en 1950; elles ont ensuite évolué (Ramade, 1992; Van Coillie, 2001a) :

À partir de 1950 : DL = dose létale

À partir de 1960 : DE et DI = doses d'effet et (ou) d'inhibition

À partir de 1970 : CL = concentration létale

À partir de 1975 : CE et CI = concentrations d'effet et (ou) d'inhibition

À partir de 1980 : CMEO, LOEC et CSEO, NOEC = concentrations seuils

À partir de 1990 : UT = unités toxiques

À partir de 1990 : TEQ = toxicité équivalente

2.2.1 Dose létale (DL)

Le terme « dose » (D), soit une quantité à administrer, comme les dictionnaires le définissent, est employé de façon très diversifiée en toxicologie depuis Paracelsus au XVIe siècle, ce qui a entraîné de nombreuses confusions; celles-ci existent depuis le début de la toxicologie de l'environnement, puisque cette dernière est vue comme une extension des toxicologies biomédicale et pharmaceutique.

De fait, une dose peut être administrée de plusieurs manières : par injection, par addition à l'alimentation, par inhalation, par addition au milieu ambiant.

- *Injection*. Elle est privilégiée en toxicologie biomédicale et pharmaceutique afin d'évaluer rapidement les effets néfastes d'un composé; l'injection peut être faite par voie intraveineuse, intrapéritonéale, intramusculaire, subcutanée ou autre.
- *Addition à l'alimentation*. La voie orale, dite « per os », est également très utilisée en toxicologie pharmaceutique.
- *Inhalation*. La voie respiratoire est surtout choisie en toxicologie industrielle.
- *Addition au milieu ambiant*. Ce type d'administration entraîne des concentrations ambiantes.
- *Autres administrations*. Les administrations ou applications par voie cutanée, oculaire, rectale, vaginale, intra-utérine ou autre sont employées dans des cas spécifiques.

Le mode d'administration d'un produit influence sa vitesse d'absorption et d'effet, et conséquemment sa dose. Par exemple, pour obtenir un même effet, une dose par voie intraveineuse sera plus faible, car elle agit plus rapidement qu'une dose par voie orale.

Les doses s'avèrent souvent peu propices lorsqu'on étudie la toxicité en provenance de l'environnement, car la majorité d'entre elles sont administrées par des voies peu représentatives de ce qui se passe réellement lorsqu'il y a exposition dans l'environnement. Soulignons que les premiers bioessais en toxicologie de l'environnement ont été faits par injection de doses ou d'effluents dans des poissons, des canards ou des rats, en 1950-1960.

Il faut aussi souligner que la façon de déterminer une mesure terminale dans un bioessai de toxicité a été élaborée à partir de doses. La dose létale (DL_{50}) est la dose qui tue 50 % des individus testés; en anglais, *dose létale* se dit *lethal dose* et est indiquée par LD_{50}. Voyons, dans l'encart 2.1 qui suit, un cas qui illustre comment on détermine la toxicité à partir de doses administrées (Loomis, 1978).

Encart 2.1 Exemple de détermination de toxicité à partir de doses

Soixante rats de même souche et d'âge analogue sont répartis par groupe de 10 dans 6 cages et reçoivent une injection intrapéritonéale (dans le péritoine) du pesticide DDT, selon les doses* suivantes :

- 37 mg DDT/kg de rat, dans la cage 1
- 59 mg DDT/kg de rat, dans la cage 2
- 152 mg DDT/kg de rat, dans la cage 3
- 243 mg DDT/kg de rat, dans la cage 4
- 390 mg DDT/kg de rat, dans la cage 5
- 0 mg DDT/kg de rat, dans la cage 6, cage témoin**

Ensuite, on dénombre les décès survenus pendant 48 heures, en conditions contrôlées continues (température, photo-période, etc.) :

- 0 rat mort, soit 0 %, dans la cage 1
- 2 rats morts, soit 20 %, dans la cage 2
- 7 rats morts, soit 70 %, dans la cage 3
- 9 rats morts, soit 90 %, dans la cage 4
- 10 rats morts, soit 100 %, dans la cage 5
- 0 rat mort, soit 0 %, dans la cage 6, cage témoin

On peut alors tracer un graphique entre la dose en abscisse en mg/kg de poids corporel de rat et la réponse en ordonnée en pourcentage de mortalité de rats (figure 2.1). Notons que l'échelle logarithmique est souvent utilisée pour présenter les valeurs de l'abscisse. À partir de cette relation « dose-réponse », on calcule par interpolation une dose dite terminale, en utilisant la méthode « Probit » (Ramade, 1979; Klaassen, 1986; Lu, 1991). Généralement, la dose létale (DL_{50}) est la mesure terminale calculée; c'est la dose qui tue 50 % des individus testés. Dans ce cas, la DL_{50} = 100 mg DDT/kg de rat pour une durée aiguë de 48 heures.

---

* Ces doses sont des moyennes de 10 doses, puisque les poids des 10 rats par cage ne sont pas identiques.

** Les 10 rats de cette cage témoin reçoivent une injection de 390 mg d'eau/kg de rat en moyenne, afin de s'assurer que l'injection comme telle n'a pas d'effet néfaste.

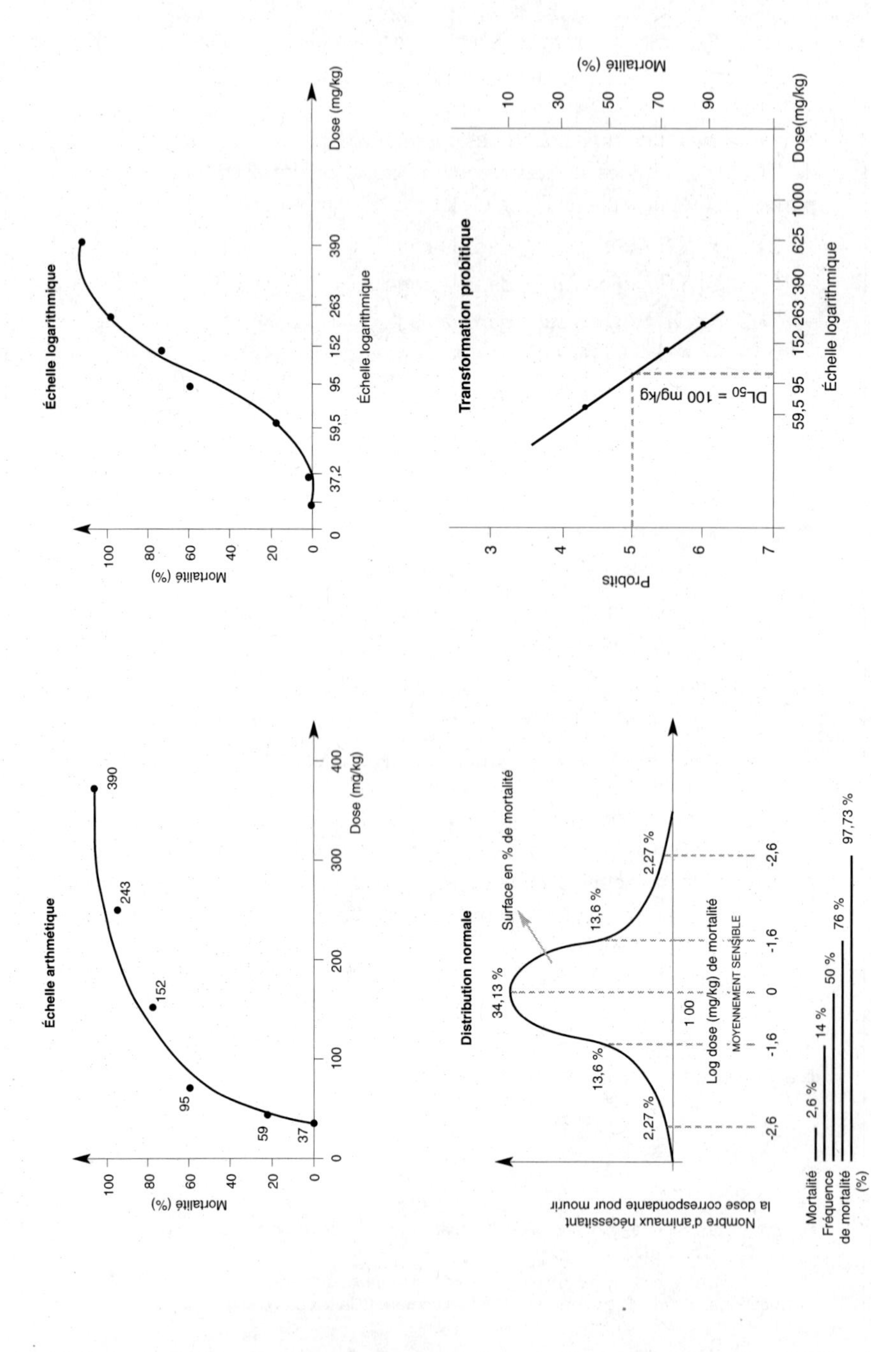

Figure 2.1 Détermination d'une dose létale (DL_{50}).

Aujourd'hui, plusieurs logiciels tels que « Bootstrap » et « Toxstat » permettent de calculer rapidement des doses létales (DL_{50}) et autres mesures terminales de toxicité. Voyons quelques exemples de doses létales aiguës. Les valeurs du tableau 2.7 sont parmi les plus basses valeurs de DL_{50} aiguës mentionnées dans la littérature scientifique pour une dizaine d'espèces testées en laboratoire; on évite ainsi une liste fastidieuse d'innombrables DL_{50} aiguës décrites dans cette littérature.

Tableau 2.7 Exemples de doses létales* (DL_{50}) aiguës

Catégories (Viau et Tardif, 2003)	**Échelles des DL_{50} aiguës** (Viau et Tardif, 2003)	**Exemples de DL_{50} aiguës**
Très toxique	< 50 mg/kg p.c.**	2,3,7,8 TCDD : 0,001 à 0,100 mg/kg p.c. (NRCC, 1978; Lu, 1991) Arsenic : 2,6 à 40 mg/kg p.c. (Environnement Canada, 1993a) Méthylmercure : 15 mg/kg p.c. (Fimreite, 1979) Mercure : 5 – 8 mg/kg p.c. (Wiener et Spry, 1996) Acroléine : 46 mg/kg p.c. (Environnement Canada, 1985)
Toxique	50 à 500 mg/kg p.c.	Cadmium : 53 à 260 mg/kg p.c. (USDH, 1991) Fluorures : 70 à 140 mg/kg p.c. (CNRC, 1979c) DDT : 100 mg/kg p.c. (Loomis, 1978; Lu, 1991) Plomb : 220 mg/kg p.c. (Environnement Canada, 1985)
Modérément toxique	500 à 5000 mg/kg p.c.	HAP individuels : 500 à 3200 mg/kg p.c. sauf pour le BaP (250 mg/kg p.c.) (OME, 1997) BPC Arochlore : 1 254 880 mg/kg p.c. (CNRC, 1979 b) Acide sulfurique : 2140 mg/kg p.c. (Environnement Canada, 1984a)
Peu toxique	> 5000 mg/kg p.c.	Éthanol (alcool éthylique)*** : 10 000 mg/kg p.c. (Lu, 1991)

* Une dose létale est dite aiguë lorsque les tests sont faits pendant des durées de quelques jours (< 4 jours). De plus, les doses létales fournies dans le tableau sont pour des animaux de laboratoire et, par extrapolation, pour des humains.

** p.c. : poids corporel.

*** L'alcool éthylique est considéré comme peu toxique par rapport à d'autres composés, malgré les ravages chroniques et les accidents routiers qu'il peut entraîner. À partir de sa DL_{50} aiguë, pour des mammifères de laboratoire, on peut calculer qu'il faudrait boire deux litres de gin, de vodka ou de whisky à 40 % d'alcool pour qu'un humain à jeun et sans accoutumance à l'alcool devienne « ivre mort ». Toutefois, cette extrapolation à l'humain doit être considérée avec réserve.

2.2.2 Doses d'effet et (ou) d'inhibition (DE et DI)

Les doses d'agents toxiques qui provoquent des effets sublétaux, comme des surproductions ou des diminutions d'enzymes, des augmentations d'anomalies et (ou) des réductions de fertilité, sont appelées « doses d'effet » (DE) ou parfois « doses efficaces », bien que certains auteurs incluent parfois aussi des mortalités dans des doses d'effet (Klaassen, 1986); en anglais, on dit *effect doses* (ED) or *effective doses.*

La majorité des effets sublétaux sont des inhibitions comme des diminutions d'activité enzymatique ou de synthèse biochimique et (ou) des réductions de croissance. Les doses qui causent des effets inhibiteurs sont dites « doses d'inhibition ou inhibitrices » (DI); en anglais, on dit *inhibition or inhibitory doses* (ID). Comme toute inhibition s'avère un effet sublétal, toute DI s'avère une DE. Par contre, tout effet n'étant pas une inhibition, toute DE n'est pas une DI.

Généralement, un effet et (ou) une inhibition ne deviennent significatifs statistiquement chez un groupe d'individus ayant reçu une substance toxique qu'à partir d'une différence de 20 à 25 % d'effet et (ou) d'inhibition par rapport à un groupe témoin d'individus (Klaassen, 1986). Compte tenu de ceci, les principales DE et DI mentionnées dans la littérature scientifique sont les suivantes :

DE_{20} jusqu'à une DE_{50} : dose d'effet à 20 % jusqu'à une dose d'effet à 50 %;

DI_{20} jusqu'à une DI_{50} : dose d'inhibition à 20 % jusqu'à une dose d'inhibition à 50 %.

Autrement dit, c'est l'effet et (ou) l'inhibition chez 20 % à 50 % des individus testés ou l'effet et (ou) l'inhibition de 20 % à 50 % dans un groupe d'individus testés.

La méthode « Probit » employée pour calculer la DL_{50} au moyen de logiciels est également adoptée pour le calcul des DE et DI (20 à 50). Dans la littérature scientifique, on retrouve moins de DE et DI (20 à 50) que de DL_{50}, car elles sont plus difficiles et coûteuses à déterminer que ces dernières. Voyons dans le tableau 2.8 des doses DE ou DI qui entraînent des effets ou inhibitions.

L'utilité des DE et DI est relative en toxicologie de l'environnement car, comme les DL, ces doses sont souvent obtenues après des administrations peu représentatives pour l'environnement.

Tableau 2.8 Exemples de doses d'effet (DE) et (ou) d'inhibition (DI) aiguës*

Doses	Effets ou inhibitions
100 mg du HAP BaP/kg p.c.	DE_{20} d'augmentation des anomalies des spermatozoïdes chez des souris (OME, 1997)
10 mg du HAP 3-méthylcholantrène/kg p.c.	DE_{50} de stimulation des enzymes oxydases avec coenzymes cytochromes P450 hépatiques chez des poissons de vase marine *Pleuronectes americanus* (Buhler et Williams, 1989)
9 mg de cadmium/kg p.c.	DI_{25} de la production du lait chez des vaches (NRCC, 1979a)
10 mg de méthylmercure/kg p.c.	DI_{30} de l'activité de l'enzyme hépatique glucose-6-phosphatase chez des rats (Chang, 1979)
10 mg du HAP 3-méthylcholantrène/kg p.c.	DI_{40} de la prolifération provoquée des globules blancs lymphocytes T chez des souris (OME, 1997)
80 mg du HAP 3-méthylcholantrène/kg p.c.	DI_{50} de la production d'ovules chez des souris (OME, 1997)

* Une dose est dite aiguë lorsque les tests sont faits pendant des durées de quelques jours, soit moins de 4 jours.

Signalons ici que le mot « dose » est non seulement employé pour des mesures de toxicité (DE, DI et DL) en mg/kg de poids corporel (p.c.), mais aussi pour des mesures d'exposition à un agent toxique en mg/kg de p.c./jour d'exposition. De plus, rappelons que des teneurs chimiques peuvent également être exprimées en mg/kg de p.c. d'organismes biologiques. Mentionnons également que les DE, DI, et DL des agents toxiques de l'air sont aussi déterminées en $\mu g/m^3$ comme les CE, CI et CL que nous étudierons dans les sections qui suivent. Ces ressemblances constituent indéniablement des sources de confusion en toxicologie.

2.2.3 Concentration létale (CL)

Dans l'environnement (eau, air et sol), certaines teneurs chimiques excessives peuvent causer des mortalités : on parle alors de *concentrations létales* ou CL. La détermination des concentrations létales est généralement faite à l'aide de bioessais où la CL_{50} est souvent la mesure terminale, c'est-à-dire la concentration qui tue 50 % des individus exposés (tableau 2.9); celle-ci est calculée par la méthode « Probit » au moyen de logiciels, comme la DL_{50} et les DE ou DI (20 à 50). Notons qu'en anglais, *concentration létale* se dit *lethal concentration* et est indiquée par LC_{50}.

Tableau 2.9 Exemples de concentrations létales (CL_{50}) aiguës

Catégories (Environnement Canada, 1985)	**Échelles des CL_{50} aiguës** (Environnement Canada, 1985)	**Exemples de CL_{50} aiguës***
Extrêmement toxique	< 1 mg/l ou mg/kg	2,3,7,8 TCDD : < 0,1 µg/l d'eau douce pour des poissons cyprins *Poecilia reticulatus* (NRCC, 1978) DTT : 2 µg/l d'eau douce pour des alevins de truites *Salmo trutta* (Francis, 1994) BPC Arochlore 1254 m : 30 mg/l d'eau marine pour des crevettes *Palæometes kadiakensis* (CNRC, 1979b) Méthylmercure : 40 µg/l d'eau douce pour des alevins de truites *Oncorhynchus mykiss* (Armstrong, 1979) Acroléine : > 382 µg/l d'air pour des humains (Environnement Canada, 1985)
Très toxique	1 à 10 mg/l ou mg/kg	Fluorures : 1,06 mg/l d'air pour des rats (Environnement Canada, 1985) Cadmium : 1,60 mg/l d'eau douce en moyenne pour diverses espèces de poissons (Nriagu et Sprague, 1987) Monoxyde de carbone : 1,98 mg/l d'air pour des rats, ce qui équivaut à 1,81 ml/l (Environnement Canada, 1985) HAP fluoranthène : 3,4 mg/kg de sédiments en poids sec pour des microcrustacés *Rhepoxinius abronius* (Germain *et al.*, 1993; CCME, 1999a)
Modérément toxique	10 à 100 mg/l ou mg/kg	Acide sulfurique : 10 mg/l d'eau douce pour des crapets arlequins *Lepomis macrochirus* (Environnement Canada, 1985)
Peu toxique	> 100 mg/l ou mg/kg	Arsenic : 100 à 200 mg/kg de sols en poids frais pour des vers de terre *Eisenia fiedida* (Environnement Canada, 1993a) Effluent non traité d'une fabrique de pâtes et papiers de la région de Québec en 1994 : 460 ml/l = 46 % pour des truites *Onchorhynchus mykiss* (Van Coillie, 2001)

* Les tests sont faits pendant des durées aiguës de quelques jours, pour divers organismes biologiques.

Voyons maintenant un exemple de détermination de CL_{50} (Van Coillie, 2001). Dans l'exemple de l'encart 2.2, l'analyse demandée est la CL_{50} après 96 heures d'exposition (figure 2.2).

Encart 2.2 Exemple de détermination de CL_{50}

Cent quarante truites arc-en-ciel, âgées de 4 mois et provenant de la même souche de pisciculture, ont été placées dans 7 aquariums par groupe de 20 pour être testées, en conditions contrôlées continues (température de ± 15 °C, pH de ± 7,0, photo-période de 16 heures en lumière et 8 heures en obscurité, etc.), avec un effluent non traité d'une fabrique de pâtes et papiers de la région de Québec, en 1995, selon les teneurs suivantes :

- 80 % d'effluent dans l'aquarium 1
- 60 % d'effluent dans l'aquarium 2
- 40 % d'effluent dans l'aquarium 3
- 20 % d'effluent dans l'aquarium 4
- 10 % d'effluent dans l'aquarium 5
- 5 % d'effluent dans l'aquarium 6
- 0 % d'effluent dans l'aquarium 7, témoin

Notons que ces concentrations v/v en % correspondaient respectivement à :

- 4 volumes d'effluent + 1 volume d'eau de dilution dans l'aquarium 1
- 3 volumes d'effluent + 2 volumes d'eau de dilution dans l'aquarium 2
- 2 volumes d'effluent + 3 volumes d'eau de dilution dans l'aquarium 3
- 1 volume d'effluent + 4 volumes d'eau de dilution dans l'aquarium 4
- 1 volume d'effluent + 9 volumes d'eau de dilution dans l'aquarium 5
- 1 volume d'effluent + 19 volumes d'eau de dilution dans l'aquarium 6
- eau de dilution seulement dans l'aquarium 7, témoin

Après 96 heures (durée aiguë limite), on compta le nombre de truites mortes dans chaque aquarium :

- 16 truites, soit 80 % dans l'aquarium 1
- 13 truites, soit 65 % dans l'aquarium 2
- 9 truites, soit 45 % dans l'aquarium 3
- 5 truites, soit 25 % dans l'aquarium 4
- 2 truites, soit 10 % dans l'aquarium 5
- 0 truite, soit 0 % dans l'aquarium 6
- 0 truite, soit 0 % dans l'aquarium 7, témoin

À l'aide d'un graphique illustrant la concentration d'effluent en % de v/v, en abscisse, et la réponse de mortalité de truites en %, en ordonnée, on a précisé la relation « concentration – réponse » pour le bioessai concerné. Cette relation a permis ensuite de déterminer par interpolation, à l'aide d'un logiciel basé sur la méthode « Probit », la CL_{50}, ce qui équivalait dans ce cas à 46 % de l'effluent considéré (figure 2.2).

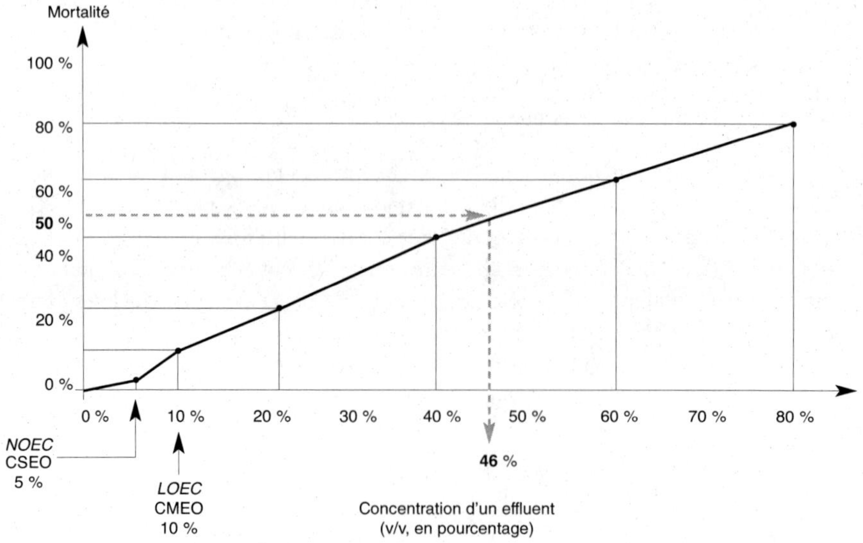

Figure 2.2 Détermination d'une concentration létale (CL_{50}).

En plus de la CL_{50}, deux autres expressions de la mesure terminale de la toxicité létale ambiante ont aussi été souvent employées, à savoir la teneur létale moyenne et la tolérance létale moyenne :

TL_{50} : *Teneur létale moyenne* qui provoque la mort de 50 % des individus testés. Elle fut souvent limitée aux agents toxiques de l'air (Environnement Canada, 1985). En anglais, on dit *lethal tolerance for 50 % of tested individuals* ou LT_{50} (Armstrong, 1979).

TLm : *Tolérance létale médiane ou moyenne* qui est une teneur à laquelle 50 % des individus testés survivent; elle fut surtout utilisée pour des agents toxiques de l'eau (Environnement Canada, 1985). En anglais, on dit *median tolerance limit for survival of 50 % tested individuals* ou TLm (Armstrong, 1979).

Mentionnons que les TL_{50} peuvent également être des temps létaux pendant lesquels 50 % des individus meurent (Ramade, 1979 et Lu, 1991). En anglais, on dit *lethal time for 50 % of tested individuals* ou LT_{50}. Ceci crée une confusion par rapport aux TL_{50} qui sont des teneurs moyennes. Cette confusion et l'équivalence entre les teneurs exprimées en CL_{50} et celles exprimées en TL_{50} et TLm (Sprague, 1970) ont entraîné une diminution graduelle de l'emploi de ces dernières.

Si l'on compare les CL_{50} du tableau 2.9 et les DL_{50} du tableau 2.7 des mêmes composés toxiques, on remarque que les CL_{50} sont inférieures aux DL_{50}, excepté pour la CL_{50} de l'arsenic utilisé avec des vers de terre. Pour expliquer ce décalage, rappelons qu'une CL_{50} est déterminée après une exposition continue de quelques jours à un composé toxique, tandis que la DL_{50} de ce dernier est généralement obtenue après une seule administration de celui-ci, lequel est ensuite progressivement éliminé, stocké et (ou) biotransformé pendant quelques jours; dans ces conditions, la quantité de composé toxique à administrer doit être plus élevée pour une DL_{50} par rapport à une CL_{50}. On aurait pu s'attendre au contraire puisque les doses sont souvent injectées ou imposées par des voies rapides, qu'elles entrent ainsi totalement dans les organismes biologiques et y agissent vite, alors que les concentrations ambiantes n'y pénètrent que partiellement et plus lentement. Ces considérations indiquent que plusieurs différences majeures entre les conditions expérimentales et physiologiques ne permettent pratiquement pas de comparer les CL_{50} et les DL_{50}.

2.2.4 Concentrations d'effet et (ou) d'inhibition (CE et CI)

Lorsque des concentrations de composés toxiques produisent des effets non létaux, on les nomme *concentrations d'effet* ou *concentrations efficaces* (CE) (Ramade, 1992; MENV, 2000); en anglais, on dit *effect concentrations or effective concentrations* (*EC*) (USEPA, 1991a). Il faut cependant noter que, dans la littérature scientifique, quelques CE entraînent occasionnellement des effets létaux (Klaassen, 1986).

Les CE sont souvent des CI, à savoir des *concentrations d'inhibition ou inhibitrices* (MENVIQ, 1992; Ramade, 1992); en anglais, on dit *inhibition or inhibitory concentrations* (*IC*) (USEPA, 1991a).

Les déterminations des CE et CI s'effectuent à l'aide de la méthode « Probit » (voir la figure 2.3 pour l'inhibition de la croissance d'une culture d'algues unicellulaires dans différentes concentrations (v/v) d'un effluent d'une papetière) et au moyen de logiciels spécialisés, comme pour les déterminations des DL_{50}, DE, DI et CL_{50} (Ramade, 1992).

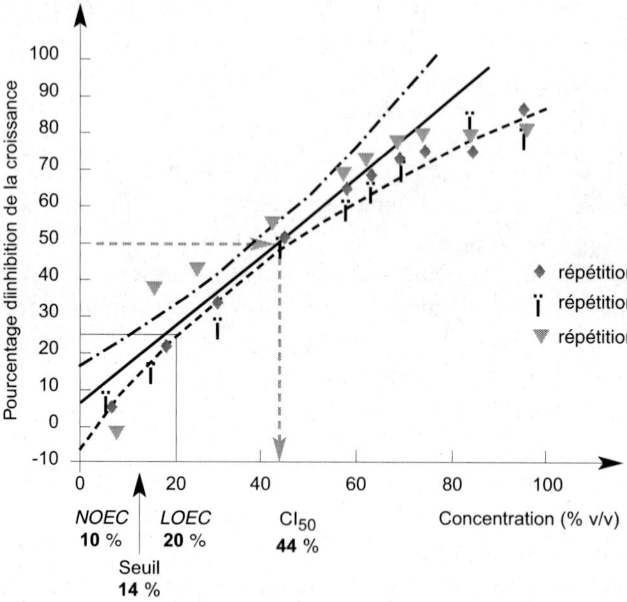

Figure 2.3 Détermination d'une concentration inhibitrice (CI_{50}) de la croissance d'une culture d'algues unicellulaires dans différentes concentrations (v/v) d'un effluent d'une papetière.

Les CE et les CI ne deviennent statistiquement significatives qu'à partir des CE et CI (20 à 25), comme pour les DE et DI (20 à 25). Par conséquent, les CE et CI souvent citées sont :

- CE_{20} jusqu'à une CE_{50} : concentration d'effet à 20 % jusqu'à une concentration d'effet à 50 %;
- CI_{20} jusqu'à une CI_{50} : concentration d'inhibition à 20 % jusqu'à une concentration d'inhibition à 50 %;
- CIp : concentration inhibitrice pour un pourcentage « p » d'effet. Souvent « p » est 25 %.

Autrement dit, c'est l'effet et (ou) l'inhibition chez 20 % à 50 % des individus testés ou l'effet et (ou) l'inhibition de 20 % à 50 % dans un groupe d'individus testés (tableau 2.10).

Tableau 2.10 Exemples de concentrations d'effet (CE) et d'inhibition (CI) aiguës

Concentrations	Effets ou inhibitions
> 0,4 mg du HAP phénanthrène/l d'eau marine	CE_{20} de stimulation des enzymes glucuronidases de la glande digestive chez des escargots *Littorina littorea* (Moore *et al.*, 1989)
< 5 µg de BPC Arochlore 1254/l d'eau marine	CE_{50} d'augmentation des vacuoles hépatiques chez des poissons estuariens *Leiostomus xanthurus* (CNRC, 1979b)
1 µg de BPC Arochlore 1254/l d'eau marine	CI_{20} de l'accroissement de la coquille chez des huîtres *Crassostrea virginica* (CNRC, 1979b)
190 ml d'effluent/l d'eau douce (19 % en moyenne pour 42 effluents de fabriques de pâtes et papiers au Québec en 1995)	CI_{25} de la croissance chez des larves de ménés *Pimephales promelas* (Langlois et Dubuc, 1999)
10 mg d'arsenic/kg de sol en poids frais	CI_{40} de la croissance chez des haricots verts *Phaseolus vulgaris* (Environnement Canada, 1993a)
2 µg de phénylmercure/l d'eau douce	CI_{50} du nombre d'ovules déposés à la fraye chez des poissons dards *Brachydanio rerio* (Armstrong, 1979)

Note. – Une concentration est dite aiguë lorsque les tests sont faits pendant des durées de quelques jours.

Comme il est plus complexe et coûteux de déterminer des CE et CI (20 à 25) que des CL_{50}, les premières sont peu nombreuses par rapport aux dernières dans la littérature scientifique.

De plus, des rapports entre la toxicité aiguë et la toxicité chronique (RTATC) sont parfois proposés; en anglais, on dit *acute/chronic toxicities ratios* ou *ACTR*. Mentionnons quelques rapports : CL_{50}/CE_{50}, CL_{50}/CI_{25}, moyenne géométrique de CL_{50}/moyenne géométrique de CI_{25} ou, enfin, CL_{50} la plus basse/CI_{25} la plus basse (Environnement Canada, 1999b). Il faut cependant être prudent lorsqu'on recourt à ces rapports, car les durées de test, les espèces utilisées et les paramètres testés sont très différents.

Des valeurs critiques de toxicité (VCT) peuvent être déterminées à l'aide des RTATC. Elles peuvent aussi être calculées en multipliant la CL_{50} par un coefficient d'application, lequel est souvent de 1/10 pour des toxiques non persistants et sans effet cumulatif, et de 1/20 à 1/100 pour des toxiques persistants et (ou) avec effet cumulatif (Environnement Canada, 1999b).

Parfois, ces valeurs critiques correspondent également à une CL_{50} minimale parmi les CL_{50} déterminées avec plusieurs espèces, ou à une concentration seuil que nous verrons dans la section qui suit. Les VCT se fondent donc sur des prémisses très variables et, devant cette réalité, il faut les utiliser avec discernement et prudence.

2.2.5 Concentrations seuils (CMEO, CSEO et CESO)

La recherche de concentrations sécuritaires pour des composés chimiques toxiques a exigé que des *concentrations seuils*, ou *threshold concentrations* en anglais, soient déterminées; elles sont des teneurs chimiques minimales à partir desquelles la toxicité de ces composés se manifeste.

Pour préciser les concentrations seuils, on a recours à des bioessais qui sont habituellement plus longs que les bioessais adoptés pour préciser des CL, CE et CI. Les concentrations seuils s'avèrent ainsi souvent des mesures minimales de toxicité chronique; elles sont subséquemment considérées comme des concentrations chroniques.

Les concentrations seuils toxiques sont généralement déterminées pour des effets sublétaux (Lu, 1991). Elles ont été définies en adoptant les appellations suivantes (Environnement Canada, 1985 et 1999b; USEPA, 1991a; MENVIQ, 1992; Environnement Canada et Pêches et Océans Canada, 1993; Environment Canada and Department of Fisheries and Oceans, 1993; Van Coillie, 1996b; Environnement Canada, 1999b) :

CMEO, *LOEC* : *Concentration minimale pour un effet observé*; toutefois, cette expression est beaucoup moins utilisée que sa correspondante anglaise *LOEC* pour *lowest observed effect concentration*. CEMO est une expression analogue aussi utilisée et signifie *concentration avec effet minimal observé*.

CSEO, *NOEC* : *Concentration sans effet observé*; cette appellation est moins employée que sa traduction anglaise *NOEC* pour *no observed effect concentration*.

CESO : *Concentration avec effet seuil observé*. Celle-ci correpond à la TOEC en anglais (*treshold observed effect concentration*). La CESO équivaut à la moyenne géométrique des CMEO (*LOEC*) et CSEO (*NOEC*), soit la racine carrée de la multiplication de la CMEO (*LOEC*) par la CSEO (*NOEC*). L'USEPA (1991) a montré que les

CESO étaient inférieures ou égales aux CI_{25} dans 83 % des cas et a alors recommandé que les CESO soient remplacées par des CI_{25}. Environnement Canada (1999b) a suivi cette recommandation et a statué que les CESO correspondent à des CI_{25}.

CES, *TEC* : Concentration d'effet seuil (extrapolée) dont la traduction anglaise est TEC (*threshold effect concentration*).

CMAT, *MATC* : *Concentration maximale acceptable de toxique* ou, en anglais *maximum acceptable toxicant concentration (MATC)*; cette concentration maximale acceptable pour un composé toxique équivaut sensiblement à sa CES. Cet acronyme (CMAT) est aussi utilisé pour désigner une concentration maximale acceptable temporaire de substances dans l'eau potable ou l'air, laquelle CMAT s'avère une norme de qualité. Il est souhaitable de toujours préciser de quelle CMAT il est question.

CSE, *NEC* : Concentration sans effet (extrapolée) ou *no effect concentration*.

Le tableau 2.11 présente des exemples de ces concentrations seuils. On peut aussi les représenter graphiquement telles qu'elles apparaissent à la figure 2.2.

Tableau 2.11 Exemples de concentrations seuils chroniques

Composés	**CMEO** (*LOEC*)	**CSEO** (*NOEC*)
2,3,7,8 TCDD	0,056 ng/l d'eau douce pour une décoloration de la peau chez des saumons *Salmo salar* (NRCC, 1978)	0,026 ng/l d'eau douce pour une inhibition de la croissance des larves chez des truites *Oncorhynchus mykiss* (NRCC, 1978)
Fluorures	0,5 ng/l d'air pour des lésions végétales (BEST, 1980)	< 0,5 ng/l d'air pour des lésions végétales (BEST, 1980)
DDT	10 ng/l d'eau douce ou marine pour une inhibition de la croissance chez des microcrustacés copépodes (Ramade, 1992)	< 10 ng/l d'eau douce ou marine pour une inhibition de la croissance chez des microcrustacés copépodes (Ramade, 1992)
Acroléine	223 ng/l d'air pour des lésions aux feuilles chez 7 espèces (Environnement Canada, 1999a)	< 2,33 ng/l d'air pour des lésions végétales (Environnement Canada, 1999a)

→

Tableau 2.11 (*suite*)

Composés	**CMEO** (*LOEC*)	**CSEO** (*NOEC*)
BPC Arochlore 1254	1 µg/l d'eau marine pour un changement de la biodiversité dans un microcosme expérimental (CNRC, 1979b)	0,1 µg/l d'eau marine pour un changement de la biodiversité dans un microcosme expérimental (CNRC, 1979b)
Cadmium	1 µg/l d'eau douce pour des perturbations hormonales mâles chez des truites *Salvelinus fontinalis* (NRCC, 1979a)	< 0,17 µg/l d'eau douce pour une inhibition de la reproduction chez des puces d'eau *Daphnia magna* (NRCC, 1979a)
Méthylmercure	1 µg/l d'eau douce pour une inhibition de l'enzyme transminase glutamique oxaloacétique chez des truites *Salvelinus fontinalis* (Armstrong, 1979)	0,3 µg/l d'eau douce pour une inhibition d'éclosion chez des truites *Salvelinus fontinalis* (Birge *et al.*, 1979)
Monoxyde de carbone	0,11 mg/l d'air pour une inhibition de la résistance immunologique à des streptocoques de pneumonie chez des souris (Amdur, 1986)	0,03 mg/l d'air pour une inhibition de la résistance immunologique à des streptocoques de pneumonie chez des souris (Amdur, 1986)
Arsenic	550 µg/l d'eau douce pour une inhibition de la croissance des larves chez des truites *Oncorhynchus mykiss* (CCMRE, 1987)	< 48 µg/l d'eau douce pour une inhibition de la croissance d'une culture d'algues unicellulaires *Scenedesmus obliquus* (CCMRE, 1987)
HAP BaP	1579 µg/kg de sédiments marins en poids sec pour des tumeurs hépatiques chez des soles *Parophrys vetulus* (CCME, 1999a)	41 µg/kg de sédiments marins en poids sec pour des tumeurs hépatiques chez des soles *Parophrys vetulus* (CCME, 1999a)
Acide sulfurique	6 mg/l d'eau douce pour une inhibition de la croissance chez des ménés *Pimephales promelas* (Environnement Canada, 1984a)	< 2,9 mg/l d'eau douce pour les effets néfastes de l'acidification chez des organismes aquatiques (CNRC, 1982a)
Effluents de 42 fabriques de pâtes et papiers au Québec en 1995	> 10 ml/l d'eau douce = > 1 %* en moyenne pour une inhibition de la croissance d'une culture d'algues unicellulaires *Pseudokirchneriella subcapitata* (Langlois et Dubuc, 1999)	< 10 ml/l d'eau douce = < 1 %* en moyenne pour une inhibition de la croissance d'une culture d'algues unicellulaires *Pseudokirchneriella subcapitata* (Langlois et Dubuc, 1999)

* CSE, TEC = 1 % (Van Coillie, 1997).

2.2.6 Doses seuils (DMEO et DSEO)

En plus de toutes ces concentrations seuils, des doses seuils ont été spécifiées; ces dernières diffèrent des concentrations, tout comme les DL, DE et DI diffèrent des CL, CE et CI.

Voyons maintenant les doses seuils couramment utilisées (Environnement Canada, 1985; Klaassen, 1986; Lu, 1991).

DES : *Dose d'effet seuil* (*TEL* : *threshold effect level*).

DMEO : Voir *LOEL*, plus bas.

DSEO : Voir *NOEL*, plus bas.

DSE : *Dose sans effet*.

LOAEL : *Lowest observed adverse effect level*; en français, *dose minimale pour un effet néfaste observé* (DMENO).

LOEL : *Lowest observed effect level*; en français, on l'exprime par DMEO pour *dose minimale pour un effet observé*.

NEL : *No effect level*; en français, *dose sans effet* (DSE).

NOAEL : *No observed adverse effect level*; en français, *dose sans effet néfaste observé* (DSENO).

NOEL : *No observed effect level*; en français, on l'exprime par DSEO pour *dose sans effet observé*.

Ces doses seuils sont plus souvent précisées pour des effets sublétaux que pour des effets létaux (Lu, 1991). Les doses seuils létales sont supérieures aux doses seuils sublétales et sont donc moins intéressantes que ces dernières pour rechercher des doses sécuritaires (Lu, 1991). Environnement Canada (1985) utilise parfois le sigle DL min. pour *doses létales minimales*.

Les doses seuils n'ont qu'une utilité relative en toxicologie environnementale, car les modes d'administration utilisés (injection et autres voies d'imposition rapide) apparaissent peu appropriés, comme c'est le cas pour les DL, DE et DI.

Toutefois, comme les doses seuils font partie de l'évolution des mesures de toxicité, il convient d'en traiter. Le tableau 2.12 présente des exemples de ces doses seuils chroniques.

Tableau 2.12 Exemples de doses seuils chroniques

Composés	**DMENO (*LOAEL*)**	**DSENO (*NOAEL*)**
2,3,7,8 TCDD	1 ng/kg p.c. pour une anomalie des fœtus chez des rates (Jones et Bennett, 1989)	< 1 ng/kg p.c. pour une anomalie des fœtus chez des rates (Jones et Bennett, 1989)
Acroléine	1,5 µg/l d'air* pour une inhibition de la fréquence respiratoire chez des cochons d'Inde (Amdur, 1986)	> 57 ng/l d'air* pour des irritations respiratoires chez des rats (Environnement Canada, 1999a)
Fluorures	3,9 µg/l d'air* pour des irritations cutanées chez des humains (Environnement Canada, 1984b)	< 3,9 µg/l d'air* pour des irritations cutanées chez des humains (Environnement Canada, 1984b)
Cadmium	0,2 mg/kg p.c. pour des gastro-entérites chez des humains (UDSH, 1991)	88 µg/kg p.c. pour des tumeurs de prostate chez des rats (CRCC, 1979a)
Méthylmercure	1 mg/kg p.c. pour des lésions hépatiques chez des souris (Chang, 1979)	0,5 mg/kg p.c. pour des lésions hépatiques chez des chats (Chang, 1979)
Arsenic	1,5 mg/kg p.c. pour une inhibition de la reproduction chez des souris (Environnement Canada, 1993a)	< 1,5 mg/kg p.c. pour une inhibition de la reproduction chez des souris (Environnement Canada, 1993a)
BPC Arochlore 1254	2 mg/kg p.c. pour des lésions hépatiques chez des rats (CNRC, 1979b)	0,5 mg/kg p.c. pour une hypertrophie du foie chez des rats (CNRC, 1979b)
DDT	3 mg/kg p.c. pour une inhibition de la sécrétion d'hormone thyroïdienne chez des pigeons (Moriarty, 1988)	0,05 mg/kg p.c. pour divers effets chez des animaux de laboratoire (Lu, 1991)
HAP	5 mg du HAP 7,12 diméthyl benzo-a-anthracène/kg p.c. pour une inhibition de la prolifération provoquée des lymphocytes T chez des souris (OME, 1997)	0,4 mg du HAP BaP/kg p.c. pour une inhibition de la formation d'anticorps – antigènes dans les poumons chez des souris (OME, 1997)
Plomb	< 15 mg/kg p.c. pour des irritations cutanées chez des rats (Environnement Canada, 1985)	
Éthanol (alcool éthylique)	50 mg/kg p.c. pour une inhibition des réflexes chez des humains (Environnement Canada, 1985)	< 50 mg/kg p.c. pour une inhibition des réflexes chez des humains (Environnement Canada, 1985)

Tableau 2.12 (*suite*)

Composés	**DMENO (*LOAEL*)**	**DSENO (*NOAEL*)**
Acide sulfurique	135 mg/kg p.c. pour des irritations diverses chez des humains (Environnement Canada, 1984a)	< 135 mg/kg p.c. pour des irritations diverses chez des humains (Environnement Canada, 1984a)

* Ces *LOAEL* et *NOAEL* exprimés en µg/l d'air (acroléine et fluorures) représentent des CMEO, *LOEC* et des CSEO, *NOEC* respectivement. Signalons ici que les *LOAEL* et *NOAEL* du monoxyde de carbone sont égales à leurs CMEO, *LOEC* et CSEO, *NOEC*, soit respectivement 0,11 et 0,03 mg/l d'air (Amdur, 1986).

Avant d'aller plus loin, voyons en parallèle les acronymes français et anglais fréquemment utilisés pour indiquer les concentrations et les doses des seuils de toxicité.

Acronymes	**Français**	**Anglais**
Concentrations	CMEO	*LOEC*
	CSEO	*NOEC*
	CESO = √ (CMEO * CSEO)	*TOEC* = √ (*LOEC* * *NOEC*)
	CES	*TEC*
	CSE	*NEC*
Doses	DMEO et DMENO	*LOEL* et *LOAEL*
	DSEO et DSENO	*NOEL* et *NOAEL*
	DES	*TEL*
	DES	*NEL*

Nous avons vu que les mesures de toxicité sont très variées. De fait, elles dépendent de plusieurs variables dont les 12 variables suivantes :

- *Composés chimiques testés.* Par exemple, le 2,3,7,8 TCDD est beaucoup plus toxique que divers autres composés tels que BPC, métaux lourds et fluorures.
- *Modes d'administration des composés.* Les doses injectées par différentes voies, combinées à l'alimentation ou respirées ne correspondent pas à des concentrations imposées dans les milieux environnementaux.
- *Durées des bioessais.* Les résultats de toxicité sont généralement plus élevés pour des durées aiguës de quelques heures à quelques jours que pour des durées chroniques de plusieurs jours à plusieurs mois pendant lesquels les concentrations ou doses sont renouvelées quotidiennement ou hebdomadairement.

- *Types de toxicité*. Les concentrations et doses toxiques diffèrent selon qu'elles sont létales, sublétales et (ou) cancérogènes.
- *Mesures terminales de toxicité*. Les concentrations et doses toxiques peuvent être médianes (CE_{50}, CI_{50}, CL_{50}, DE_{50}, DI_{50} et DL_{50}), minimales (CMEO ou *LOEC*, CES ou *TEC*, DES ou *TEL*, *LOAEL*, *LOEL* et *MATC*) ou autres (CE_x, CI_x, CL_x, DI_x, DE_x et DL_x).
- *Mesures nominales et mesures vérifiées de toxicité*. Plusieurs auteurs préparent des concentrations nominales par dilution et ne vérifient pas ultérieurement si celles-ci se retrouvent complètement dans les conditions ambiantes des bioessais; cette vérification est particulièrement nécessaire pour des composés chimiques qui peuvent rapidement précipiter, s'évaporer, être dégradés et (ou) adhérer à des parois; une grande différence peut alors être observée entre des concentrations nominales et des concentrations réelles.
- *Milieux concernés*. Les teneurs toxiques d'un composé diffèrent avec les milieux où il agit, soit l'air, l'eau douce, l'eau marine, les sédiments dulcicoles, les sédiments marins ou les sols.
- *Groupes biologiques testés*. Les algues unicellulaires, les bactéries, les microcrustacés, les vers, les poissons, les oiseaux, les mammifères et les humains ont des sensibilités différentes aux composés toxiques; les algues unicellulaires et les microcrustacés se révèlent souvent les plus sensibles.
- *Espèces et souches testées*. Il est reconnu que certaines espèces sont plus sensibles à des composés toxiques que d'autres qui sont plus résistantes au sein d'un groupe biologique; en outre, chez quelques espèces, entre autres des rats, souris et saumons, les souches et variétés ont des sensibilités différentes à des composés toxiques.
- *Âges des individus testés*. Par exemple, les alevins et les larves manifestent une sensibilité plus grande aux composés toxiques que les adultes chez les poissons.
- *Paramètres testés*. Les résultats des mesures toxiques varient avec les paramètres étudiés tels que croissance, enzymes, évitement, hormones, lésions, photosynthèse, réactions immunologiques, reproduction, respiration ou autres; par exemple, une CI_{25} de la croissance diffère d'une CI_{25} de la reproduction chez les poissons.
- *Conditions expérimentales*. Des facteurs comme le pH, la dureté, l'oxygène dissous, les rayons ultraviolets, la salinité et la température influencent considérablement les réponses toxiques.

Face à cette grande variabilité des mesures de toxicité, il faut être prudent. On doit notamment éviter de se limiter à un ou deux résultats de toxicité ou comparer des données de toxicité obtenues dans des contextes différents (modes d'administration, durées, espèces, âges, paramètres mesurés et conditions environnementales).

L'étalement des mesures de toxicité nous oblige à restreindre notre propos aux plus basses valeurs de toxicité mentionnées dans la littérature, et ce, par composé, mode d'administration, type de mesure terminale et milieu concerné. En optant pour ce choix, nous évitons de présenter des fourchettes démesurées de valeurs de toxicité.

Les autorités gouvernementales en environnement réagissent de deux façons par rapport à l'étalement des mesures de toxicité.

1. Elles imposent des protocoles précis de bioessais très sensibles de toxicité (espèces et âges plus vulnérables, durées standardisées et conditions expérimentales optimales) afin de s'assurer que les résultats sont acquis de façon identique, donc comparables. Par exemple, le bioessai de mortalité des poissons est fait au Canada avec des truites arc-en-ciel *Oncorhynchus mykiss* âgées de quelques mois (espèce et âge très sensibles chez les poissons), à 15 °C pendant 4 jours, sans renouvellement du composé chimique (Environnement Canada, 1990a).

2. Elles sélectionnent les concentrations toxiques les plus basses pour un composé chimique dans un type de milieu, décrites dans la littérature scientifique. Ceci leur permet de déterminer le seuil toxique le plus bas pour ce composé dans ce milieu. Ce seuil est ensuite divisé par un facteur de sécurité de 10 à 1000, lequel augmente avec les incertitudes, l'insuffisance de données, la biodisponibilité du composé et son degré de toxicité. On calcule ainsi un critère de qualité pour ce composé dans ce milieu. Par exemple, le CCME (1999a) a employé cette procédure pour recommander des critères provisoires de qualité pour des HAP individuels dans les sédiments marins, à savoir de 6 à 111 µg/kg de sédiments en poids sec, selon les HAP considérés.

2.2.7 Unités toxiques (UT)

Les unités toxiques (UT) ont été proposées à partir des considérations suivantes. Une concentration ou une dose toxique basse est plus préoccupante qu'une concentration ou une dose toxique élevée pour un même type de toxicité. Par exemple, la 2,3,7,8 TCDD dont la DL_{50} se situe entre 1 et 100 µg/kg p.c. a un degré de toxicité supérieur à celui du DDT dont la DL_{50} équivaut à 100 000 µg/kg p.c.; en outre, un effluent A qui a une CL_{50} à 2 % s'avère davantage toxique qu'un effluent B qui a une CL_{50} à 20 %. En effet, il faut de 100 à 100 000 fois moins de 2,3,7,8 TCDD que de DDT, 10 fois moins de 2,3,7,8 TCDD que de DDT et 10 fois moins d'effluent A que d'effluent B pour obtenir la mortalité de 50 % des individus testés. Ces baisses de valeurs de toxicité contrarient quelque peu nos modes de pensée habitués à des montées de valeurs dans les graphiques ou tableaux. Pour contourner cette contrariété, on a défini des « unités toxiques » qui sont les inverses des mesures terminales de toxicité.

Elles sont principalement utilisées en toxicologie environnementale pour les effluents (USEPA, 1991) :

UT : *Unité toxique* = 100 % de l'effluent/mesure terminale de la toxicité de l'effluent en pourcentage.

UTa : *Unité toxique aiguë* = 100 % de l'effluent/CL_{50} de l'effluent en pourcentage.

UTc : *Unité toxique chronique* = UTsl.

UTsl : *Unité toxique sublétale* = 100 % de l'effluent/CSE de l'effluent en pourcentage, ou 100 % de l'effluent/CI_{25} de l'effluent en pourcentage (Environnement Canada, 1999b) ou 100 % de l'effluent/NOEC de l'effluent en pourcentage.

Le calcul des UTa des effluents A et B, mentionnés plus haut, indique que l'effluent A possède 50 UTa et est donc plus nocif que l'effluent B avec 5 UTa, alors que leurs CL_{50} se chiffrent respectivement à 2 % et à 20 %.

L'utilité des unités toxiques est également mise en évidence dans une étude des effluents de 23 fabriques de pâtes et papiers au Québec (Van Coillie, 1997). Leurs CES ou *TEC*, qui équivalaient à 0,15 % en moyenne en 1995, avant l'installation de traitements secondaires d'effluent, étaient montées à 0,40 % peu après cette installation. Cette montée de valeurs exprime mal une baisse de toxicité, laquelle se comprend mieux si l'on emploie des UTc, soit 667 et 250 UTc respectivement, avant et après cette installation.

Un autre avantage des unités toxiques pour les effluents mérite d'être souligné : le nombre d'unités toxiques (UT) d'un effluent correspond à sa dilution. De fait, les effluents A et B précités, qui ont respectivement 50 UTa et 5 UTa et donc des CL_{50} respectives à 2 % et 20 %, sont des effluents dilués 50 fois et 5 fois lorsqu'ils tuent la moitié des poissons testés. Ce parallélisme entre les UT et les dilutions des effluents facilite la compréhension de leur toxicité, entre autres auprès des responsables des traitements d'effluents.

2.2.8 Toxicité équivalente (TEQ)

Pour calculer la concentration potentiellement toxique d'un mélange de plusieurs composés de structure analogue, tel un ensemble de dioxines et furannes chlorés d'un effluent, on a recours à des concentrations en « toxicité équivalente » (TEQ).

Ces concentrations sont définies en adoptant la procédure mise au point pour les doses en toxicité équivalente. Les composés sont classés en séries d'homologues (séries de mono, di, tri, tétra, penta, hexa, hepta ou octochlorés) et ensuite en isomères (composés qui ont la même formulation avec des configurations différentes) à l'intérieur des séries d'homologues : par exemple, deux hexachlorodibenzo-p-dioxines dont les 6 chlores sont positionnés sur les carbones 1,2,3,5,7,8 ou 1,2,3,7,8,9.

La classification en *homologues* et *isomères* identifie de nombreux congénères, soit respectivement 75 et 135 composés congénères pour les dioxines et furannes chlorés. La toxicité de chacun de ces congénères a été testée par un même bioessai, à savoir un bioessai d'augmentation des enzymes aryles hydrocarbures hydroxylases (AHH) hépatiques chez des rats. Le composé 2,3,7,8 TCDD s'est alors révélé beaucoup plus toxique que chacun des autres congénères. Il a par la suite servi de référence toxique unitaire arbitraire pour les autres dioxines et furannes chlorés; ceux-ci ont dès lors une toxicité moindre, exprimée en facteurs d'équivalence de toxicité (FET), dont l'abréviation anglaise est *TEF* pour *toxic equivalency factors*, par rapport à la toxicité de la 2,3,7,8 TCDD; ces facteurs s'étendent de < 0,001 à 0,5 selon les congénères et sont indiqués dans le tableau 2.13, pour les 17 dioxines et furannes chlorés les plus nocifs (Safe, 1987).

En multipliant la concentration ou dose d'un congénère par son facteur d'équivalence de toxicité, on obtient sa concentration ou dose en toxicité équivalente, soit :

TEQ : Concentration ou dose exprimée en *toxicité équivalente* ou *équivalent toxique* à la toxicité de la dioxine chlorée 2,3,7,8

TCDD; en anglais, on dit *toxic equivalent quantity*, avec le même sigle *TEQ* (Niimi, 1994).

Les concentrations ou doses individuelles en TEQ des différents congénères d'un mélange de dioxines et furannes chlorés sont ultérieurement additionnées pour déterminer la concentration ou dose potentiellement toxique en TEQ de ce mélange. Par exemple, la concentration totale de dioxines et furannes chlorés d'un effluent se chiffre respectivement à 2 pg/l en TEQ et 20 à 40 pg/l en TEQ pour des eaux usées urbaines et des effluents insuffisamment traités de fabriques de pâtes et papiers; ces teneurs sont très inférieures à 5000 pg/l, la concentration seuil toxique de ces organochlorés en TEQ pour des larves de poissons (Niimi, 1994).

Tableau 2.13 Facteurs d'équivalence de toxicité pour des dioxines et furannes

Dioxines et furannes chlorés		Facteurs d'équivalence de toxicité
2,3,7,8	T4CDD	1,0
1,2,3,7,8	P5CDD	0,5
1,2,3,4,7,8	H6CDD	0,1
1,2,3,7,8,9	H6CDD	0,1
1,2,3,6,7,8	H6CDD	0,1
1,2,3,4,6,7,8	H7CDD	0,01
1,2,3,4,6,7,8,9	08CDD	0,001
2,3,7,8	T4CDF	0,1
2,3,4,7,8	P5CDF	0,5
1,2,3,7,8	P5CDF	0,05
1,2,3,4,7,8	H6CDF	0,1
1,2,3,7,8,9	H6CDF	0,1
1,2,3,6,7,8	H6CDF	0,1
2,3,4,6,7,8	H6CDF	0,1
1,2,3,4,6,7,8	H7CDF	0,01
1,2,3,4,7,8,9	H7CDF	0,01
1,2,3,4,6,7,8,9	O8CDF	0,001

Certains auteurs ont étendu l'approche en TEQ de la 2,3,7,8 TCDD aux 209 BPC (Safe, 1990; Niimi, 1994), mais cette application demeure très discutée. En outre, l'approche des concentrations ou doses en toxicité équivalente a été proposée récemment pour les HAP avec des facteurs d'équivalence de toxicité précisés à partir de la toxicité du BaP choisie comme référence toxique unitaire; le tableau 2.14 présente ces facteurs (Collins *et al.*, 1998).

Tableau 2.14 Facteurs d'équivalence de toxicité pour des HAP

HAP Hydrocarbures aromatiques polycycliques	Facteurs d'équivalence de toxicité
Benzo-a-pyrène	1,0
Benzo-a-anthracène	0,1
Benzo-b,j,k-fluoranthène	0,1
Chrysène	0,01
Dibenzo-a,h-anthracène	0,1
Dibenzo-a,i-pyrène	10
Dibenzo-a,l-pyrène	10
Indéno-1,2,3-cd-pyrène	0,1

Mesures de toxicité physique

Certaines mesures de toxicité ont été préconisées pour divers agents physiques en plus de celles des composés chimiques, car ces agents peuvent aussi causer des effets néfastes importants. Elles utilisent des unités particulières exprimées en *doses physiques de toxicité*. Les doses physiques de toxicité diffèrent des doses et concentrations chimiques toxiques, mais peuvent, comme ces dernières, indiquer non seulement leur toxicité, mais aussi des expositions chroniques lors de longs bioessais.

Comme pour les doses et concentrations que nous avons étudiées dans ce chapitre, nous avons choisi les doses physiques toxiques parmi les plus basses mentionnées dans la littérature scientifique. Nous les présentons dans le tableau 2.15.

Tableau 2.15 Types de teneurs physiques toxiques

Types de teneurs physiques	Concentrations ou doses médianes de toxicité	Concentrations ou doses minimales de toxicité
Champs électromagnétiques de lignes électriques en Hz (Hertz de fréquence) ou kV (kilovolts)/m		DE min. = 50 Hz pour une augmentation des globules blancs chez des rats (Hydro-Québec, 1990) DI min. = 10 kV/m pour une inhibition du rythme cardiaque chez des humains (Hydro-Québec, 1990)
Rayons ultraviolets (UV) focalisés en µw (microwatts)/cm^2		DI min. = 125 µw d'UV A/cm^2 pour une inhibition accrue de la croissance d'une culture d'algues unicellulaires *Selenastrum capricornutum* exposées au HAP anthracène (Gala et Giesy, 1992)
Turbidité en UNT		DI min. = < 1000 UNT pour une inhibition de la photosynthèse chez des algues et plantes macrophytes des eaux douces (Environnement Canada, 1980)
Radioactivités de composés radio-isotopiques en Bq		
Radon 222	CL_{50}, 30 jours : (210 à 320) × 1000 k Bq/l d'air chez des souris (Eaton, 1989)	CE min. chronique : 18 à 740 k Bq/l d'air pour des effets sublétaux chez des souris (Eaton, 1989)
Strontium 90	CL_{50} aiguë : 29 600 k Bq/l d'eau douce pour des embryons chez des brochets *Exos lucius* (NRCC, 1983)	CE min. chronique : > 3,7 k Bq/l d'eau douce pour l'inhibition de la croissance des alevins chez des brochets *Exos lucius* (NRCC, 1983)
Radioactivités de toute provenance en rads* ou en R (roentgens)**		
Rads	DE_{50} aiguë : 26 rads pour une augmentation des malformations des alevins chez des truites *Oncorhynchus mykiss* (NRCC, 1983) DI_{50} chronique : 6 rads pour une inhibition de la fécondité chez des poissons guppy *Lebistes reticulatus* (NRCC, 1983) DL_{50}, 30 jours : 205 à 750 rads chez des mammifères de laboratoire (Hobbs et Mc Clellan, 1986) DL_{50}, 30 jours : 300 à 1100 rads chez des poissons estuariens *Fundulus heteroclitus* (NRCC, 1983)	DE min. aiguë : 25 rads pour une augmentation des aberrations chromosomiques des globules blancs chez des humains (Hobbs et Mc Clellan, 1986)

Tableau 2.15 (*suite*)

Types de teneurs physiques	**Concentrations ou doses médianes de toxicité**	**Concentrations ou doses minimales de toxicité**
R (roetgens)**	DL_{50}, aiguë : 58 R pour des alevins chez des truites *Oncorhynchus mykiss* (NCRR, 1983) DL_{50}, 30 jours : 16 R pour des œufs fécondés chez des saumons *Oncorhynchus kisutch* (NRCC, 1983)	DE min. chronique : 0,5 à 10 R pour des malformations chez des saumons *Oncorhynchus tsasytscha* (NRCC, 1983)

* Rad : unité de radiation absorbée dans tout milieu; il vaut 0,01 joule/kg ou 100 ergs/g
– 100 rads = 1 Gy (Gray)
– 100 rads × facteur de qualité de radiation = 100 rem = 1 Sv (Sievert)
** R : roentgen ou röntgen : unité de radiation ionisante des rayons gammas ou des rayons X dans l'air = 0,258 µ coulomb/g d'air (Hobbs et Mc Clellan, 1986)

Conclusion

Nous avons vu, dans ce chapitre, comment les mesures de teneurs et de toxicité se prennent dans un contexte d'évaluation écotoxicologique. Ces notions sont importantes puisqu'elles permettent de comprendre les bases de l'évaluation écotoxicologique, soit la mesure de la contamination et de ses effets, de mieux saisir la toxicité selon toutes ses formes, principalement la toxicité aiguë et la toxicité sublétale. Elles nous permettront aussi de bien comprendre les notions du chapitre suivant, soit la mesure de l'exposition comme telle, ainsi que l'utilisation des descripteurs de risque.

Chapitre 3

Mesures d'exposition et de risque

Aperçu du chapitre

Les deux premiers chapitres nous ont permis de nous familiariser avec le jargon propre aux notions théoriques de l'écotoxicologie. Le chapitre 3, quant à lui, vise à faire le bilan des connaissances sur les mesures de l'exposition à des substances toxiques, ainsi que sur les principaux descripteurs de risque écotoxicologique. Comme nous l'avons vu dans le premier chapitre, *écotoxicologie* signifie la connaissance (*logos*) des poisons (*toxikon*) dans les habitats (*oikos*). Une des composantes de l'écotoxicologie est la connaissance de l'exposition : « Comment et à quel degré un organisme est-il exposé? » Pour répondre à cette question plusieurs approches sont utilisées, quelquefois de façon individuelle et (ou) parallèle, mais de plus en plus de façon complémentaire. Une autre composante de l'écotoxicologie est le risque associé à cette exposition. La question qu'on se pose alors : « Quel est le risque toxique associé à une telle exposition? » Là encore, plusieurs éléments sont à prendre en compte, comme nous le verrons dans la deuxième partie de ce chapitre.

3.1 Mesures d'exposition

Pour évaluer l'exposition d'organismes biologiques à des agents chimiques ou physiques qui peuvent être toxiques, diverses méthodes sont utilisées. Nous les classons en quatre groupes complémentaires : la détermination de valeurs expérimentales, le calcul du total des expositions, la définition d'expositions de référence ou l'emploi de bioindicateurs. Lorsque aucune de ces méthodes ne peut être utilisée ou précisée, il faut recourir aux concentrations mesurées dans le milieu.

3.1.1 Valeurs expérimentales

Les bioessais de toxicité qui exposent des organismes biologiques à des doses ou à des concentrations d'agents chimiques ou physiques servent à définir non seulement des DL_{50}, DE, DI, CL_{50}, CE, CI, *LOAEL*, *LOEC*, *NOAEL* et *NOEC*, mais aussi des mesures d'exposition toxique.

On semble rarement les utiliser pour des expositions aiguës, soit des expositions de courtes durées (quelques heures à quelques jours d'exposition); elles sont généralement retenues pour de longues durées d'exposition chronique (plusieurs jours à plusieurs semaines), car les lentes intoxications sont souvent plus fréquentes que les agressions aiguës.

Les mesures expérimentales d'exposition sont exprimées en :
- doses d'exposition, en mg/kg p.c./j ou mg/kg de nourriture/j;
- concentrations d'exposition, en mg/l d'eau, m³ d'air ou kg de sols/j.

Voyons deux exemples pour bien comprendre :
- une dose d'exposition de 0,5 mg de BPC Arochlore 1254/kg de nourriture/j durant 4 semaines cause une augmentation des enzymes AHH chez des rats (CNRC, 1979b);
- une concentration d'exposition de 0,275 µg de méthylmercure/l/j durant 8 semaines provoque des dommages aux branchies chez des truites *Oncorhynchus mykiss* (Armstrong, 1979).

Des doses sans effet (DSE, NOAEL et NOEL) par jour ou des concentrations sans effet (CSE et NOEC) par jour sont souvent recherchées lors des mesures expérimentales d'exposition, car elles sont nécessaires pour calculer des expositions de référence (Klaassen, 1986a; Lu, 1991).

3.1.2 Total des expositions

Le total des expositions est calculé en considérant toutes les voies possibles d'exposition à un agent potentiellement toxique pour des humains ou d'autres organismes biologiques de l'environnement, entre autres les espèces fauniques. Ces voies sont l'*inhalation*, l'*ingestion* et le *contact cutané*.

La méthode pour déterminer le total des expositions à un agent toxique a été décrite dans plusieurs publications relativement récentes (Suter, 1993; USEPA, 1993; MEF, 1996b et 1996c; CCME, 1997a; Sample *et al.*, 1997; USEPA, 1997; MEF, 1998; USEPA, 1998; MSSS, 1999 et 2002).

Décrivons cette méthode à l'aide d'un exemple qui précise le total des expositions possibles, pour des humains et pour deux espèces fauniques, à deux HAP cancérogènes, soit le BaP (benzo-a-pyrène) et le BbjkF (benzo-bjk-fluoranthène) des sols; cela s'est produit sur un site de grande combustion de charbon et de diesel au Canada.

Exposition humaine

L'exposition humaine à ces deux HAP peut survenir par les voies suivantes : inhalation, ingestion et contact cutané. Voyons comment on la mesure.

- **Inhalation de HAP par des humains à partir de poussières des sols** (tableau 3.1) = concentration locale des poussières des sols × concentration du HAP dans les sols × taux d'inhalation × durée d'exposition × fréquence d'exposition × fraction absorbée × 1/p.c. à partir des données suivantes :
  - Concentration des poussières issues de l'érosion éolienne des sols = 25 µg/m³ d'air en moyenne pour des sites industriels extérieurs (MEF, 1996c);
  - Concentration du HAP dans les sols = 3,38 et 7,13 mg/kg des sols en moyenne pour respectivement le BaP et le BbjkF;
  - Taux d'inhalation = 1,2 m³ d'air/h en moyenne avec activités physiques modérées (USEPA, 1997);
  - Durée d'exposition = 1,4 h/j pour des nourrissons, jeunes et adultes et 2,8 h/j pour des enfants et adolescents en moyenne (MSSS, 1999);
  - Fréquence d'exposition = 1 exposition/j lorsque les sols ne sont pas enneigés ou gelés, soit des expositions limitées en moyenne à 210 j/365 j d'année = 0,57;
  - Fraction absorbée = portion inhalée du HAP qui est absorbée = 0,3 et 1,0 respectivement pour le BaP et le BbjkF en moyenne (MEF, 1996c);
  - Poids corporel = 8 kg pour des nourrissons (0 à 0,5 an), 16 kg pour des enfants (> 0,5 à 4 ans), 33 kg pour des jeunes (> 4 à 12 ans), 60 kg pour des adolescents (> 12 à 19 ans) ou 70 kg pour des adultes (> 19 ans) en moyenne (MSSS, 1999 et 2002).

Tableau 3.1 Doses inhalées de HAP par des humains, exprimées en mg/kg p.c./j

Classes d'âge	BaP	BbjkF
0 à 0,5 an	$2,96 \times 1/10^9$	$20,8 \times 1/10^9$
> 0,5 à 4 ans	$2,94 \times 1/10^9$	$20,7 \times 1/10^9$
> 4 à 12 ans	$1,48 \times 1/10^9$	$10,4 \times 1/10^9$
> 12 à 19 ans	$0,81 \times 1/10^9$	$5,72 \times 1/10^9$
> 19 ans	$0,34 \times 1/10^9$	$2,41 \times 1/10^9$

- **Ingestion de HAP par des humains à partir des sols** (tableau 3.2) = concentration du HAP des sols × taux d'ingestion occasionnelle de sols × fréquence d'exposition × fraction absorbée × 1/p.c. avec les données suivantes :

  - Concentration du HAP dans les sols = 3,38 et 7,13 mg/kg des sols en moyenne pour respectivement le BaP et le BbjkF;

  - Taux moyen d'ingestion occasionnelle de sols = 13, 97, 23 ou 13 mg de sols/j respectivement chez des nourrissons (0 à 0,5 an), enfants (> 0,5 à 4 ans) et jeunes (> 4 à 12 ans), et chez des adolescents (> 12 à 19 ans) et adultes (> 19 ans et plus) (MSSS, 1999);

  - Fréquence d'exposition = 1 exposition/j lorsque les sols ne sont pas enneigés ou gelés, soit des expositions limitées en moyenne à 210 j/365 j d'année = 0,57; c'est la même fréquence d'exposition que pour l'inhalation humaine de HAP des sols;

  - Fraction absorbée = portion ingérée du HAP qui est absorbée = 0,3 et 0,1 respectivement pour le BaP et le BbjkF, en moyenne (MEF, 1996c);

  - Poids corporel = 8 kg pour des nourrissons (0 à 0,5 an), 16 kg pour des enfants (> 0,5 à 4 ans), 33 kg pour des jeunes (> 4 à 12 ans), 60 kg pour des adolescents (> 12 à 19 ans) ou 70 kg pour des adultes (> 19 ans) en moyenne (MSSS, 1999).

Tableau 3.2 Doses ingérées de HAP par des humains, exprimées en mg/kg p.c./j

Classes d'âge	BaP	BbjkF
0 à 0,5 an	$9,16 \times 1/10^7$	$64,40 \times 1/10^7$
> 0,5 à 4 ans	$34,10 \times 1/10^7$	$240 \times 1/10^7$
> 4 à 12 ans	$3,99 \times 1/10^7$	$28,10 \times 1/10^7$
> 12 à 19 ans	$1,26 \times 1/10^7$	$8,85 \times 1/10^7$
> 19 ans	$1,06 \times 1/10^7$	$7,47 \times 1/10^7$

- **Absorption cutanée de HAP à partir des sols pour des humains** (tableau 3.3) = concentration du HAP dans les sols × surface de peau exposée × adhérence des sols à la peau × nombre de contacts × fréquence d'exposition × fraction absorbée × 1/p.c. en utilisant les données suivantes :

- Concentration du HAP dans les sols : même valeur que pour l'inhalation humaine et l'ingestion humaine de HAP des sols;
- Surface de peau exposée = 905, 1532, 2535, 3867 ou 4410 cm^2 de peau respectivement chez des nourrissons (0 à 0,5 an), enfants (> 0,5 à 4 ans), jeunes (> 4 à 12 ans), adolescents (> 12 à 19 ans) et adultes (> 19 ans), en moyenne (USEPA, 1997);
- Adhérence des sols à la peau = 0,25, 1, 0,5, 0,25 et 0,12 mg de sols/cm^2 de peau respectivement chez des nourrissons (0 à 0,5 an), enfants (> 0,5 à 4 ans), jeunes (> 4 à 12 ans), adolescents (> 12 à 19 ans) et adultes (> 19 ans et plus), en moyenne (MEF, 1996 c);
- Nombre de contacts = 1/j;
- Fréquence d'exposition : même fréquence d'exposition que pour l'inhalation humaine et l'ingestion de HAP des sols, soit 1 exposition/j lorsque les sols ne sont pas enneigés ou gelés, c'est-à-dire des expositions limitées en moyenne à 210 j/365 j d'année = 0,57;
- Fraction absorbée : portion du HAP qui est entrée en contact avec la peau et qui est absorbée = 0,1 pour le BaP et le BbjkF, en moyenne (USEPA, 1997);
- Poids corporel = 8 kg pour des nourrissons (0 à 0,5 an), 16 kg pour des enfants (> 0,5 à 4 ans), 33 kg pour des jeunes (> 4 à 12 ans), 60 kg pour des adolescents (> 12 à 19 ans) ou 70 kg pour des adultes (> 19 ans) en moyenne (MSSS, 1999).

Tableau 3.3 Doses absorbées par contact cutané de HAP chez des humains, exprimées en mg/kg p.c./j

Classes d'âge	BaP	BbjkF
0 à 0,5 an	$0,53 \times 1/10^5$	$1,12 \times 1/10^5$
> 0,5 à 4 ans	$1,79 \times 1/10^5$	$3,78 \times 1/10^5$
> 4 à 12 ans	$0,74 \times 1/10^5$	$1,57 \times 1/10^5$
> 12 à 19 ans	$0,31 \times 1/10^5$	$0,66 \times 1/10^5$
> 19 ans	$0,14 \times 1/10^5$	$0,30 \times 1/10^5$

- **Le total des expositions humaines aux HAP des sols par les différentes voies d'inhalation, d'ingestion et de contact cutané** (tableau 3.4) = dose totale des HAP auxquels des humains ont été exposés.

Tableau 3.4 Doses totales d'exposition de HAP chez des humains, exprimées en mg/kg p.c./j

Classes d'âge	BaP	BbjkF
0 à 0,5 an	$0{,}62 \times 1/10^5$	$1{,}77 \times 1/10^5$
> 0,5 à 4 ans	$2{,}13 \times 1/10^5$	$6{,}18 \times 1/10^5$
> 4 à 12 ans	$0{,}78 \times 1/10^5$	$1{,}85 \times 1/10^5$
> 12 à 19 ans	$0{,}32 \times 1/10^5$	$0{,}75 \times 1/10^5$
> 19 ans	$0{,}15 \times 1/10^5$	$0{,}38 \times 1/10^5$

Ces doses totales de BaP et BbjkF des sols auxquelles des humains ont été exposés ont un potentiel cancérogène, puisque ces deux HAP sont des cancérogènes probables pour des humains, à long terme. Il est possible d'estimer ce potentiel en considérant la durée pendant laquelle l'exposition à ces deux HAP est susceptible de provoquer des tumeurs cancéreuses. Cette estimation se calcule avec l'équation suivante (MEF, 1996 c) :

Dose cancérogène totale (tableau 3.5) = Dose totale d'exposition aux HAP × T/60 (à 70);

où

- *Dose totale d'exposition aux HAP* = Dose totale de HAP auquel des humains sont exposés, exprimée en mg/kg p.c./j;
- *T* = durée, en années, pendant laquelle les deux HAP peuvent causer un cancer : cette durée varie avec les classes d'âge;
- *60* (*à 70*) = durée, en années, pendant laquelle les deux HAP sont susceptibles de provoquer un cancer durant une vie moyenne de 80 années; la réduction de 80 à 60 années tient compte de la période de latence nécessaire à l'apparition de tumeurs cancéreuses.

Tableau 3.5 Doses cancérogènes totales de HAP chez des humains, exprimées en mg/kg p.c./j

Classes d'âge	BaP	BbjkF
0 à 0,5 an	$0{,}62 \times 1/10^5 \times 0{,}5/60 = 0{,}005 \times 1/10^5$	$1{,}77 \times 1/10^5 \times 0{,}5/60 = 0{,}005 \times 1/10^5$
> 0,5 à 4 ans	$2{,}13 \times 1/10^5 \times 3{,}5/60 = 0{,}124 \times 1/10^5$	$6{,}18 \times 1/10^5 \times 3{,}5/60 = 0{,}360 \times 1/10^5$
> 4 à 12 ans	$0{,}78 \times 1/10^5 \times 7/60 = 0{,}091 \times 1/10^5$	$1{,}85 \times 1/10^5 \times 7/60 = 0{,}216 \times 1/10^5$
> 12 à 19 ans	$0{,}32 \times 1/10^5 \times 8/60 = 0{,}043 \times 1/10^5$	$0{,}75 \times 1/10^5 \times 8/60 = 0{,}100 \times 1/10^5$
> 19 ans	$0{,}15 \times 1/10^5 \times 41/60 = 0{,}102 \times 1/10^5$	$0{,}38 \times 1/10^5 \times 41/60 = 0{,}260 \times 1/10^5$
Total (0 à 60 ans)	$= 0{,}365 \times 1/10^5$	$= 0{,}951 \times 1/10^5$

Exposition d'organismes biologiques

L'exposition d'autres organismes biologiques de l'environnement aux deux HAP des sols a été évaluée en choisissant deux bioindicateurs sédentaires, habitant le site, soit un rongeur, le campagnol (*Microtus pennsylvanicus*) sédentaire permanent et un oiseau, le merle d'Amérique (*Turdus migratorius*) sédentaire saisonnier. Ces deux bioindicateurs fauniques peuvent être exposés aux deux HAP des sols par les voies suivantes : inhalation et ingestion de quatre éléments différents (plantes, vers, sols et eau). Voyons comment on en mesure l'exposition.

- **Inhalation de HAP par la faune à partir de poussières des sols** (tableau 3.6) = concentration locale de poussières des sols × concentration du HAP dans les sols × taux d'inhalation × (1/p.c.) en tenant compte des informations suivantes :
  - Concentration de poussières issues de l'érosion éolienne des sols = 25 µg/m³ d'air en moyenne pour des sites industriels extérieurs (MEF, 1996c);
  - Concentration du HAP dans les sols = 3,38 et 7,13 mg/kg des sols en moyenne, respectivement pour le BaP et le BbjkF;
  - Taux d'inhalation = 0,409 m³ d'air × E 0,77 du poids/j pour le merle d'Amérique et 0,546 m³ d'air × E 0,80 du poids/j pour le campagnol, en moyenne (Sample *et al.*, 1997), où E 0,77 et E 0,80 sont des exposants x des poids y dans la formule algébrique y^x;
  - Poids corporel = 0,03 kg pour le campagnol et 0,08 kg pour le merle d'Amérique, en moyenne (USEPA, 1993).

Tableau 3.6 Doses inhalées de HAP par la faune, exprimées en mg/kg p.c./j

Espèces fauniques	BaP	BbjkF
Merle d'Amérique	$6{,}18 \times 1/10^8$	$13{,}00 \times 1/10^8$
Campagnol	$9{,}30 \times 1/10^8$	$19{,}60 \times 1/10^8$

- **Ingestion de HAP par la faune à partir des plantes des sols** (tableau 3.7) = concentration du HAP dans les plantes des sols × proportion de plantes dans la nourriture × taux d'ingestion × (1/p.c.) en utilisant les valeurs suivantes :
  - Concentration du HAP dans les plantes des sols = 0,05 mg de BaP ou de BbjkF/kg de plantes, en moyenne;
  - Proportion de plantes dans la nourriture = 0,55 et 0,96 respectivement pour le merle d'Amérique et le campagnol, en moyenne (USEPA,1993);
  - Taux d'ingestion de plantes = 0,003 kg de plantes × E 0,56 du poids/j pour le campagnol et 0,006 kg de plantes × E 0,65 du poids/j pour le merle d'Amérique en moyenne (Sample *et al.* 1997), où E 0,56 et E 0,65 sont des exposants x des poids y dans la formule algébrique y^x;
  - Poids corporel = 0,03 kg pour le campagnol et 0,08 kg pour le merle d'Amérique, en moyenne (USEPA, 1993).

Tableau 3.7 Doses ingérées de HAP par la faune à partir des plantes, exprimées en mg/kg p.c./j

Espèces fauniques	BaP	BbjkF
Merle d'Amérique	$3{,}86 \times 1/10^3$	$3{,}86 \times 1/10^3$
Campagnol	$6{,}78 \times 1/10^3$	$6{,}78 \times 1/10^3$

- **Ingestion de HAP par la faune à partir des vers dans les sols** (tableau 3.8) = concentration du HAP dans les vers des sols × proportion de vers dans la nourriture × taux d'ingestion × (1/p.c.) avec les valeurs suivantes :
  - Concentration du HAP dans les vers sédentaires des sols = 0,10 mg de BaP/kg de vers et 0,70 mg de BbjkF/kg de vers, en moyenne;

- Proportion de vers dans la nourriture = 0,04 et 0,45 respectivement pour le campagnol et le merle d'Amérique, en moyenne (USEPA, 1993);
- Taux d'ingestion de vers = 0,003 kg de vers × E 0,56 du poids/j pour le campagnol et 0,006 kg de vers × E 0,65 du poids/j pour le merle d'Amérique, en moyenne (Sample *et al.*, 1997), où E 0,56 et E 0,65 sont des exposants x des poids y dans la formule algébrique y^x;
- Poids corporel = 0,08 kg pour le merle d'Amérique et 0,03 kg pour le campagnol, en moyenne (USEPA, 1993).

Tableau 3.8 Doses ingérées de HAP par la faune à partir des vers, exprimées en mg/kg p.c./j

Espèces fauniques	BaP	BbjkF
Merle d'Amérique	$6{,}32 \times 1/10^3$	$44{,}20 \times 1/10^3$
Campagnol	$0{,}56 \times 1/10^3$	$3{,}95 \times 1/10^3$

- **Ingestion de HAP par la faune à partir des sols** (tableau 3.9) = concentration du HAP des sols × proportion de sols ingérés × taux d'ingestion × (1/p.c.) à l'aide des données suivantes :
  - Concentration du HAP dans les sols = 3,38 et 7,13 mg/kg des sols en moyenne, respectivement pour le BaP et le BbjkF;
  - Proportion de sols ingérés = 0,10 et 0,02 respectivement pour le merle d'Amérique et le campagnol, en moyenne (USEPA, 1993);
  - Taux d'ingestion de sols = 0,006 kg de sols × E 0,65 du poids/j pour le merle d'Amérique et 0,003 kg de sols × E 0,56 du poids/j pour le campagnol, en moyenne (Sample *et al.*, 1997), où E 0,56 et E 0,65 sont des exposants x des poids y dans la formule algébrique y^x;
  - Poids corporel = 0,08 kg pour le merle d'Amérique et 0,03 kg pour le campagnol, en moyenne (USEPA, 1993).

Tableau 3.9 Doses ingérées de HAP par la faune à partir des sols, exprimées en mg/kg p.c./j

Espèces fauniques	BaP	BbjkF
Merle d'Amérique	$47,50 \times 1/10^3$	$100,00 \times 1/10^3$
Campagnol	$9,54 \times 1/10^3$	$20,10 \times 1/10^3$

- **Ingestion de HAP par la faune à partir des eaux locales** (tableau 3.10) = concentration du HAP des eaux × taux d'ingestion d'eau × (1/p.c.) en adoptant les données suivantes :
  - Concentration du HAP dans les eaux locales de surface = $1,0 \times 10^{-5}$ mg de BaP/l d'eau et $4,0 \times 10^{-5}$ mg de BbjkF/l d'eau;
  - Taux d'ingestion d'eau = 0,059 l d'eau × E 0,67 du poids/j pour le merle d'Amérique et 0,010 l d'eau × E 0,90 du poids/j pour le campagnol, en moyenne (Sample *et al.*, 1997), où E 0,67 et E 0,90 sont des exposants x des poids y dans la formule algébrique y^x;
  - Poids corporel = 0,08 kg pour le merle d'Amérique et 0,03 kg pour le campagnol, en moyenne (USEPA, 1993).

Tableau 3.10 Doses ingérées de HAP par la faune à partir des eaux locales, exprimées en mg/kg p.c./j

Espèces fauniques	BaP	BbjkF
Merle d'Amérique	$1,36 \times 1/10^6$	$5,43 \times 1/10^6$
Campagnol	$1,41 \times 1/10^6$	$5,62 \times 1/10^6$

Pour ce site, aucune autre voie d'exposition de la faune aux HAP n'a été retenue (Sample *et al.*, 1997).

- **Le total des expositions fauniques aux HAP des sols par les différentes voies d'inhalation et d'ingestion** est égal à la dose totale des HAP auxquels la faune a été exposée (tableau 3.11).

Tableau 3.11 Doses totales de HAP auxquelles la faune est exposée, exprimées en mg/kg p.c./j

Espèces fauniques	BaP	BbjkF
Merle d'Amérique	$5,77 \times 1/10^2$	$14,80 \times 1/10^2$
Campagnol	$1,69 \times 1/10^2$	$3,09 \times 1/10^2$

Tous ces algorithmes d'exposition s'avèrent certes utiles, mais leurs résultats doivent être interprétés avec prudence, car ils sont basés sur certaines valeurs extrapolées ou peu définies et ils sous-estiment ou n'incorporent pas des variables physicochimiques (température, pH et autres) ou écologiques (interdépendance, résistance et succession des espèces). De plus, ils sont limités à des humains et, par extension, à quelques espèces fauniques proches des humains.

3.1.3 Expositions de référence

Les valeurs expérimentales ou calculées d'exposition que nous venons de voir dans les sections précédentes peuvent être comparées à différentes valeurs de référence : doses de référence, doses journalières et concentrations de référence. Examinons-les brièvement.

Doses de référence

On utilise les doses de référence (DdR ou DRf) pour l'exposition des humains ou des espèces fauniques à un agent toxique (Lu, 1991; MEF, 1996b et c). Toutefois, *RfD* (*reference dose*), l'appellation anglaise de DRf, a été définie initialement par l'USEPA (1988a) et est souvent utilisée. La dose de référence se mesure en divisant la dose seuil par un facteur de sécurité.

DRf : dose seuil par jour/facteur de sécurité

La *dose seuil* est une *LOAEL*, *LOEL* ou une DES ou bien, par sécurité, une *NOAEL* ou *NOEL* ou DSE par jour (Klaassen, 1986a; USEPA, 1988; Lu, 1991; MEF, 1996c; USEPA, 1997 et 1998).

Le *facteur de sécurité*, aussi appelé *facteur d'incertitude*, est utilisé pour tenir compte de différents types de variabilité dans l'évaluation de la dose seuil et du type de toxicité étudiée. Ce facteur est un nombre entre 5 et 10 qui tient compte de la variabilité intraspécifique de la toxicité (différences quantitatives des réponses entre les individus, souches et groupes testés de la même espèce). On le multiplie par 10 pour tenir compte de la variabilité interspécifique de la toxicité (différences quantitatives des réponses entre deux espèces, par exemple entre des rats et des humains lors de l'extrapolation des résultats des premiers aux seconds); on obtient alors un facteur de sécurité de 50 à 100 (Lu, 1991; MEF, 1996 c). En outre, ce facteur doit être multiplié par 10 si la toxicité étudiée n'est pas chronique et il doit être amplifié à nouveau par 10, si la dose seuil est une *LOAEL* ou *LOEL* au lieu d'une DSE, *NOAEL* ou *NOEL*. Le facteur de sécurité varie donc de 50 à 5000, et parfois jusqu'à 10 000 (USEPA, 1988; MEF, 1996b et c; USEPA, 1997).

Le facteur de sécurité peut être moins grand et varier de 5 à 400, si les doses seuils de toxicité sont déterminées à partir de constatations épidémiologiques (MEF, 1996c).

De plus, on le multiplie souvent par un facteur de jugement professionnel, de 1 à 10, qui prend en compte le nombre d'individus testés, le nombre de paramètres testés, la cohérence des résultats obtenus. Lorsque ces trois variables sont faibles et (ou) lorsque les extrapolations entre les différentes voies d'exposition sont nombreuses, le facteur de jugement professionnel augmente, car l'incertitude est accrue (Lu, 1991; MEF, 1996b et c).

Pour illustrer des doses de référence, reprenons, dans le tableau 3.12, celles des deux HAP de l'exemple de la section précédente et qui ont été calculées par des organismes gouvernementaux (MEF, 1996c; USEPA, 1997; MENV, 2001a et b).

Tableau 3.12 Doses de référence (DRf) exprimées en mg/kg p.c./j

Espèces	BaP	BbjkF
Humain, pour ses 5 classes d'âge	1,5	0,03
Merle d'Amérique	1	1
Campagnol	1	1

Doses journalières

La dose journalière admissible (DJA) est la dose admissible pour l'exposition des humains ou des espèces animales domestiques à un agent toxique, principalement par l'alimentation (nourriture et eau) (Lu, 1991). En anglais, nous avons *ADI* pour *acceptable daily intake* (Lu, 1988). La DJA a été d'abord officialisée par deux organismes internationaux, la FAO (Food Agricultural Organization) et la WHO (World Health Organization), pour les additifs alimentaires et les pesticides avec leurs résidus; elle a ensuite été étendue aux autres composés chimiques transférables par l'alimentation (métaux lourds, organochlorés non pesticides, etc.) (Lu, 1991). Dans certains cas, les DJA incluent non seulement l'ingestion, mais aussi l'inhalation et le contact cutané (Lu, 1988).

En outre, il y a la dose journalière tolérée (DJT), qui est une dose quelque peu supérieure à la DJA (Blaney *et al.*, 1997). Il y a également la dose journalière tolérée provisoire (DJTP) (Blaney *et al.*, 1997).

DJA : dose seuil par jour/facteur de sécurité

La *dose seuil* est une DSE, *NOAEL* ou *NOEL* par jour (Lu, 1991). Le *facteur de sécurité*, aussi appelé facteur d'incertitude, est égal à 100 pour tenir compte de la variabilité intraspécifique et interspécifique de la toxicité; il est multiplié par un facteur de jugement professionnel qui varie de 1 à 20, comme pour les doses de référence, ce qui donne un facteur variant entre 20 et 2000 (Lu, 1991).

Les DJA et DJT ne sont pas applicables aux doses cancérogènes (Lu, 1988 et 1991). Dans le tableau 3.13, nous présentons quelques DJA, DJT et DJTP (Lu, 1991; Blaney *et al.*, 1997).

Tableau 3.13 Doses journalières de référence chez des humains, exprimées en µg/kg p.c./j

Composés	DJA, DJT et DJTP	
BaP	1,5	(DJTP)
BPC	1,0	(DJTP)
Carbamates	10	(DJA)
DTT	10	(DJA)
Dieldrine	0,1	(DJT)
	10	(DJA)
Lindane	10	(DJA)
Méthylmercure	0,47	(DJTP)
Organophosphates	1 à 20	(DJA)
PCDD en TEQ	$1 \times 1/10^6$	(DJT)

DJA : dose journalière admissible; DJT : dose journalière tolérée; DJTP : dose journalière tolérée provisoire.

Concentrations de référence

Les *concentrations de référence* (CRf), issues de la toxicologie industrielle, sont proposées comme valeurs sécuritaires ou comme valeurs seuils d'exposition dans l'air ambiant pour une durée précise (MEF, 1996c). Comme elles prennent en compte les durées d'exposition, elles diffèrent des critères de qualité de l'air, des teneurs chimiques naturelles dans l'air et des concentrations dans l'air sans effet toxique direct ou indirect (CSED et CSEI) (USEPA, 2001a).

Voici quelques concentrations de référence (CRf) souvent utilisées (MEF, 1996c).

AQG : *Air quality guideline.* Niveau d'exposition auquel on ne constate pas d'effets néfastes (autres que les cancers) pour des durées de ¼, 1, 8 et 24 heures; ce niveau est déterminé par l'OMS (Organisation mondiale de la santé) à partir des *LOAEL* ou *NOAEL* divisées par un facteur de sécurité.

CEL : *Continuous exposure limit.* AQG pour 90 jours d'exposition.

EEGL : *Emergency exposure guidance level.* Concentration maximale d'exposition tolérée pour des durées de ¼, ½ et 24 heures; elle est fixée par la National Academy of Science of USA (NAS) et par la National Aeronautic and Space Administration of USA (NASA).

ERPG : *Emergency response planning guideline*. Concentration au dessous de laquelle la majorité des humains peuvent être exposés pendant 1 heure sans manifester des symptômes néfastes majeurs; elle est précisée par l'American Industrial Hygiene Association (AIHA).

IDLH : *Immediately dangerous to life health*. Concentration d'exposition avec effet toxique sévère qui exige une évacuation en moins de 15 minutes; elle est fixée par la National Institute for Occupational Safety and Health of USA (NIOSH) et l'Occupational Safety and Health Administration of USA (OSHA).

PEL : *Permissive exposure limit*. Synonyme de *TLV* (Doull, 2001).

TLV – C : *Threshold limit value – ceiling*. Concentration d'exposition qui ne peut jamais être dépassée pour toute durée; elle est établie par l'American Conference of Governmental Industrial Hygienists of USA (ACGIH).

TLV – STEL : *Threshold limit value – short term exposure limit*. Concentration d'exposition maximale sans effets nocifs pour une durée de 15 minutes, laquelle durée ne peut être tolérée que 4 fois pendant 8 heures avec des intervalles supérieurs à 60 minutes; elle est fixée par l'ACGIH, comme toute *TLV*.

TLV – TWA : *Threshold limit value – time weighted average*. Concentretion d'exposition maximale sans effets nocifs pour une durée de 8 heures/jour × 5 jours, soit 40 heures par semaine pendant toute la vie; elle est pondérée par l'ACGIH.

Les trois quarts de ces concentrations de référence s'appliquent à des durées de 24 heures ou moins, et subséquemment entraînent des urgences écotoxicologiques.

Dans le tableau 3.14, nous présentons diverses valeurs de concentrations de référence (Environnement Canada, 1985 et 1991; MEF, 1996c). Les données indiquées montrent que les concentrations de référence varient considérablement avec les durées d'exposition et les types de ces concentrations.

Tableau 3.14 Concentrations de référence (CRf) chez des humains, exprimées en mg/m³ d'air

Composés et types de RfC	1 heure	8 heures	≥ 24 heures
Acide chlorhydrique :			
EEGL	1/4 h = 149		
	1 h = 29,8		
ERPG	1 h = 4,5		
Acide sulfurique :			
EEGL	1/4 h = 5		
	1 h = 1		
ERPG	1/4 h = 2		
Acroléine :			
TVL – STEL	1/4 h = 0,8		
TLV – TWA			40 h/semaine = 0,25
Ammoniac :			
CEL			90 jours = 34,5
EEGL	1 h = 69		24 h = 69
ERPG	1 h = 18		
Dioxyde d'azote :			
AQG	1 h = 0,4		24 h = 0,15
Dioxyde de soufre :			
CEL			90 jours = 2,6
EEGL	1/4 h = 78		24 h = 13
	1/2 h = 52		
	1 h = 26		
ERPG	1 h = 0,8		
AQG	1/4 h = 0,8		
	1 h = 0,35		
TLV – STEL	1/4 h = 13		
TLV – TWA			40 h/semaine = 5
Fluorures :			
TLV – STEL	1/4 h = 5		
TLV – TWA			40 h/semaine = 2,5
Monoxyde de carbone :			
CEL			90 jours = 22
EEGL	1/4 h = 1695		24 h = 56
	1/2 h = 847		
	1 h = 452		
AQG	1/2 h = 60	8 h = 11	24 h = 11
	1 h = 28		
TLV – STEL	1/4 h = 440		
TLV – TWA			40 h/semaine = 5,5

Tableau 3.14 (*suite*)

Composés et types de RfC	**1 heure**		**8 heures**	**≥ 24 heures**	
Formol (formaldéhyde) :					
ERPG	1 h =	1			
AQG	1/2 h =	1,2			
Sulfure d'hydrogène (acide sulfhydrique) :					
CEL				90 jours =	1,4
EEGL	1/4 h =	70			
	1 h =	14			
ERPG	1 h =	0,14			
AQG				24 h =	0,15

3.1.4 Bioindicateurs

Dans certains cas, l'exposition écotoxicologique peut être estimée à partir de *bioindicateurs*. Ces derniers sont des organismes biologiques placés ou pris dans des écosystèmes tels que des rivières, lacs, mers, forêts, prairies ou sols, qui fournissent des indications sur la santé de ces écosystèmes (Ramade, 1992). Ils ne doivent donc pas être confondus avec des bioessais.

Les bioindicateurs écotoxicologiques sont classés en quatre catégories (Ramade, 1992; Lagadic *et al.*, 1997b, 1998; Van Coillie, 2000a, 2004a), présentées dans le tableau 3.15.

Biomarqueur : Bioindicateur qui fournit des indications biochimiques et (ou) physiologiques à la suite d'une exposition à des contaminants.

Biosenseur : Bioindicateur qui fournit une réponse très rapide à un stress toxique.

Biotraceur : Bioindicateur qui révèle une présence et une bioaccumulation de contaminants persistants auxquels il a été exposé, même sous leurs seuils de détection chimique.

Écoindicateur : Indice écologique précisé à partir de plusieurs espèces biologiques; il peut être modifié par un stress.

Tableau 3.15 Quelques exemples de bioindicateurs écotoxicologiques

Catégories	**Organismes biologiques**	**Exemples d'indications fournies**
Biomarqueurs	Poissons	Augmentation des oxydases à fonction multiple à la suite d'un stress organique, particulièrement les hydroxylases d'hydrocarbures aromatiques après des retombées de HAP (Parkinson, 2001)
		Hausse des métallothionéines après une agression de quelques métaux lourds (Amiard et Cosson, 1997)
		Dérèglement du niveau des hormones oestrogènes femelles consécutivement à l'action de certains composés perturbateurs endocriniens (Kendall *et al.*, 1998)
Biosenseurs	Truites	Réaction d'évitement d'une eau peu propice
Biotraceurs	Mousses aquatiques, moules bélugas, vers annélides, lichens, aiguilles de conifères, mousses terrestres, vers de terre, chevreuil (bois), etc.	Bioaccumulation de métaux lourds et (ou) de composés organochlorés (BPC, dioxines chlorées, insecticides, etc.)
Écoindicateurs	Faune benthique du fond des lacs et rivières	Indice de diversité de Shannon, Margaleff et autres
		Indice de sensibilité pour espèces intolérantes et tolérantes à la pollution (Ramade, 1992)
		Indice biologique global de l'AFNOR (1985)
	Poissons	Indice d'intégrité biotique de Karr (1991)
	Diatomées	Campeau (2009)

3.2 Descripteurs de risque

Le risque écotoxicologique intègre les mesures d'exposition et de toxicité, comme nous le préciserons au chapitre 4. Trois situations peuvent générer un risque écotoxicologique : le dépassement des doses de référence, le dépassement des doses journalières et le dépassement des concentrations de référence; voyons ces différentes situations en précisant le vocabulaire qui leur est propre.

3.2.1 Dépassements des valeurs de référence d'exposition

Dépassement des doses de référence

Le calcul d'un quotient (Q), aussi appelé *indice de risque* (IR), exprime le dépassement des doses de référence pour un risque non cancérogène (Suter, 1993; MEF, 1996b et 1998; USEPA, 1998; Newman, 2001; MSSS, 2002) :

Q = Σ des doses d'exposition pour différentes voies/Σ des doses de référence (RfD) pour différentes voies

Si Q < 1 : aucun risque

Si Q ≥ 1 : risque potentiel

Pour illustrer ce quotient, nous l'appliquons au cas de contamination par des HAP des sols d'un site de grande combustion de charbon et de diesel; on le calcule à partir des doses totales d'exposition déterminées localement et de leurs doses de référence. Le tableau 3.16 présente les résultats pour les deux HAP et selon les classes d'âge chez l'humain, ainsi que pour les deux bioindicateurs. Notez que toutes les doses des quotients sont calculées en mg/kg p.c./j.

Tableau 3.16 Quotients (Q) ou indices de risque (IR) non cancérogène

Espèces	Q de BaP	Q de BbjkF
Humain		
0 à 0,5 an	$(0,62 \times 1/10^5) : 1,5 = 0,4 \times 1/10^5$	$(1,77 \times 1/10^5) : 0,03 = 59 \times 1/10^5$
> 0,5 à 4 ans	$(2,13 \times 1/10^5) : 1,5 = 1,4 \times 1/10^5$	$(6,18 \times 1/10^5) : 0,03 = 206 \times 1/10^5$
> 4 à 12 ans	$(0,78 \times 1/10^5) : 1,5 = 0,5 \times 1/10^5$	$(1,85 \times 1/10^5) : 0,03 = 67 \times 1/10^5$
> 12 à 19 ans	$(0,32 \times 1/10^5) : 1,5 = 0,2 \times 1/10^5$	$(0,75 \times 1/10^5) : 0,03 = 25 \times 1/10^5$
> 19 ans	$(0,15 \times 1/10^5) : 1,5 = 0,1 \times 1/10^5$	$(0,38 \times 1/10^5) : 0,03 = 13 \times 1/10^5$
Merle d'Amérique	$(5,77 \times 1/10^2) : 1 = 5,77 \times 1/10^2 = 0,0577$	$(14,80 \times 1/10^2) : 1 = 14,80 \times 1/10^2 = 0,1480$
Campagnol	$(1,60 \times 1/10^2) : 1 = 1,69 \times 1/10^2 = 0,0169$	$(3,09 \times 1/10^2) : 1 = 3,09 \times 1/10^2 = 0,0309$

Il ressort que les HAP (BaP et BbjkF) des sols du site ne représentent aucun risque évident, car leurs divers quotients de risque sont inférieurs à 1.

Dépassement des doses journalières

Lorsque la somme des doses d'exposition par les différentes voies excède les doses journalières DJA, DJT ou DJTP, un risque d'empoisonnement toxique est présent.

Par exemple, quel est le risque de consommer des poissons du fleuve Saint-Laurent? Pour répondre à cette question, il faut considérer les teneurs des composés chimiques toxiques qui dépassent les seuils de concentration admissibles pour la consommation dans la chair de ces poissons. Ces dépassements ne sont constatés que pour le mercure dans des brochets et dorés adultes de quatre lieux (lacs Saint-François, Saint-Louis, Saint-Pierre et chenal nord de l'Île d'Orléans). Il faut également tenir compte de la DJTP (dose journalière tolérée provisoire) du mercure chez l'humain adulte, à savoir 0,7 µg/kg p.c./j. Dans ces conditions, le risque d'intoxication ne devient évident qu'à partir de 8 repas/mois de 230 g de filet de ces deux espèces de poissons pêchés dans l'un de ces quatre sites, car la DJTP est alors dépassée (Blaney *et al.*, 1997).

Dépassement des concentrations de référence

Des fuites ou accidents peuvent occasionner des émissions de substances toxiques dans l'air. Si les teneurs de ces dernières dépassent des concentrations de référence à court terme (*CMAd*, *EEGL*, *ERPG*, *IDLH* et *TLV – STEL*), elles représentent un risque pour lequel on doit adopter des mesures de protection de toxicovigilance (fermeture de fenêtre, masque, évacuation, etc.).

Une telle situation survient, par exemple, lorsque des fuites contiennent plus de 0,8 mg/m^3 en dioxyde de soufre ou plus de 18 mg/m^3 en ammoniac.

Dépassement des valeurs d'exposition sans effet

Les valeurs estimées sans effet observé, ou VESEO, sont calculées de la façon suivante (Environnement Canada, 1999b) :

$$\text{VESEO} = \text{VCT/coefficient d'extrapolation d'effet}$$

La *VCT, ou valeur critique de toxicité*, peut être une CL_{50}, une CI_{50} ou une *LOEC*, les plus basses parmi un ensemble de données (Environnement Canada, 1999b).

Quant au coefficient d'extrapolation d'effet entre une valeur toxique et une valeur non toxique, il se chiffre à 10, 50, 100 ou 1000 selon la pénurie de données toxiques et leur niveau de sévérité toxique (Environnement Canada, 1999b).

Une méthode pour calculer le quotient, analogue à celle pour le dépassement des doses de référence, est ensuite appliquée :

$$Q = VEE/VESEO$$

La VEE est la valeur estimée de l'exposition; il y a un risque potentiel, si Q est plus grand que 1.

Cette approche a été employée par Environnement Canada (2000b et 2000d) dans deux études d'évaluation du risque environnemental : l'étude des nonylphénols dans des effluents d'eaux usées municipales après un traitement primaire et l'étude de l'ammoniac non ionisé dans l'eau du port de Hamilton, en Ontario. Le tableau 3.17 présente les résultats de ces études.

Tableau 3.17 Résultats de deux études d'évaluation du risque environnemental

Valeurs	**Nonylphénols dans des effluents**	**Ammoniac non ionisé**
VEE	3 µg/l en moyenne	0,35 mg/l; c'est la concentration mesurée la plus élevée
VCT	3,9 µg/l	0,29 mg/l
VESEO	0,39 µg/l	0,029 mg/l
Quotient de risque	7,7	12
Risque potentiel	**Oui**	**Oui**

3.2.2 Risque de cancérogénicité

Le calcul des indices de risque (IR) des substances cancérogènes s'effectue de la façon suivante (MEF, 1996b et c; MSSS, 1999; Newman, 2001) :

IR cancer = Dose cancérogène totale d'exposition pour des humains par différentes voies × coefficient de cancérogénicité

où

- *IR cancer* est l'indice de risque de cancer.
- *Le coefficient de cancérogénicité* pour les différentes voies d'exposition est la valeur de la pente obtenue par la relation entre le risque additionnel de cancer et la dose cancérogène moyenne d'exposition durant 70 ans. Ce coefficient est de 7,3/mg/kg p.c./j. pour le BaP et le BbjkF (USEPA, 2001a).
- $1/10^6$ est la valeur de référence pour un risque additionnel acceptable de cancer, soit 1/1 000 000 personnes exposées durant 70 ans. (MSSS, 2002).

Si l'indice de risque de cancer est plus petit que $1/10^6$, il n'y a aucun potentiel significatif de risque de cancer. Par contre, s'il est égal ou plus grand que $1/10^6$, il y a un risque potentiel de cancer (MSSS, 2002).

La même équation a été utilisée pour calculer le risque de cancérogénicité des HAP du site de combustion de charbon et de diesel étudié dans ce chapitre, à partir de leurs doses cancérogènes d'exposition (USEPA, 2001a).

IR cancer de ces HAP = somme des doses cancérogènes totales d'exposition de ces HAP pour des humains, pour les 5 classes d'âge × coefficient de cancérogénicité de ces HAP

Tableau 3.18 Indices de risque de cancer

Humains	IR cancer de BaP*	IR cancer de BbjkF*
0 à 70 ans	$(0{,}365 \times 1/10^5) \times 7{,}3$ $= 26{,}6 \times (1/10^6)$ > 1	$(0{,}951 \times 1/10^5) \times 7{,}3$ $= 1{,}7 \times (1/10^6)$ > 1

* Les doses et coefficients de cancérogénicité sont exprimés en mg/kg p.c./j.

Dans ce site, les doses d'exposition de ces deux HAP ont donc un risque potentiel de cancer.

3.2.3 Risques relatifs

Dans certains cas, des risques relatifs estimés doivent être définis. Par exemple, Environnement Canada (2000c) indique un risque relatif de 7,3 % de maladies respiratoires chez des personnes âgées de 64 ans ou plus, pour une augmentation de 10 µg/m^3 de particules inhalables de 10 microns à Montréal; ce risque monte à 12,6 % pour les enfants de moins de deux ans. De plus, il y a une hausse de 10 % du risque relatif de mortalité par augmentation de 10 µg/m^3 de particules inhalables de 10 microns et une hausse de 20 % du risque relatif de cancer des poumons par augmentation de 10 µg/m^3 de particules inhalables de 2 à 5 microns.

3.2.4 Cumul de preuves avec une approche « triade »

L'approche « triade » diffère des autres approches que nous avons étudiées et qui estiment le risque à partir de calculs. Elle préconise plutôt le cumul de trois preuves regroupées en une « triade » (Environnement Canada, 1999b) :

- analyses chimiques qui indiquent des dépassements majeurs de critères de qualité pour des substances toxiques;
- bioessais qui montrent des toxicités évidentes;
- relevés de bioindicateurs qui révèlent un effet nocif dans l'environnement étudié.

Cette approche, appliquée à un milieu agressé par des substances toxiques par rapport à un milieu témoin sain, a été préconisée par Chapman (1996) pour des sédiments marins. Elle a en outre été récemment utilisée pour une estimation du risque écotoxicologique des sédiments contaminés du secteur 103 du port de Montréal (Prairie *et al.*, 1998).

Conclusion

Nous avons vu dans ce chapitre quelles sont les mesures les plus courantes pour évaluer l'exposition aux substances toxiques. Que ce soit à partir de valeurs obtenues dans le milieu ou par des valeurs calculées d'exposition totale, l'exposition est souvent comparée à des valeurs de référence afin d'en évaluer l'importance. L'exposition peut aussi être estimée à partir de bioindicateurs, soit des organismes biologiques placés dans un écosystème particulier qui fournissent des indications sur la santé de ces milieux.

Une fois l'exposition estimée, on peut calculer le risque écotoxicologique. La méthode la plus courante pour évaluer les risques écotoxicologiques s'appuie sur le dépassement des valeurs de référence d'exposition par les valeurs d'exposition mesurées ou estimées. Une autre approche s'appuie sur le cumul de preuves qu'apportent les différents outils d'évaluation de l'exposition et des effets.

Chapitre 4

Démarche d'évaluation du risque écotoxicologique

Aperçu du chapitre

Après avoir décrit les principaux éléments d'une évaluation écotoxicologique (mesures de teneurs, mesures de toxicité, mesures d'exposition et descripteurs de risque) aux chapitres 2 et 3, nous exposons, dans le chapitre 4, leur mise en place et leurs limites; nous pouvons comparer notre démarche à un casse-tête, où les différentes pièces sont d'abord examinées, puis assemblées.

Dans une évaluation de risque écotoxicologique, il y a six pièces. Nous verrons comment elles s'assemblent au début de ce chapitre; les sections ultérieures expliciteront ensuite chacune de ces six pièces.

Notons que certains éléments des trois premiers chapitres seront repris ici dans le contexte d'évaluation du risque écotoxicologique.

4.1 Démarche générale

Comme diverses démarches d'évaluation scientifique, les relations de causes à effets constituent la base de la démarche écotoxicologique. Exposons cette démarche qui s'articule toutefois avec des particularités spécifiques à l'environnement.

La démarche d'évaluation écotoxicologique vise à répondre successivement aux six questions suivantes :

a) D'où viennent les substances toxiques étudiées?
b) Quelles sont les concentrations de ces substances toxiques en des lieux et à des moments précis, dans des composantes abiotiques (eau, air, sol) et biologiques d'un environnement et quelle est leur durée de vie?
c) Quels sont les effets néfastes de ces substances toxiques?
d) Ces dernières représentent-elles des dangers?
e) Qui est exposé à ces dangers? À quel endroit et pendant combien de temps y est-on exposé?
f) Quels sont les risques associés à ces substances toxiques?

La démarche générale d'évaluation du risque écotoxicologique, qui permet d'établir un lien entre les causes et les effets, est représentée par le diagramme de la figure 4.1. Les *causes* sont d'abord identifiées par la connaissance des sources et de leur cheminement. Les *effets* sont évalués par la connaissance de la toxicité. Le *danger* peut ensuite être estimé, puis comparé aux *mesures d'exposition*. La résultante des comparaisons permet d'estimer ce qu'on appelle le *risque écotoxicologique*.

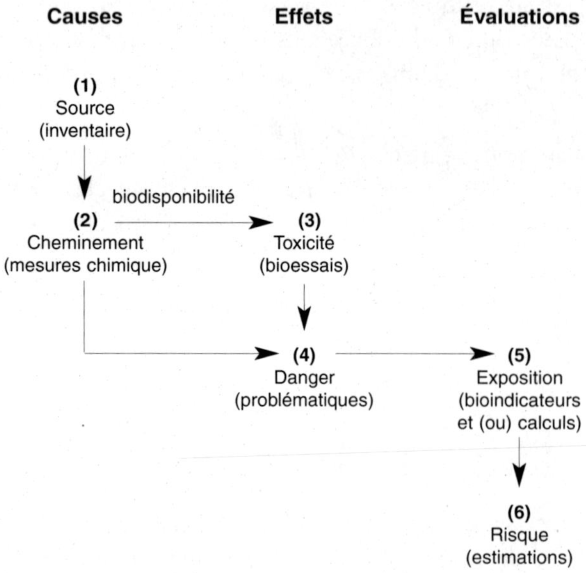

Figure 4.1 Démarche d'évaluation du risque écotoxicologique.

Souvent, les dangers et risques sont considérés comme synonymes. Ils s'avèrent cependant très différents en écotoxicologie, comme dans les autres toxicologies. Illustrons leur différence par deux exemples.

- Le plutonium radioactif se révèle très radiotoxique et représente subséquemment un grand danger. Cependant, l'exposition au plutonium radioactif étant quasiment nulle, sauf dans les installations nucléaires où elle est très contrôlée, son risque général est estimé très faible.
- Manger occasionnellement un poisson contaminé au méthylmercure n'a pas d'effet toxique et est sans danger; mais manger de tels poissons sept fois par semaine durant plusieurs années entraîne un danger cumulatif, une exposition élevée et consécutivement un haut risque. Comme le dit l'adage, le danger croît avec l'usage.

Soulignons enfin que toute substance chimique peut représenter un danger sous certaines conditions. Par exemple, l'eau pure (déionisée) est toxique, donc dangereuse pour des poissons. En effet, placer ceux-ci dans cette eau dépourvue de sels minéraux dérègle leur osmorégulation et leur équilibre salin, et provoque leur mort. Il est également reconnu qu'un air pur, injecté, tue. Par ailleurs, en général, les agents toxiques ne sont dangereux qu'à des concentrations et doses supérieures à leurs seuils toxiques, comme Paracelsus, pionnier de la toxicologie, l'a stipulé en 1541 : seule la dose rend toxique (*sola dosis fecit venenum*).

Cette affirmation est cependant remise en question lorsqu'il s'agit de substances persistantes dont les perturbateurs endocriniens. Il a été démontré pour ces dernières substances que ce n'est pas la dose qui les rend toxiques mais plutôt la période de développement à laquelle l'organisme est exposé ainsi que leur action synergique avec les autres substances. Les perturbateurs endocriniens agissent à des doses infimes et l'effet de leur combinaison inquiète les scientifiques. Ils déjouent les règles de la toxicologie classique. Les perturbateurs endocriniens qu'on appelle aussi modulateurs endocriniens, leurres hormonaux, perturbateurs hormonaux et agents endocrinotoxiques se distinguent des autres composés chimiques parce qu'ils causent des problèmes de santé spécifiques en bouleversant l'équilibre hormonal. Pour employer le terme exact, ils modifient l'homéostasie endocrinienne.

4.2 Sources des agents toxiques

Les agents toxiques peuvent provenir de sources ponctuelles et (ou) de sources diffuses exposées à la figure 4.2.

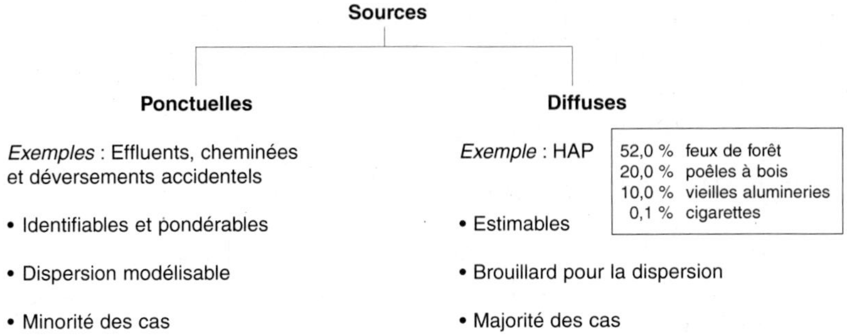

Figure 4.2 Sources des agents toxiques.

4.2.1 Sources ponctuelles

Les rejets d'agents toxiques qui ont lieu à des points précis, sont appelés des sources ponctuelles. Nous pouvons le constater pour les rejets suivants :

- effluents industriels ou municipaux dont les émissaires sont souvent placés aujourd'hui au fond des eaux de surface;
- émissions d'aérosols, gaz et vapeurs des cheminées d'industries, de générateurs électriques avec charbon et d'incinérateurs hospitaliers et municipaux;
- déversements de composés chimiques concentrés à partir de camions et de wagons de chemin de fer;
- pertes de pétrole et autres substances chimiques à partir de navires;
- résurgences d'eaux ayant traversé des terrains contaminés ou des lieux d'enfouissement sanitaire;
- fuites par des fissures dans des fosses à purin;
- rejets à la suite d'explosions dans des usines;
- rejets lors d'incendies avec présence de matières toxiques.

Ces différentes sources peuvent être quantifiées et inventoriées, ce qui aide leur gestion environnementale. Elles peuvent aussi être contrôlées, d'où l'appellation « contrôle à la source », sauf dans des cas accidentels pour lesquels des plans d'urgence permettent aujourd'hui de limiter la diffusion et l'exposition à partir de celles-ci.

L'examen et la modélisation de la diffusion des substances toxiques provenant des sources ponctuelles sont également possibles. Par exemple, le programme fédéral des Études du suivi des effets sur l'environnement (ESEE) des effluents des fabriques de pâtes et papiers – ou en anglais, EEM, pour *environmental effects monitoring* – définit une zone d'impact d'un effluent comme étant sa zone de dilution jusqu'à 1 % (Environnement Canada et Pêches et Océans, 1993a et b).

4.2.2 Sources diffuses

Les sources diffuses sont nombreuses et se produisent à des fréquences irrégulières, les rejets étant ainsi peu prévisibles. Elles peuvent être regroupées en 6 catégories :

- émissions, lors de feux de forêt notamment, de quantités considérables de HAP et de quantités non négligeables de DF (dioxines et furannes chlorés);

- émissions de HAP, monoxyde de carbone et DF issus des systèmes de chauffage;
- eaux de drainage agricole après l'emploi de pesticides et (ou) d'engrais;
- émissions de monoxyde de carbone et de dérivés d'hydrocarbures à partir des moyens de transport (camions, trains, voitures et bateaux);
- transport par voie aérienne, sur de longues distances, de diverses substances ayant des potentiels toxiques (HAP, DF chlorés, métaux lourds, dioxyde de soufre, dioxyde d'azote, pesticides organochlorés, etc.);
- transport dans l'eau, sur de longues distances, comme des Grands Lacs vers le fleuve Saint-Laurent, de métaux lourds et de pesticides de longues durée.

La quantification de ces sources est difficile à préciser. De plus, leur contrôle à la source est partiel, voire irréalisable. En outre, préciser la diffusion à partir de ces sources s'avère aléatoire, à cause de leur multitude et (ou) de leur irrégularité.

Soulignons que la proportion de la contamination en provenance des sources diffuses s'avère souvent plus élevée que celle des sources ponctuelles; en consultant la littérature, cela est évident. Par exemple, pour les émissions canadiennes de HAP (4314 t/an), 77 % proviennent de sources diffuses (47 % des feux de forêt, 11 % du chauffage résidentiel au bois, 8 % des brûlages agricoles, 6 % des fours « wigwans » et 5 % des transports) et 23 % sont issus de sources ponctuelles, principalement des alumineries avec ancienne technologie dite de Sodeberg (21 %), des sidérurgies au charbon (0,4 %), des centrales thermoélectriques au charbon (0,3 %) et d'autres sources (1,3 %) (Environnement Canada, 1994a). Par contre, on observe une situation contraire pour les émissions canadiennes de dioxines et furannes chlorés (DF) (377g/an) : 58 % sont rejetés par des sources ponctuelles (35 % des incinérateurs municipaux, 18 % des aciéries et 5 % du brûlage de bois flotté en mer destiné à certaines papetières) et 42 % émanent de sources diffuses (18 % du chauffage résidentiel, 5 % de la combustion du diesel, 5 % du brûlage de déchets à ciel ouvert, 5 % de la combustion de plastiques en polychlorure de vinyle (PVC), 4 % de la combustion d'huile à chauffage, 3 % pour des dérivés issus de chlorophénols et 2 % d'autres sources telles que la combustion d'essence et les feux de forêt (Environment Canada, 1999).

4.2.3 Sources multiples

Mis à part les cas isolés d'effluents, d'émissions ou de rejets accidentels dans un environnement restreint, les sources des agents toxiques sont généralement multiples, car ceux-ci proviennent non seulement de certaines sources ponctuelles, mais aussi de diverses sources diffuses. Voyons deux exemples pour illustrer notre propos.

- D'où vient la contamination au mercure des brochets du lac Saint-Louis, en amont de Montréal dans le fleuve Saint-Laurent? Elle provient d'anciens rejets locaux d'une usine de chlore-alkali, mais aussi du transport aquatique venant de l'amont (Grands Lacs et fleuve Saint-Laurent) et des retombées d'un transport par voie aérienne sur de longues distances (des Grands Lacs à l'estuaire du fleuve Saint-Laurent).
- D'où viennent les insecticides organochlorés qui contaminent les cerveaux des bélugas de l'estuaire du fleuve Saint-Laurent? Ils proviennent probablement de leur emploi local par des agriculteurs, dans le passé; ces organochlorés sont bannis au Canada depuis 25 à 30 ans, mais ils ont une persistance environnementale de plusieurs décennies. Ils peuvent aussi venir des eaux des bassins versants du fleuve Saint-Laurent et des Grands Lacs, et de retombées à la suite de leur transport dans les airs à partir de l'Asie où ils sont encore utilisés.

Bref, la multiplicité des sources diffuses et ponctuelles des contaminants complique l'inventaire de ces sources. Par conséquent, la première étape de la démarche d'évaluation écotoxicologique est souvent peu précise. Dans une procédure cartésienne, cette imprécision bloquerait la démarche au départ; cependant, elle n'empêche pas de passer à la seconde étape de la démarche qui détermine les concentrations de contaminants présents en un lieu et à un moment précis et leur durée de vie dans les différentes composantes de l'environnement.

4.3 Cheminements des agents toxiques

Lors de cette seconde étape de l'évaluation écotoxicologique, on veut obtenir des données pour les points suivants :

- concentrations abiotiques des contaminants dans l'air, les retombées humides (pluies et neiges), les retombées sèches (aérosols et poussières), les eaux de surface, les particules en suspension et les sédiments dans le milieu aquatique, les sols, les eaux de lixiviation et les eaux souterraines;
- concentrations biotiques des contaminants dans les organismes biologiques qui vivent dans l'air (insectes, oiseaux et autres vertébrés

terrestres), dans des eaux de surface (phytoplancton, zooplancton, invertébrés, poissons et autres vertébrés), dans les sédiments (invertébrés du benthos et vertébrés de fond) et dans des sols (vers, insectes édaphiques, plantes et vertébrés terrestres);

- durées et destins (*fates* en anglais), que l'on nomme parfois *cycles de vie* des contaminants dans l'air où ils sont soumis à des photodégradations; dans les eaux de surface où peuvent survenir des photodégradations, biodégradations, méthylations, volatilisations et précipitations; dans les sédiments où des biodégradations sont nombreuses et dans les sols où des lixiviations et biodégradations sont également possibles (Van Coillie *et al.*, 1977, 1978; Francis, 1994);
- durées de la présence des contaminants dans les organismes biologiques; celles-ci font partie de la toxicocinétique des contaminants, laquelle est décrite dans les chapitres 5 et 6.

Des analyses chimiques sont nécessaires pour obtenir des précisions sur les points précédents.

4.3.1 Circonspection pour les mesures chimiques

On croit souvent que les mesures chimiques environnementales ne sont guère sujettes à critique et peuvent être acceptées comme telles sans réserve. Ce n'est pas le cas.

En effet, l'assurance de qualité (AQ) et le contrôle de qualité (CQ) des mesures chimiques doivent toujours être examinés avant que les résultats de ces mesures ne soient acceptés (Csuros et Csuros, 2003). Une insuffisance dans ce domaine amoindrit, voire annule, la fiabilité de ces mesures. L'AQ est un ensemble d'exigences à satisfaire entre le prélèvement d'un échantillon et la publication de ses résultats; elle comprend le CQ qui se limite à certains aspects analytiques.

Les exigences de l'AQ – CQ concernent :

- l'échantillonnage, soit la prise d'échantillons valables avec un équipement approprié non contaminé;
- le suivi des échantillons, soit les contenants appropriés et les délais respectés;
- la préparation préanalytique des échantillons, soit la décantation, l'extraction, la digestion chimique et autres procédés;

- la fiabilité des appareils d'analyse, soit la fidélité et la performance des appareils, vérifiées régulièrement avec des standards;
- le contrôle de qualité des réponses analytiques, soit le respect de la limite de détection, l'étalonnage des mesures, le pourcentage de récupération d'un matériau de référence et le coefficient de variation entre des souséchantillons;
- et le calcul statistique final éventuel.

En outre, il y a plusieurs limites et (ou) problèmes à prendre en compte pour les analyses chimiques environnementales. Voyons ces limites et (ou) problèmes que résume le tableau 4.1.

Tableau 4.1 Limites et (ou) problèmes à prendre en compte pour les analyses chimiques environnementales

Mesures exactes et communes :
• Méthodes normalisées pour ± 2000 composés sur 100 000
• Plusieurs méthodes par toxique fréquent (ex. : 27 pour Hg)
• Substances difficiles à analyser (ex. : dioxines chlorées)
• Spéciation (ex. : Al)
• Coût
• Biodisponibilité
• Antagonisme et synergie dans les rejets complexes
• Norme = seuil toxique/facteur de sécurité

- Environ 100 000 substances sont actuellement utilisées par l'humain qui en synthétise la grande majorité. Elles peuvent se retrouver dans l'environnement. Il est illusoire de penser qu'on dispose de méthodes analytiques courantes pour chacune de ces 100 000 substances, compte tenu de leur rapide évolution, soit plus de 2000 nouveaux produits par année actuellement. Face à cela, l'APHA, l'AWWA et le WPCF (1998) publient, à une fréquence de 4 à 5 ans, des méthodes analytiques normalisées pour près de 1500 produits auxquels il faut accorder une attention prioritaire.
- On peut analyser certains produits avec plusieurs méthodes. Illustrons ce fait en prenant les analyses pour le mercure. En effet, il est possible de doser le mercure à l'aide de 27 méthodes différentes : spectrophotométrie

en absorption atomique, polarographie, photocolorimétrie, titrimétrie, chromatographie sur couche mince, spectrométrie d'émission, chromatographie gazeuse, spectrométrie de masse avec l'isotope ^{201}Hg, microanalyse aux rayons X par microfluorescence en microscopie électronique, spectrophotométrie par fluorescence atomique et autres (Jaworski, 1979 et Pichet *et al.*, 1999). On obtient alors 27 résultats différents d'analyse pour le même échantillon. Pour résoudre ce problème, une comparaison de ces méthodes est faite avec des étalons de mercure par divers laboratoires et spécialistes gouvernementaux, privés et universitaires. Ceci permet de cibler les méthodes les plus fidèles, accessibles pour des laboratoires conventionnels et à un coût raisonnable. La méthode généralement retenue et accréditée par les gouvernements est la spectrophotométrie en absorption atomique avec des vapeurs froides de mercure après une digestion avec l'acide nitrique, sulfurique et (ou) persulfurique suivie par une réduction avec l'hydroxylamine et le chlorure d'étain stanneux (Pichet *et al.*, 1999).

- Certaines substances sont difficiles à analyser. Par exemple, l'analyse des dioxines et furannes chlorés (DF) nécessite d'abord une préparation de l'échantillon : ajouter des substituts de DF marqués par un isotope, extraire au moyen d'un solvant, concentrer, fractionner avec une extraction acide/base et une « perméation » sur gel, reconcentrer à un microvolume connu et ajouter des étalons internes. Ensuite, le dosage s'effectue avec un chromatographe en phase gazeuse à haute résolution, couplé à un spectromètre de masse à haute résolution; il fournit alors une limite de détection d'environ 1 pg/l d'eau ou d'effluent et 1 pg/g de sédiments ou de tissus biologiques, un coefficient de variation de 20 % entre des souséchantillons et une récupération des substituts utilisés comme matériaux de référence entre 40 % et 120 % (Environnement Canada, 1998a et Pêches et Océans, 1998). Cette analyse longue et complexe, qui exige souvent de grands volumes, coûte plus de 1000 $/ échantillon et n'est disponible actuellement que dans deux laboratoires au Québec où la liste d'attente prévoit 6 mois de délai.
- La spéciation des métaux, à savoir leur répartition en différentes formes chimiques et physicochimiques, est généralement peu ou pas prise en compte dans les analyses de métaux. En effet, les certificats d'analyse mentionnent généralement leur teneur totale et parfois leurs concentrations dissoutes et particulaires. Signalons qu'on indique occasionnellement aussi la teneur extractible en métal, laquelle concerne la portion fournie

lors de sa préparation analytique; le reste du métal est incrusté dans une matrice minéralogique ou autre et est très difficile à extraire, donc très peu biodisponible. La spéciation n'est pas précisée lors de l'analyse d'un métal. Elle est cependant importante en toxicologie. Illustrons notre propos avec la spéciation de l'aluminium dans les eaux naturelles. Il y est présent dans des formes chimiques de différents chlorures, fluorures, sulfates, phosphates, nitrates, hydroxydes, sels d'acide humique et polymères selon le pH et dans des formes physicochimiques dissoutes, précitées, adsorbées à des particules en suspension et colloïdales; ses principales formes toxiques sont dissoutes et renferment surtout des ions Al^{3+} et $AlOH^{2+}$, selon le pH (Van Coillie *et al.*, 1983, Parent et Campbell, 1994).

- Le coût des analyses est un facteur limitatif à cause des contraintes budgétaires. Par exemple, le nombre de souséchantillons (réplicats) est souvent limité à deux (duplicata) par échantillon pour le contrôle de qualité; une moyenne de deux résultats est peu valable pour la précision analytique évaluée à l'aide d'un coefficient de variation (écart type/moyenne) exprimé en pourcentage.
- La portion biodisponible d'une concentration chimique d'un produit n'est jamais précisée dans les certificats d'analyse; elle est toutefois déterminante, car elle est la seule portion qui peut être absorbée par le vivant.
- Les antagonismes compétiteurs et les synergies stimulantes entre les différents composés d'un rejet complexe, tel qu'un effluent, une émission de cheminée ou un lixiviat de sol, ne sont pas pris en compte dans l'analyse chimique de ce rejet. Par exemple, les effluents d'usines des secteurs de la métallurgie et du traitement de surface contiennent des métaux qui sont en compétition toxicologique (GIPASL, 1992; Boudreau *et al.*, 1993).
- Les normes et critères de qualité chimique – notons ici qu'une norme est un critère stipulé dans une réglementation légale –, auxquels on compare les résultats chimiques environnementaux, font souvent l'objet de surinterprétations. Mentionnons à ce propos que les critères sont définis par des organismes gouvernementaux comme le CCME (Conseil canadien des ministres de l'environnement), l'UE (Union européenne) ou l'USEPA (United States Environmental Protection Agency) à partir de seuils toxiques minimaux. À cette fin, on divise le seuil toxique minimal validé d'une substance par un facteur de sécurité.

Pour des *substances non cancérogènes*, le seuil toxique minimal est estimé en fonction de trois conditions : la concentration, le nombre des études réalisées et la cohérence des résultats. Ainsi, si le seuil minimal toxique du produit étudié n'est pas une très basse concentration (> 1 µg/l), si les études de toxicité de ce produit sont nombreuses et si leurs résultats sont cohérents, on adopte un facteur de sécurité relativement faible (10 à 50). Par contre, si le seuil minimal est très bas (< 0,1 µg/l) et si les études et leurs résultats sont respectivement assez rares et peu cohérents, il faut être prudent et privilégier un facteur de sécurité élevé (50 à 1000) (MENVIQ, 1992b; CCME, 1999b).

Pour des *substances cancérogènes*, le facteur de sécurité correspond à une extrapolation. Celle-ci est faite à partir de la relation dose-réponse d'une substance cancérogène pour obtenir une concentration à laquelle il y a un risque de cancérogénicité pour une personne sur 1 000 000 de personnes, pendant une période de vie de 70 ans; cette plage est reconnue comme un risque essentiellement négligeable (MENVIQ, 1992b; CCME, 1999b).

Compte tenu de ces balisages, un dépassement mineur d'un critère et (ou) d'une norme de qualité (< 10 fois) ne permet pas d'affirmer que la concentration de la substance considérée est toxique et dangereuse.

Critères et normes de qualité

Dans ce contexte et dans une évaluation écotoxicologique, les critères et les normes de qualité sont des indications et non des finalités. Leur seule utilisation ne permet donc pas de conclure à un risque écotoxicologique dès qu'ils sont quelque peu dépassés, laquelle tendance est hélas fréquente et peu scientifique. Nonobstant cette importante réserve, les critères et normes de qualité s'avèrent essentiels comme repères dans toute évaluation écotoxicologique. Pour cette raison, mentionnons les banques de référence au Québec (MDDEP, 2006) :

- quatre types de critères de qualité de l'eau de surface pour successivement (MENV, 2001c et MDDEP, 2006) :
  - protéger la ressource quant à une contamination susceptible de nuire à la santé humaine : critères de prévention de la contamination de l'eau et des organismes aquatiques ou des organismes aquatiques seulement (MDDEP, 2006),

  - protéger la vie aquatique contre la toxicité aiguë et contre la toxicité chronique : critères de qualité pour la protection aquatique,
  - prévenir la contamination de la faune terrestre et avienne piscivore (héron, martre et autres) : critères de qualité pour la prévention de la contamination de la faune piscivore,
  - préserver les activités récréatives (baignade, canot, etc.) et les aspects esthétiques (couleur, odeur, goût, etc.) : critères de qualité pour la prévention des activités récréatives et des aspects esthétiques;
- normes de qualité de l'eau potable (MENV, 2001d);
- critères de qualité de l'air contre des effets toxiques directs, des effets toxiques indirects (entre autres la bioaccumulation), des nuisances (odeur, dépôts, etc.) et des nocivités écosystémiques (MENV, 2001e);
- critères de qualité des sols naturels, résidentiels et industriels (MENV, 2002a; Fouché-Court *et al.*, 2005);
- critères de qualité des eaux de résurgence (MENV, 2002a);
- critères et normes de qualité des matières résiduelles fertilisantes en vue de leur valorisation agricole ou autre (MENV, 2001f);
- critères de qualité des sédiments avec des seuils sans effet, avec effet mineur et avec effet néfaste (Environnement Canada et ministère de l'Environnement du Québec, 1992);
- normes de qualité des eaux de lixiviation des lieux d'enfouissement sanitaire ou technique (MENVIQ, 1981);
- normes de qualité des poissons pour la consommation (Santé et Bien-Être social du Canada, 1986);
- normes de qualité de divers effluents dans des règlements sur les effluents de fabriques de pâtes et papiers, d'industries agricoles, chimiques, métallurgiques ou pétrochimiques, de mines et de municipalités.

Ces différents critères et normes de qualité peuvent changer avec l'arrivée de nouvelles techniques analytiques plus performantes et de nouvelles données toxicologiques; certaines autres considérations moins scientifiques peuvent aussi parfois avoir une influence dans ce domaine.

4.3.2 Présentation des résultats chimiques

Les résultats des analyses chimiques doivent être exprimés avec les unités de mesure du système international (SI), comme l'exigent, entre autres, les revues scientifiques. Conséquemment, pour les eaux naturelles, l'eau potable, les effluents, les eaux de lixiviation de déchets et l'eau des précipitations atmosphériques, les concentrations (teneurs) chimiques de substances toxiques sont généralement présentées en mg/l, parfois en µM/l, où M est le poids moléculaire en gramme, ou en µéq/l, où éq est le rapport M/nombre de liens électrovalents ioniques. Pour l'air, elles sont souvent indiquées en ng/m^3.

Pour exprimer les concentrations de contaminants dans les matières solides telles que les sols, les tissus biologiques, les boues d'épuration ou les cendres d'incinération, on utilise surtout des valeurs exprimées en mg/kg, qui sont des rapports pondéraux (p/p). On adopte aussi des rapports volumiques (v/v) pour certaines concentrations, telles celles des effluents qui sont une « soupe » de diverses substances; dans ce cas, les valeurs données en ml/l sont généralement exprimées en pourcentage (v/v).

Devant ces multiples et différentes concentrations (teneurs), plusieurs ont tendance à employer des proportions : ppm = partie par million, ppb = partie par billion ou milliard, ppt = partie par trillon et ppq = partie par quadrillon.

Tableau 4.2 Concentrations et proportions

Concentrations	Proportions						kg/l
kg/l ou 1000 cc = g/ml ou cc	1 000 000 ppm						1
	100 000 ppm						10^{-1}
1 %	10 000 ppm						10^{-2}
0,1 % g/l ou 1000 cc = mg/l ou cc	1000 ppm						10^{-3}
0,01 %	100 ppm						10^{-4}
0,001 %	10 ppm						10^{-5}
mg/l ou 1000 cc = µg/ml ou cc	1 ppm	=	1000 ppb				10^{-6}
			100 ppb				10^{-7}
			10 ppb				10^{-8}
µg/l ou 1000 cc = ng/ml ou cc			1 ppb	=	1000 ppt		10^{-9}
					100 ppt		10^{-10}
					10 ppt		10^{-11}
ng/l ou 1000 cc = pg/ml ou cc					1 ppt		10^{-12}
pg/l ou 1000 cc = fg/ml ou cc						1 ppqd	10^{-15}
fg/l ou 1000 cc = at/ml ou cc						1 ppqq	10^{-18}

Le tableau 4.2 présente ces différentes concentrations (ou teneurs); nous espérons ainsi faciliter leur compréhension et favoriser une comparaison entre celles-ci. Mais, en réalité, l'emploi de proportions complique cette compréhension et cette comparaison. En effet, les proportions ont des significations différentes selon le type de concentrations (poids/volume, poids/poids ou volume/volume) et selon le type de milieu considéré (eau, air, sol ou tissu biologique). Le tableau 4.3 illustre des proportions de 5 ppm d'aluminium dans divers substrats.

Tableau 4.3 Présentation d'une proportion de 5 ppm d'aluminium dans divers substrats

Substrat (5 ppm Al)	**ppm en p/volume en litre**	**ppm en p/poids en kg**
Eau	5 mg Al/l ou 5 mg Al/1000 cm^3	1 litre d'eau pèse 1 kg 5 mg Al/l = 5 mg Al/kg
Air	5 mg Al/l ou 5 mg Al/1000 cm^3	1 litre d'air pèse 1,2 g 5 mg Al/1,2 g = 4166 mg Al/kg
Sol organique	20 kg de sol occupent 30 l Où 1 kg de sol occupe 1,5 l 5 mg Al/1,5 l = 3,333 mg Al/l	5 mg Al/kg
Muscle	1 kg de muscle = 0,8 kg d'eau + 0,2 kg de matière organique 5 mg Al/kg = (5 × 0,8 × 1) = (5 × 0,2 × (30/20)) Al/l = 5,5 mg Al/l	

4.3.3 Informations fournies par les mesures chimiques

Les mesures chimiques des cheminements des substances toxiques apportent deux séries d'informations indispensables pour leur évaluation écotoxicologique. Dans certains cas, on peut aussi connaître la spéciation (ex. : Al, Hg).

En premier lieu, elles précisent les concentrations de la substance toxique étudiée dans les différentes composantes abiotiques des écosystèmes, à savoir l'eau et ses particules en suspension, les sédiments, l'air et ses particules en suspension, les précipitations humides et sèches atmosphériques, les sols et l'eau souterraine, ainsi que dans les effluents, émissions et déchets qui sont rejetés dans ces écosystèmes. De plus, elles explicitent les teneurs de la substance toxique étudiée dans les organismes biologiques des écosystèmes, dans leurs organes et (ou) leurs tissus. Les concentrations de composés toxiques diminuent dans les composantes abiotiques et biotiques avec l'éloignement de leurs sources; ce constat était prévisible. Les gradients à ce sujet sont cependant très inégaux.

En second lieu, les mesures chimiques permettent de déterminer, en laboratoire ou par modélisation, les durées de persistance d'un composé dans les composantes abiotiques et biotiques d'un écosystème. Généralement, ces durées sont exprimées en demi-vies. L'appellation *demi-vie*, laquelle a été développée pour les radio-isotopes et a ensuite été appliquée à divers autres domaines, correspond au temps nécessaire pour que la moitié de la concentration d'une substance disparaisse. Après sa demi-vie, la seconde moitié de la concentration est souvent éliminée de plus en plus lentement et sa disparition complète exige généralement quelques demi-vies (Francis, 1994 et Rozman et Klaassen, 1996 et 2001). La détermination d'une demi-vie est précisée par des études de suivi d'une substance administrée en laboratoire ou dans un site et (ou) dans des études de modélisation. Le tableau 4.4 présente quelques demi-vies de composés toxiques dans des composantes abiotiques et biotiques.

Les demi-vies présentées dans le tableau 4.4 pour 12 composés toxiques montrent qu'elles sont très variées et souvent imprécises. Cependant, nous pouvons observer trois tendances, à savoir :

- les demi-vies s'avèrent plus courtes dans les organismes biologiques que dans les composantes abiotiques;
- elles sont plus courtes chez les vertébrés que chez les invertébrés;
- leur durée est généralement plus courte dans l'air que dans l'eau et elle se révèle particulièrement longue dans les sédiments, les sols et les eaux souterraines.

Soulignons ici qu'il n'y a pas de données relatives aux demi-vies pour plusieurs composés toxiques dans la littérature scientifique et, s'il y en a, elles sont incomplètes ou vagues. Par contre, lorsqu'il y en a, elles dépendent de plusieurs facteurs concomitants tels que la photodégradation, l'adsorption aux particules, la volatilisation, la mise en trappe dans des sédiments ou des sols, la biodégradation (De Hénau, 1993), la biotransformation, le stockage biologique (dans des cheveux ou des graisses) et l'espèce biologique étudiée; ceci explique qu'elles sont très variables et que l'on observe de grandes différences entre les données.

Par ailleurs, les mesures des concentrations chimiques des substances toxiques dans l'espace et dans le temps ne suffisent pas dans une évaluation écotoxicologique; il faut y ajouter des mesures de leurs concentrations toxiques, ce dont traite la prochaine section.

Tableau 4.4 Demi-vies de composés toxiques dans des composantes abiotiques et biotiques

Composés toxiques	Composantes abiotiques ou biotiques	Demi-vies	Références
Acétaminophène	Air	145 heures	USEPA (2000)
	Eau douce	15 jours	
	Sols	30 jours	
	Sédiments	135 jours	
Acide acétylsalicilique	Air	8 jours	USEPA (2000)
	Eau douce	15 jours	
	Sols	30 jours	
	Sédiments	135 jours	
Arsenic	Air	9 jours	Environnement Canada, 1993a
	Sols	6,5 à 16 années	CNRC, 1979a
	Rat	60 jours	Environnement Canada, 1993a
	Humain : sang : cheveux	10 heures 70 jours	Goyer, 1986
HAP : naphtalène	Air : photo-oxydation : photolyse	3 à 30 heures 71 à 550 jours	Germain *et al.*, 1993 et Environnement Canada, 1994a
	Eau : volatilisation : biodégradation	0,4 à 3,2 heures 0,5 à 20 jours	Germain *et al.*, 1993 et Environnement Canada, 1994a
	Truite *Oncorhynchus mykiss* : sang : foie	 7,5 heures 11 heures	Varanasi *et al.*, 1989
HAP : anthracène	Air : photo-oxydation : photolyse	0,5 à 5 heures 0,6 à 1,7 heure	Varanasi *et al.*, 1989
	Eau : volatilisation : biodégradation	17 heures 50 à 460 jours	Varanasi *et al.*, 1989
	Sol : biodégradation	0,5 à 8 années	Varanasi *et al.*, 1989
	Crapet *Lepomis macrochirus*	17 heures	Varanasi *et al.*, 1989
	Huître *Crassostrea virginica*	3 jours	CNRC, 1983a
HAP : phénanthrène	Air : photo-oxydation : photolyse	2 à 20 heures 3 à 25 heures	Germain *et al.*, 1993 et Environnement Canada, 1994a
	Eau : volatilisation : biodégradation	0,4 à 196 jours 1,6 à 200 jours	Germain *et al.*, 1993 et Environnement Canada 1994a
	Sol : biodégradation	2,5 à 210 jours	Germain *et al.*, 1993 et Environnement Canada, 1994a
	Crabe *Callinectes sapidus*	0,5 à 1,9 jour	James, 1989

Tableau 4.4 (*suite*)

Composés toxiques	**Composantes abiotiques ou biotiques**	**Demi-vies**	**Références**
HAP : benzo-a-pyrène	Air : photo-oxydation : photolyse	0,4 à 4,3 heures 0,4 à 1,1 heure	Germain *et al.*, 1993 et Environnement Canada, 1994a
	Eau : volatilisation : biodégradation	5,8 à 29 jours 57 à 530 jours	Germain *et al.*, 1993 et Environnement Canada, 1994a
	Sol : biodégradation	8 années	Germain *et al.*, 1993 et Environnement Canada, 1994a
	Crapet *Lepomis macrochirus*	2,8 jours	Germain *et al.*, 1993 et Environnement Canada, 1994a
	Huître *Crassostrea virginica*	5 jours	CNRC, 1983a
	Moule *Mytilus edulis*	10 jours	CNRC, 1983a
Benzène	Air : photo-oxydation	0,1 à 21 jours	Environnement Canada, 1993d
	Eau : volatilisation	4,8 heures	Environnement Canada 1993d
	Sol : biodégradation	3,5 à 110 jours	Environnement Canada, 1993d
	Eau souterraine	28 à 720 jours	Environnement Canada, 1993d
	Anguille *Anguilla japonica*	12 heures	Environnement Canada, 1993d
	Puce d'eau *Daphnia pulex*	3 jours	Environnement Canada, 1993d
	Humain	1 à 2 jours	Environnement Canada, 1993d
DF : 2,3,7,8 TCDD	Sédiments	> 10 ans	CNRC, 1982b
	Sols	> 10 ans	CNRC, 1982b
	Rat	13 à 31 jours	CNRC, 1982b
	Souris	11 à 24 jours	CNRC, 1982b
	Humain	5 années 5,8 années	Niimi, 1994 Carrier, 1991
Herbicide 2,4-D	Eau	14,7 heures	Hydro-Québec, 1992
	Sol	1,5 à 8,5 jours	Hydro-Québec, 1992
	Rat	3 à 6 heures	CNRC, 1979d
	Veau	7 à 10 heures	CNRC, 1979d
	Humain	12 à 33 heures	CNRC, 1979d
Pentachlorphénol	Eau	3,5 à 8,7 jours	CCME, 1997c
	Sol	10 jours	CCME, 1997c
	Humain	24 heures	CCME, 1997c
Trichloroéthylène	Air	2 à 8 jours	Environnement Canada, 1993c
	Eau : volatilisation	≤ 12 jours	Environnement Canada, 1993c
	Eau souterraine	> 5 années	Environnement Canada, 1993c
	Puce d'eau *Daphnia magna*	2,7 jours	Environnement Canada, 1993c

→

Tableau 4.4 (*suite*)

Composés toxiques	Composantes abiotiques ou biotiques		Demi-vies	Références
Acrylonitrile	Air	: photo-oxydation	4 à 189 heures	Environnement Canada, 2000e
	Eau	: volatilisation : biodégradation	1 à 6 jours 1,2 à 23 jours	Environnement Canada, 2000e
	Sols		1 à 30 jours	Environnement Canada, 2000e
	Rat		1 heure	Environnement Canada, 2000e
Formaldéhyde	Air	: photo-oxydation	0,3 à 3 jours	Environnement Canada, 2001e
	Eau		1 à 7 jours	Environnement Canada, 2001e
	Sol		1 à 7 jours	Environnement Canada, 2001e
	Eau souterraine		2 à 114 jours	Environnement Canada, 2001e
	Singe	: sang	1 minute	Environnement Canada, 2001e

4.4 Nocivité des agents toxiques

Les concentrations (ou teneurs) toxiques des substances chimiques ou physiques sont précisées au moyen de bioessais d'écotoxicité, lesquels mesurent les effets toxiques de ces substances chez des organismes biologiques en laboratoire. Notons ici que le terme « bioessai » sera réservé aux bioessais d'écotoxicité dans notre ouvrage compte tenu du contexte, même si différents autres bioessais testent le devenir des substances toxiques (photodégradations, volatilisations, biodégradations, lixiviations, aspects toxicocinétiques et diverses demi-vies).

Avant de préciser les différents types de concentrations toxiques définies avec des bioessais, il est important de faire deux remarques préliminaires.

1. La notion de dose toxique, notamment celle de la DL_{50}, est d'origine pharmaceutique; elle s'applique donc mal à l'environnement. En effet, une dose est une quantité administrée par kilogramme de poids corporel par injection (intraveineuse, intramusculaire, sous-cutanée, intratrachéale, intracardiaque ou intracérébrale), par ingestion orale au moyen de la nourriture, par inhalation respiratoire ou par voie cutanée et par d'autres voies associées (scarifications, « patchs » et administration intrarectale ou intravaginale). Ces techniques sont peu représentatives pour l'environnement, hormis les inhalations pour lesquelles on définit des concentrations toxiques en µg/kg de poids corporel ou en ng/m^3 d'air.

L'écotoxicologie privilégie plutôt des concentrations environnementales toxiques exprimées :

- en poids sur le volume (p/v),
  soit en mg/litre liquide ou en ng/m^3 d'air;
- en poids de la substance sur le poids du matériel testé (p/p),
  soit en mg/kg de sols ou de tissus biologiques;
- en volume de la substance sur le volume du milieu récepteur (v/v),
  soit en % d'effluent ou d'émission;

Parmi ces trois dernières séries de concentrations, il y a les CL_{50} que nous étudierons plus loin.

2. Certains ont tendance à sous-estimer la représentativité des concentrations toxiques précisées en laboratoire par rapport à celle des teneurs toxiques étudiées sur des sites. Pourtant, les premières sont beaucoup plus nombreuses que les secondes. De plus, les premières ont une valeur prédictive démontrée. En effet, l'USEPA (1991a) a établi que les résultats de toxicité obtenus pour 43 effluents avec des bioessais en laboratoire avaient une corrélation statistique de 88 % avec les résultats de toxicité explicités pour ces effluents dans leur milieu récepteur, ce qui confère une valeur indéniable de « dépistage » de la toxicité aux bioessais. Sprague (1997) a obtenu une correspondance de 84 % entre des effets toxiques constatés lors de bioessais et des effets observés dans des communautés du milieu pour des effluents de mines de métaux. Il y a donc une complémentarité entre les bioessais réalisés en laboratoire et les études faites sur le terrain.

   Malgré cela, on souhaite parfois que les bioessais soient réalisés sur les sites, ce qui exige le déménagement d'un laboratoire de bioessais et son aménagement sur ces sites. De plus, des espèces indigènes à capturer sont alors préférées à des espèces de pisciculture. Quand c'est le cas, en plus des difficultés et des prix élevés, les variables physicochimiques fluctuent lors des bioessais *in situ* contrairement à celles des bioessais réalisés en laboratoire, ce qui constitue un handicap supplémentaire. Quoi qu'il en soit, quelques longs bioessais *in situ* sont parfois réalisés. Par exemple, un bioessai d'inhibition de la croissance des moules d'eau douce *Elliptio complanata* mises en cage durant 60 jours dans le panache d'effluent est utilisé depuis quelques années, bien qu'il soit davantage considéré comme un bioindicateur d'exposition que comme un bioessai (Salazar et Salazar, 1998; Martel *et al.*, 2003).

4.4.1 Dimensions écotoxicologiques des bioessais

Les bioessais présentent des dimensions écotoxicologiques qui sont schématisées à la figure 4.3, selon trois axes (x, y et z), lesquels correspondent respectivement à l'impact toxique, à la durée toxique et à l'échelon écologique.

Illustrons ces trois dimensions écotoxicologiques avec un exemple, à savoir celui d'un déversement accidentel d'un débordement non décanté issu du bassin de neutralisation d'une usine productrice de zinc.

Ce déversement qui contient des concentrations très élevées d'acide sulfurique et de métaux (cadmium, cuivre, plomb, sélénium et zinc), selon GIPASL (1992) et Boudreau *et al.* (1993), a vraisemblablement un *impact toxique local* dans son milieu récepteur. En effet, ces concentrations élevées permettent de croire que des organismes biologiques sont alors tués près du lieu de rejet; ceci peut être prédit avec des bioessais de létalité. Au fur et à mesure que le déversement se dilue dans le milieu récepteur, son impact toxique s'étend et devient *régional*. Lors de cette dilution, il affecte probablement la santé des organismes biologiques du milieu, ceci peut être dépisté avec des bioessais de sublétalité. Ultérieurement, les métaux rejetés dans le milieu sont progressivement bioaccumulés dans les organismes biologiques et leurs chaînes alimentaires. Ce dernier impact est *insidieux* et peut s'étendre plus loin que les deux premiers impacts; des bioessais de bioaccumulation et de génotoxicité permettent de le prédire.

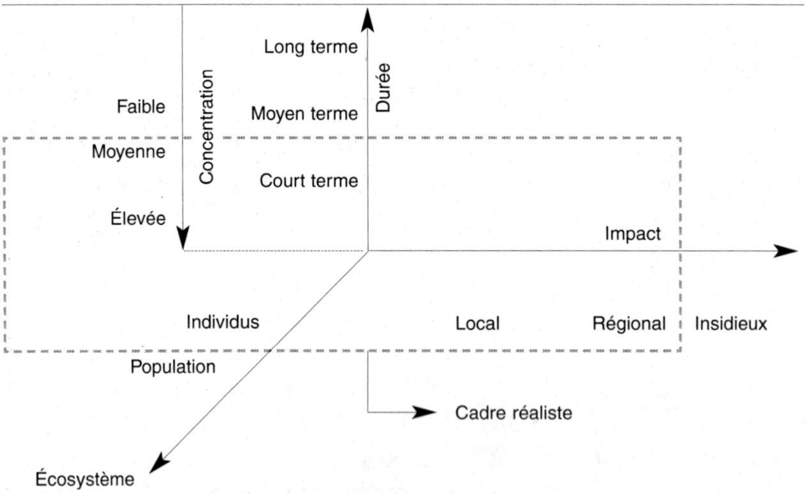

Figure 4.3 Dimensions écotoxicologiques des bioessais.

Notons que ce troisième type d'impact toxique contrarie les adeptes du principe qui dit que la dilution diminue l'impact ou en anglais *dilution is the solution of pollution*. De fait, 20 kg de cadmium déversés par un effluent dans une rivière peuvent être dilués 2000, 20 000 ou 200 000 fois pour en limiter les effets toxiques létaux et sublétaux, mais il y a toujours 20 kg de métal, potentiellement disponibles, qui sont au moins partiellement bioaccumulés et sont susceptibles de développer une génotoxicité.

La seconde dimension écotoxicologique des bioessais concerne *leur durée*. Si on désire connaître les effets toxiques à court terme d'une substance, elle est testée au moyen de bioessais de courte durée, qui utilisent des concentrations assez élevées; dans ce cas, on parle de « toxicité aiguë ». Par contre, si la toxicité de cette substance est considérée à moyen et à long terme, on a recours à des bioessais de plus longue durée avec de plus faibles concentrations; on parle alors de « toxicité subaiguë ou chronique ». L'Agence de protection de l'environnement des États-Unis l'USEPA (1991a) a attribué des durées respectives de 4 jours et moins et de 4 à 28 jours pour les toxicités aiguë et chronique. Ceci peut paraître arbitraire et discutable par rapport aux durées de toxicité chronique utilisées en toxicologie humaine ou industrielle, mais c'est ce qui a été retenu non seulement par l'USEPA, mais aussi par Environnement Canada et par le ministère de l'Environnement du Québec.

Ajoutons que le mot *chronique* en environnement génère une autre controverse. De fait, il désigne la toxicité sublétale par rapport à la toxicité létale; ceci mène à des distorsions telles que la réalisation d'un bioessai « chronique » sur une courte période, en utilisant, par exemple, des bactéries *Vibrio fisheri* du système *Microtox* pendant 5 minutes (Environnement Canada, 1992a).

La troisième dimension écotoxicologique des bioessais a trait *à l'échelon écologique* (individu, population et écosystème). Généralement, les bioessais sont effectués avec des groupes d'individus de la même espèce. Cependant, les effets toxiques d'une substance sont parfois aussi étudiés chez des populations et communautés de plusieurs espèces. Il y a également la possibilité d'étudier la toxicité d'une substance dans un écosystème expérimental en laboratoire. Mentionnons à ce propos le microcosme de Metcalf qui met en équilibre des plantes *Estigmene acrea*, des puces d'eau *Daphnia magna* et des poissons *Gambusia affinis* dans un aquarium rempli de sept litres d'eau standard, au-dessus d'un fond de sable (Francis, 1994). Enfin, des écosystèmes dénommés mésocosmes peuvent être construits dans des sites; par exemple, des mésocosmes aquatiques ont été mis au point par l'USEPA (1998b) pour tester la toxicité de pesticides, par Ramade (1992) pour examiner les effets de l'organochloré lindane sur la biocœnose (association équilibrée d'une flore et d'une faune dans un milieu donné) et par Rickwood *et al.* (2006) pour évaluer les effets d'un effluent minier. De tels aménagements onéreux servent à étudier non seulement des effets toxiques, mais aussi et surtout, des bioindicateurs d'exposition toxique.

Il est coûteux, difficile et long d'obtenir des données pour les trois dimensions écotoxicologiques des bioessais. Dans un cadre réaliste qui tient compte des contraintes budgétaires, on se limite à des bioessais létaux et sublétaux, à court terme et à moyen terme, avec des groupes d'individus de certaines espèces.

Soulignons à ce sujet que des bioessais faits avec des parties d'individus telles que des tissus isolés (foie, nerf, muscle, etc.), des cultures cellulaires ou des systèmes enzymatiques obtenus par des séparations biochimiques sont peu représentatifs pour une évaluation écotoxicologique, bien qu'ils soient utiles pour acquérir des informations sur les mécanismes d'action des toxiques.

4.4.2 Critères opérationnels des bioessais

Le choix des bioessais, parmi la multitude de bioessais décrits dans la littérature scientifique, n'est guère facile. Ce rôle est assumé par les gouvernements (USEPA, UE, Environnement Canada et MENV) qui évaluent différents bioessais en fonction de six critères ou exigences opérationnels, que la figure 4.4 illustre.

1) **Simples** ——➤ Coûts économiques

2) **Rapides** ——➤ Petit délai de gestion

3) **Sensibles** ——➤ Réponse évidente

4) **Reproductibles** ——➤ Semi-standardisation

5) **Représentatifs** ——➤ Simulation « acceptable »

6) **Effets** ——➤ Impacts
- Létal — Aigu (local)
- Sous-létal — Diffus (régional)
- Chronique — Insidieux

Note.– On a besoin de quelques bioessais différents pour satisfaire tous ces critères.

Figure 4.4 Critères opérationnels pour le choix des bioessais.

Examinons ces critères :

- *Le bioessai doit être simple.* Ceci implique qu'il n'exige pas des équipements ou installations complexes et ne nécessite pas des spécialistes; par conséquent, son coût est raisonnable et se situe entre 100 $ et 1000 $, selon le bioessai et selon le marché.
- *Il faut que le bioessai soit rapide.* Cette exigence s'explique par trois considérations. En premier lieu, les gestionnaires ne disposent généralement pas de longs délais dans les dossiers où des évaluations écotoxicologiques sont requises. En second lieu, les substances toxiques étudiées peuvent être biodégradées, biotransformées, volatilisées ou précipitées durant de longs bioessais et deviennent ainsi moins biodisponibles. En troisième lieu, plus la durée d'un bioessai est longue, plus la probabilité d'incidents techniques tels qu'une défaillance électrique du contrôle des paramètres physicochimiques des bioessais augmente. Conséquemment, les bioessais recommandés durent généralement entre 1 et 8 jours sauf pour les bioaccumulations chez des moules ou des poissons qu'on teste à cette fin durant 15 à 45 jours.
- *Le bioessai doit fournir une réponse sensible* qui s'avère statistiquement évidente par rapport à celle de témoins. Mentionnons ici que le bioessai de létalité avec des alevins avésiculés de truite *Oncorhynchus mykiss* a été choisi parce qu'il utilise un salmonidé qui appartient à la famille la plus sensible des poissons, une espèce qui s'avère souvent la plus sensible à la toxicité parmi les salmonidés et un stade de vie le plus sensible chez cette espèce (Environnement Canada, 1999b).
- *Une reproductibilité, dite aussi « réplicabilité » ou « répétabilité »* est demandée pour la réponse d'un bioessai. Ceci est vérifié en demandant à plusieurs laboratoires de tester la toxicité d'une substance et (ou) celle de ses sous-échantillons avec le même bioessai. On obtient alors un coefficient de variation (CV); ce coefficient correspond à l'écart type divisé par la moyenne des données et il est exprimé en pourcentage; sa valeur ne doit pas dépasser 30 à 50 % (Environnement Canada, 1999b). On peut s'étonner qu'un tel coefficient de variation soit accepté, alors qu'il doit être inférieur à respectivement 10 % et 20 % pour des mesures chimiques inorganiques et organiques. Il faut se rappeler que tous les paramètres des mesures chimiques sont standardisés, tandis que certains paramètres tels que la souche génétique de l'espèce étudiée et l'eau employée pour la dilution ne peuvent pas être standardisés pour les bioessais. Dans ces conditions, ceux-ci ne peuvent être appliqués

qu'avec une semi-standardisation qui permet des coefficients de variation relativement élevés.

- *Il faut que le bioessai soit effectué dans des conditions représentatives* afin d'avoir une « simulation » acceptable du milieu et de ses espèces. Par exemple, on exige une température de 15°C lors du bioessai de létalité avec la truite *Oncorhynchus mykiss*, parce c'est la température optimale pour cette espèce (Environnement Canada, 1990a). En outre, étudier la toxicité d'un effluent industriel du Québec avec une espèce de poisson du Japon ou une espèce d'amphibien de la Nouvelle-Zélande est peu représentatif, donc peu approprié.
- Enfin, *le bioessai doit étudier principalement un type d'effet*. Le type d'effet peut être létal, sublétal ou chronique. Lorsque le principal type d'effet étudié est sublétal, rien n'empêche de vérifier la létalité; cette vérification se fait pour les micropuces d'eau *Ceriodaphnia dubia* ou les ménés *Pimephales promelas* dont on examine les inhibitions respectives de reproduction ou de croissance (Environnement Canada, 1992c et d). La létalité ou viabilité peut également être testée lors d'un bioessai de toxicité insidieuse; c'est le cas pour le bioessai *SOS chromotest de génotoxicité* (Legault *et al.*, 1994).

Lorsque les gouvernements privilégient un bioessai en fonction des six critères précédents, il faut effectuer une étude interlaboratoire de ce bioessai pour en calibrer divers paramètres tels que la durée, la température, le nombre d'organismes, le choix de toxiques de référence et la reproductibilité des résultats pendant plusieurs mois (Environnement Canada, 1999b).

Comme aucun bioessai retenu ne répond parfaitement aux six critères précédents et qu'une évaluation toxique doit être faite aux trois niveaux toxiques (létal, sublétal ou chronique), à quatre niveaux trophiques (transformateurs, producteurs, consommateurs primaires et consommateurs secondaires) et à court et à moyen terme, il faut que plusieurs bioessais soient utilisés dans une étude écotoxicologique. Celle-ci comprend souvent des tests de toxicité létale, sublétale et génotoxique avec des espèces représentatives pour les quatre niveaux trophiques et avec des durées aiguës et subaiguës. À titre d'illustration, l'écotoxicité de l'effluent municipal de l'est de la Ville de Québec a été examinée à l'aide des bioessais, que présentent les tableaux 4.5 et 4.6 (MENV et Environnement Canada, 2001; Van Coillie et Lajoie, 2004a).

À la fin de cette section sur le choix des bioessais en fonction de critères opérationnels, soulignons qu'il ne faut pas exclure les nombreux autres bioessais non retenus, car la grande majorité de ces derniers ont des valeurs scientifiques indéniables.

Tableau 4.5 Liste des bioessais utilisés pour l'évaluation de la toxicité létale aiguë, sublétale aiguë et génotoxique de l'effluent municipal de l'est de la Ville de Québec

Niveaux trophiques	**Niveau létal aigu**	**Niveau sublétal aigu**	**Niveau génotoxique**
Bactéries	*Escherichia coli* Souche PQ 37 (SOS chromotest) (3 heures)	*Vibrio fisheri (Microtox)* (5 à 15 minutes)	*Escherichia coli* Souche PQ 37 (*SOS chromotest*) avec ou sans concentré enzymatique S9 (3 heures)
Algues		*Pseudokirchneriella subcapitata* (3 à 4 jours)	
Microcrustacés	*Daphnia magna* (puce d'eau) (1 à 2 jours) *Ceriodaphnia dubia* (micropuce d'eau) (4 jours)		
Poissons	*Oncorhynchus mykiss* (truite arc-en-ciel) (4 jours)		

Tableau 4.6 Liste des bioessais utilisés pour l'évaluation de la toxicité létale subaiguë et sublétale subaiguë de l'effluent municipal de l'est de la Ville de Québec

Niveaux trophiques	**Niveau létal subaigu**	**Niveau sublétal subaigu**
Microcrustacés	*Ceriodaphnia dubia* (micropuce d'eau) (7 jours)	*Ceriodaphnia dubia* (micropuce d'eau) (7 jours)
Poissons	*Pimephales promelas* (méné) (7 jours)	*Pimephales promelas* (méné) (7 jours)

4.4.3 Mesures terminales des bioessais

Généralement, la toxicité d'une substance est précisée à partir de 5 à 10 concentrations testées de celle-ci, exprimées en p/v (mg/litre d'eau ou ng/m^3 d'air), en p/p (mg/kg de sols ou sédiments) ou en v/v (% d'effluent, d'émission ou de lixiviat). On établit ainsi des relations entre ces concentrations et les effets toxiques observés. Les courbes de relation « concentration-effet » permettent ensuite de définir, par interpolation et parfois par extrapolation, une mesure terminale. Avant d'illustrer notre propos par des exemples, il convient de souligner que la détermination des mesures terminales de toxicité s'est diversifiée depuis une cinquantaine d'années, comme le montre la figure 4.5.

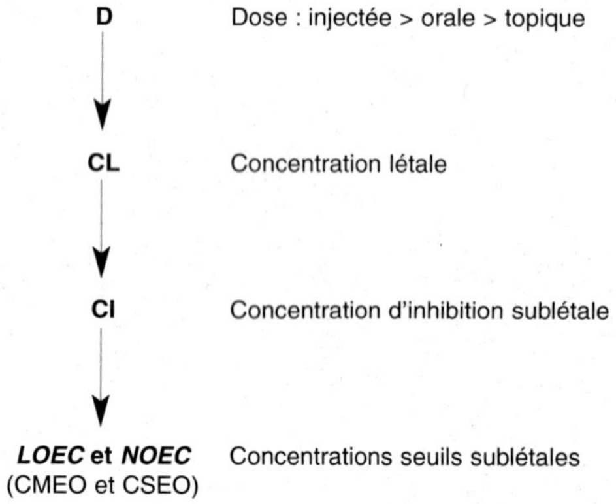

Figure 4.5 Évolution des mesures dans les bioessais.

Initialement, comme la toxicologie environnementale était la jeune sœur des toxicologies biomédicale et pharmaceutique, la mesure terminale de la toxicité d'une substance rejetée dans l'environnement était exprimée en doses, plus précisément en DL_{50}, doses provoquant une létalité chez 50 % des individus testés. Certes, les doses, administrées par injection, par voie orale d'ingestion et (ou) par des applications cutanées et exprimées en milligramme de substance toxique par kilogramme de poids corporel d'organisme biologique receveur – généralement un mammifère de laboratoire –, sont peu représentatives pour l'environnement, comme nous l'avons vu au début de cette section. Mais, la façon de préciser une DL_{50} a été déterminante pour le calcul des mesures terminales ultérieures en toxicologie de l'environnement. À ce titre, elle mérite d'être explicitée avec un exemple classique, à savoir celui de l'insecticide DDT (dichlorodiphényltrichloroéthane) (Loomis, 1978). Ceci a été traité au chapitre 2 (figure 2.1).

Par la suite, les concentrations environnementales ont remplacé les doses en écotoxicologie (figure 4.5). Les DL_{50} ont alors été délaissées pour des CL_{50}, soit des concentrations environnementales qui tuent 50 % des individus testés (Sprague, 1969 et 1970); ces dernières sont exprimées en mg/l d'eau, ng/m^3 d'air, mg/kg de sédiments ou sols et en pourcentage de volume d'effluent. Le calcul d'une CL_{50} (Environnement Canada, 1990a) répète celui d'une DL_{50}; la figure 2.2 l'illustre pour un effluent non traité d'une papetière.

Des CI_{50}, soit des concentrations inhibant à 50 % des paramètres physiologiques, sont rapidement venues compléter les CL_{50} (figure 2.3). En effet, on ne peut pas protéger suffisamment l'environnement en se limitant à des CL_{50} de substances toxiques; il faut aussi préciser leurs concentrations qui affectent la santé des organismes biologiques, sans les tuer. La détermination de CI_{50} pour la croissance, la photosynthèse, la reproduction et d'autres paramètres physiologiques a été un développement majeur pour évaluer ces effets chroniques.

Lorsque l'effet toxique sublétal n'est pas une inhibition, on définit une CE_{50}, à savoir une concentration causant un effet à 50 %. Cet effet peut être une stimulation excessive de croissance d'une culture d'algues unicellulaires, un évitement adopté par des poissons face à une substance qui exerce un chimiotactisme négatif de fuite chez eux, une réaction allergique ou d'autres manifestations sans inhibition. Signalons ici que cette notion restreinte des CE_{50} est parfois outrepassée par certains auteurs et que les CE_{50} concernent alors tout effet toxique, qu'il soit inhibiteur, non inhibiteur voire létal; il y a une confusion à ce propos.

Depuis une vingtaine d'années, les mesures terminales des bioessais de sublétalité et de génotoxicité sont des concentrations seuils plus basses que les CI_{50} et CE_{50} sublétales (USEPA, 1991a et Environnement Canada, 1999b); elles visent à préciser des concentrations sécuritaires. Ces seuils, déterminés dans les bioessais, sont les *LOEC (lowest observed effect concentration) et NOEC (no observed effect concentration)*, traduits en français respectivement par CMEO (concentration minimale pour un effet observé) et CSEO (concentration sans effet observé). La première est toujours supérieure à la seconde, laquelle exprime la plus haute concentration testée non toxique d'une substance. Soulignons que les appellations anglaises sont plus fréquemment utilisées dans des ouvrages francophones que leurs appellations françaises correspondantes.

Dans l'exemple présenté à la figure 2.3, où la toxicité sublétale d'un effluent traité d'une papetière est évaluée relativement à la croissance d'une culture d'algues unicellulaires de *Pseudokirchneriella subcapitata*, la *LOEC* correspond à 20 % de cet effluent; sa *NOEC* équivaut à 10 %, car la croissance algale à cette concentration (v/v) n'est pas statistiquement différente de celle des témoins.

Les *LOEC* et les *NOEC* peuvent servir à calculer un seuil intermédiaire, qui est considéré comme le seuil limite; on l'appelle *TOEC (threshold observed effect concentration)* en anglais et CESO (*concentration seuil d'effet observé*) en français. Ce seuil limite est la moyenne géométrique des *LOEC* et *NOEC*, soit la racine carrée du produit (*LOEC* × *NOEC*). L'emploi des *LOEC* – *NOEC*, fondé sur une méthode dite « d'hypothèse nulle », est cependant contesté par plusieurs scientifiques à cause des trois faiblesses suivantes (OCDE, 1988b et Environnement Canada, 1999b).

1. Les *LOEC* et *NOEC* font partie des concentrations qui ont été choisies au laboratoire pour être testées (ces concentrations sont souvent 100 %, 50 %, 25 %, 12,5 % et 6,25 % pour les effluents); elles ne sont donc pas des concentrations ponctuelles telles que des CI_{50}, CE_{50} ou d'autres CI_p ou CE_p (*p* représente un pourcentage d'inhibition ou d'effet).
2. Un bioessai fait avec peu de concentrations donnera des estimations de *LOEC* et *NOEC* plus élevées que les estimations obtenues lors d'un bioessai effectué avec davantage de faibles concentrations.
3. Des intervalles de confiance avec 95 % de probabilité ne peuvent pas être définis pour des *LOEC* – *NOEC*, alors qu'ils sont précisés pour les CI_{50}, CE_{50} et autres CI_p ou CE_p. En outre, l'USEPA (1991a) a explicité que les *TOEC* déterminées avec cinq bioessais sublétaux pour 60 effluents avaient des valeurs inférieures ou égales aux CI_{25} et a donc proposé que les CI_{25} correspondent à des *TOEC*; Environnement Canada (1999b) a entériné cette proposition. Malgré cela, les *LOEC* et *NOEC* continuent d'être employés par certains scientifiques et institutions (MENV, 2002b).

Parallèlement aux *LOEC* et *NOEC* de l'écotoxicologie, il y a des mesures terminales analogues minimales en toxicologie biomédicale et pharmaceutique, à savoir des *LOEL* (*lowest observed effect levels) et NOEL (no observed effect levels*) pour des effets sublétaux en général, et des *LOAEL* (*lowest observed adverse effect levels*) et *NOAEL* (*no observed adverse effect levels*) pour des effets sublétaux néfastes, comme le montre le tableau 4.7. Toutes ces mesures sont généralement des doses exprimées en mg/kg de poids corporel d'animal receveur et, comme nous l'avons déjà précisé, s'avèrent peu représentatives pour l'environnement. Pour faciliter la compréhension et éviter toute confusion à ce sujet, le tableau 4.7 illustre leur parallélisme avec les *LOEC* – *NOEC* au palier minimal, ainsi que les parallélismes entre les CL_{50} et DL_{50}, entre les CI_{50} et DI_{50} (doses d'inhibition) et CE_{50} et DE_{50} (doses d'effet) au palier médian.

Tableau 4.7 Mesures terminales (*endpoints*) des bioessais

Niveaux	Médianes	Minimales
Doses		
LÉTALES	DL_{50}	—
SUBLÉTALES	DE_{50}	*LOEL* et *NOEL*
	DI_{50}	*LOAEL* et *NOAEL*
Concentrations		
LÉTALES	CL_{50}	—
SUBLÉTALES	CE_{50}	*LOEC* et *NOEC*
	CI_{50}	*LOEC* et *NOEC*

Note. – *LOEC* = CMEO et *NOEC* = CSEO

Quelques années après l'adoption des *LOEC* – *NOEC*, des unités toxiques (UT) ont été définies pour les effluents (USEPA, 1991a et Environnement Canada, 1999b). Ces dernières sont pratiques pour la compréhension, car leur nombre est proportionnel à la toxicité. Rappelons à ce propos qu'une basse concentration toxique d'une substance révèle une haute toxicité pour cette dernière : ceci contrarie notre tendance cartésienne qui souhaiterait donner une haute valeur à une toxicité élevée. Pour surmonter ce problème, on fait appel à des rapports inverses des mesures toxiques; cette façon de faire a été imaginée par Sprague, dès 1970. Une unité toxique équivaut alors à 100 % d'effluent/mesure terminale de toxicité, en pourcentage.

Étant donné que cette mesure terminale peut être une CL_{50}, une CI_{50} ou une CE_{50} au palier médian, une CI_{25}, une LOEC, une NOEC, une TOEC ou une CESO au palier minimal sublétal ou génotoxique, et étant donné que toutes ces mesures terminales peuvent être définies avec des durées diverses, il y a différents types d'unités toxiques. Il peut alors y avoir confusion si le type d'unités toxiques n'est pas défini, comme c'est le cas pour les proportions qui présentent des mesures chimiques ou toxiques dont nous avons déjà traité.

En pratique, les unités toxiques utilisées couramment aujourd'hui se limitent aux suivantes :

- UT_a ou UT_l (unité toxique aiguë ou létale) = 100 % /CL_{50} de l'effluent, en 4 jours ou moins (USEPA, 1991a, Environnement Canada, 1999b et MENV, 2002b); par exemple, la toxicité létale aiguë de l'effluent présenté à la figure 2.2 équivaut à 100 % /46 % = 2,2 UT_a ou 2,2 UT_l.
- UT_c (unité toxique chronique) = 100 % /*NOEC* de l'effluent, en 4 jours ou plus (USEPA, 1991a et MENV, 2002b); l'effluent étudié à la figure 2.3, a une toxicité chronique évaluée à 100 % /10 % = 10 UT_c.
- UT_{sl} (unité toxique sublétale) = 100 % /CI_{25} de l'effluent, en 4 jours ou plus (Environnement Canada, 1999b); dans ce cas, l'effluent de la figure 2.3 cause une toxicité sublétale de 100 % /22 % = 4,5 UT_{sl}.

Signalons que ces 2,2 UT_l, 10 UT_c et 4,5 UT_{sl} correspondent à des dilutions respectives de 2,2 fois, 10 fois et 4,5 fois de l'effluent.

On ne doit pas accepter des mesures terminales de bioessais sans avoir vérifié leur AQ – CQ, laquelle s'avère autant indispensable pour les mesures toxiques que pour les mesures physicochimiques. Les exigences de l'AQ - CQ des bioessais sont détaillées dans des publications gouvernementales (Environnement Canada, 1990a à c, 1992a à g et 1998a et b) et ont trait aux aspects suivants :

- respect des délais et des conditions entre l'échantillonnage et le début des bioessais;
- provenance certifiée des organismes biologiques testés, acclimatation suffisante et âge approprié de ceux-ci et mortalité marginale avant le bioessai;
- suivi des conditions physicochimiques (conductivité, débit d'aération, oxygène dissous, pH, photopériode et (ou) température) durant le bioessai et maintien de celles-ci dans des intervalles acceptés;
- respect des modes opératoires normalisés pour chaque type de bioessai;

- test d'un toxique de référence accrédité ($CdCl_2$, $CuSO_4$, KCl, $K_2Cr_2O_7$, NaCl ou phénol, selon le bioessai) pour vérifier la sensibilité des organismes utilisés; ce test doit être fait dans un délai prescrit et donner des résultats à l'intérieur d'une fourchette de valeurs de 2 à 3 écarts types par rapport à la moyenne historique des données obtenues pour ce toxique de référence en laboratoire;
- traitement statistique approprié pour définir la mesure terminale.

4.5 Dangers des agents toxiques

Après avoir précisé les concentrations toxiques d'une substance avec des bioessais, on peut évaluer son danger écotoxicologique. Il est évident qu'une substance toxique à des basses concentrations chimiques est dangereuse. Mais ce constat ne suffit pas pour définir son danger écotoxicologique. La caractérisation de celui-ci demande une estimation de son comportement environnemental (dispersion, cycle de vie et destin) et une caractérisation de ses effets toxiques (létaux, sublétaux et chroniques) (MEF, 1998 et Environnement Canada, 1999b).

4.5.1 Types de danger écotoxique

Étant donné que les écotoxicités mesurées d'une substance peuvent être létales, sublétales ou insidieuses, on doit envisager trois types de danger pour cette substance.

- Un *danger létal* est présent lorsque la teneur chimique d'un composé dans l'environnement dépasse sa concentration létale aiguë, soit sa CL_{50}, en 24 à 96 heures.
- Il y a un *danger sublétal* lorsqu'une substance a une teneur environnementale supérieure à ses concentrations sublétales, soit sa CSE, sa CI_{25}, voire sa CI_{50} ou CE_{50}.
- Un *danger chronique* peut se développer lorsqu'un produit s'avère persistant et est bioaccumulé, ce qui a lieu pour les métaux lourds, les insecticides organochlorés et les BPC – DF, car le toxique a une durée de vie longue. Un *danger chronique* peut également se développer lorsqu'un produit induit des effets cumulatifs, telle la génotoxicité par des adduits à l'ADN, car l'effet dure longtemps; ceci a été constaté pour les HAP, les BPC – DF et certains autres composés aromatiques. Un système de pointage a été proposé par la CEE (1990) pour le danger des substances bioaccumulées; nous le présentons dans le tableau 4.8.

Tableau 4.8 Pointage du danger de substances chimiques en fonction de leur toxicité, persistance et bioaccumulation

Toxicité DL_{50} **(mg/kg)** CL_{50} **(mg/l)**	**Persistance (demi-vie en jours)**	**Bioaccumulation (FB)***	**Classification****
< 1	< 10	< 100	1
		100–1000	1
		> 1000	1
< 1	10–100	< 100	1
		100–1000	1
		> 1000	1
< 1	> 100	< 100	1
		100–1000	1
		> 1000	1
1–10	< 10	< 100	2
		100–1000	2
		> 1000	1
1–10	10–100	< 100	2
		100–1000	1
		> 1000	1
1–10	> 100	< 100	1
		100–1000	1
		> 1000	1
10–100	< 10	< 100	3
		100–1000	3
		> 1000	2
10–100	10–100	< 100	3
		100–1000	2
		> 1000	2
10–100	< 100	< 100	2
		100–1000	2
		> 1000	1
> 100	< 10	< 100	3
		100–1000	3
		> 1000	2
> 100	10–100	< 100	3
		100–1000	2
		> 1000	2
> 100	> 100	< 100	2
		100–1000	2
		> 1000	2

* FB = facteur de bioaccumulation = concentration de la substance dans l'organisme biologique/concentration de la substance dans l'environnement.

** Classification : 1 = danger élevé; 2 = danger modéré; 3 = danger faible.

4.5.2 Évaluation des dangers écotoxiques

Nous allons illustrer l'évaluation des trois types de danger écotoxique, décrits précédemment, en présentant le cas des eaux de lixiviation du fond d'un lieu d'enfouissement sanitaire domestique dans la région de Montréal (Van Coillie *et al.*, 1992). Ces eaux renferment des teneurs élevées d'ammoniaque (34 000 µg N/l), de cyanures (180 µg/l, soit plus que la norme de 100 µg/l du MENVIQ, 1981), de phénol (88 µg/l, soit plus que la norme de 20 µg/l du MENVIQ, 1981) et de cadmium (16 µg/l, soit moins que la norme de 100 µg/l du MENVIQ, 1981) et, à un moindre degré, diverses autres substances.

En comparant ces teneurs avec les CL_{50} (≤ 4 jours) de l'ammoniaque (158 à 1090 µg/l selon Environnement Canada, 2000b), des cyanures (28 à 68 µg/l selon Leduc *et al.*, 1983) et du cadmium (1 à 4 µg/l selon Environnement Canada, 1980) pour des truites arc-en-ciel *Oncorhynchus mykiss,* on peut considérer que ces eaux présentent un danger potentiel létal aigu. De fait, leur CL_{50} (≤ 4 jours) pour la truite arc-en-ciel est de 25 %, soit 4 unités toxiques aiguës (Ut_a) ou létales (Ut_l) ou une dilution de 4 fois. Si ces eaux sont pompées et ensuite déversées telles quelles par un émissaire dans une rivière voisine, elles y auront vraisemblablement un impact toxique local qui sera létal et aigu près de cet émissaire. Ensuite, leur diffusion ultérieure dans la rivière entraînera vraisemblablement un impact toxique régional non létal, qui peut être estimé à partir de leur danger potentiel sublétal. Ce dernier paraît évident lorsqu'on compare les hautes teneurs chimiques de ces eaux de lixiviation et les CE_{20} de l'ammoniaque (18 à 181 µg N/l, selon Environnement Canada, 2000b) ou les CI_{50} à moyen terme (20 jours) des cyanures (45 µg/l, selon Leduc *et al.*, 1983) ou du phénol (70 µg/l, selon Environnement Canada, 2000h) pour les truites arc-en-ciel.

Cette comparaison permet de soutenir que ces eaux ont un danger potentiel sublétal à moyen terme. De fait, leur CE_{20} (20 jours) est de 50 %, soit 2 UT_{sl} ou une dilution de 2 fois pour la truite arc-en-ciel. De plus, elles ont des CI_{50} sévères à moyen terme pour les daphnies *Daphnia pulex* et pour les algues unicellulaires *Pseudokirchneriella subcapitata*, à savoir respectivement une CI_{50} (14 jours) de moins de 10 %, équivalant à plus de10 UT_{sl} ou à une dilution de plus de 10 fois, et une CI_{50} (8 jours) de 0,8 %, équivalant à 125 UT_{sl} ou à une dilution de 125 fois. En outre, il est possible que ces eaux aient un impact toxique insidieux dans la rivière où elles sont rejetées; cette possibilité est estimée à partir de leur danger potentiel chronique qui est évalué de deux façons :

- Le danger potentiel de bioaccumulation de leurs substances persistantes, tel le cadmium, est vérifié à l'aide du pointage de la CEE (1990). Celui-ci indique un danger de niveau 1 (lequel est élevé), en fonction de la CL_{50} du cadmium (CL_{50} < 1 mg/l), de la persistance de cadmium (> 100 jours) et de la bioaccumulation de ce métal (FB = < 100, selon les durées et les organismes d'après NRCC, 1979a).
- Le danger potentiel de génotoxicité de ces eaux a été vérifié à l'aide du test d'Ames de mutagénicité. Ce bioessai a montré que leur concentration pour un effet génotoxique à 50 %, soit leur CG_{50}, était de 19 %, équivalant à 5,2 UT_g (unités toxiques génotoxiques) ou à une dilution de 5,2 fois.

Les eaux de lixiviation de ce lieu d'enfouissement sanitaire représentent donc un danger létal, un danger sublétal et un danger chronique.

4.5.3 Spirale des dangers écotoxiques

Pour faciliter la compréhension des trois types de danger écotoxique, on peut adopter une présentation spiralée, laquelle correspond à la « Spirale d'écotoxicité » conçue par Blaise, Bermingham et Van Coillie (1984 et 1985). Cette spirale schématise le trajet d'un rejet ponctuel très toxique qui se diffuse dans l'environnement, où cinq niveaux trophiques écologiques sont présents, à savoir les transformateurs, les producteurs et les consommateurs primaires, secondaires et ultimes (figure 4.6). Une ouverture spiralée a été choisie pour mettre en image cette diffusion du rejet, car elle permet deux axes : le premier est vertical et sépare la toxicité létale à gauche et la toxicité sublétale à droite, tandis que le second est horizontal et disjoint les effets toxiques directs en bas et les effets toxiques insidieux en haut. Selon cette présentation spiralée, le rejet ponctuel très toxique qui se diffuse est d'abord létal, ensuite sublétal, ultérieurement chronique sublétal et enfin chronique létal.

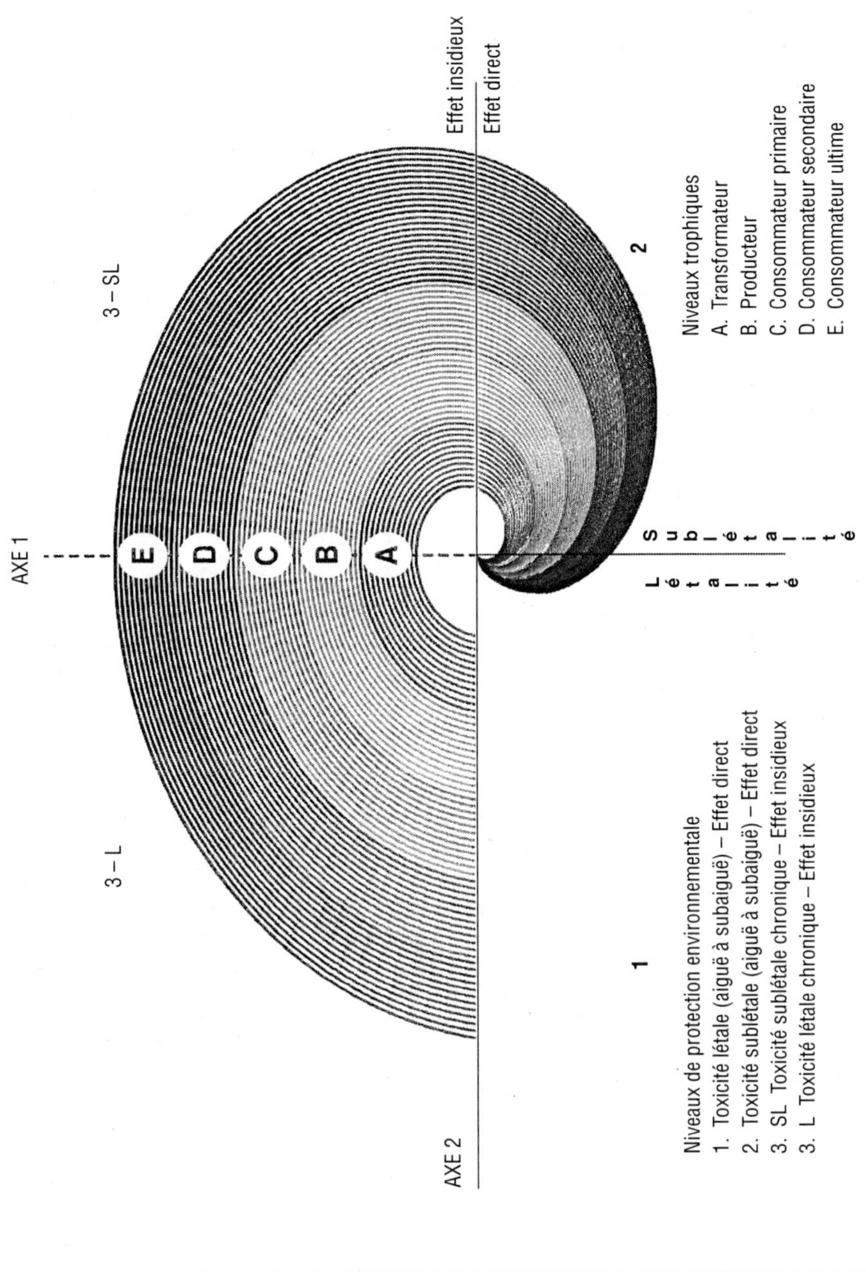

Figure 4.6 Évolution des effets toxiques d'un effluent lors de sa dilution selon une spirale de l'écotoxicité.

Par exemple, les BPC d'une eau de lixiviation d'un terrain contaminé par des transformateurs électriques percés suivent cette progression spiralée lorsque cette eau aboutit dans une rivière. Au lieu de son rejet, cette eau a des concentrations élevées de BPC. Si ces dernières se situent dans un intervalle de ≥ 100 à 5 µg/l, elles occasionnent une toxicité létale aiguë (≤ 4 jours) et subaiguë (> 4 jours) chez des organismes dulcicoles (CNRC, 1979b); elles représentent alors subséquemment un danger létal (section 1, à gauche en bas dans la spirale). Ensuite, les concentrations de BPC se diluent dans la rivière; entre 10 et 0,1 µg/l, les BPC causent une toxicité sublétale aiguë et subaiguë chez des organismes aquatiques (CNRC, 1979b) et constituent alors un danger sublétal (section 2, à droite en bas dans la spirale). Ultérieurement, les BPC du rejet sont persistants dans la rivière et y induisent une toxicité insidieuse considérée comme chronique. En effet, il est reconnu que les BPC sont facilement bioaccumulés (FB > 1000), ont une demi-vie relativement longue (plus de 55 jours) chez des organismes dulcicoles et s'avèrent génotoxiques (CNRC, 1979b et Niimi, 1994). Ajoutons que leur danger potentiel de bioaccumulation est élevé selon le pointage de la CEE (1990) : leur CL_{50} < 1 mg/l, leur demi-vie entre 10 et 100 jours et leur FB > 1000. La toxicité insidieuse liée à leur bioaccumulation et à leur génotoxicité est d'abord sublétale (section 3-SL, à droite en haut dans la spirale). En devenant cumulative, elle peut être ensuite létale (section 3-L, à gauche en haut dans la spirale).

Une progression analogue, mais plus courte, a lieu pour un déversement accidentel d'acide sulfurique dans une rivière, à partir d'un wagon lors d'un déraillement. L'acide sulfurique est d'abord létal au lieu de rejet dans la rivière et il devient ensuite sublétal avec sa diffusion. Toutefois, il ne provoque pas de toxicité chronique, car il n'est ni bioaccumulé, ni génotoxique.

Il est important de prendre en compte chaque niveau de danger écotoxique avant de conclure. En effet, il est possible qu'un rejet ait un danger potentiel à un des trois niveaux de danger écotoxique, et non aux deux autres niveaux.

Un exemple de ce point est fourni par l'évaluation écotoxicologique des trois effluents d'une usine productrice de scories de titane, de gueuse de fonte et de billes d'acier (GIPASL, 1993 et Bourbeau *et al.*, 1993). Son principal effluent contient des teneurs élevées d'aluminium (31 mg/l), de cuivre (0,81 mg/l), de fer (183 mg/l), de nickel (0,54 mg/l) et de zinc (21,2 mg/l); elles sont nettement supérieures à leurs CL_{50} minimales aiguës rapportées dans la littérature, pour des poissons dulcicoles et (ou) des daphnies (0,2 mg/l pour l'aluminium, 0,018 mg/l pour le cuivre, 5,9 mg/l pour le fer, 0,13 mg/l pour le nickel et 0,068 mg/l pour le zinc). On peut donc penser que cet effluent a un danger potentiel létal aigu. Ce n'est pas le cas.

En effet, cet effluent combiné avec les deux autres, proportionnellement aux débits et prédominant (86 %) dans l'effluent composé testé n'a aucune écotoxicité létale aiguë pour la truite arc-en-ciel *Oncorhynchus mykiss* et pour le microcrustacé *Daphnia magna*. Ceci peut s'expliquer par les trois facteurs suivants :

1. L'effluent principal renferme des concentrations importantes de matières en suspension (1146 mg/l) et de solides totaux (2089 mg/l); ceci permet de croire que les métaux sont, au moins partiellement, associés avec des particules et précipités sous forme solide, s'avérant ainsi peu biodisponibles et donc peu toxiques.
2. Ces métaux sont en compétition avec la dureté élevée de l'effluent (138 mg/l); celle-ci défavorise leur toxicité (Environnement Canada, 1999b).
3. Ces métaux peuvent également être en compétition entre eux et avec les ions H^+ (pH 4 à 7,4), ce qui défavorise aussi leur toxicité individuelle (Bourbeau *et al.*, 1993).

Au niveau sublétal, l'effluent composé est également non toxique malgré que ses teneurs en cuivre et zinc dépassent les CI_{50} minimales aiguës de ces deux métaux pour les algues *Pseudokirchneriella subcapitata* (0,013 mg/l pour le cuivre et 0,052 mg/l pour le zinc). En effet, les bioessais sublétaux faits avec cet effluent se sont révélés négatifs tant pour les algues *Pseudokirchneriella subcapitata* en durée aiguë que pour les microcrustacés *Ceriodaphnia dubia* en durée subaiguë. Devant cette absence de toxicité létale et de toxicité sublétale, on est tenté de conclure que cet effluent est non toxique et ne constitue pas un danger écotoxique. Cependant, il faut aussi prendre en compte la toxicité chronique de cet effluent. En effet, celui-ci est génotoxique comme l'a montré un bioessai *SOS chromotest* (concentration génotoxique seuil = 17 %, soit 5 UT_g ou une dilution de 5,7 fois); il a donc un danger potentiel chronique. De plus, sa cote de danger de bioaccumulation, laquelle a été calculée selon le pointage de la CEE (1990) est de 1 pour les métaux étudiés; il y a donc un danger élevé de bioaccumulation qui fait partie du danger chronique.

4.6 Expositions aux agents toxiques

Nous avons montré, dans les sections précédentes, que le danger écotoxique fait le lien entre les concentrations chimiques des contaminants dans l'environnement et leur toxicité définie par des bioessais en laboratoire. Cependant, l'évaluation des dangers écotoxicologiques ne fait pas le lien entre ces concentrations et les réponses des récepteurs biologiques du milieu (MEF, 1998). Voyons maintenant cet aspect où les expositions à ces concentrations sont étudiées.

L'évaluation des expositions aux dangers écotoxiques potentiels des contaminants dans l'environnement est complexe comparativement aux quatre étapes de la démarche écotoxicologique que nous avons vue. En effet, elle dépend de nombreuses variables telles que les conditions physicochimiques irrégulières du milieu, les récepteurs biologiques exposés et les types de réponse examinés; en outre, il manque souvent de données essentielles.

4.6.1 Approches d'évaluation des expositions

Quatre approches sont possibles pour évaluer des expositions aux contaminants dans le milieu. La première approche vient de la pharmacologie et de la toxicologie humaine qui quantifient l'exposition à un médicament ou à un toxique et leurs effets dans des conditions généralement contrôlées. Une telle quantification est applicable à certaines espèces fauniques dont on connaît les taux d'inhalation, d'ingestion et de contact cutané (USEPA, 1993, Sample *et al.*, 1997 et USEPA, 1998); on précise alors des doses d'exposition en mg de toxique/kg de poids corporel/jour. Ces doses sont différentes des doses toxiques DL_{50}, DI_{50}, DE_{50}, *LOEL*, *LOAEL*, *NOEL* et *NOAEL* (mg de toxique/kg de poids corporel pour une durée précisée) ou des CL_{50}, CI_{50}, CE_{50}, CI_{25}, *LOEC* et *NOEC* (mg de toxique/l d'eau, m^3 d'air ou kg de sol pour une durée précisée). Dans la majorité des cas, une telle quantification d'exposition n'est pas possible, car les données relatives aux voies d'exposition ne sont pas disponibles. Il faut alors recourir à des informations fournies par les trois autres approches, qui apportent indirectement des données sur les expositions.

Dans ce contexte, la seconde approche exploite des cas historiques. Par exemple, l'exposition au méthylmercure chez les poissons, les invertébrés aquatiques, les espèces piscivores et les humains est très bien documentée (Ui, 1972; Nriagu, 1979; Brouard *et al.*, 1991; Van Coillie, 1991; Laperle *et al.*, 1999; Tremblay, 1999; Verdon et Tremblay, 1999). Toutefois, les données historiques ne sont pas entièrement adaptables aux cas particuliers étudiés.

La troisième approche est un examen de données épidémiologiques environnementales aussi dites *écoépidémiologiques*. Généralement, celles-ci sont davantage ciblées sur l'humain que sur d'autres espèces biologiques. C'est notamment le cas pour les expositions aux insecticides organophosphates et à certains métaux tels que le mercure et le sélénium (Francis, 1994).

La quatrième approche fait appel à des bioindicateurs du milieu et s'avère très représentative pour celui-ci.

4.6.2 Utilisation de bioindicateurs

Les bioindicateurs sont des organismes biologiques qui donnent des indications révélatrices de la santé de l'écosystème où ils vivent (Simon, 2003). Ils font partie du vaste groupe des indicateurs environnementaux qui fournissent des informations sur l'état de leur environnement. Ces indicateurs sont très demandés aujourd'hui; par exemple, il y en a 52 pour l'état du fleuve Saint-Laurent (Quillam et Milet, 1998). Afin d'éviter une confusion que certains entretiennent entre les bioindicateurs et les indicateurs environnementaux, il faut expliciter les différentes catégories de ces derniers, selon leur nature et leur but; la figure 4.7 présente ces catégories. Parmi les indicateurs environnementaux qui peuvent être des teneurs chimiques, physiques ou microbiologiques ou des caractéristiques macrobiologiques ou écologiques, les bioindicateurs sont limités à des espèces macrobiologiques et à des réponses écologiques. De plus, alors que les indicateurs environnementaux peuvent servir à évaluer la qualité, une performance d'intervention, la santé, une tendance spatiale ou temporelle ou une exposition dans un milieu, les bioindicateurs sont souvent utilisés pour estimer une exposition à des substances nocives dans un milieu récepteur de celles-ci.

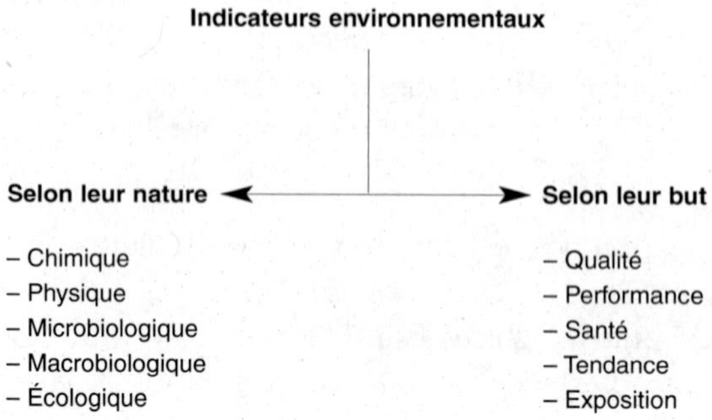

Figure 4.7 Indicateurs environnementaux.

Il y a trois types principaux de bioindicateurs d'exposition, comme le montre la figure 4.8.

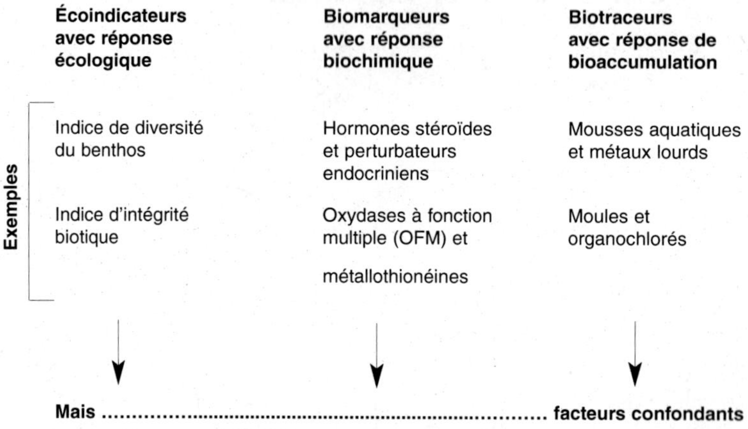

Figure 4.8 Types de bioindicateurs d'exposition.

En premier lieu, les écoindicateurs sont des espèces ou des indices révélateurs de l'état écologique d'un milieu. Par exemple, une abondance de vers oligochètes dans le benthos (faune des invertébrés des sédiments) indique une rivière très polluée, tandis qu'une présence appréciable d'insectes plécoptères benthiques dénote une rivière saine (AFNOR, 1985 et Ramade, 1992). Divers indices écologiques ont été élaborés pour le monitoring écotoxicologique. Les plus utilisés sont :

- les indices successifs de diversité benthique de Shannon-Wiener, Brillouin et Margalef (Ramade, 1992);
- l'indice biotique mis au point par Iserentant et Margot pour la pureté atmosphérique à partir de la diversité des lichens (Ramade, 1992);
- l'indice biotique proposé par Verneaux et Tuffery pour les eaux dulcicoles (Ramade, 1992);
- l'indice biologique global combinant la diversité et la sensibilité pour le benthos (AFNOR, 1985);
- l'indice d'intégrité biotique renfermant douze variables qui explorent différentes facettes des communautés de poissons (Karr *et al.*, 1986).

La structure mathématique de ces indices est relativement analogue; il s'avère que la variation du nombre d'espèces donne une bonne indication comme il est explicité plus loin dans la méthode « triade », section 4.7.2.

Tous ces écoindicateurs sont certainement représentatifs et s'avèrent subséquemment des très bons bioindicateurs pour évaluer une exposition à un produit toxique, mais ils sont également très sensibles à plusieurs facteurs confondants. Par exemple, voici quelques facteurs confondants qui influencent le benthos : altitude, vitesse du courant, transparence de l'eau, type de substrat dominant, hétérogénéité du substrat, profondeur, pente de la rivière, largeur de celle-ci et abondance de macrophytes (Piché, 1998). Il faut discriminer les effets de ces facteurs confondants avant de déceler l'effet de l'exposition à un rejet toxique. Il n'est pas rare que les premiers dominent le second. L'utilisation des écoindicateurs est donc difficile pour une évaluation écotoxicologique.

En second lieu, les biomarqueurs sont des réponses biochimiques et (ou) physiologiques précoces fournies par diverses espèces lorsqu'elles sont exposées à un stress toxique (Lagadic *et al.*, 1997b; Melançon, 2003; Newman et Unger, 2003). Les hormones œstrogènes et les oxydases à fonction multiple sont particulièrement étudiées comme biomarqueurs. De fait, l'influence des hormones œstrogènes est activée par plusieurs perturbateurs endocriniens tels que les détergents nonylphénoléthoxylates, d'autres alkylphénols, des dérivés d'anovulants stéroïdiens et des effluents municipaux qui ont un pouvoir œstrogénique et féminisant, et stimulent la vitellogenèse chez les moules et poissons dulcicoles (White *et al.*, 1994; Sumpter et Jobling, 1995; Arcand *et al.*, 1998; Environnement Canada, 2001d; Gagné *et al.*, 2001b et 2002; Sabik *et al.*, 2003; Birkett et Lester, 2003; Hoffmann *et al.*, 2003; Robinson *et al.*, 2006a). Par contre, certains autres perturbateurs endocriniens ont des propriétés anti-œstrogéniques; c'est le cas pour le cadmium (Olsson *et al.*, 1995), des effluents non traités de papetières produisant de la pâte kraft blanchie (Mc Master *et al.*, 1996) et l'herbicide atrazine (Cooper *et al.*, 2000). Les oxydases à fonction multiple avec cytochrome P450 suscitent également beaucoup d'intérêt parmi les biomarqueurs. Leur synthèse est accrue dans les organismes biologiques exposés à des HAP, BPC, dioxines et furannes chlorés, effluents de papetières et diverses autres substances organiques (Martel et Kovacs, 1997; Monod, 1997; De Lafontaine *et al.*, 2000; Parkinson, 2001; Gagné *et al.*, 2002; Melançon, 2003; Martel, 2006).

Il y a aussi quelques autres biomarqueurs qui sont moins utilisés. Mentionnons les métallothionéines qui deviennent plus abondantes lors d'une agression de certains métaux lourds (Cd^{++}, Cu^{++}, Hg^{++} et Zn^{++}) (Amiard et Cosson, 1997; Couillard, 1997; Gagné *et al.*, 2002; Melançon, 2003; Cooper et Fortin, 2006; Parent *et al.*, 2006a), ainsi que les biomarqueurs de stress oxydant qui sont stimulés par des formes actives d'oxygène (Cossu *et al.*, 1997a et b). Les hormones androgènes, telle la testostérone, peuvent être en hausse chez des mollusques marins à la suite d'une agression du tributylétain qui vient de la peinture de bateaux, ce qui favorise un « imposexe » mâle chez des femelles (Prouse et Ellis, 1997). Une baisse de ces hormones et de la masculinité est également possible à la suite d'une exposition à des insecticides organochlorés (Guillette *et al.*, 1999; Olea *et al.*, 1999) ou à des herbicides (atrazine entre autres) (Dimacaos *et al.*, 2006). On a aussi observé qu'un effluent municipal renfermant des substances œstrogéniques peut induire une réduction de la masculinité et une féminisation des mâles chez des moules, truites et ménés, en provoquant une synthèse de vitellogénine femelle et (ou) en générant un intersexe (follicules ovariens dans les testicules) (Gagné et Blaise, 1998; Gagné *et al.*, 2001a et b; Aravindaksan *et al.*, 2004). Enfin, des biomarqueurs immunologiques tels que des immunoglobulines ont une synthèse activée par certains toxiques immunostimulateurs (nickel, platine et pesticides pyrèthroïdes) et inhibée par d'autres toxiques immunodépresseurs (HAP, pesticides organochlorés, BPC, arsenic, cadmium et autres) (Lu, 1991; Brousseau *et al.*, 1997; Burns-Naas *et al.*, 2001). Comme autres biomarqueurs immunotoxicologiques, il y a aussi la phagocytose des macrophages et la prolifération des lymphocytes T, lesquelles sont stimulées par le chlorure mercurique.

Tous ces différents biomarqueurs ont des réponses modulées par des facteurs confondants, comme l'espèce biologique employée (Gagné *et al.*, 2002) et sa diète (Environnement Canada, 1999b), l'enzyme oxydase étudiée (Paine, 1995; Parkinson, 2001), l'état reproductif des individus étudiés (Environnement Canada, 1999b), le type et le traitement d'effluent étudié (Kovacs *et al.*, 1997 et 2002), la durée pour les métallothionéines (Couillard *et al.*, 1995) et diverses variables environnementales telles que la température, la dureté et le pH (Lagadic *et al.*, 1997). Devant ces multiples facteurs confondants, les réponses négatives ou positives des biomarqueurs à un stress toxique doivent être prises en compte avec circonspection.

En troisième lieu, les biotraceurs sont des espèces qui bioaccumulent des toxiques qui ont une longue vie. Ces biotraceurs sont ainsi des bioindicateurs sûrs d'une exposition à ces toxiques. Ils sont particulièrement utiles pour déceler l'existence de toxiques persistants, présents sous les seuils de détection chimique dans un milieu (Berryman et Nadeau, 1998). Les principaux biotraceurs sont des mousses aquatiques dulcicoles, sangsues, poissons dulcicoles et marins, moules dulcicoles et marines, huîtres, crevettes, phoques, bélugas, lichens, mousses terrestres, aiguilles de pins, vers de terre, cloportes, plumes d'oiseaux, hérons, visons, bois de cervidés et poils et cheveux de mammifères; ils bioaccumulent surtout des métaux (arsenic, béryllium, cadmium, chrome, cuivre, fer, manganèse, mercure, nickel, plomb, sélénium, titane et (ou) zinc), le fluor chez des végétaux, des BPC, des dioxines et furannes chlorés, des pesticides organochlorés et des chlorophénols (Ramade, 1992; Grenon, 1997; Berryman et Nadeau, 1998; Piché et Laliberté, 1998; Quillam et Milet, 1998; Laperle *et al.*, 1999; Verdon et Tremblay, 1999; Cohen et Rice, 2001; Goyer et Clarkson, 2001; Germain *et al.*, 2002; Drolet-Vives *et al.*, 2006). Les bioaccumulations de contaminants chez les biotraceurs varient avec plusieurs facteurs confondants, à savoir l'espèce biologique, son âge ou sa taille, la saison, le pH, la température, la durée de bioaccumulation (Ramade, 1992, Grenon, 1997; Piché et Laliberté, 1998; Verdon et Tremblay, 1999). Subséquemment, l'interprétation des résultats fournis par les biotraceurs d'exposition doit tenir compte de ces variables.

En plus de ces trois bioindicateurs, il y a aussi une possibilité de biosurveillance continue avec des biosenseurs (Rawson, 2003). Cette possibilité a été développée à partir du premier biosenseur très connu, à savoir le canari qui accompagne le mineur et cesse de chanter lorsque les conditions deviennent malsaines; elle a été aussi imaginée à partir d'un système d'évitement en continu pour des truites. Pour la biosurveillance d'un effluent, on dévie une partie de ce dernier dans des réservoirs où sont placés souvent des poissons et parfois des bactéries du système Microtox, des algues ou des vers de vase tubificidés (Environnement Canada, 1999b). Ensuite, on mesure en mode automatisé continu les mouvements, le débit d'irrigation des branchies et la toux des poissons par des capteurs électroniques : cette méthode a été mise au point en tenant compte des observations déterminantes faites dans ce domaine par Fisher *et al.* (1983) et Westlake *et al.* (1983). La mesure de la bioluminescence des bactéries du système Microtox est également automatisée (Qureshi *et al.*, 1998). La photosynthèse des algues est évaluée en continu avec des biocapteurs qui mesurent la concentration d'oxygène dissous relâché (Pandard *et al.*, 1993), tandis que la respiration des vers de vase tubificidés est surveillée en continu (Coler *et al.*, 1988).

De façon générale, tous ces dispositifs de biosurveillance avec des biosenseurs et des biocapteurs ont des problèmes. En effet, des contaminations bactériennes se produisent et il faut fréquemment nettoyer, des bruits accompagnent la nutrition et masquent des signaux électroniques et de fausses alertes surviennent. Ils exigent aussi des programmations de différents seuils selon la saison et l'heure, des étalonnages de réponses avec des essais standards et des installations d'équipements sophistiqués et coûteux (Environnement Canada, 1999b). Ces dispositifs sont dès lors peu utilisés, sauf par quelques grandes entreprises qui les emploient pour leurs effluents avec un souci de visibilité. De plus, ils correspondent davantage à des bioessais en continu qu'à des bioindicateurs du milieu. Ces trois grands types de bioindicateurs méritent donc une attention prioritaire.

Les espèces choisies comme bioindicateurs doivent respecter certaines exigences (Ramade, 1992) : sédentarité, abondance d'individus, taille manipulable, biologie connue, réponse évidente à un stress toxique et délai relativement rapide. Le tableau 4.9 présente ces exigences et en donne des exemples.

À note connaissance, aucun bioindicateur ne satisfait pleinement ces six exigences et, face à cela, il est souhaitable de recourir à plusieurs bioindicateurs, comme on le fait pour les bioessais. Toutefois, ce recours est souvent limité par le coût élevé d'une étude avec des bioindicateurs (échantillonnages, analyses et traitements statistiques) par rapport à une étude avec des bioessais.

Tableau 4.9 Exigences et exemples de bioindicateurs

Exigences	Bons exemples	Mauvais exemples
Individus sédentaires dans un petit territoire	Benthos, poissons locaux tels que des meuniers et perchaudes, jeunes ménés de l'année (Sloterdijck, 1992), moules, huîtres, mousses, lichens, aiguilles de pins, vers de terre et campagnols nord-américains	Crustacés, mammifères, oiseaux et poissons migrateurs
Abondance d'individus avec une distribution étendue	*Idem*	Espèces menacées ou rares telles que certains rapaces et des poissons comme les chevaliers cuivrés
Taille facile à manipuler pour les individus	*Idem;* mais le benthos doit être plus grand que 600 µm	Vers nématodes microscopiques, protozoaires, algues unicellulaires, bélugas et orignaux
Biologie connue des espèces (âge de maturité, diète et caractéristiques saisonnières) avec préférence pour des espèces avec grande longévité	*Idem*	Certains vers aquatiques et insectes
Réponse évidente à un stress toxique avec une bonne corrélation entre cause et effet	Bioaccumulation	Caractères morphométriques (poids et longueur), quelques effets perturbateurs endocriniens et des réponses écologiques très influencées par des facteurs confondants
Délai relativement rapide de la réponse	Biomarqueurs biochimiques à court terme et bioaccumulation en quelques semaines (Sloterdijck, 1992; Grenon, 1997; Berryman et Nadeau, 1998 et Germain *et al.*, 2002; Pelletier *et al.*, 2004)	Changements morphométriques et effets lents d'une acidification aquatique modérée

4.6.3 Quantification des voies d'exposition

Si l'on dispose de données précisant les taux d'inhalation et d'ingestion pour des bioindicateurs, on peut calculer leur exposition à des substances toxiques sur un site à partir des concentrations de ces dernières sur ce site. Ce n'est toutefois possible que pour un petit nombre de bioindicateurs fauniques proches de l'humain, puisque les données d'inhalation et d'ingestion ne sont pas connues pour la majorité des bioindicateurs (Hoffmann *et al.*, 2003).

Illustrons un calcul d'exposition au cuivre du sol chez des campagnols, à un site de fonderie métallique non ferreuse.

À cette fin, le sol superficiel, l'eau, les plantes et les vers de terre du site ont été échantillonnés et leurs concentrations de cuivre ont été analysées. La teneur la plus haute du cuivre dans chacun de ces composants a été choisie en vue d'estimer la pire exposition au cuivre du site et, ultérieurement, le pire scénario de risque local de ce métal. Les concentrations les plus élevées dans ces composants sont les suivantes :

- cuivre dans le sol du site = 187 mg/kg;
- cuivre dans l'eau locale du site = 6 µg/l; cette teneur devrait être déterminée dans les mares du site, mais ces dernières sont occasionnelles car elles dépendent des pluies qui apportent un surplus relativement marginal de cuivre transporté dans les airs; ceci vaut aussi pour les fossés d'écoulement rapide et temporaire; de plus, il est inapproprié de considérer que la teneur recherchée équivaut à celle d'un ruisseau voisin, car ce dernier est influencé par divers sites incluant peut-être le site concerné. Compte tenu de ces limites et objections, on a recours à la concentration du cuivre dans l'eau souterraine du site, car celle-ci reçoit le cuivre du site par une lixiviation; comme ce métal y est rapidement dilué, on retient la teneur locale la plus haute du cuivre dans l'eau souterraine;
- cuivre dans les plantes du site, essentiellement des herbes = 32 mg/kg en poids sec;
- cuivre dans les vers de terre du site = 52 mg/kg en poids sec.

Après avoir déterminé ces diverses concentrations maximales de cuivre dans le site, il faut préciser les différents facteurs qui conditionnent les voies d'exposition de cuivre du site chez les campagnols :

- teneur de poussières dans l'air en général, à partir des sols, par une érosion éolienne = 25 µg/m^3 (MEF, 1996c);
- taux d'inhalation chez les campagnols = 1,10 m^3 d'air/kg de poids corporel/jour (Sample *et al.*, 1997);
- taux d'ingestion de sol chez les campagnols = 3 g de sol en poids sec/kg de poids corporel/jour; le sol avalé provient surtout des racines des plantes et vers de terre (USEPA, 1993);
- taux d'ingestion d'eau chez les campagnols = 140 ml d'eau/kg de poids corporel/jour (Sample *et al.*, 1997);
- taux d'ingestion de nourriture chez les campagnols = 140 g de nourriture/kg de poids corporel/jour (Sample *et al.*, 1997);

- proportions de diète chez les campagnols = 96 % de plantes et 4 % d'invertébrés; les vers de terre sont souvent plus abondants que les insectes et les limaces (USEPA, 1993);
- poids corporel moyen des campagnols = 30 g (USEPA, 1993);
- taux de contact dermique marginal chez les campagnols à cause de leur fourrure (Sample *et al.*, 1997).

Des équations, utilisant les données précédentes, permettent ensuite de calculer l'exposition locale au cuivre du sol du site; voyons ces équations :

1. Inhalation de cuivre à partir des poussières de sol par les campagnols du site = teneur de poussières dans l'air × concentration du cuivre dans le sol du site × taux d'inhalation des campagnols = 25 µg de poussières/m^3 d'air × 187 mg de cuivre/kg de sol × 1,10 m^3 d'air/kg de poids corporel (p.c.) de campagnols/jour = 5,14 × 10^{-6} mg de cuivre/kg p.c./jour;
2. Ingestion de cuivre à partir du sol chez les campagnols du site = concentration du cuivre dans le sol du site × taux d'ingestion de sol des campagnols = 187 mg de cuivre/kg de sol × 3 g de sol/kg p.c./jour = 0,56 mg de cuivre/kg p.c./jour;
3. Ingestion de cuivre à partir de l'eau chez les campagnols du site = concentration du cuivre dans l'eau du site × taux d'ingestion d'eau des campagnols = 6 µg de cuivre/litre d'eau × 140 ml d'eau/kg p.c./jour = 0,84 × 10^{-3} mg de cuivre/kg p.c./jour;
4. Ingestion de cuivre à partir de la nourriture chez les campagnols du site = (proportion de plantes dans la diète des campagnols × concentration du cuivre dans les plantes du site × taux d'ingestion de nourriture des campagnols) + (proportion de vers dans la diète des campagnols × concentration du cuivre dans les vers de terre du site × taux d'ingestion de nourriture des campagnols) = (96 % × 32 mg de cuivre/kg de plantes × 140 g de nourriture/kg p.c./jour) + (4 % × 52 mg de cuivre/kg de vers × 140 g de nourriture/kg p.c./jour) = 4,59 mg de cuivre/kg p.c./jour;
5. Total de l'inhalation et des trois ingestions de cuivre chez les campagnols du site = 5,14 × 10^{-6} mg de cuivre/kg p.c./jour + 0,56 mg de cuivre/kg p.c./jour + 0,84 × 10^{-3} mg de cuivre/kg p.c./jour + 4,59 mg de cuivre/kg p.c./jour = 5,15 mg de cuivre/kg p.c. de campagnols/jour.

Le calcul de l'exposition à un toxique et (ou) l'évaluation de celle-ci à partir de données épidémiologiques ou historiques ou à partir des bioindicateurs sont déterminants pour l'estimation du risque de ce toxique.

4.7 Risques des agents toxiques

À cette dernière étape de la démarche d'évaluation écotoxicologique, on combine le danger potentiel d'une substance toxique et l'exposition à celle-ci. On émet alors un jugement scientifique sur la gravité probable de son danger (figure 4.9), qui correspond à une estimation de son risque écotoxicologique. Ensuite, l'impact de ce dernier est évalué, ce qui termine la démarche d'évaluation écotoxicologique de ce toxique.

Enfin, il faut tenir compte de divers facteurs socio-économiques pour proposer des scénarios de gestion de l'impact du risque écotoxicologique; des groupes interdisciplinaires examinent les diverses solutions possibles à ce sujet.

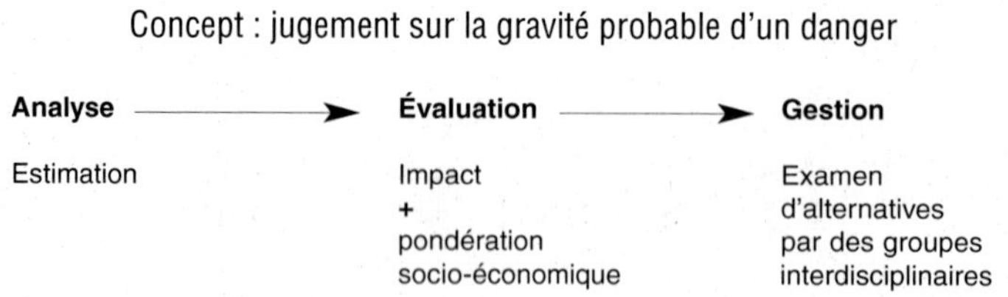

Figure 4.9 Détermination du risque.

L'estimation du risque écotoxicologique d'un toxique peut être faite selon différentes approches qui dépendent des modes d'évaluation des expositions à ce toxique. Si un calcul des expositions a été effectué pour ce toxique, on adopte une méthode dite du *quotient*. Si l'exposition au toxique a été évaluée à l'aide de données épidémiologiques ou historiques ou au moyen de bioindicateurs, on utilise une méthode dite *triade*. Il y a aussi quelques autres méthodes qui s'appuient sur une approche de risque relatif.

4.7.1 Méthode du quotient

Le rapport entre la valeur estimée de l'exposition (VEE) à un toxique et la valeur estimée sans effet observé (VESEO) pour ce toxique est défini comme un quotient (Q) de risque du toxique (MEF, 1998; USEPA, 1998; Environnement Canada, 1999b; MSSS, 2002; Newman et Unger, 2003), soit

$$Q = VEE/VESEO$$

Voyons un exemple de l'emploi de ce quotient (Q) pour le cuivre du sol d'une fonderie métallique non ferreuse où le total des expositions de ce métal a été calculé pour des campagnols, comme nous l'avons vu. La VEE correspond à ce total, soit 5,15 mg de cuivre/kg p.c. de campagnol/jour. La VESEO de référence a été définie par le CEAEQ (2007) pour le cuivre et divers autres toxiques et équivaut à 36,38 mg de cuivre/kg p.c. de mammifère/jour. Le quotient Q de risque du cuivre du sol du site est donc :

$$Q = \frac{(5{,}15 \text{ mg de cuivre/kg p.c. de campagnol/jour})}{(36{,}38 \text{ mg de cuivre/kg p.c./jour})} = 0{,}14$$

Si $Q \leq 1$, il n'y a pas de risque évident.

Si $Q > 1$, on est en présence d'un risque.

Certains autres quotients analogues ont également été proposés; parmi ceux-ci, deux sont particulièrement préconisés :

$$Q = CPE/CB$$

(CCME, 1996 et 1997a)

où

CPE = concentration prévue dans l'environnement pour le toxique, laquelle est obtenue par une mesure directe ou une modélisation;

CB = concentration de base = concentration sans effet observé (CSEO) pour le toxique ou concentration maximale acceptable de celui-ci.

Si $Q < 0{,}1$, il n'y a aucun risque.

Si $Q = 0{,}1$ à 10, il y a un risque possible.

Si $Q > 10$, il y a un risque élevé.

$$Q = \text{VEE non calculée/VESEO calculée}$$

(Environnement Canada, 1999b)

où

VEE non calculée = concentration la plus élevée du toxique dans le milieu aquatique, aérien ou terrestre;

VESEO calculée = VCT/coefficient d'extrapolation.

Mentionnons que VCT est une valeur critique de la toxicité, laquelle valeur peut être une CL_{50}, CE_{50}, CI_{50}, CI_{25}, CMEO, CSEO ou CESO (*LOEC*, *NOEC* ou *TOEC*).

Le *coefficient d'extrapolation* est 10 pour une CSEO dans un ensemble de données obtenues avec des algues, invertébrés et poissons, 100 pour des CI_{50} ou CL_{50} précisées avec des algues, invertébrés et poissons, et 1000 pour une seule CL_{50} (Environnement Canada, 1999b).

L'emploi du quotient (VEE non calculée/VESEO calculée) est adopté pour l'estimation du risque de plusieurs contaminants de la liste des substances d'intérêt prioritaire de la *Loi canadienne sur la protection de l'environnement* (Environnement Canada, 1999b). Entre autres, les risques écotoxicologiques des substances suivantes ont été estimées de cette façon pour des organismes aquatiques et (ou) des organismes terrestres :

- acroléine (Environnement Canada, 1999a),
- disulfure de carbone (Environnement Canada, 1999c),
- chloroforme (Environnement Canada, 1999d),
- chlorures, nitrates et sulfates d'aluminium (Environnement Canada, 2000a),
- ammoniac (Environnement Canada, 2000b),
- 1-3 butadiène (Environnement Canada, 2000d),
- acrylonitrile (Environnement Canada, 2000e),
- acétaldéhyde (Environnement Canada, 2000f),
- éthylène glycol (Environnement Canada, 2000g),
- chloramines (Environnement Canada, 2001a),
- phtalates de butyle et d'hexyle (Environnement Canada, 2001b),
- effluents des usines de textile (Environnement Canada, 2001c),
- nonylphénol et dérivés éthoxylates (Environnement Canada, 2001d),
- formaldéhyde (Environnement Canada, 2001e),
- sels de voirie (Environnement Canada, 2001f).

Une méthodologie analogue à celle du quotient est proposée par Babut *et al.* (2004) pour l'évaluation du risque écotoxicologique des contaminants des matériaux de dragage en France, à savoir :

$$Q \text{ par contaminant} = \frac{\text{Concentration C du contaminant}}{\text{Concentration d'effet probable du contaminant}}$$

Si le quotient Q moyen de tous les contaminants > 0,5, il faut une analyse détaillée du risque.

4.7.2 Méthode dite « triade »

La méthode dite *triade* a été mise au point par Chapman (1990 et 1996) pour des sédiments contaminés, mais son application peut être étendue à des eaux ou sols pollués (Environnement Canada, 1999b).

Illustrons son emploi pour le risque écotoxicologique des sédiments d'un petit port marin de l'est du Canada (résultats d'un document de travail non publié).

La première partie de l'approche *triade* est une caractérisation chimique des sédiments. Ceux-ci renferment notamment une teneur élevée de BPC, soit 5 mg/kg ajustés pour 1 % de carbone organique total. Cette concentration dépasse le critère SEN (seuil d'effet néfaste) de qualité des sédiments qui a été fixé par Environnement Canada et le ministère de l'Environnement du Québec (1992), à savoir 1 mg/kg pour 1 % de carbone organique total. On peut cependant se poser la question suivante : ces BPC sont-ils très adsorbés aux particules des sédiments et dès lors peu biodisponibles et donc peu toxiques?

La seconde partie de la méthode *triade* répond à cette question au moyen d'un bioessai d'écotoxicité, en examinant la létalité et l'inhibition de croissance en poids sec de vers polychètes marins *Polydora cornuta*, après 14 jours de test (Environnement Canada, 2001g). En effet, si les BPC de ces sédiments sont partiellement biodisponibles, ils peuvent occasionner une toxicité. De fait, ils provoquent une létalité des vers testés et une sublétalité de ceux-ci; leur CL_{50} et leur CI_{25} correspondent respectivement à 9,2 et 6,2 mg/kg de sédiments. On peut toutefois s'interroger la représentativité de ce bioessai par rapport au milieu.

La troisième partie de l'analyse *triade* vérifie si la toxicité des sédiments affecte la faune benthique du milieu local. La biodiversité de celle-ci est alors examinée par rapport à celle d'un milieu voisin non contaminé, milieu de référence. Le nombre moyen de taxons d'invertébrés benthiques est faible, soit 8, dans les sédiments du port, tandis qu'il a une valeur élevée, soit 39, dans le lieu de référence. Ce bioindicateur écoindicateur révèle que l'exposition aux sédiments du port a un effet néfaste.

Les résultats des trois parties de la méthode *triade* sont ensuite statistiquement étudiés avec des analyses en composantes principales et des coefficients de corrélations multiples. Ces tests statistiques sont positifs pour les sédiments du port marin étudié. Ils indiquent ainsi que le cumul des données de l'analyse chimique, du bioessai d'écotoxicité et de l'examen de la biodiversité benthique montre un risque écotoxicologique indéniable pour ces sédiments.

4.7.3 Autres méthodes

Une autre méthode est celle du calcul de risque relatif. Dans la majorité des cas, on détermine une DT 0,05, soit une dose toxique qui accroît de 5 % un risque. Cette dose, *TD* en anglais, pour *toxic dose*, est en fait une concentration. Par exemple, la DT 0,05 du HAP benzo-a-pyrène pour des tumeurs chez l'humain équivaut à 0,5 mg de BaP/m^3 d'air (Environnement Canada, 1994a). L'emploi de la DT 0,05 a été adopté pour calculer le risque du trichloroéthylène (Environnement Canada, 1993c), du chrome (Environnement Canada, 1994b), du nickel (Environnement Canada, 1994c) et du formaldéhyde (Environnement Canada, 2001*e*).

Une dose admissible (DA) ou *AD* en anglais, pour *acceptable dose*, peut aussi être calculée et représente une dose *NOAEL*/un facteur de risque. Par exemple, sa valeur pour le phénol est 120 µg/kg p.c./jour pour des mammifères (Environnement Canada, 2000h).

Conclusion

Ce chapitre constitue le nœud de l'évaluation écotoxicologique puisqu'il permet de faire le lien entre toutes les étapes d'une telle évaluation. Normalement, l'évaluateur qui a accès aux données sur les sources et le cheminement d'une substance toxique, sur sa toxicité, le danger qui lui est associé et les données d'exposition, est capable d'évaluer le risque qu'elle représente.

Ce chapitre permet aussi de construire une démarche d'évaluation du risque d'une substance à partir de toutes les notions acquises jusqu'à maintenant. Cependant, il peut s'avérer important de connaître et de reconnaître les différents mécanismes qui peuvent venir moduler la toxicité intrinsèque d'une substance. Ceux-ci seront traités dans les chapitres suivants : soit la toxicocinétique, la régulation toxicocinétique, les mécanismes toxicodynamiques, la régulation toxicodynamique et la génotoxicité.

Chapitre 5

Éléments de toxicocinétique

Aperçu du chapitre

Ce chapitre est le premier de cinq qui traitent de l'écotoxicologie fondamentale. Pour qu'une substance toxique puisse avoir un effet sur un organisme, elle doit entrer en contact avec celui-ci, que ce soit de façon superficielle ou de façon profonde. Lorsqu'un toxique est absorbé, l'effet qu'il pourra engendrer sera tributaire de son mouvement à l'intérieur de la cellule : c'est ce dont veut traiter ce chapitre. Nous y verrons comment se fait le passage toxicocinétique des toxiques dans un organisme, de son entrée à son élimination. Nous décrirons les principales voies d'entrée, les différents modes d'absorption, ainsi que la distribution des toxiques dans les organismes. Puis, nous présenterons les mécanismes de biotransformation primaires et secondaires selon leur plus simple expression, ainsi que les différents modes d'élimination. Les références proposées permettront d'en connaître davantage.

Notons que ce chapitre s'appuie principalement sur une douzaine de références, à savoir Klaassen *et al.* (1986b et 2008), Lu (1992), Hughes (1996), Van Coillie (1998a et 2000a), Walker (2000 et 2001), Lu et Kacew (2002), Manahan, 2003, Newman et Unger (2003) et Viau et Tardif (2003).

5.1 Définition

La toxicocinétique, un élément majeur en toxicologie, étudie la cinétique du passage d'un toxique à travers les organismes biologiques.

Lors de ce passage, on observe successivement les étapes suivantes :

- l'entrée et l'absorption par les voies gastro-intestinale, respiratoire et (ou) cutanée;
- la distribution dans différents organes et (ou) tissus par le système circulatoire;
- la biotransformation partielle ou totale en dérivés métabolites;
- l'élimination du toxique et (ou) de ses dérivés métabolites éventuels.

De façon générale, l'entrée (*input*) des toxiques se fait selon une cinétique plus rapide que leur sortie (*output*). Les entrées et sorties se calculent souvent par unité de temps (heure ou jour) et par unité de poids corporel de l'organisme considéré (kg p.c.) pour une période expérimentale donnée.

La différence entre l'entrée et la sortie des toxiques entraîne une rétention, souvent exprimée en « demi-vie de rétention », soit le temps en heures ou jours pour 50 % de rétention. Pendant cette période, se produit leur bioaccumulation, parfois leur bioamplification.

Certains facteurs internes (espèce, souche, âge et sexe) et externes (température, rayonnement et cocontaminants) conditionnent toute la toxicocinétique.

5.2 Voies d'entrée

La pénétration des toxiques vers les principaux lieux d'absorption (A) suit les trajets suivants :

- bouche, pharynx, œsophage, estomac, duodénum, jéjuno-iléon de l'intestin grêle (A), colon (A), pour l'entrée dite « orale » (*per os*);
- nez, larynx, trachée, bronches et bronchioles pulmonaires, alvéoles pulmonaires (A), pour l'entrée dite respiratoire ou « inhalée »;
- strates cornées superficielles kératinisées et granuleuses sous-jacentes éventuelles et strate germinative (A) de l'épiderme, follicules (A) des cheveux et derme (A), pour l'entrée dite « cutanée » (peau, œil, vagin et rectum).

Chez les organismes biologiques non humains, on a les mêmes types de pénétration des toxiques, avec toutefois des variantes et (ou) des simplifications. Par exemple, citons l'estomac en quatre sacs successifs chez les ruminants, les branchies en relation directe avec l'eau chez la plupart des animaux aquatiques, le système respiratoire trachéal ramifié chez les insectes, la diffusion ectodermique chez les invertébrés inférieurs et les stomates et racines chez les plantes.

Lors de la pénétration des toxiques, une adsorption peut se produire. Entre autres, le mucus, qui tapisse les parois internes des entrées buccales et nasales, de l'œsophage, de la trachée et des branchies, peut adsorber une partie des toxiques. De plus, les poussières sont adsorbées par ordre décroissant du nez vers les alvéoles pulmonaires et de la bouche vers l'estomac.

Soulignons enfin que les voies de pénétration sont très humides (mucus, suc gastrique, suc intestinal et suc pulmonaire). Leur caractère aqueux exige que les toxiques soient relativement hydrosolubles pour atteindre les sites d'absorption. À ces derniers, la traversée des membranes cellulaires exige qu'ils soient relativement liposolubles. Il faut donc que les toxiques aient des propriétés à la fois hydrosolubles et liposolubles pour arriver aux sites d'absorption et les pénétrer.

Plusieurs expérimentations en toxicologie sont faites au moyen d'injections (intraveineuse, intrapéritonéale, intramusculaire, intracardiaque ou subcutanée) ou à l'aide d'administrations forcées (tube intratrachéal, diffuseur placé en chirurgie, etc.). Ces voies sont évidemment peu naturelles et donc peu représentatives pour la toxicocinétique, bien qu'elles permettent d'accélérer la manifestation des effets toxiques, leur étude et leur publication.

5.3 Absorption

Le phénomène d'absorption d'une substance toxique est sa pénétration dans des cellules; il diffère du phénomène d'adsorption qui consiste en une adhérence de cette substance à la surface des cellules. Aux lieux d'absorption (endothélium gastro-intestinal, alvéoles pulmonaires, branchies et épithélium cutané, vaginal ou rectal), les toxiques sont partiellement adsorbés à la surface des membranes cellulaires et dans le mucus exocellulaire qui y est sécrété localement. Malgré cette adsorption qui offre une certaine « toxicorésistance », une partie des toxiques est absorbée en traversant les membranes cellulaires et se retrouve ensuite relativement vite dans le système circulatoire. Les rapports adsorption-absorption varient avec certains facteurs tels que la surface d'échange, la richesse en mucus et le caractère hydrosoluble du toxique.

5.3.1 Liposolubilité passive

L'absorption des composés chimiques se fait souvent par voie de liposolubilité membranaire aux épithéliums ou endothéliums des systèmes et des organes d'absorption. Les membranes cellulaires y sont essentiellement (figure 5.1) composées de deux « murs » lipidiques accolés par des liens Van der Waals. La façon la plus facile de les traverser est de s'y dissoudre : c'est la voie dite « passive ».

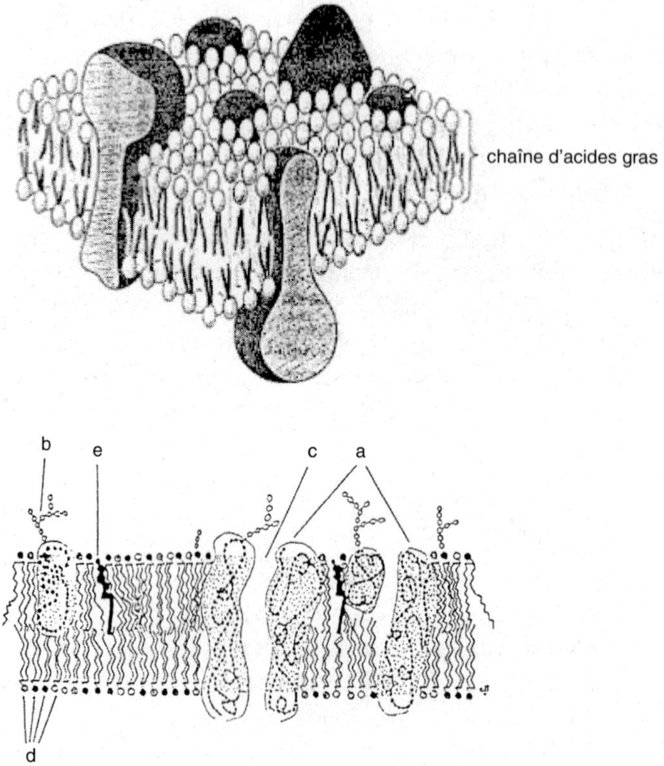

a protéines membranaires
b glycoprotéines de surface
c pores entourés de protéines
d phospholipides composés d'une sphère avec phosphatédyle-R organique et d'un zigzag avec chaîne d'acides gras saturés ou insaturés; le zigzag supérieur est lié au zigzag inférieur par des liaisons électrochimiques de type Van der Waalls
e cholestérols

Source : Tiré de Klaassen *et al.* (1986), p. 35.

Figure 5.1 Structure de la membrane cellulaire.

La voie dite « passive » se fait par perméabilité cellulaire, laquelle dépend de trois lois. Voyons ces lois.

- *Plus un composé a un coefficient de partage (partition ou départage) octanol-eau élevé, plus facilement il pénètre dans les cellules.* Ce coefficient octanol-eau (k_{oe}, ou k_{ow} en anglais) correspond au rapport suivant (Calow, 1993 et Newman, 2001) :

$$\log k_{oe} = \frac{\text{liposolubilité d'un composé dans l'octanol}}{\text{hydrosolubilité de ce composé dans l'eau}}$$

Il exprime un rapport entre sa lipophilie (ou hydrophobie) et son hydrophilie (ou lipophobie) et équivaut à un rapport physicochimique entre sa proportion apolaire et sa proportion en radicaux polaires. Un composé avec un log k_{oe} élevé est très apolaire, et donc liposoluble, et traverse facilement les membranes cellulaires. Par exemple, parmi les HAP, le naphtalène, le fluorène, le pyrène, le benzo-a-pyrène et l'indéno-a-pyrène, qui ont respectivement 2, 3, 4, 5 et 6 noyaux benzéniques, présentent des log k_{oe} respectifs de 3,5, 4,2, 4,9, 6,1 et 6,4 qui favorisent graduellement leur absorption dans les cellules (Germain *et al.*, 1993; Environnement Canada et Santé Canada, 1994).

- *Plus un composé a une charge ionique élevée, plus difficilement il traverse les parois cellulaires*. Cette seconde loi s'avère en fait un corollaire de la première, car la charge ionique augmente le caractère polaire, hydrophile et hydrosoluble de ce composé et diminue son caractère apolaire, lipophile et liposoluble. Pour illustrer notre propos, mentionnons que les ions Hg^{2+} pénètrent plus difficilement dans les cellules que les ions CH_3Hg^+.

- *Plus un composé a un volume moléculaire élevé, plus difficilement il traverse les membranes cellulaires*. Par exemple, les ions $C_6H_5Hg^+$ pénètrent moins facilement dans les cellules que les ions CH_3Hg^+. De plus parmi les HAP, à poids moléculaire égal (PM : 202 pour 4 noyaux benzéniques), le fluoranthène pénètre mieux que le pyrène car son volume moléculaire est plus petit (Germain *et al.*, 1993).

Les exemples fournis pour les trois lois de la perméabilité cellulaire révèlent l'importance de la spéciation chimique. Cette expression signifie l'ensemble des différentes formes possibles pour un même toxique, entre autres les différents sels d'un métal lourd ou les divers isomères d'un composé organique. De fait, la liposolubilité membranaire et l'absorption passive du mercure décroissent selon l'ordre suivant de spéciation :

$$CH_3Hg^+ > C_6H_5Hg^+ > Hg^o > Hg^{2+}$$

Pour évaluer l'absorption d'un toxique, on prend de plus en plus en compte sa fugacité, parallèlement à sa spéciation chimique. La fugacité *f* représente l'ensemble des dispersions d'un toxique à partir de différents milieux (Mackay et Paterson, 1982; Halfon, 1989) :

$$f = Zo + Ze + Zs + Zb + Za$$

où :

Zo = (Co/Ce) : H = k_{oe} : H
Ze = 1 : H
Zs = (Cs/Ce) : H
Zb = (Co/Ce) : H = k k_{oe} : H
Za = (Ca/Ce) : H
H = (Ce/Ca) x RT

Z : Coefficients de dispersion dans l'octanol (Zo), l'eau (Ze), les sédiments ou les sols (Zs), les vivants (Zb) et l'air (Za)

C : Concentrations dans l'octanol (Co), l'eau (Ce), les sédiments ou les sols (Cs), les vivants (Cb) et l'air (Ca)

H : Coefficient de Henry dans les relations gaz-liquide

R : Coefficient pour les gaz

T : Température

k : Cb/Co

L'importance du coefficient k_{oe} ressort aussi dans la fugacité et il s'avère déterminant pour l'absorption passive des toxiques. Il est dès lors très utilisé dans divers modèles toxicologiques, notamment les QSAR (*Quantitative structure-activity relationships*) (Hoffmann *et al.*, 2003; Manahan, 2003; Walker, 2003) pour les facteurs de bioconcentration d'un composé chimique dans un vivant à partir de son milieu (FBC) et les concentrations létales qui tuent la moitié des individus testés durant une période déterminée (CL_{50}), comme le montrent les équations suivantes :

- log de FBC de HAP chez la puce d'eau *Daphnia pulex* = 0,75 log k_{oe} de HAP – 0,44
- log de FBC de HAP chez la moule marine *Mytilus edulis* = 0,59 log k_{oe} de HAP + 1,73
- log de FBC de HAP chez l'algue unicellulaire *Pseudokirchneriella subcapitata* = 0,46 log k_{oe} de HAP + 2,36

  (Germain *et al.*, 1993)
- log de FBC de 84 composés organiques chez des poissons = 0,76 log k_{oe} de ces composés – 0,23

  (Données de l'équipe de Veith à USEPA, Duluth, rapportées par Boudou et Ribeyre, 1989).
- log CL_{50} chez des poissons dulcicoles = – 0,4487 log k_{oe} – 3,314 pour des aldéhydes, durant 96 heures
- log CL_{50} chez des poissons dulcicoles = – 0,535 log k_{oe} – 2,75 pour des esters, durant 96 heures
- log ($1/CL_{50}$) chez des daphnies = 0,91 log k_{oe} – 4,72 pour des composés organiques neutres, durant 48 heures

  (Données de l'équipe de Veith à USEPA, Duluth, rapportées par Environnement Canada, 1999b).

Il faut noter ici que la détermination du coefficient k_{oe} varie avec le pH et la température. Entre autres, le pH influence l'ionisation de plusieurs composés. Par exemple, dans un estomac qui a un pH de 2 à 3, un acide faible comme l'acide benzoïque n'est ionisé qu'à 1 %; il y est donc présent presque exclusivement sous sa forme non ionisée, laquelle est liposoluble, et il a donc un k_{oe} élevé qui favorise son absorption. Par contre, c'est la situation contraire pour une base faible comme l'aniline dans un estomac acide.

5.3.2 Transports actifs

En plus de l'absorption par liposolubilité membranaire passive, il y a aussi, pour quelques toxiques, des transports actifs à travers des membranes cellulaires. C'est notamment le cas pour les ions mercure Hg^{2+} qui sont en compétition avec les ions calcium Ca^{2+} pour les mêmes transporteurs (*carriers*), lesquels font des allers-retours à travers des membranes cellulaires. Ces transporteurs sont des macromolécules situées à la face externe de la membrane cellulaire et ils y forment des complexes avec certains ions ou radicaux à transférer.

Ensuite, les complexes migrent vers la face interne de cette membrane où ces ions ou molécules sont relâchés; les transporteurs retournent ultérieurement à leur position initiale. Ces « taxis » assurent ainsi le passage de certains ions ou molécules à travers la membrane cellulaire contre un gradient de concentration. Ces ions ou molécules sont alors importés dans les cellules à partir d'un milieu externe où ils étaient moins concentrés que dans celles-ci. Ce phénomène s'observe dans l'intestin, non seulement pour les substances normalement nécessaires à la vie telles que le calcium, le fer, le sodium et les acides aminés, mais aussi pour des substances toxiques telles que le plomb, le thallium et le 5-fluorouracile.

Des importations contre un gradient de concentration ont également lieu dans les branchies des poissons d'eau douce pour les ions Na^+, K^+, Ca^{2+} et Cl^- et font que ces poissons sont plus salés que leur milieu; des ions toxiques comme le Cd^{2+}, Li^+ et Hg^{2+} peuvent aussi utiliser ce passage. Signalons à ce propos que des ions H^+, issus des précipitations acides et non neutralisés, réduisent les importations branchiales de Na^+ et de Cl^- chez les poissons dulcicoles et s'avèrent conséquemment toxiques. Le mode d'absorption contre un gradient de concentration est dit « actif », car il exige une énergie métabolique fournie par l'ATP (adénosine triphosphate).

5.3.3 Pinocytose et phagocytose

Deux autres modes occasionnels d'absorption demandent aussi un apport énergétique métabolique avec une grande plasticité cellulaire : il s'agit de la pinocytose et de la phagocytose. Lors de la première, la cellule « boit » un composé et l'engloutit dans une microvacuole; on observe ce mode pour le polystyrène et certains colorants azoïques dans l'intestin. Lors de la seconde, la cellule « embrasse » un composé et l'enferme dans une macrovacuole; des fibres d'amiante inférieures à 5 microns sont ainsi phagocytées par les macrophages pulmonaires (cellules dérivant de globules blancs).

5.3.4 Diffusion facilitée

Une diffusion dite facilitée est également possible pour certains composés. Comme pour le transport actif, cette diffusion fait appel à des transporteurs présents dans la membrane cellulaire mais, contrairement au transport actif, elle ne nécessite pas d'énergie métabolique et ne se fait pas contre un gradient de concentration. Le glucose est ainsi absorbé dans l'intestin.

5.3.5 Diffusion à travers des pores aqueux

Enfin, mentionnons qu'une absorption relativement marginale de quelques composés toxiques hydrophiles a lieu par diffusion à travers les pores aqueux de 4 nm de diamètre des membranes cellulaires. Grâce à cette porosité, des micromolécules hydrosolubles (poids moléculaire inférieur à 200), tels des cyanures, peuvent être facilement absorbées. Cette voie d'absorption est accentuée dans les membranes des capillaires sanguins, car celles-ci ont des pores de 70 nm de diamètre qui permettent le passage de quelques macromolécules (poids moléculaire inférieur à 60 000).

5.4 Distribution

Après l'absorption de toxiques par voie orale, respiratoire ou cutanée – rappelons ici que l'injection n'est pas une voie naturelle –, on observe leur distribution dans les différents tissus et organes d'un vivant. Trois facteurs influent sur cette distribution : le lieu d'absorption, la durée et la spéciation du toxique.

- *Lieu d'absorption.* Selon que le toxique pénètre par voie orale, respiratoire ou cutanée, à court terme, on le retrouve respectivement davantage dans les parois du tractus digestif, des poumons et du derme, que dans divers autres sites.
- *Durée.* Les répartitions d'un toxique dans un organisme diffèrent à court, moyen et long termes. On le détecte respectivement surtout au lieu d'absorption, dans le sang, puis dans certains organes avec un métabolisme élevé tels que le foie et les reins et, enfin, dans certains sites de stockage comme les graisses cérébrales et les cheveux.
- *Spéciation du toxique*, comme dans le cas du mercure. De fait, le méthyle mercure CH_3Hg^+ se retrouve surtout dans les globules rouges, muscles, tissus nerveux et cheveux, tandis que le mercure sous sa forme ionique libre Hg^{2+} inorganique se retrouve principalement dans le plasma, le foie et les reins.

Les toxiques sont distribués par les systèmes circulatoires sanguins et lymphatiques et pénètrent, à partir de ceux-ci, dans les tissus et organes où ils entrent selon les cinq voies que nous avons vues précédemment. Pendant leur circulation, les toxiques sont souvent associés à des protéines plasmatiques comme l'albumine; c'est le cas pour des « adduits » de HAP liés à l'albumine chez des mammifères (Environnement Canada, 1994). L'albumine peut aussi transporter des métaux (Ca, Cu et Zn), des acides gras, des antibiotiques et plusieurs autres composés dont certains, comme les barbituriques et les phénols, sont toxiques. Certaines autres protéines du plasma telles que la céruloplasmine, la transferrine et les métallothionéines, qui transportent respectivement du cuivre, du fer et du zinc, peuvent aussi véhiculer des métaux lourds comme le cadmium et le mercure.

Leur diffusion peut être réduite par les barrières hématoencéphaliques, hématoplacentaires et cérébrospinales, respectivement dans le cerveau, le fœtus et le système nerveux central. Les premières sont formées par un agencement serré des cellules endothéliales des capillaires dans le cerveau : ceci défavorise l'empoisonnement céphalique, sauf par liposolubilité. Les secondes sont constituées par plusieurs couches cellulaires entre le sang maternel et le sang fœtal. Les troisièmes entourent, protègent et isolent relativement les structures nerveuses centrales.

Les sites histologiques où l'on retrouve souvent les toxiques après leur absorption sont le foie, les reins, les tissus gras, les tissus nerveux, les tissus osseux et les cheveux. Voyons ce qui se produit dans ces sites.

- *Foie*. Il synthétise notamment des protéines qui ont la capacité de fixer plusieurs métaux physiologiques et (ou) toxiques (Zn, Cu et (ou) Cd, Hg, Ag), soit des métallothionéines. Il est également le principal lieu de biotransformation métabolique de divers toxiques organiques.
- *Reins*. Ils sont riches en métallothionéines et en enzymes de biotransformation et réabsorbent des toxiques présents dans le sang.
- *Tissus gras*. Plusieurs toxiques organiques lipophiles, comme les BPC, PCDD, DDT et autres organochlorés, sont stockés dans les graisses de l'hypoderme, du péricarde et d'autres tissus gras. Lors de jeûnes, ils sont « mobilisés » en même temps que les graisses et se retrouvent alors libres dans le sang.
- *Tissus nerveux*. Les gaines lipidiques des tissus nerveux constituent aussi des sites privilégiés pour des toxiques organiques lipophiles. C'est notamment le cas du méthylmercure dans la myéline et dans le cerveau.
- *Tissus osseux*. Certains métaux tels que le cuivre (Cu), le cadmium

(Cd), le plomb (Pb), le strontium (Sr) et le zinc (Zn) peuvent remplacer partiellement le calcium (Ca) dans les cristaux d'hydroxyapatite de calcium des structures osseuses et ostéoïdes (Van Coillie *et al.*, 1973 et 1976). Le fluor peut aussi y être échangé avec un radical hydroxy (OH) dans les cristaux d'hydroxyapatite de calcium.

- *Cheveux*. À long terme, l'arsenic (As) et le mercure (Hg), par exemple, se lient aux protéines des cheveux (Newman, 2001). C'est aussi le cas pour le béryllium (Drolet-Vives *et al.*, 2006).

5.5 Biotransformations primaires

La majorité des toxiques peuvent être transformés par le métabolisme. Certes, quelques-uns s'avèrent non biotransformables, tels les métaux lourds et (ou) non essentiels, bien que leur spéciation puisse être modifiée comme celle du mercure qui tend vers le méthyle mercure CH_3Hg^+. De plus, certains toxiques peuvent être partiellement stockés tels quels; mentionnons des BPC, DDT et cyclodiènes. Mais hormis ces cas, la biotransformation des toxiques est assez courante.

Lors d'une agression toxique, les toxiques sont utilisés comme des substrats additionnels par le métabolisme. Il n'y a donc pas apparition d'un métabolisme nouveau avec de nouvelles enzymes. Face aux toxiques, le métabolisme agit simplement avec l'arsenal dont il dispose et il privilégie certaines réactions. Les toxiques sont alors transformés par cométabolisme.

La biotransformation des toxiques a souvent lieu en deux étapes successives: d'abord une réaction primaire (phase I), ensuite une conjugaison secondaire (phase II). Illustrons cette séquence avec l'exemple du benzène.

$$C_6H_6 + \tfrac{1}{2}\,O_2 \rightarrow C_6H_5OH$$

$$C_6H_5OH + PAP^*SO_4^- \rightarrow C_6H_5OSO_4^- + PAPH$$

---

* PAP = composé de conjugaison secondaire : 3 – phosphoadénosine – 5phospho SO_4^-

Ce toxique aromatique est initialement oxydé en phénol lors d'une biotransformation primaire et est ultérieurement conjugué avec un radical sulfate lors d'une biotransformation secondaire. Le sulfate de phénol obtenu étant plus polaire et hydrosoluble dans le sang et l'urine que le benzène original, son excrétion est favorisée, ce qui détoxifie relativement vite. Dans plusieurs cas, la biotransformation s'avère ainsi détoxifiante (Puga et Wallace,

1998); mais, dans certains cas, elle amplifie la toxicité d'un composé : on parle alors de « bioactivation », dont nous traiterons plus loin.

Les biotransformations des toxiques surviennent surtout dans le foie, la principale « usine métabolique ». On les constate aussi, à un moindre degré, dans les poumons, les intestins et les reins et, à un degré plus faible, dans les organes sexuels et la peau.

Comme toutes les autres réactions métaboliques, les biotransformations des toxiques s'effectuent à l'aide d'enzymes qui les activent. Toute enzyme est composée de deux parties : une apoenzyme protéique, qui est responsable de la spécificité de la liaison de l'enzyme avec la molécule de la réaction, et une coenzyme partiellement ou totalement non protéique, qui est responsable de la cinétique de l'action.

Les réactions primaires des biotransformations des toxiques peuvent être regroupées essentiellement en trois catégories par ordre décroissant de fréquence, à savoir des *oxydations*, des *réductions* et des *hydrolyses*. Ajoutons qu'il y a également quelques *autres réactions* relativement peu utilisées telles des isomérisations. Voyons ces réactions.

5.5.1 Oxydations métaboliques

Les oxydations métaboliques des toxiques, lesquelles sont catalysées par des enzymes appelées oxydases ou oxygénases, sont très nombreuses. La plupart font appel à un complexe coenzymatique formé d'un cytochrome P450 oxydase avec une NADPH cytochrome P450 réductase et une NADH cytochrome b5 réductase (NADPH étant du nicotinamide adénine dinucléotide phosphate avec hydrogène et NADH du nicotinamide adénine dinucléotide avec hydrogène) (Parkinson, 2001; Manahan, 2003; Newman et Unger, 2003).

Comme ces oxydases peuvent catalyser une grande variété de réactions, on les a appelées oxydases à fonction mixte (OFM) ou, en anglais, *mixed functional oxydases* (MFO). Le terme cytochrome représente une macromolécule intracellulaire ayant une coloration. Le cytochrome P450, qui est un cytochrome de type b, a une structure tétrapyrrolique avec Fe^{2+} central, laquelle est combinée à une protéine et caractérise les hémoprotéines (hémoglobine et autres cytochromes). L'appellation P450 indique que ce cytochrome est relié à des phospholipides (P) dans les membranes des canaux intracellulaires du réticulum endoplasmique et absorbe la lumière de 450 nm de longueur d'onde en présence du monoxyde de carbone (CO) avec lequel il forme un ligand, ce qui permet de le mesurer spécifiquement. Les autres coenzymes sont la NADPH cytochrome P450 réductase et la NADH cytochrome b5 réductase. Elles ionisent leurs deux hydrogènes en $2H^+$ et les transfèrent avec leurs deux électrons négatifs ($2\varepsilon^-$) à de l'oxygène ($\frac{1}{2}\,O_2$) pris par le cytochrome P450, ce qui permet de former ultérieurement de l'eau (H_2O).

La figure 5.2 présente ce mécanisme coenzymatique, vu son rôle fréquent en toxicologie. Vous noterez qu'au total, ce mécanisme entraîne quatre oxydations et quatre réductions. L'équation suivante en présente le bilan :

$$RH + O_2 + 2H^+ \rightarrow ROH + H_2O$$

où

R est un composé destiné à être oxydé.

O_2 moléculaire apporté par l'air à l'hémoglobine du sang et ensuite diffusé à travers les cellules + Cyt. P450 $\longrightarrow$ Cyt. P450 ~ O_2
(Oxydation du Cyt. P450)

Cyt. P450 ~ O_2 + RH $\longrightarrow$ Cyt. P450 + ROH + $\frac{1}{2}\,O_2$
(Réduction du Cyt. P450 ~ O_2 et Oxydation du RH)

$\frac{1}{2}\,O_2$ + NADPH + NADH $\longrightarrow$ NADP + NAD + H_2O
(Réduction de $\frac{1}{2}\,O_2$ et Oxydations du NADPH et du NADH)

NADP + NAD + $2H^+$ (issus du métabolisme) $\longrightarrow$ NADPH + NADH
(Réductions du NADP et du NAD)

Figure 5.2 Mécanisme coenzymatique du cytochrome P450.

De façon générale, les oxydations métaboliques sont combinées à des réductions métaboliques et équivalent à des oxydoréductions. Les premières et les secondes sont résumées ci-après :

	Oxydations	**Réductions**
O ou O_2	Prise	Don
H ou H_2	Don	Prise
Électron ε^-	Don	Prise

Les diverses oxydations métaboliques des toxiques avec le cytochrome P450 peuvent être regroupées en huit grandes catégories. Les voici, par ordre décroissant de fréquence, exprimées sous la forme d'une réaction et accompagnées de quelques exemples de composés qui peuvent subir cette réaction :

- Hydroxylations
- Époxydations
- Oxydations avec déalkylation
- Oxydations avec désulfuration
- Oxydations avec déamination
- Oxydations avec déchlorination
- Sulfoxydations
- Peroxydations

Hydroxylations

$$RH + \tfrac{1}{2}\,O_2 \xrightarrow[\text{R hydroxylase}]{} ROH \qquad \textbf{(1)}$$

Exemples de R

Benzène	→	phénol
Aniline	→	phénylhydroxylamine
HAP	→	hydroxyHAP

Époxydations

$$R - CH = CH - R' + \tfrac{1}{2}\,O_2 \xrightarrow[\text{R époxydase}]{} R - \overbrace{CH - CH}^{O} - R' \qquad \textbf{(2)}$$

Exemples de R

Benzène → époxybenzène
HAP → époxyHAP
Vinyle → époxyvinyle

Oxydations avec déalkylation

$$R - O^{*} - CH_2 - CH_3 + \tfrac{1}{2}\,O_2 \xrightarrow[\text{R — O — déethylase**}]{} ROH + OCH - CH_3 \qquad \textbf{(3)}$$

Exemples de R

Déethylation de l'organophosphothionate parathion
Déméthylation du NN diméthylcarbamate
Déethylation de l'organophosphate dichlorvos

* L'oxygène (O) peut être substitué par le soufre ou une amine (S ou NH).

** La R — O — déethylase la plus expérimentée en écotoxicologie est l'ÉROD (éthoxyrésorufine — O — déethylase), facilement mesurable par fluorométrie (Martel et Kovacs, 1997; Martel, 2006).

Oxydations avec désulfuration

$$RS + \tfrac{1}{2}\,O_2 \xrightarrow[\text{R désulfurase}]{} RO + S \qquad \textbf{(4)}$$

Exemples de R

Désulfuration de l'organophosphothionate parathion
Désulfuration de l'organophosphodithioate malathion
Désulfuration de l'organophosphothionate diazinon

Oxydations avec déamination

$$R - CH_2 - NH_2 + \tfrac{1}{2} O_2 \xrightarrow[\text{R déaminase}]{} R - CHO + NH_3 \quad \textbf{(5)}$$

Exemple de R

Déamination de l'amphétamine

Oxydations avec déchlorination

$$R - CH_2Cl + \tfrac{1}{2} O_2 \xrightarrow[\text{R déchlorinase}]{} R - CHO + HCl \quad \textbf{(6)}$$

Exemple de R

Déchlorination du métabolite DDD de l'organochloré DDT

Sulfoxydations

$$\underset{\text{sulfure : thiol}}{R - S - R'} + \tfrac{1}{2} O_2 \xrightarrow[\text{R thioloxydase}]{} \underset{\text{sulfoxyde}}{R - SO - R'} \quad \textbf{(7)}$$

Exemple de R

Sulfoxydation du méthiocarbe

Peroxydations

$$R + O_2 \xrightarrow[\text{R peroxydase, aussi appelé R dioxygénase}]{} RO_2 \quad \textbf{(8)}$$

Exemple de R

Peroxydation de lipides insaturés des membranes cellulaires après liaison avec le tétrachlorure de carbone (CCl_4) ou son métabolite trichlorométhyle ($CHCl_3$)

Lors d'une ultracentrifugation séparative des constituants intracellulaires, les oxydases à fonction mixte (OFM), qui sont situées dans les membranes du réticulum endoplasmique (système de canalisation interne dans le cytoplasme de la cellule), sont concentrées dans des microvésicules, appelées microsomes, au sein d'une fraction microsomale dite S9. Cet extrait enzymatique riche en OFM, qui est souvent préparé à partir du foie de rat, est très utilisé lors des tests de génotoxicité. Comme le foie, il peut transformer des substances organiques en composés génotoxiques.

Les OFM avec les cytochromes P450 sont également utilisées comme biomarqueurs, car leur synthèse est accrue lorsque des substances organiques agressent des organismes biologiques; on le constate chez des humains exposés à des fumées (Van Coillie, 1998a et 2000a). Il y a aussi une augmentation de synthèse des OFM EROD chez des poissons exposés à des effluents de papetières (Martel et Kovacs, 1997; Martel, 2006).

Les OFM avec les cytochromes P450 permettent aussi le développement d'une relative tolérance à des toxiques. En effet, Paine (1995) mentionne à ce sujet qu'une administration répétée d'un toxique organique, comme le phénobarbitone, entraîne une plus grande tolérance aux effets de ce toxique car il induit alors, de façon répétée et ainsi relativement continue, une synthèse accrue des OFM qui biotransforment et inactivent ce toxique durant 5 à 7 jours. Signalons ici que ce type de développement s'applique à plusieurs toxiques et à leurs enzymes de biotransformation. Ceci explique le développement d'une tolérance chez les humains alcooliques, drogués, fumeurs et chez les insectes pour, respectivement, des alcools, des drogues hallucinantes, des HAP et des insecticides.

Il existe une grande variété d'OFM avec cytochromes P450. De fait, 221 cytochromes P450 différents ont été identifiés et sont définis comme des isozymes; ils varient dans leur séquence d'acides aminés au sein de leur portion protéique (Paine, 1995). Devant cette diversité, une nomenclature des CYP (cytochromes P450) a été mise au point et, compte tenu de l'importance des CYP en toxicologie, nous la présentons brièvement à partir des données de Paine (1995).

Lorsque deux CYP ont une homologie de séquence d'acides aminés avec moins de 36 % de similarité dans leurs 481 acides aminés, ils sont classés dans deux familles différentes définies avec des numéros différents; 101 familles de CYP ont été ainsi différenciées. Lorsque l'homologie de séquence des acides aminés de deux CYP de la même famille présente de

36 % à 59 % de similarité, ces deux CYP sont classés dans deux sous-familles identifiées avec des lettres. Enfin, si deux CYP d'une même sous-famille présentent une homologie de séquence d'acides aminés avec plus de 59 % de similarité, les deux CYP sont répertoriés avec deux numéros différents. Par exemple, les CYP 1A1 et CYP 1A2 oxydent des composés aromatiques (aussi appelés aryles) par hydroxylation et sont donc considérés comme des AHH (aryles hydrocarbures hydroxylases) chez les mammifères; ils sont parfois aussi nommés cytochromes P1-450. Ils ont la particularité d'absorber spécifiquement la lumière de 448 mm de longueur d'onde et, à ce titre, sont appelés des cytochromes P448 ou isozymes P448. Citons également les CYP 2B1 et 2B2 qui ont une homologie de séquence d'acides aminés à 97 % (soit seulement 14 acides aminés différents parmi les 481) et qui oxydent le phénobarbitone chez le rat et le chien, mais pas chez l'humain où ils sont absents (Lewis, 2001).

En plus des oxydations avec des OFM renfermant des cytochromes P450 ou P448, deux autres oxydations sans cytochrome P450 ou P448 sont également importantes lors des biotransformations primaires des toxiques : les *époxyhydrolations* et les *oxydations des amines*.

Époxyhydrolations

$$\mathrm{R-\overset{\;O\;}{\widehat{CH-CH}}-R' + \tfrac{1}{2}\,O_2 + \tfrac{1}{2}\,H_2 \xrightarrow[\text{(R époxyhydrase)}\;\text{(R époxyhydratase)}]{\text{R époxyhydrolase}} R-CHOH-CHOH-R'} \quad \textbf{(9)}$$

Les époxyhydrolases sont présentes non seulement dans les membranes du réticulum endoplasmique intracellulaire, à proximité des OFM qui ont assumé des époxydations initiales (voir la réaction 2), mais aussi dans le cytosol (suc intracellulaire sans organites). On les retrouve dans la plupart des tissus, entre autres dans les cellules de Clara des alvéoles pulmonaires.

Exemples de R

Époxybenzène → diolbenzène
ÉpoxyHAP → diolHAP
Époxyvinyle → diolvinyle

Oxydations des amines

$$R - NH_2 + \tfrac{1}{2} O_2 \xrightarrow{\text{R amine oxydase}} R - NHOH \qquad \textbf{(10)}$$

Exemple de R

Oxydations des amines primaires, secondaires et tertiaires

Les amines oxydases se trouvent dans les membranes du réticulum endoplasmique intracellulaire et dans les mitochondries du foie. En plus des amines oxydases, il y a aussi des N oxydases avec cytochrome P450 qui transforment des amines en oxyde d'azote; par exemple, le triméthylamine devient ainsi de l'oxyde de triméthylamine.

Parallèlement aux additions d'oxygène, certaines oxydations retirent de l'hydrogène. Le cas le plus connu est celui des oxydations des alcools par déshydrogénation.

Déshydrogénations

$$R - CH_2 \xrightarrow{\text{R alcooldéshydrogénase}} R - CHO + \tfrac{1}{2} H_2 \text{ capté par NAD} \qquad \textbf{(11)}$$

Les coenzymes des déshydrogénases sont des NAD (nicotinamide adénine dinucléotide) qui captent un hydrogène lors de la réaction et deviennent alors des NADH. Les alcooldéshydrogénases se trouvent surtout dans le cytosol intracellulaire des cellules hépatiques; leur réticulum endoplasmique peut aussi en contenir.

Exemple 1 : Digestion de l'éthanol

$$\underset{\text{Éthanol}}{CH_3 - CH_2OH} \xrightarrow{\text{Éthanol déshydrogénase}} \underset{\text{Acétaldéhyde}}{CH_3 - CHO} + \tfrac{1}{2} H_2 \text{ capté par NAD}$$

$$\underset{\text{Acétaldéhyde}}{CH_3 - CHO + \tfrac{1}{2} O_2} \xrightarrow{\text{Acétaldéhyde oxydase}} \underset{\text{Acide acétique (vinaigre)}}{CH_3 - COOH}$$

$$CH_3 - COOH + 2O_2 \rightarrow 2CO_2 + 2H_2O$$

Respiration biochimique dans les mitochondries

Exemple 2 : Digestion du méthanol

CH_3OH → $CH_2O + ½ H_2$ capté par NAD
Méthanol — Formaldéhyde (formol) davantage toxique
Méthanol déshydrogénase

$CH_2O + ½ O_2$ → $HCOOH$
Formaldéhyde — Acide formique
Formaldéhyde oxydase*

$HCOOH + ½ O_2$ → $CO_2 + H_2O$
Respiration biochimique dans les mitochondries

* Cette enzyme n'est pas fonctionnelle dans l'œil humain; le formol n'y est donc pas oxydé et son effet toxique peut y perdurer. Ceci entraîne progressivement une cécité chez les grands consommateurs d'alcool méthylique.

Quelques oxydations s'effectuent sans incorporation d'oxygène ou retrait d'hydrogène. Elles se limitent à une montée d'étage chimique avec perte d'électrons (ε^-). Ceci s'observe notamment pour le fer de l'hémoglobine (Hb).

Oxydation de Fe^{2+} en Fe^{3+}

$$Hb\ (Fe^{2+})_4 + 4H^+ + O_2 \rightarrow Hb\ (Fe^{3+})_4 + 2H_2O \qquad \textbf{(12)}$$

Hémoglobine qui transporte l'oxygène dans le sang — Méthémoglobine incapable de transporter l'oxygène dans le sang

---

5.5.2 Réductions métaboliques

Les réductions métaboliques des toxiques sont moins nombreuses que leurs oxydations. La majorité de ces réductions utilisent la NADPH cytochrome P450 réductase et la NADH cytochrome b5 réductase dans les membranes des canaux du réticulum endoplasmique intracellulaire du foie pour ajouter des hydrogènes à des molécules et ainsi réduire ces dernières. Toutefois, puisque ces deux réductases sont aussi utilisées pour former de l'eau à partir de l'oxygène apporté par les cytochromes P450, comme nous l'avons vu à la figure 5.2, l'oxygène diminue leur capacité de donner des hydrogènes à des molécules. Malgré cela, les quatre réductions suivantes de toxiques ont lieu avec ces deux réductases, lesquelles peuvent être concentrées avec les cytochromes P450 des oxydases dans l'extrait enzymatique microsomal S9.

Réductions avec addition d'hydrogène et soustraction d'oxygène

$$RO + H_2 \xrightarrow{\text{R hydrogénase}} RH_2 + \frac{1}{2} O_2 \qquad \textbf{(13)}$$

Exemple de R

Réduction d'oxydes aromatiques

Réductions de composés nitrés avec soustraction d'oxygène et addition d'hydrogène

$$\underset{\text{Composé nitré}}{R - NO_2} \xrightarrow{\text{Nitroréductase}} \underset{\text{Composé nitrosé}}{R - NO + \frac{1}{2} O_2} \qquad \textbf{(14)}$$

$$\underset{\text{Composé nitrosé}}{R - NO + H_2} \xrightarrow{\text{Nitrosoréductase}} \underset{\text{Composé hydroxylamine}}{R - NHOH}$$

$$\underset{\text{Composé hydroxylamine}}{R - NHOH} \xrightarrow{\text{Hydroxylamine réductase}} \underset{\text{Composé aminé}}{R - NH_2 + \frac{1}{2} O_2}$$

Exemple de R

Nitroréduction du nitrophényle de l'organophosphothionate parathion

---

Réductions de composés azoïques

$$R - N = N - R' + H_2 \xrightarrow{\text{Azoréductase A}} RNH - NHR' \qquad \textbf{(15)}$$

$$R - NH - NH - R' + H_2 \xrightarrow{\text{Azoréductase B}} R - NH_2 + H_2N - R'$$

Exemple de R

Réduction de l'azobenzène de colorants

Réductions avec déchlorination ou autre déhalogénation

$$R - CH_2Cl + H_2 \xrightarrow{\text{R déchlorinoréductase}} R - CH_3 + HCl \qquad \textbf{(16)}$$

Exemple de R

Déchlorination du tétrachlorure de carbone (CCl_4) ou déhalogénation des chlorofluorocarbones (CFC)

Certaines réductions de toxiques peuvent aussi être faites par des réductases avec NADPH ou NADH non microsomales présentes dans le liquide cytosolique intracellulaire.

Réductions d'aldéhydes et de cétones avec addition d'hydrogène

$$\underset{\text{Aldéhyde}}{R - CHO + H_2} \xrightarrow{\text{Aldéhyde réductase}} \underset{\text{Alcool}}{R - CH_2OH} \qquad \textbf{(17)}$$

Exemple de R

Réduction d'aldéhydes aromatiques

Ajoutons que quelques réductions de toxiques sans addition d'hydrogène et sans soustraction d'oxygène sont également possibles. La réduction de la méthémoglobine en est un exemple.

Réduction du Fe^{3+} (méthémoglobine)

$$Hb\,(Fe^{3+})_4 + 4NADH \rightarrow Hb\,(Fe^{2+})_4 + 4NAD + 2H_2 \qquad \textbf{(18)}$$

$Hb\,(Fe^{3+})_4$: Méthémoglobine toxique qui ne transporte pas l'oxygène dans le sang

$Hb\,(Fe^{2+})_4$: Hémoglobine qui transporte l'oxygène dans le sang

Méthémoglobine réductase avec coenzyme NADH

5.5.3 Hydrolyses métaboliques

Les hydrolyses métaboliques des toxiques nécessitent des hydrolases qui sont situées dans le suc cytosolique ou dans les membranes du réticulum endoplasmique des cellules du foie et de plusieurs autres tissus; ces enzymes se retrouvent aussi dans le plasma sanguin. Ces hydrolyses peuvent être réparties en trois groupes, par ordre décroissant d'importance : les hydrolyses d'esters, d'amides et d'organophosphates.

Hydrolyses d'esters

$$\underset{\text{Ester}}{R - COO^{*}R' + H_2O} \xrightarrow[\text{R estérase}]{} \underset{\text{Acide}}{R - COOH} + \underset{\text{Alcool}}{R'OH} \quad \textbf{(19)}$$

Exemples de R

Hydrolyse d'esters aromatiques avec des arylestérases

Hydrolyse d'esters aliphatiques avec des carboxylestérases telles que des acétylestérases

Hydrolyse d'esters de choline avec des cholinestérases

* L'oxygène (O) peut être substitué par le soufre (S) dans un thioester.

Hydrolyses d'amides

$$\underset{\text{Amide}}{R - CONHR' + H_2O} \xrightarrow[\text{R amidase}]{} \underset{\text{Acide}}{R - COOH} + \underset{\text{Amine}}{R'NH_2} \quad \textbf{(20)}$$

Exemple de R

Hydrolyse des insecticides carbamates

Hydrolyses d'organophosphates

$$\begin{array}{lcl} R-O^{**} & & R-O \\ \quad PO^{*}-O-R' + H_2O & \rightarrow & \quad PO-OH + R'OH \\ R-O & & R-O \\ \text{Organophosphate} & & \text{Acide} \qquad\qquad \text{Alcool} \end{array} \qquad \textbf{(21)}$$

R phosphatase
(R phosphorylase)

Exemple de R

Hydrolyse de l'organophosphothionate parathion, de l'organophosphoditioate malathion et de l'organophosphate dichlorvos

---

* L'oxygène (O) peut être substitué par le soufre (S) dans un organophosphothionate.
** L'oxygène (O) peut être substitué par S en plus de O* dans un organophosphodithioate.

5.5.4 Autres transformations primaires

Quelques autres transformations primaires de toxiques sont possibles, quoique plus rares que les 21 réactions que nous venons de présenter. Parmi ces autres transformations, signalons la thioisomérisation de l'organophosphothionate parathion en organophosphothiolate S éthyle parathion.

5.5.5 Toxicité modifiée

À la suite de leur biotransformation primaire, laquelle se fait généralement avec une réaction métabolique mais parfois avec plusieurs réactions métaboliques enchaînées comme lors des oxydations d'alcools et des réductions de composés nitrés et azoïques, les toxiques ont souvent une toxicité modifiée. Dans la majorité des cas, ils deviennent moins toxiques car leur polarité est augmentée, facilitant ainsi leur hydrosolubilité, ce qui favorise leur dissolution dans le sang, l'urine, la bile et les sécrétions, et ainsi leur élimination. Mais, dans certains cas, au hasard des réactions, leur toxicité est amplifiée, car ils deviennent plus réactifs; il y a alors « bioactivation » de leur toxicité.

Cette bioactivation se produit dans les sept cas suivants :

- Hydroxylations de l'azote de l'aniline, l'uréthane, l'acétaminophène (acétamide de phénol) ou l'AAF (2-acétylaminofluorène); les dérivés peuvent ensuite se lier à des macromolécules d'ADN par covalence.
- Époxydations souvent suivies d'époxyhydrolations des composés suivants (voir la réaction 9) : benzène, HAP, BPC, vinyle, trichloréthylène

d'époxy, acétylhydrazine et aflatoxine; des diols de ces composés peuvent ensuite s'unir par covalence à l'ADN du génome et y être des adduits génotoxiques.

- Désulfurations oxydatives des organophosphothionates (parathion, fénitrothion et autres) et des organophosphothioates (malathion, azinphosméthyl et autres) en organophosphates beaucoup plus réactifs (paraoxon, fénitrooxon, malaoxon, azinphosméthyloxon et autres).
- Peroxydations de lipides des membranes cellulaires provoquant des lésions membranaires avec perméabilité cellulaire accrue.
- Déshydrogénations des alcools éthylique, méthylique et allylique produisant respectivement de l'acétaldéhyde, du formol (formaldéhyde) et de l'acroléine plus réactifs.
- Réductions de nitrites en nitrosamines génotoxiques.
- Déchlorinations du tétrachlorure de carbone et déhalogénations de l'haloéthane, bromotrichlorométhane et d'autres chlorofluorocarbones; leurs dérivés sont des radicaux libres qui se lient à des lipides membranaires et (ou) à des protéines et affectent ainsi les fonctions de ces macromolécules.

Des biotransformations primaires différentes expliquent des comportements différents d'un composé toxique, comme l'insecticide parathion. De fait, cet organophosphothionate (O,O diéthyle phosphothionate 4-nitrophényle) peut être modifié selon les cinq biotransformations primaires suivantes :

- Désulfuration oxydative du parathion en paraoxon (O,O diéthyle phosphate 4-nitrophényle). Ceci s'effectue aux terminaisons des nombreuses trachées qui apportent l'air aux muscles des insectes à travers leur cuticule. Le parathion de l'air y est alors oxydé en paraoxon, davantage réactif, à l'aide de l'oxygène issu de l'air. Le paraoxon s'y lie à l'acétylcholinestérase qui ne peut plus hydrolyser l'acétylcholine. Ce dernier continue alors de provoquer la contraction des muscles des insectes jusqu'à une contracture mortelle.
- Hydrolyse du parathion en O,O diéthyle phosphothionate et en 4-nitrophénol. L'hydrolyse qui se produit dans les poumons et dans le plasma sanguin des mammifères y décompose l'insecticide.
- Déethylation du parathion en deux acétaldéhyde et en phosphothionate 4-nitrophényle; les plantes transforment ainsi l'insecticide en métabolites qu'elles utilisent ultérieurement.

- Nitroréduction du parathion en O,O diéthyle phosphothionate 4-aminophényle; les vers diminuent ainsi la réactivité de l'insecticide.
- Isomérisation du parathion en S éthyle parathion (O,S diéthyle phosphate 4-nitrophényle); des champignons changent ainsi la spécificité de l'insecticide.

En examinant ces cinq biotransformations primaires de l'insecticide parathion, on comprend comment celui-ci est surtout toxique chez les insectes et peu toxique chez les autres organismes biologiques.

5.6 Biotransformations secondaires par conjugaison

Les toxiques transformés par des biotransformations primaires sont combinés à des métabolites endogènes présents dans le métabolisme et forment ainsi par union des conjugués généralement plus polaires, donc plus hydrosolubles. Les conjugués produits sont alors plus facilement dissous dans le sang, l'urine, la bile et les sécrétions, et s'éliminent ainsi plus facilement. Cette conjugaison secondaire diminue souvent leur toxicité; elle se produit surtout avec les six métabolites endogènes suivants : l'acide glucuronique, un acide aminé, le glutathion, le sulfate, l'acide acétique (acétyle) et le méthyle. Nous présentons ces conjugaisons par ordre décroissant de fréquence.

5.6.1 Conjugaisons avec l'acide glucuronique

$$RO^{*}H + AG — UDP^{**} \xrightarrow{\text{UDPH — transférase}^{***}} \underset{\text{Conjugué glucuronide}}{ROAG} + UDPH \qquad \textbf{(22)}$$

Exemples de R

Conjugaisons d'alcools aliphatiques et aromatiques et N — hydroxyles en O — glucuronides

Conjugaisons d'amines, amides et carbamates en N — glucuronides

Conjugaisons de thiols aromatiques en S — glucuronides

* L'oxygène (O) peut être substitué par le soufre (S) ou l'hydroxyle aminé (NH).

** AG — UDP : acide glucuronique (glucuronyle) activé par l'uridine diphosphate riche en énergie.

*** Cette enzyme se trouve dans le réticulum endoplasmique du foie et, à moindre degré, de l'intestin et des reins.

5.6.2 Conjugaisons avec un acide aminé

R — COOH + Acétyle SCoA* → R — COSCoA + Acide acétique **(23)**
CoA ligase**

R — $COSCoA + ANH_2$*** → R — CONHA + HSCoA
Acide aminé — Conjugué amide
N — acyle transférase**

Exemple de R

Conjugaisons d'acides carboxyliques aliphatiques et (ou) aromatiques avec des acides aminés

* Acétyle SCoA : la coenzyme A est un facteur renfermant de l'adénosine diphosphate (ADP) riche en énergie.

** Ces deux enzymes successives se trouvent principalement dans les mitochondries du foie.

*** ANH_2 est un acide aminé dont la structure générale amphotère est la suivante : H_2N (portion basique) — X (portion neutre) — COOH (portion acide); les deux acides aminés concernés avec des conjugaisons sont principalement la glycine et la glutamine.

5.6.3 Conjugaisons avec le glutathion

R OH + GSH* → RSG + H_2O **(24)**
Issu d'une transformation primaire — Conjugué glutathion
Glutathion S — tranférase**

R Cl + GSH* → RSG + HCl
Glutathion S — tranférase

Exemples de R

Conjugaisons de composés aliphatiques non saturés (alcènes) avec du glutathion

Conjugaisons d'époxydes aliphatiques et aromatiques avec du glutathion

Conjugaisons de N — hydroxyles de l'aniline et acétaminophène avec du glutathion

Conjugaisons de composés aliphatiques et aromatiques chlorés ou bromés avec du glutathion, ce qui entraîne une perte de Cl et Br

* GSH : glutathion avec radical thiol SH; le métabolite est formé de trois acides aminés liés par covalence, à savoir successivement l'acide glutamique, la cystéine avec le thiol SH et la glycine.

** Cette enzyme est davantage présente dans le suc cytosolique que dans le réticulum endoplasmique; son activité s'exerce surtout dans le foie, l'intestin et les reins.

5.6.4 Conjugaisons avec le sulfate

$$R\,OH^{*} + PAPSO_4^{-**} \rightarrow ROSO_4^{-} + PAPH \quad (25)$$

Conjugué monosulfate

Sulfotransférase***

Exemple de R

Conjugaisons d'alcools aliphatiques et aromatiques, d'hydroxylamines et d'hydroxystéroïdes avec du sulfate

* L'hydroxyle (OH) peut être substitué par le NH_2 ou le NHOH.

** $PAPSO_4^-$ = 3-phosphoadénosine — 5-phospho SO_4^-.

*** Cette enzyme est dissoute dans les cellules du foie, de l'intestin, des reins et des poumons.

5.6.5 Conjugaisons avec l'acide acétique (acétyle)

$$R\,NH_2 + \text{Acétyle — SCoA}^{*} \rightarrow \text{R acétamide} + HSCoA \quad (26)$$

Conjugué acétamide

N — acétyle transférase**

Exemples de R

Conjugaisons d'amines aliphatiques et aromatiques avec l'acide acétique

Conjugaisons d'hydrazines avec l'acide acétique

Conjugaisons de sulfonamides avec l'acide acétique

* Acétyle SCoA : la coenzyme A est un cofacteur renfermant de l'adénosine diphosphate (ADP) riche en énergie.

** Cette enzyme est présente dans le liquide cytosolique des cellules de divers tissus; on distingue des N — acétyle transférases lentes et rapides qui sont structurellement différentes et ont des spécificités différentes de substrat.

5.6.6 Conjugaisons avec le méthyle

$$R\,OH^{*} + SAM^{**}CH_3 \rightarrow ROCH_3 + SAMH \quad (27)$$

Conjugué méthyle

Méthyle transférase***

Exemples de R

Conjugaisons d'alcools aromatiques avec du méthyle

Conjugaisons de thiols aliphatiques et des thioéthers de glutathion avec du méthyle

Conjugaisons d'amines aliphatiques et aromatiques et de pyridine avec du méthyle

* L'hydroxyle (OH) peut être substitué par SH ou NH_2.

** SAM : S — adénosylméthionine.

*** Cette enzyme se trouve dans le cytosol de plusieurs tissus avec prédominance dans le foie et les reins : trois types de cette enzyme ont été différenciés selon leur substrat, à savoir des O — méthyle transférases, S — méthyle transférases et N — méthyle transférases.

5.6.7 Toxicité modifiée

À la suite de leur conjugaison, qui a lieu non seulement après leur biotransformation primaire mais aussi sans cette dernière, les toxiques deviennent généralement plus polaires et ainsi plus hydrosolubles. Ils se retrouvent sous forme dissoute dans le sang, l'urine, la bile et les sécrétions qui sont facilement excrétables diminuant ainsi leur action toxique.

Il y a cependant quelques exceptions, notamment les trois suivantes :

- *Bioactivation par méthylation*. Les dérivés méthylés sont moins polaires et hydrosolubles, ce qui défavorise leur excrétion; l'exemple du méthylmercure est reconnu à ce sujet.
- *Bioactivation des composés N hydroxylés obtenus lors d'une hydroxylation primaire*. Leur conjugaison avec du glucuronide, du glutathion ou du sulfate produit des dérivés qui s'unissent par covalence à des macromolécules telles que des protéines et l'ADN où ils sont alors des adduits. La formation d'un adduit cancérogène de l'HAP AAF avec l'ADN est un exemple de cette biotransformation.
- *Bioactivation par déchlorination ou déhalogénation avec le glutathion*. Cette bioactivation peut aussi mener à des adduits avec des macromolécules, notamment des lipides et protéines des membranes cellulaires qui sont alors affectées.

La formation d'adduits avec l'ADN du génome après des biotransformations primaires et (ou) secondaires de toxiques est particulièrement préoccupante, car elle induit une génotoxicité qui sera étudiée au chapitre 8.

Signalons enfin que les conjugaisons secondaires et, à un moindre degré, les biotransformations primaires de toxiques ne sont pas illimitées. Mentionnons à ce sujet le cas de la déplétion du glutathion par l'acétaminophène. De fait, de hautes doses de celui-ci peuvent mobiliser le glutathion, diminuer la disponibilité de ce dernier pour d'autres conjugaisons et ainsi affaiblir les détoxifications : ceci s'observe lors d'abus de tylénol.

5.7 Élimination

Après leurs absorptions, leurs distributions et leurs biotransformations, les toxiques sont lentement éliminés sous forme de métabolites et (ou) de conjugués; ils sont parfois éliminés tels quels.

La principale voie d'élimination est l'urine par les reins, mais il y a aussi d'autres voies relativement importantes, comme la bile hépatique et ensuite intestinale, l'air expiré par les poumons et les sécrétions telles que le lait, la sueur, les larmes, le mucus de la voie respiratoire, la salive, le suc gastrique, le suc intestinal, le liquide cérébrospinal et les liquides sexuels. Nous les verrons plus loin.

Soulignons ici que certains toxiques sont peu éliminés. En effet, cela survient dans les six situations suivantes.

1. Des toxiques, comme les organophosphates parathion ou malathion, sont complètement biotransformés et décomposés en radicaux alkyles, phosphates et aryles utilisés par le métabolisme. Les dérivés de l'alcool éthylique sont également captés dans le métabolisme.
2. Certains toxiques, tels des HAP, se retrouvent, après des biotransformations, dans les membranes cellulaires où ils sont incorporés.
3. Des toxiques lipophiles, comme les DDT et BPC, sont longtemps stockés dans les tissus adipeux (hypoderme, péricarde, gaines nerveuses et cerveau).
4. Certains métaux bivalents sont intégrés dans les tissus osseux. En effet, lors de la minéralisation des os, le calcium peut être mis en compétition avec de l'aluminium hydroxylé, du cuivre, du plomb, du strontium ou du zinc. Il y a aussi une incorporation de métaux tels que le béryllium et le mercure dans les cheveux.

5. Des diols de composés insaturés aliphatiques (butadiène, vinyle et autres) et aromatiques (BPC, HAP et autres) peuvent être liés comme adduits dans l'ADN; divers autres toxiques (Hg, Al, amines, etc.) peuvent également s'y nicher. Ce phénomène est toutefois limité par une autoréparation de l'ADN (chapitre 8).
6. Des particules ingérées par les cellules alvéolaires pulmonaires peuvent persister au lieu d'être éliminées par desquamation; ceci induit une prolifération de ces cellules, une association de celles-ci avec un réseau de fibres réticulées extracellulaires et une formation subséquente de nodules et (ou) plaques pulmonaires. Par exemple, ce phénomène se développe lors d'intoxications chroniques avec des particules d'amiante ou de silice, générant ainsi une amiantose ou une silicose.

5.7.1 Voie urinaire

L'excrétion urinaire commence au niveau des reins qui sont des « vidangeurs » de composés toxiques biotransformés ou inchangés. Ces organes sont composés d'une multitude d'unités, nommées néphrons, où l'on distingue trois parties successives, à savoir une capsule filtrante (leur ensemble forme le glomérule de Malpighi), ensuite un tubule dit proximal et enfin un tubule distal qui débouche dans l'uretère. Les capsules glomérulaires ont de larges pores de 70 nm qui laissent passer les molécules et radicaux ayant un poids moléculaire inférieur à 60 000. Les globules rouges et blancs, les globulins (plaquettes) et les macroprotéines fibrinogènes de coagulation, les albumines et les globulines ne les traversent pas lors de la filtration sanguine. Elles laissent passer les petits composés comme les lipides, les sucres, les acides aminés, les microprotéines, les sels, l'eau et les vitamines. Heureusement, ils sont récupérés ultérieurement par réabsorption dans les tubules.

Cette réabsorption rénale s'effectue selon les mêmes modes que ceux de l'absorption que nous avons vus au début du chapitre. Elle est majeure pour les composés ayant des hauts coefficients de partition lipide/eau, ainsi que pour les sels, les sucres et l'eau. Subséquemment, une grande partie de toxiques peu polaires est réabsorbée, ce qui ralentit considérablement leur élimination.

Par contre, les toxiques polarisés à la suite de leurs biotransformations primaires et (ou) secondaires sont relativement vite éliminés par l'urine. Cela se produit aussi pour de petites protéines, appelées métallothionéines, qui captent des métaux tels que l'argent, le cadmium et le mercure; comme elles ne sont guère réabsorbées, elles excrètent ainsi ces toxiques.

Il y a également des sécrétions actives nécessitant une énergie métabolique dans les tubules proximaux. On les constate notamment pour des acides organiques tels que l'acide urique et la pénicilline, pour des glucuronoconjugués et des sulfoconjugués, ainsi que pour des bases organiques telles que du N — méthylnicotinamide.

En outre, certains toxiques peuvent être excrétés par simple diffusion passive entre le plasma et l'urine à travers la paroi des tubules. Des bases organiques sont ainsi diffusées dans l'urine acide; par contre, ce passage est faible pour les acides organiques comme l'acide acétylsalicylique de l'aspirine.

5.7.2 Voie hépatique

Le foie excrète aussi divers toxiques dans sa bile. Ceci a lieu par transport actif à partir des cellules hépatiques pour les composés suivants : glucuronoconjugués avec poids moléculaire supérieur à 300–350, conjugués avec glutathion, bilirubine, bases organiques, diéthyle stilbestrol stimulant la synthèse d'hormones femelles, DDT, plomb, mercure, méthylmercure, arsenic, thallium et cobalt.

5.7.3 Voie respiratoire

Les poumons excrètent des composés liquides volatils par diffusion entre le plasma et l'air alvéolaire à travers la couche des cellules alvéolaires qui ont seulement 10 µm d'épaisseur. Des composés volatils ayant une faible solubilité dans le sang, tels que le diéthyle éther et l'éthylène, sont alors vite excrétés par liposolubilité membranaire. La situation contraire est observée pour des composés volatils relativement hydrosolubles comme le chloroforme et l'haloéthane.

Parallèlement, une diffusion gazeuse a également lieu entre le plasma et l'air alvéolaire non seulement pour le CO_2 issu de la respiration biochimique, mais aussi, à un moindre degré, pour des toxiques gazeux tels que le CO (monoxyde de carbone), le SO_2 (dioxyde de soufre) et le NO_2 (dioxyde d'azote).

Les particules inhalées sont souvent éliminées par les voies respiratoires. De fait, les particules supérieures à 5 µm sont généralement adsorbées à la surface des cellules du trajet nasal et laryngo-pharyngal et peuvent ensuite en être délogées lorsqu'on se mouche ou éternue, et (ou) être transférées par le mucus présent vers l'œsophage du tube digestif qui les ingurgite. Toutefois, certaines particules supérieures à 5 µm, telles celles de l'amiante ou de fibres minérales connexes, sont peu éliminées par cette voie. Les particules de 2 à 5 µm sont souvent adsorbées plus loin dans la voie respiratoire, soit au niveau trachéal et bronchiolaire. Elles en sont enlevées par « l'ascenseur mucociliaire ». Ce dernier correspond à un mouvement ascendant et descendant synchronisé des cils dans le mucus de la trachée, des bronches et bronchioles. Il facilite la remontée de ces particules, avec une vitesse de 0,1 à 1 mm/minute, et limite ainsi la demi-vie de ces particules à une durée de 30 à 300 minutes. Cette voie d'élimination les mène au pharynx d'où elles peuvent être enlevées par la toux ou l'ingurgitation dans l'œsophage du tube digestif. Les particules inférieures à 1 µm sont facilement adsorbées à la surface des cellules alvéolaires pulmonaires, puisque leur surface totale d'échange atteint de 50 à 100 m^2. Elles peuvent en être éliminées par les trois modes suivants :

- aspiration du mucus superficiel de ces cellules avec leurs particules dans l'ascenseur mucociliaire;
- phagocytose et digestion des particules dans les macrophages pulmonaires;
- transfert successif au système lymphatique, au plasma et à l'urine.

Malgré ces diverses possibilités d'élimination, le taux d'enlèvement des particules des alvéoles pulmonaires s'avère relativement lent.

5.7.4 Voie digestive

Le tube digestif reçoit des toxiques qui proviennent non seulement de l'excrétion biliaire et de l'ingurgitation à partir de la voie respiratoire, mais aussi de deux autres sources :

- Certains composés entrés par voie orale sont peu absorbés dans le tube digestif; c'est le cas de l'aluminium à cause de sa spéciation qui le rend peu biodisponible.
- La sécrétion abondante de 3 l/jour de sucs intestinal et gastrique facilite

une diffusion passive de quelques composés, comme les insecticides organochlorés, les BPC et les DF chlorés dans le suc intestinal.

Toutefois, avant la sortie anale, une réabsorption de certains toxiques survient dans le colon pour des métaux comme le mercure et le strontium en compétition avec le calcium, le sodium et le potassium, ainsi que pour des composés glucuronoconjugués et sulfoconjugués hydrolysés par la microflore intestinale.

5.7.5 Voies sécrétrices

Il existe quelques autres sécrétions qui peuvent aussi éliminer des toxiques. Ce sont les sécrétions mammaires, sudorifiques, lacrymales et salivaires, autrement dit le lait maternel, la sueur, les larmes et la salive.

- *Sécrétion mammaire.* Le lait sécrété par les glandes mammaires est légèrement acide (pH = 6,5) et gras (3 à 5 % de lipides); il attire ainsi des composés basiques ou lipidiques par simple diffusion à partir du plasma. Le lait de femme ou de vache concentre de cette façon des organochlorés tels que les DDT, BPC, dioxines chlorées et mirex (Dewailly *et al.*, 1991 et 1992). Certains métaux comme le plomb et le mercure peuvent également remplacer partiellement le calcium du lait par compétition.
- *Sécrétion sudorifique.* La sueur provient des glandes sudoripares du derme et peut contenir des toxiques peu polaires issus d'une diffusion passive à partir du plasma.
- *Sécrétion lacrymale.* Les larmes émanent des glandes lacrymales de l'œil et renferment des composés peu polaires diffusés à partir du plasma.
- *Sécrétion salivaire.* La salive issue des glandes salivaires de la bouche élimine des toxiques peu polaires. Elle est généralement ingurgitée dans le tube digestif.

5.7.6 Limites de l'élimination des toxiques

Bref, l'élimination des toxiques utilise des voies multiples et diverses. Elle est cependant ralentie et limitée par des phénomènes décrits plus haut :

- des stockages de durée variable dans les graisses, dans les os, les cheveux ou dans l'ADN et les membranes cellulaires;
- des réabsorptions dans les tubules rénaux et dans le colon;

- des besoins métaboliques pour les biotransformations primaires et secondaires, surtout dans le foie;
- des exigences de transport actif, dans les reins et dans le foie.

Conclusion

Nous avons vu dans ce chapitre comment évoluait le passage toxicocinétique des toxiques dans un organisme vivant, de son entrée à son élimination. Nous avons décrit les principales voies d'entrée, les différents modes d'absorption, ainsi que la distribution des toxiques dans les organismes. Puis nous avons présenté les mécanismes de biotransformation primaires et secondaires selon leur plus simple expression, ainsi que les différents modes d'élimination. Nous invitons le lecteur intéressé par la biochimie à consulter les références proposées dans le texte.

Le chapitre suivant traite aussi de la toxicocinétique des toxiques, mais sous l'angle de leur durée d'existence, de leur bioaccumulation et bioamplification, et selon les facteurs qui l'influencent.

Chapitre 6

Régulation toxicocinétique

Aperçu du chapitre

Nous allons voir dans ce chapitre la régulation du passage d'une substance dans l'organisme et quels sont les facteurs qui l'influencent. Nous devrons ainsi tenir compte du temps de résidence d'une substance dans l'organisme, entre son entrée et sa sortie; ce temps de résidence varie selon l'organisme exposé (espèce, phase d'élimination, tissus, poids, âge et sexe), mais aussi selon d'autres facteurs tels que le type de substance, sa spéciation et la durée d'exposition. Il peut occasionner une rétention d'une substance toxique qui entraîne sa bioaccumulation dans l'organisme, soit par bioconcentration, soit par biotransfert.

6.1 Demi-vie des substances toxiques

L'élimination des toxiques étant nettement plus lente que leur entrée, il y a souvent une rétention de ceux-ci. Cette rétention se calcule en demi-vie, soit la durée nécessaire pour éliminer 50 % du toxique présent dans l'organisme biologique.

Lorsqu'un organisme est exposé à un toxique plusieurs fois ou de manière continue, la demi-vie de rétention de ce toxique équivaut à une demi-vie de renouvellement (*turnover*).

Dans les cas simples, la demi-vie de rétention ($t\frac{1}{2}$) du toxique est calculée selon l'équation suivante :

$$t\tfrac{1}{2} = 0{,}693/k \text{ élimination du toxique}$$

où

- $0{,}693 = \ln 2$
- k élimination $= (\ln C_1 - \ln C_2)/(t_2 - t_1)$

où

$\ln C_1$ et $\ln C_2$ sont des logarithmes des concentrations C_1 et C_2 du toxique mesurées généralement dans le plasma ou parfois dans une autre composante, respectivement à un temps initial t_1 et à un temps final t_2 (NRCC, 1979b; Klaassen, 1986b; Carrier, 1991; Francis, 1994).

Dans ces conditions, l'élimination complète du toxique demande deux demi-vies.

L'équation précédente n'est cependant valable que pour une relation linéaire entre les logarithmes des concentrations du toxique qui diminuent et les temps qui augmentent. La figure 6.1 en donne un bon exemple théorique. Dans plusieurs cas, cette relation n'est pas linéaire, mais correspond plutôt à une courbe exponentielle descendante. L'élimination complète du toxique dure alors plus de cinq demi-vies.

La documentation scientifique présente de nombreuses demi-vies de rétention de toxiques et le tableau 6.1 rend compte de cette diversité.

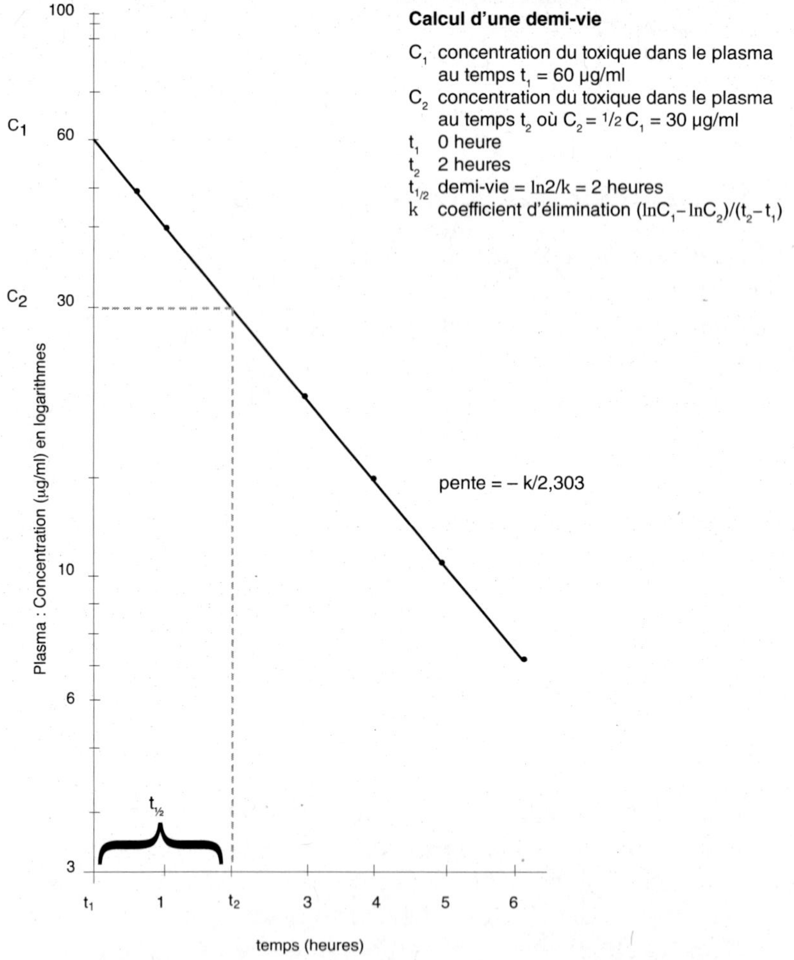

Figure 6.1 Demi-vie d'une substance toxique.
Souce : Klaassen *et al.* (1996), p. 187.

Tableau 6.1 Liste de demi-vies pour différentes substances

Substances toxiques	**Espèces, phases d'élimination, tissus, poids, sexes et (ou) températures**	**Demi-vies en heures, jours ou années**	**Références**
		A. Métaux lourds	
A.1 Mercure			
Méthylmercure	Humain :		
	organisme	60 à 80 jours	NRCC, 1979b
		70 jours	Goyer, 1986
		70 jours	Picot et Proust, 1998
	cheveux	35 à 189 jours	NRCC, 1979b
	cerveau	270 jours	Picot et Proust, 1998
(1)	Souris	6 à 7 jours	NRCC, 1979b
(1)	Rat	40 à 51 jours	NRCC, 1979b
	Chat :		
(1)	organisme	76 jours	NRCC, 1979b
(1)	poils	117 jours	NRCC, 1979b
(1)	Singe	150 jours	NRCC, 1979b
	Poulet	70 jours	Fimreite, 1979
	Canard mallard	84 jours	Fimreite, 1979
(1)	Truite *Oncorhynchus mykiss*, par voie orale	268 jours	Huckabee *et al.*, 1979
	Doré *Sitzostedion vitreum* :		
	6 °C	85 jours	Huckabee *et al.*, 1979
	20 °C	32 jours	Huckabee *et al.*, 1979
	Brochet *Esox lucius* par voie orale :		
	élimination rapide	20 jours	Huckabee *et al.*, 1979
	élimination lente	600 jours	Huckabee *et al.*, 1979
(1)	Crapet *Lepomis macrochirus*	150 jours	Huckabee *et al.*, 1979
	Poisson doré *Carassius auratus* :		
	1 g	8 à 16 jours	Huckabee *et al.*, 1979
	7 g	41 jours	Huckabee *et al.*, 1979
	Barbotte *Ictalurus nebulosus*	178 à 277 jours	Huckabee *et al.*, 1979
(1)	Puce d'eau *Daphnia pulex*	3 jours	NRCC, 1979b
(1)	Moule d'eau douce *Margaritifera margaritifera* :		
	élimination rapide	6 jours	Huckabee *et al.*, 1979
	élimination lente	860 jours	Huckabee *et al.*, 1979

→

Tableau 6.1 (*suite*)

Substances toxiques	**Espèces, phases d'élimination, tissus, poids, sexes et (ou) températures**	**Demi-vies en heures, jours ou années**	**Références**
Phénylmercure (1)	Cyprinidé *Pœcilia reticula*	50 jours	Huckabee *et al.*, 1979
Éthylmercure (1)	Cyprinidé *Pœcilia reticula*	20 jours	Huckabee *et al.*, 1979
Chlorure mercurique	Humain : organisme reins	 40 jours 40 à 50 jours 60 jours	 Goyer, 1986 Picot et Proust, 1998 Picot et Proust, 1998
(1)	Cyprinidé *Pœcilia reticula*	38 à 75 jours	Huckabee *et al.*, 1979
(1)	Poisson doré *Carassius auratus,* par injection	23 jours	Huckabee *et al.*, 1979
Mercure métallique	Humain	35 à 90 jours	Goyer, 1996
Mercure sans spéciation	Poissons piscivores, tel le brochet *Esox lucius* dans des réservoirs hydroélectriques	600 jours	Van Coillie, 1991
	Poissons non piscivores dans des réservoirs hydroélectriques	< 300 jours	Van Coillie, 1991
	Moule d'eau douce *Unio elongatulus* : organisme muscles	 15 à 30 jours 60 jours	 Huckabee *et al.*, 1979 Huckabee *et al.*, 1979
A.2 Cadmium			
	Humain : plasma reins	 40 à 80 jours 17,6 à 38 ans 20 ans	 INRS, 1991 NRCC, 1979 Santé et Bien-être Canada, 1993
	Truite *Oncorhynchus mykiss*	15 à 32 jours	NRCC, 1979
	Cyprinidé *Pœcilia reticulata*	15 à 32 jours	NRCC, 1979a
A.3 Plomb			
	Humain : plasma tissus mous os	 19 jours 21 à 28 jours 5 à 20 ans 20 ans	 Van Coillie, 1997b Van Coillie, 1997b Van Coillie, 1997b Goyer, 1986

Tableau 6.1 (*suite*)

Substances toxiques	Espèces, phases d'élimination, tissus, poids, sexes et (ou) températures	Demi-vies en heures, jours ou années	Références
A.4 Étain			
Tributyl étain	Cyprinidé marin *Cyprinodon variegatus*	7 jours	NRCC, 1985
A.5 Uranium			
	Humain	180 à 360 jours	CNRC, 1983b
		B. Autres métaux	
B.1 Chrome			
	Humain :		
	élimination rapide	2,5 heures	Van Coillie, 1997b
	élimination lente	15 à 30 jours	Van Coillie, 1997b
B.2 Sélénium			
Sélénite	Humain :		
	élimination rapide	8 à 20 jours	Goyer, 1996
	élimination lente	103 jours	Goyer, 1996
Sélénométionine	Humain	234 jours	Goyer, 1996
B.3 Manganèse			
Dioxyde de manganèse	Humain :		
	élimination rapide	4 jours	Van Coillie, 1997b
	élimination lente	37 jours	Goyer, 1986
		39 jours	Van Coillie, 1997b
	foie	25 jours	INRS, 1991c
	cerveau	54 jours	INRS, 1991b
Manganèse sans spéciation	Humain	37 jours	Goyer, 1996
	Rat :		
	élimination rapide	10 jours	Van Coillie, 1997b
	élimination lente	50 jours	Van Coillie, 1997b
	Singe :		
	organisme	95 jours	Van Coillie, 1997b
	cerveau	278 jours	Van Coillie, 1997b
B.4 Arsenic			
	Humain :		
	sang	10 heures	Goyer, 1996
	cheveux	70 jours	Van Coillie, 1997b
	Rat	60 jours	CNRC, 1979a

→

Tableau 6.1 (*suite*)

Substances toxiques	**Espèces, phases d'élimination, tissus, poids, sexes et (ou) températures**	**Demi-vies en heures, jours ou années**	**Références**
B.5 Bismuth			
	Humain :		
	organisme	5 jours	CNRC, 1983b
	reins	5 jours	CNRC, 1983b
	os	13 jours	CNRC, 1983b
	foie	15 jours	CNRC, 1983b
		C. HAP	
C.1 Naphtalène			
(2)	Truite *Oncorhynchus mykiss* :		
	sang	7,5 heures	Varanasi *et al.*, 1989
	foie	11 heures	Varanasi *et al.*, 1989
	Morue larvaire *Gadus morhua*	24 heures	Varanasi *et al.*, 1989
C.2 Anthracène			
(2)	Crapet *Lepomis macrochirus*	17 heures	Germain *et al.*, 1993
	Huître *Crassostrea virginica*	72 heures	CNRC, 1993a
C.3 Phénanthrène			
(2)	Crabe bleu *Callinectes sapidus* :		
	mâle	10 heures	James, 1989
	femelle	45 heures	James, 1989
C.4 Fluoranthène			
	Huître *Crassostrea virginica*	5 jours	CNRC, 1993a
	Moule marine *Mytilus edulis*	30 jours	CNRC, 1993a
C.5 Benzo-a-pyrène			
(2)	Crapet *Lepomis macrochirus*	67 heures	Germain *et al.*, 1993, Environnement Canada, 1994
	Morue *Gadus morhua*	< 24 heures	Germain *et al.*, 1993
(2)	Huître *Crassostrea virginica*	18 jours	CNRC, 1983a
	Moule marine *Mytilus edulis*	10 jours	CNRC, 1983a

Tableau 6.1 (*suite*)

Substances toxiques	Espèces, phases d'élimination, tissus, poids, sexes et (ou) températures	Demi-vies en heures, jours ou années	Références
(2)	Homard *Homarus americanus*	60 jours	James, 1989
(2)	Langouste *Panulirus arqus* :		
	13 °C	14 jours	James, 1989
	26 °C	7 jours	James, 1989
		D. Organochlorés	
D.1 Herbicide 2,4-D			
	Humain	12 à 33 heures	CNRC, 1979d
	Mouton	3 heures	CNRC, 1979d
	Rat	3 à 6 heures	CNRC, 1979d
	Veau	7 à 10 heures	CNRC, 1979d
	Cochon	10 à 12 heures	CNRC, 1979d
D.2 BPC			
	Humain	124 à 338 jours	Niimi, 1994
	Truite *Oncorhynchus mykiss* : muscles	55 à 60 jours	CNRC, 1979b
D.3 TCDD chlorés en 2,3,7,8			
	Humain	5 ans	Niimi, 1994
	Rat	13 à 31 jours	CNRC, 1979d CNRC, 1982b
	Cochon d'Inde	22 à 43 jours	Niimi, 1994
	Poissons	50 à 100 jours	Niimi, 1994
TCDF chlorés en 2,3,7,8			
	Rat	2 à 4 jours	Niimi, 1994
	Cochon d'Inde	20 jours	Niimi, 1994
	Poissons	80 jours	Ali *et al.*, 1997
D.4 Herbicide trichloropyridine (Garlon)			
	Crapet *Lepomis macrochirus*	4 jours	Petty *et al.*, 2001
D.5 Insecticides organochlorés			
DDT	Rat	1 an	Murphy, 1986
Dieldrine	Humain	1 an	Francis, 1994
Mirex	Mammifères	10 ans	Francis, 1994

→

Tableau 6.1 (*suite*)

Substances toxiques	**Espèces, phases d'élimination, tissus, poids, sexes et (ou) températures**	**Demi-vies en heures, jours ou années**	**Références**
	E. Autres composés organiques		
E.1 Organophosphates			
Diazinon	Mammifères	12 heures	WHO, 1988
Fénitrothion	Épinette : feuillage Sapin : feuillage Pollen Abeilles	96 heures 96 heures 48 heures 12 heures	CNRC, 1976 CNRC, 1976 CNRC, 1976 CNRC, 1976
Glyphosate	Épinette : feuillage	120 heures	MRN, 1994
E.2 Composés aromatiques simples			
Benzène	Humain	1 à 2 jours	Env. Canada 2000d
	Anguille *Anguilla japonica*	12 heures	Env. Canada 2000d
	Puce d'eau *Daphnia pulex*	72 heures	Env. Canada 2000d
Toluène	Humain	0,5 heure	INRS, 1991c
Styrène	Humain : élimination rapide élimination lente	 4 heures 25 heures	 INRS, 1995 INRS, 1995
E.3 Phtalates de butyle et de benzyle			
	Mammifères	< 2 jours	Env. Canada, 2001b
E.4 Composés acryliques			
Acrylamide	Mammifères : élimination rapide élimination lente moelle épinière	 5 heures 8 heures 24 jours	 Smith et Oehme, 1991 Smith et Oehme, 1991 Smith et Oehme, 1991
Acrylonitrile	Rat	1 heure	Env. Canada, 2000e
E.5 Acides résiniques			
	Truite *Oncorhynchus mykiss*	< 7 jours	Ali *et al.*, 1997

(1) Études faites avec du mercure radioactif ^{203}Hg.

(2) Études faites avec des HAP marqués avec du carbone radioactif ^{14}C.

L'examen des valeurs présentées dans le tableau 6.1 révèle que les demi-vies de rétention des substances toxiques dans les organismes biologiques sont très variées (0,5h à 38 ans, soit 333 000 heures) et dépendent de neuf facteurs résumés ci-après : la substance toxique, la spéciation de la substance toxique, l'espèce, la phase d'élimination du toxique, le tissu biologique des individus, le poids et l'âge des individus, leur sexe, la température et, enfin, la durée d'exposition.

- *Substance toxique.* Des composés toxiques persistants comme les métaux lourds, les BPC, les TCDD et les insecticides organochlorés ont globalement des demi-vies plus longues que celles des HAP, les composés aromatiques et acryliques simples et des insecticides carbanates qui sont relativement vite biotransformés.
- *Spéciation de la substance toxique.* Par exemple, la demi-vie du méthylmercure s'avère généralement plus élevée que celle du chlorure mercurique chez l'humain (Goyer, 1986).
- *Espèce.* Ce facteur ressort, entre autres, pour les demi-vies du méthylmercure et de la TCDD, lesquelles sont plus longues chez l'humain que chez le rat. De plus, les HAP ont une demi-vie nettement plus courte chez les poissons, où ils sont vite biotransformés, que chez les invertébrés aquatiques où leur biotransformation est lente (Germain *et al.*, 1993).
- *Phase d'élimination du toxique.* Comme cela se produit pour le méthylmercure chez le brochet, le manganèse chez le rat, le sélénium, le chrome, le manganèse et le styrène chez l'humain, la demi-vie de rétention d'un toxique lors de sa phase initiale d'élimination rapide se révèle beaucoup plus courte que la demi-vie de ce toxique lors de sa phase d'élimination ultérieure lente.
- *Tissu biologique des individus.* La demi-vie de rétention d'un toxique calculée à partir de son élimination du plasma sanguin est inférieure aux demi-vies de ce toxique dans d'autres tissus où il peut être stocké. Ceci s'observe, entre autres, chez l'humain pour le méthylmercure dans ses cheveux et son cerveau, pour le cadmium dans ses reins et pour le plomb dans ses os.
- *Âge des individus.* La rétention des toxiques peut augmenter avec l'âge. Cette tendance est constatée pour la demi-vie du méthylmercure chez

les brochets et les dorés (Lucotte *et al.*, 1999). Elle peut être associée au développement des tissus de stockage, tels les tissus gras, et à une diminution de l'élimination des toxiques avec le poids et (ou) l'âge (Van Coillie, 1998a).

- *Sexe des individus*. Ce facteur a parfois une influence pour la demi-vie de rétention d'un toxique. C'est le cas de la demi-vie du phénanthrène pour le crabe bleu où elle est plus longue chez la femelle que chez le mâle (James, 1989).
- *Température*. Une augmentation de la température peut accélérer l'élimination d'un toxique et ainsi diminuer sa demi-vie de rétention chez des organismes non homéothermes. Ceci a été constaté pour le méthylmercure chez le doré et pour le benzo-a-pyrène chez la langouste (James, 1989).
- *Durée d'exposition à un toxique*. Lorsque la durée d'exposition est très longue (plus de100 jours), la demi-vie de rétention s'allonge. Pour le méthylmercure par exemple, elle peut atteindre 1000 jours chez les truites (Huckabee *et al.*, 1979) et 137 jours chez l'humain (NRCC, 1979b).

Comme ces neuf facteurs influencent les demi-vies de rétention des toxiques, toute évaluation écotoxicologique d'une substance toxique doit tenir compte d'une gamme de valeurs pour sa demi-vie de rétention dans différents organismes biologiques et sous différentes conditions.

6.2 Bioaccumulation et bioamplification

La rétention des toxiques entraîne leur bioaccumulation dans les organismes biologiques lorsque cette rétention est relativement longue. Une durée minimale est difficile à définir à ce sujet, car la rétention des toxiques varie énormément, selon les neuf facteurs que nous venons de voir. Néanmoins, nous pouvons affirmer que cette durée minimale équivaut souvent à quelques jours, en général, et à quelques heures pour certaines substances peu persistantes, telles les HAP (Van Coillie, 1996a).

La bioaccumulation est généralement exprimée en facteur de bioaccumulation, selon l'équation suivante :

$$FB = K\ C_i/C_e$$

(Phillips, 1993; Rand, 1995)

où

- FB : facteur de bioaccumulation d'un toxique;
- K : coefficient selon l'espèce testée et (ou) d'autres variables;
- C_i : concentration du toxique dans l'organisme;
- C_e : concentration du toxique dans le milieu environnant.

En anglais, on utilise *BF* ou *BFC* (*bioaccumulation factor*) ou parfois *BAF* (Niimi, 1994).

La bioaccumulation s'effectue de deux façons : lorsqu'elle a lieu à partir du milieu (eau, air, sol), il s'agit d'une bioconcentration et lorsqu'elle provient de la nourriture, il s'agit d'un biotransfert (Newman, 2001; Barron, 2003; Manahan; 2003; Muscatello *et al.*, 2006).

Une bioaccumulation est souvent la somme de proportions de bioconcentration et de biotransfert, lesquelles proportions se définissent lors de bioessais différentiels. Par exemple, le zooplancton bioaccumule 90 % du mercure (Hg) à partir de l'eau et 10 % à partir des algues ingérées, tandis que les deux apports sont de 50 % chez le brochet (Van Coillie, 1998a).

Comme la bioaccumulation des toxiques dépend de leur bioconcentration et de leur biotransfert, sauf chez les algues et les lichens où il n'y a aucun biotransfert, Ramade (1992) a proposé les équations suivantes pour évaluer la bioaccumulation.

$$FB = Fc\,(C_p + C_a)/C_e$$

où

- F_c : facteur de concentration biologique du toxique;
- C_p : concentration du toxique absorbé par pénétration directe à partir du milieu; elle provient d'une bioconcentration;
- C_a : concentration du toxique absorbé à partir de l'alimentation; elle est issue d'un biotransfert;
- C_e : concentration du toxique dans le milieu environnant.

Ramade (1992) a également défini un facteur de transfert d'un toxique, soit :

$$FT = X_1/X_0$$

où

- FT : facteur de transfert du toxique entre deux niveaux trophiques;
- X_1 : concentration du toxique au niveau trophique d'un prédateur;
- X_0 : concentration du toxique au niveau trophique de la proie ingérée par le prédateur.

Lorsqu'on fait une approximation du facteur de bioaccumulation d'un toxique à l'aide de la modélisation QSAR (Hoffmann *et al.*, 2003; Walker, 2003), en se basant sur son coefficient octanol-eau (k_{oe}) qui conditionne sa lipophilie et son absorption, on estime surtout sa bioconcentration (Boudou et Ribeyre, 1989b; Ramade, 1992; Germain *et al.*, 1993) : le FB est alors sous-évalué puisque que le biotransfert du toxique n'est pas pris en compte.

La bioaccumulation d'un toxique peut aussi être évaluée à partir de la différence entre son entrée et sa sortie dans un organisme biologique (Boudou et Ribeyre, 1989b). La détermination du FB est alors souvent limitée à une bioconcentration, comme dans le cas des HAP (CNRC, 1983a), et le facteur se calcule ainsi :

$$FBC = k_1/k_2$$

où

FBC : facteur de bioconcentration du toxique;

k_1 : constante d'absorption du toxique par heure à partir du milieu;

k_2 : constante d'élimination du toxique par heure dans l'eau.

Le tableau 6.2 présente quelques valeurs calculées selon l'équation précédente pour des FBC des HAP chez la puce d'eau *Daphnia pulex* (NRCC, 1979b).

Tableau 6.2 Quelques mesures de bioconcentration des HAP, chez la puce d'eau *Daphnia pulex*

HAP (k_{oe}) n*	**k_1**	**k_2**	**FBC**
Naphtalène (k_{oe} = 3,3) n = 2	197	1,670	118
Anthracène (k_{oe} = 4,5) n = 3	702	0,589	1190
Pyrène (k_{oe} = 4,9) n = 4	1130	0,343	3280
Benzo-a-anthracène (k_{oe} = 5,6) n = 4	669	0,144	4650

* n = nombre de noyaux benzéniques accolés.

Ces données montrent que la bioconcentration des HAP augmente avec leur coefficient k_{oe} et leur nombre de noyaux benzéniques chez la puce d'eau, car ces deux facteurs diminuent leur élimination. Cette relation s'observe davantage chez les invertébrés aquatiques que chez les vertébrés aquatiques, car ces derniers biotransforment plus rapidement les HAP et réduisent ainsi leur demi-vie de rétention, et subséquemment leur bioconcentration.

L'importance de la bioconcentration des toxiques par rapport à leur biotransfert s'avère généralement plus évidente chez les invertébrés que chez les vertébrés (Niimi, 1994; Van Coillie, 2001a). Par exemple, la bioconcentration du méthylmercure est souvent plus importante que son biotransfert chez les puces d'eau et les invertébrés aquatiques en général, tandis que ces deux types de bioaccumulation apparaissent sensiblement égaux chez les poissons (Huckabee *et al.*, 1979; Van Coillie, 2001a).

Toutefois, on observe plusieurs exceptions à ce sujet. Par exemple, Ramade (1992) mentionne que la bioconcentration du lindane (insecticide organochloré) dépasse considérablement son biotransfert chez des poissons goujons planctonophages *Gobio gobio*.

La documentation scientifique fait mention d'une quantité innombrable de facteurs de bioaccumulation (Barron, 2003; Manahan, 2003; Newman et Unger, 2003); dans le tableau 6.3, nous présentons diverses valeurs de ces facteurs pour illustrer leur variabilité.

Tableau 6.3 Facteurs de bioaccumulation

Substances toxiques	**Espèces, tissus, durées d'exposition, âges et (ou) températures**	**FB[1] FBC[2] FT[3]**	**Références**
		A. Métaux lourds	
A.1 Mercure			
Méthylmercure	Poissons à Minamata	FB 500 000	Ramade, 1992
	Truite *Oncorhyncus mykiss* :	FBC	
	muscles, 190 jours	6 200	Thellen *et al.*, 1981
	foie, 190 jours	8 960	Thellen *et al.*, 1981
	Mollusque *Bithinia tentaculata*	FBC 4, à partir des sédiments	Desy *et al.*, 2000

→

Tableau 6.3 (*suite*)

Substances toxiques	**Espèces, tissus, durées d'exposition, âges et (ou) températures**	**FB**(1) **FBC**(2) **FT**(3)	**Références**
Mercure inorganique	Truite *Oncorhyncus mykiss* :	FBC	
	muscles, 190 jours	3 120	Thellen et al., 1981
	foie, 190 jours	10 080	Thellen *et al.*, 1981
	Scirpe *Scirpus americanus* :	FBC	
	rhizome, 72 heures	108	Van Coillie, 1999
A.2 Cadmium			
	Crapet *Lepomis macrochirus*	FB 9	NRCC, 1979a
	Achigan *Micropterus salmoïdes*	FB 16	NRCC, 1979a
	Chou-fleur	FBC 6,8	NRCC, 1979a
	Pois	FBC 7,8	NRCC, 1979a
	Laitue	FBC 8,1	NRCC, 1979a
	Carotte : racine	FBC 30,6	NRCC, 1979a
A.3 Plomb			
	Scirpe *Scirpus americanus* :	FBC	
	rhizome, 72 heures	10	Van Coillie, 1999
A.4 Étain			
Tributyl étain	Saumon *Oncorhynchus tshawytscha* :	FB	
	muscles	200	Env. Canada, 1992
	Fondule *Fondulus heteroclitus* :	FB	
	viscères	4 580	Env. Canada, 1992
	Moule zébrée *Dreissena polymorpha*	FB 9 400	Env. Canada, 1992
	Truite *Oncorhyncus mykiss* : 64 jours	FB 406	Env. Canada, 1992
	Huître *Ostrea edulis* : 45 jours	FB 192	Env. Canada, 1992
	Escargot marin *Nucella lapillus* : 540 jours	FB 250 000	Env. Canada, 1992
	Plante marine *Zostera marina* : 14 jours	FBC 12 000	Env. Canada, 1992

Tableau 6.3 (*suite*)

Substances toxiques	**Espèces, tissus, durées d'exposition, âges et (ou) températures**	**FB**[(1)] **FBC**[(2)] **FT**[(3)]	**Références**
A.5 Plutonium			
	Phytoplancton	FBC 3 000	Ramade, 1992
	Lichen	FBC 3 200 à 4 250	Ramade, 1992
		B. Autres métaux	
B.1 Manganèse			
	Poissons marins : diverses espèces	FB 1 à 100	OMS, 1981
B.2 Arsenic			
	Puce d'eau *Daphnia magna* : diverses durées	FBC 42 à 1 658	CNRC, 1979a
	Poissons dulcicoles : diverses espèces	FB 3 à 30	CNRC, 1979a
		C. HAP	
C.1 Naphtalène			
	Truite *Oncorhyncus mykiss*, 8 heures : alevin de 3 à 6 jours	FBC 22 à 585	Germain *et al.*, 1993
	Saumon *Salmo salar*, 6 jours : œuf	FBC 44	CNRC, 1983a
	Crapet *Lepomis macrochirus*, 1 jour : alevin de 4 à 12 jours	FBC 310	Germain *et al.*, 1993
	Fondule *Fondulus heteroclitus*, 4 heures : juvénile	FBC 2	Germain *et al.*, 1993
(4)	Morue *Gadus morhua*, 24 heures : alevin	FBC 23	Germain *et al.*, 1993
	Puce d'eau *Daphnia pulex*, 1 jour	FBC 118	Germain *et al.*, 1993
	Huître *Ostrea edulis*, 3 jours : jeune de 10 mois	FBC 31 à 62	Germain *et al.*, 1993

→

Tableau 6.3 (*suite*)

Substances toxiques	Espèces, tissus, durées d'exposition, âges et (ou) températures	FB[1] FBC[2] FT[3]	Références
C.2 Anthracène			
[4]	Truite *Oncorhyncus mykiss*, 18 heures :	FBC	
	juvénile	200	Germain *et al.*, 1993
	Méné *Pimephales promelas* 1 jour :	FBC	
	larve	1 016	Germain *et al.*, 1993
	63 jours :		
	adulte		
	testicules	1 344	Germain *et al.*, 1993
	ovaires	1 872	Germain *et al.*, 1993
	ovules	966	Germain *et al.*, 1993
	Cyprinidé *Pœcilia reticulata,* 2 jours :	FBC	
	juvénile de 3 à 6 mois	7 260	Germain *et al.*, 1993
[4]	Crapet *Lepomis macrochirus*, 4 heures :	FBC	
	alevin		
	organisme	675	Germain *et al.*, 1993
	cerveau	555	Germain *et al.*, 1993
	viscères	561	Germain *et al.*, 1993
	foie	641	Germain *et al.*, 1993
	vésicule biliaire	1 890	Germain *et al.*, 1993
	Puce d'eau *Daphnia pulex,* 1 jour	FBC 1 190	CNRC, 1983a
	Puce d'eau *Daphnia magna,* 1 jour	FBC 2 699	Germain *et al.*, 1993
	Huître *Crassostrea virginica*, 2 jours	FBC 1 160	CNRC, 1983a
	Microcrustacé *Hyalella azteca,* 8 heures	FBC 1 800 à partir de l'eau et 9 096 à partir des sédiments	Germain *et al.*, 1993
	Microalgue *Pseudokirchneriella subcapitata* anciennement *Selenatrum capricornutum*	FBC 7 800	Germain *et al.*, 1993
C.3 Phénanthrène			
	Méné *Pimephales promelas,* 28 jours :	FBC	
	juvénile de 35 jours	1 900 à 5 100	Germain *et al.*, 1993
[4]	Morue *Gadus morhua,* 24 heures :	FBC	
	alevin	223	Germain *et al.*, 1993

Tableau 6.3 (*suite*)

Substances toxiques	**Espèces, tissus, durées d'exposition, âges et (ou) températures**	**FB**(1) **FBC**(2) **FT**(3)	**Références**
	Puce d'eau *Daphnia pulex,* 1 jour	FBC 374	CNRC, 1983a
	Microcrustacé *Diporeia sp.*	FBC 3 à partir des sédiments	Germain *et al.*, 1993
C.4 Pyrène			
	Méné *Pimephales promelas,* 28 jours : juvénile de 35 jours	FBC 1 100 à 1 500	Germain *et al.*, 1993
	Cyprinidé *Pœcilia reticulata,* 2 jours : juvénile de 3 à 6 mois	FBC 2 230	Germain *et al.*, 1993
	Puce d'eau *Daphnia pulex,* 1 jour	FBC 3 280	CNRC, 1983a
	Microcrustacé *Diporeia sp.*	FBC 5 à partir des sédiments	Germain *et al.*, 1993
C.5 Benzo-a-pyrène			
	Truite *Oncorhyncus mykiss*, 10 jours : jeune de 18 mois	FBC 920	Germain *et al.*,1993
	Saumon *Salmo salar,* 7 jours : œuf	FBC 70	CNRC, 1983a
(4)	Crapet *Lepomis macrochirus*, 4 heures : alevin : organisme cerveau viscères foie vésicule biliaire	FBC 490 90 770 1400 1600	 Germain *et al.*, 1993 Germain *et al.*, 1993 Germain *et al.*, 1993 Germain *et al.*, 1993 Germain *et al.*, 1993
	Crapet *Lepomis macrochirus,* 2 jours : alevins de 4 à 10 g, à 23 °C juvéniles de 4 à 10 g, à 23 °C à 13 °C	FBC 2 657 608 à 3 208 377	 Germain *et al.*, 1993 Germain *et al.*, 1993 Germain *et al.*, 1993
	Morue *Gadus morhua*, 24 heures : alevin	FBC 80	Germain *et al.*, 1993
	Puce d'eau *Daphnia pulex,* 1 jour	FBC 2 720	Germain *et al.*, 1993

→

Tableau 6.3 (*suite*)

Substances toxiques	**Espèces, tissus, durées d'exposition, âges et (ou) températures**	**FB**(1) **FBC**(2) **FT**(3)	**Références**
	Huître *Crassostrea virginica*, 2 jours	FBC 2 560	CNRC, 1983a
	Palourde *Rangia cuneata*, 1 jour	FBC 187 à 236	Germain *et al.*, 1993
	Microcrustacé *Diporeia sp.*	FBC 7 à partir des sédiments	Germain *et al.*, 1993
	Algue dulcicole *Œdogenium cardoacum*	FBC 5 258	Germain *et al.*, 1993
	Diatomée *Thalassiosira pseudonana*	FBC 4 650	Germain *et al.*, 1993
	D. Organochlorés		
D.1 Herbicide 2,4-D			
	Crapet *Lepomis macrochirus*	FBC 55	NRCC, 1978
	Huître *Crassostrea virginica*	FBC 180	NRCC, 1978
D.2 BPC			
	Truite *Oncorhyncus mykiss* :	FB	
	population locale du lac Michigan	4 000 000	Ramade, 1992
	population locale du lac Ontario	9 000 000	Niimi, 1994
	Éperlan *Osmerus mordax* :	FB	
	population locale du lac Ontario	1 250 000	Niimi, 1994
	Plancton :	FB	
	population locale du lac Ontario	50 000	Niimi, 1994
	population locale du golfe Saint-Laurent	30 500	Ramade, 1992
	population locale de la Méditerranée	70 000	Ramade, 1992
(4)	Poisson *Gambusia affinis*, 4 jours	FB 12 152	Francis, 1994
	Algue *Dunaniella sp.*	FBC 480 000	Ramade, 1992

Tableau 6.3 (*suite*)

Substances toxiques	**Espèces, tissus, durées d'exposition, âges et (ou) températures**	**FB**(1) **FBC**(2) **FT**(3)	**Références**
	Éperlan *Osmerus mordax* : population locale du lac Ontario	FT 4, à partir du microcrustacé local *Mysis relucta*	Niimi, 1994
D.3 TCDD chlorées en 2,3,7,8			
	Puce d'eau *Daphnia magna*, 33 jours	FB 1000 à 10 000	NRCC, 1978
	Gaspareau *Alosa pseudoharengus* : population locale du lac Ontario	FT 3,3 à partir du zooplancton local	Niimi, 1994
D.4 Herbicide trichloropyridine (Garlon)			
	Crapet *Lepomis macrochirus*	FB 10	Petty *et al.*, 2001
D.5 Insecticides organochlorés			
DDT	Truite *Salveninus namaycush* : population locale des Grands Lacs	FB 4 400 000	Ramade, 1992
	Huître *Crassostrea virginica*	FB 70 000	Ramade, 1992
	Poisson *Gambusia affinis*, 4 jours	FB 13 550	Francis, 1994
DDD (métabolite du DDT)	Phytoplancton du lac Clear	FB 357	Ramade, 1992
Mirex (4)	Poisson *Gambusia affinis*, 4 jours	FB 219	Francis, 1994
Endrine	Méné *Pimephales promelas*	FB 10 000	Ramade, 1992
Aldrine	Lombric *Lumbricus lumbricus*	FB 7	Ramade, 1992
E. Autres composés organiques			
E.1 Organophosphates			
Diazinon	Truite *Oncorhynchus mykiss*, 7 jours	FBC 63	CCME, 1997b WHO, 1998
	Cyprinidé *Pœcilia reticulata*, 7 jours :	FBC 17	WHO, 1998

→

Tableau 6.3 (*suite*)

Substances toxiques	**Espèces, tissus, durées d'exposition, âges et (ou) températures**	**FB**(1) **FBC**(2) **FT**(3)	**Références**
	Carpe *Cyprinus carpio*, 7 jours :	FBC	
	organisme	120	CCME, 1997b
	muscles	21	WHO, 1998
	vésicule biliaire	32	WHO, 1998
	foie	60	WHO, 1998
	rein	111	WHO, 1998
	Crevette dulcicole *Gammarus sp.*, 7 jours	FBC 3	CCME, 1997b
	Écrevisse *Procambarus clarkii*, 7 jours	FBC 5	WHO, 1998
	Escargot dulcicole *Indoplanorbis exustus*, 7 jours	FBC 7	WHO, 1998
Fénitrothion	Épinette : feuillage	FBC 10	CNRC, 1976
E.2 Carbamate			
(4)	Poisson *Gambusia affinis*, 4 jours	FB 42	Francis, 1994
E.3 Surfactant non ionique			
Tétradécyl heptaéthoxylate (4)	Crapet *Lepomis macrochirus*, 5 jours	FBC 700	Boudou et Ribeyre, 1989b
E.4 Acides résiniques des effluents des papetières			
Acide déhydro-abiétique	Truite *Oncorhynchus mykiss*, 7 jours :	FBC	
	muscles	16	Oikari *et al.*, 1982
	cerveau	37	Oikari *et al.*, 1982
	rein	83	Oikari *et al.*, 1982
	foie	101	Oikari *et al.*, 1982
	vésicule biliaire	131	Oikari *et al.*, 1982
Acides résiniques	Truite *Oncorhynchus mykiss*	FBC < 100	Ali *et al.*, 1997

(1) FB : Facteur de bioaccumulation du toxique dans un organisme biologique à partir de son milieu (eau, air, sol et (ou) sédiment) et de son alimentation.

(2) FBC : Facteur de bioaccumulation du toxique dans un organisme biologique uniquement à partir de son milieu (eau, air, sol ou sédiment) = facteur de bioconcentration.

(3) FT : Facteur de transfert du toxique dans un organisme biologique uniquement à partir de son niveau trophique inférieur (prédateur/proie).

(4) Études faites avec des toxiques marqués avec du carbone radioactif ^{14}C.

La grande variabilité des données présentées dans le tableau 6.3 s'explique en tenant compte des huit facteurs suivants : le type de bioaccumulation des toxiques, la substance toxique elle-même, la spéciation de la substance toxique, l'espèce, la durée d'exposition au toxique, le tissu biologique des individus, l'âge et le poids des individus et, enfin, la température. Voyons ces facteurs.

- *Type de bioaccumulation des toxiques.* La majorité des valeurs de bioaccumulation des toxiques qu'on trouve dans la documentation scientifique sont des facteurs de bioconcentration de toxiques (FBC) dans des organismes biologiques qui tiennent compte uniquement de leur milieu (eau, air, sol ou sédiment). Ces facteurs sont déterminés au moyen de bioessais expérimentaux qui se font souvent sur de courtes durées et qui utilisent de hautes concentrations de toxiques. Soulignons qu'ils représentent une bioaccumulation complète de toxiques chez les organismes biologiques du premier niveau trophique des écosystèmes, à savoir les algues, lichens et plantes, puisque ce niveau ne reçoit pas de biotransfert alimentaire de toxiques.

  Hormis ce niveau, les FBC des toxiques diffèrent beaucoup de leurs facteurs de bioaccumulation (FB) qui concernent non seulement leur bioconcentration mais aussi leur apport par transfert alimentaire. Les FB sont constatés dans des sites après des durées d'exposition souvent indéterminées ou très longues, excepté dans des écosystèmes expérimentaux (Ramade, 1992; Francis, 1994).

  Il y a aussi des facteurs de bioaccumulation limités à des transferts alimentaires de toxiques (FT) entre deux niveaux trophiques : ils n'ont été précisés que dans quelques études. Les FT inférieurs aux FB sont souvent relativement élevés au dernier niveau trophique d'un écosystème; par exemple, ceci se produit pour le mercure chez l'humain, les oiseaux piscivores et la faune terrestre piscivore (Van Coillie, 1991 et 2001a).

- *Substance toxique.* Des métaux lourds, comme le mercure et l'étain, et des organochlorés, tels les BPC, TCDD, DDT et cyclodiènes (aldrine, dieldrine et autres), ont généralement de longues demi-vies de rétention dans les organismes biologiques et, subséquemment, des FBC et FB élevés par rapport aux HAP, organophosphates et carbamates dont les courtes demi-vies de rétention entraînent des FBC et FB bas.

- *Spéciation de la substance toxique.* Ce facteur est illustré pour le mercure. De fait, sa forme organique (chlorure de méthylmercure) s'accumule beaucoup plus dans les muscles des truites que sa forme inorganique (chlorure mercurique) (Thellen *et al.*, 1981).

- *Espèce*. Les FBC des HAP font ressortir l'importance de ce facteur. En effet, les FBC sont plus élevés chez les invertébrés aquatiques que chez les poissons, lorsque la durée d'exposition aux HAP est courte. Ceci est causé par une biotransformation plus rapide des HAP et, conséquemment, à une demi-vie de rétention plus courte de ces toxiques chez les poissons (Germain *et al.*, 1993).
- *Durée d'exposition au toxique*. Dans la documentation scientifique, ce facteur est très varié, entraînant ainsi un large éventail des valeurs des FBC.
- *Tissu biologique des individus*. Lorsqu'on détermine les FBC et FB des toxiques dans les organes des individus testés, on obtient des résultats différents selon les organes examinés et ces résultats correspondent peu aux FBC et FB déterminés pour des organismes entiers et (ou) leur plasma. Par exemple, le méthylmercure est davantage bioaccumulé dans les muscles que dans le foie chez les poissons, tandis que c'est la situation contraire pour le mercure inorganique (Thellen *et al.*, 1981). De plus, les bioaccumulations des HAP et des acides résiniques sont plus élevées dans le foie et la vésicule biliaire que dans d'autres organes chez les poissons (Oikari *et al.*, 1982; Germain *et al.*, 1993).
- *Âge et poids des individus*. Par exemple, les FBC de l'HAP benzo-a-pyrène chez des jeunes crapets, durant deux jours, varient selon le poids des individus (Germain *et al.*, 1993).
- *Température*. Une diminution de la température ralentit la biotransformation du HAP benzo-a-pyrène et augmente ainsi son FBC chez des jeunes crapets qui sont des organismes non homéothermes (Germain *et al.*, 1993).

Par ailleurs, la bioaccumulation de certains toxiques est amplifiée graduellement dans les chaînes trophiques alimentaires. Par exemple, on constate des concentrations de mercure (Hg) voisines de 1, 10, 100, 600 et 3 000 µg/l respectivement dans l'eau, le phytoplancton, le zooplancton, les poissons planctonophages et les poissons carnivores du lac St-Clair, entre les Grands Lacs Huron et Érié; leurs facteurs de bioaccumulation (FB) augmentent de 10 à 100, à 600 et enfin à 3000 (Van Coillie, 2005b).

Une telle bioamplification (en anglais, *biomagnification* ou *ecological magnification*, selon Francis, 1994) s'explique par une conjonction des phénomènes suivants avec la progression des niveaux trophiques : a) augmentation du stockage de ces toxiques dans quelques tissus (squelette, poils et tissus gras); b) diminution de l'élimination de ces toxiques; c) hausse des transferts alimentaires de ces toxiques (Ramade, 1992; Francis, 1994; Niimi, 1994; Van Coillie, 1995 et 2001a).

Une des premières études d'une amplification d'un toxique a été faite au lac Clear en Californie où l'on dispersa l'insecticide organochloré DDT en 1949, 1954 et 1957 contre un moucheron qui incommodait les baigneurs. Le tableau 6.4 présente les concentrations de DDD (métabolite du DDT) mesurées aux divers niveaux trophiques de ce lac (Ramade, 1992; Francis, 1994).

Tableau 6.4 Concentrations de DDD au lac Clear

Eau et niveaux trophiques	Concentrations	FB	FBA
Eau	0,014 mg/l	—	—
Phytoplancton	5 mg/kg	357	—
Poissons planctonophages	7 à 9 mg/kg	560 à 645	1,4 à 1,8
Poissons prédateurs	22 à 221 mg/kg	1571 à 15 785	3,1 à 24,5
Oiseaux piscivores (tissu gras de grèbes)	1600 à 2500 mg/kg	—	11,3 à 72,7

Notons que le facteur de bioamplification (FBA) se traduit généralement, en anglais, par *biomagnification factor* (BMF) ou, parfois, par *food chain magnification* (FCM), selon Niimi (1994). Le FBA d'un toxique est le quotient entre sa concentration à un niveau trophique (prédateur) et sa concentration au niveau trophique précédent (proie) (Newman et Unger, 2003). Il correspond à un FT, à savoir un facteur de transfert d'un toxique entre deux niveaux trophiques. Ce transfert implique évidemment un biotransfert alimentaire d'un toxique entre deux niveaux trophiques, mais tient aussi compte des bioconcentrations de ce toxique à ces deux niveaux. Lorsque le FT dépasse la valeur 1, il y a bioamplification (Ramade, 1992).

Certaines autres bioamplifications de toxiques ont été décrites et précisées dans la documentation scientifique. Nous en avons retenu quelques-unes et les présentons dans le tableau 6.5.

Tableau 6.5 Quelques exemples de bioamplification

Niveaux trophiques	Facteurs de bioamplification (FBA)
Écosystème arctique contaminé avec l'insecticide organochloré lindane (Muir *et al.*, 1988)	
Phoques	1,5 à partir des poissons
Ours polaires	9,3 à partir des phoques
Zone de culture traitée avec l'insecticide organochloré aldrine au sud des États-Unis (Ramade, 1992)	
Crapauds	4,1 à partir des lombrics
Serpents	4,5 à partir des crapauds
Grands Lacs contaminés avec les BPC (Niimi, 1994)	
Éperlans	4,2 à partir des microcrustacés
Truites	7,0 à partir des éperlans
Grands Lacs contaminés avec de la 2,3,7,8 TCDD (Niimi, 1994)	
Gaspareaux	3,3 à partir du zooplancton
Truites	7,0 à partir des gaspareaux

Les bioamplifications de toxiques sont peu nombreuses, malgré ce qui est souvent galvaudé à ce propos. En effet, elles ont été mises en évidence seulement pour quelques métaux lourds et certains organochlorés. Ces métaux lourds sont, entre autres, le mercure, le cadmium et le sélénium dans des écosystèmes aquatiques (Van Coillie, 1991, 1995 et 2001a; Muscatello *et al.*, 2006), et le strontium et le césium dans des écosystèmes terrestres (Ramade, 1992). Les organochlorés sont le DDT et ses métabolites DDD et DDE, les cyclodiènes, le mirex, le lindane, les BPC et la 2,3,7,8 TCDD dans des écosystèmes aquatiques (Muir *et al.*,1988; Ramade, 1992; Francis, 1994; Environnement Canada, 1996a), ainsi que des cyclodiènes dans des écosystèmes terrestres (Ramade, 1992).

En outre, parmi ces quelques toxiques, il n'y a pas de bioamplification pour le DDE et les BPC dans certains écosystèmes, tels ceux de l'Atlantique central et de la Méditerranée septentrionale (Ramade, 1992). Ceci peut s'expliquer par les deux faits suivants : les concentrations de ces organochlorés y sont très faibles et la surface des organismes de petite taille étant plus importante que celle des organismes de grande taille par rapport à leurs poids respectifs, les premiers ont une bioconcentration supérieure à celle des seconds. En tenant compte de ces deux faits, on comprend que la bioconcentration des deux toxiques dans ces deux écosystèmes dépasse leur transfert trophique et que, dans ces conditions, la bioamplification n'est pas favorisée.

Il ressort donc que les bioamplifications de toxiques sont limitées à moins d'une vingtaine de toxiques très persistants et qu'à certains écosystèmes. Pour les autres toxiques, on ne constate aucune bioamplification ou parfois qu'une bioamplification tronquée, c'est-à-dire limitée aux premiers niveaux des écosystèmes. De fait, ces autres toxiques sont biotransformés relativement vite, comme les HAP (Germain *et al.*, 1993) ou les organophosphates (WHO, 1998), ou sont sujets à des régulations métaboliques, comme plusieurs métaux dont le cuivre, le zinc, le cobalt, le manganèse, etc. Dans ces conditions, la persistance et (ou) la bioaccumulation de ces toxiques sont faibles, ce qui diminue leur bioamplification.

Pour étudier les bioamplifications des toxiques, deux types de chaînes trophiques expérimentales sont proposés, soit les chaînes séquentielles et les chaînes intégrées. Dans les chaînes trophiques séquentielles, on détermine, successivement, à chaque niveau trophique, la bioconcentration d'un toxique, son biotransfert et sa décontamination. Par exemple, Ribeyre et Boudou (1989) ont expérimenté la séquence suivante afin de préciser la bioamplification du méthylmercure ($HgCH_3Cl$) et du chlorure de mercure inorganique ($HgCl_2$) :

Microalgue	*Chlorella vulgaris*	(phytoplancton)
	↓	
Puce d'eau	*Daphnia magna*	(zooplancton)
	↓	
Cyprinidé	*Gambusia affinis*	(poisson planctonophage)
	↓	
Truite	*Oncorhynchus mykiss*	(poisson carnivore)

Des parties de chaînes trophiques séquentielles sont parfois aussi utilisées pour quantifier des biotransferts de toxiques. On a ainsi montré que 44 % du HAP benzo-a-pyrène des diatomées *Thalassiosira pseudonana* sont transférés en 24 heures dans des larves de palourdes *Mercenaria mercenaria* ayant consommé ces diatomées (Germain *et al.*, 1993). Des chaînes nutritives intégrées dans des microcosmes expérimentaux ont également été mises au point pour expliciter des bioamplifications de toxiques. C'est le cas du microcosme de Metcalf qui regroupe 7 litres d'eau, des microalgues *Pseudokirchneriella subcapitata*, des puces d'eau

Daphnia magna, ainsi que des larves et des adultes du cyprinidé *Gambusia affinis*, durant 32 jours à 26,5 °C et avec 12 heures d'illumination par jour, afin d'étudier les bioamplifications du DDT et du mirex (Francis, 1994).

Toutefois, l'utilisation coûteuse de ces chaînes trophiques expérimentales intégrées ou séquentielles adopte souvent des concentrations trop élevées de toxiques dans le milieu expérimental et des durées trop courtes par rapport à celles des écosystèmes, faussant ainsi l'interprétation de la réalité (Moriarty, 1983; Ramade, 1992).

6.3 Facteurs toxicocinétiques

Plusieurs facteurs influencent la toxicocinétique et sont des sujets d'innombrables études à la suite de diverses expérimentations (Rozman et Klaassen, 1996b et 2001). Afin d'éviter un exposé fastidieux à ce propos, nous résumons les données particulièrement importantes (Klaassen, 1986b; Sipes et Gandolfi, 1986; Van Coillie, 2000b) et les avons regroupées selon neuf facteurs : l'espèce, la souche, l'âge, le sexe, la nutrition, la pathologie, le cycle circadien, la température et la co-contamination.

6.3.1 Espèce

Il est connu, par exemple, qu'un pesticide (insecticide, herbicide, algicide, raticide, etc.) est très toxique pour quelques espèces indésirables et touche moins les autres, sauf s'il est persistant et bioaccumulé. Ce genre de « toxicité spécifique » peut s'expliquer par des différences interspécifiques de biotransformation, lesquelles différences sont reliées à quelques enzymes de biotransformation qui sont absentes ou en très faibles concentrations chez certaines espèces par rapport à d'autres.

Voyons trois cas qui illustrent ces différences enzymatiques entre espèces. En premier lieu, l'aniline est biotransformée principalement en 2-hydroxyaniline chez le chat et le chien, et en 4-hydroxyaniline chez le hamster et le rat; le premier métabolite se révèle nettement plus toxique que le second, ce qui entraîne une toxicité plus accentuée de l'aniline chez les deux premières espèces que chez les deux secondes. Cette différence est due à une abondance d'isozymes d'aryle hydrocarbure hydroxylase (AHH)

2-hydroxy avec cytochrome P450 chez les premières et une abondance d'isozymes d'AHH 4-hydroxy avec cytochrome P450 chez les secondes (Lewis, 2001). En second lieu, une variation interspécifique analogue existe entre les isozymes d'AHH avec cytochrome P450 pour l'AAF (2-acétyl aminofluorène). De fait, ce dernier est biotransformé en A hydroxy AF procancérogène chez le chien, la souris et le lapin, et en AA 7-hydroxyfluorène non cancérogène chez le cobaye. En troisième lieu, citons enfin l'absence de conjugaison avec l'acide glucuronique, de N acétylation et de conjugaison avec le sulfate par manque d'enzymes appropriées chez le chat, le chien et le cochon respectivement.

Rappelons ici qu'il y a aussi des différences interspécifiques importantes dans les demi-vies de rétention et les bioaccumulations des toxiques.

6.3.2 Souche

On constate également des différences toxicocinétiques entre les souches ou les variétés d'une espèce. À ce sujet, on présente souvent l'exemple de l'hydroxylation du 3-méthylcholanthrène (3MC) chez les souris. Face à une agression toxique de 3MC, leur souche CZ57BL6J sécrète davantage d'AHH (aryle hydrocarbure hydroxylase) que leur souche BDA2. Cette différence est liée à la présence d'un récepteur protéique pour le 3MC dans le cytosol submicrosomal; cette présence dépend à son tour du gène Ah. Le mécanisme en cause est le suivant : après liaison entre le 3MC et le récepteur, ce dernier migre dans le noyau et y induit une activation des gènes des AHH pour effectuer une synthèse de ces enzymes. La différence toxicocinétique entre les deux souches provient du gène Ah qui est récessif dans la seconde souche. On observe une situation analogue pour le 2,3,7, 8-TCDD entre les souches C257B16J et DBA2, les premières étant alors plus affectées que les secondes.

Signalons aussi que la conjugaison avec l'acide glucuronique est absente de la souche Gunn du rat et présente dans les autres souches de ce rongeur.

6.3.3 Âge

Chez le fœtus humain, les cytochromes P450 se développent à partir du 3e mois et, entre les 4e et 6e mois, leur concentration atteint 50 % de celle d'un adulte. Après la naissance, il y a une augmentation graduelle de ces cytochromes chez l'humain comme chez le rat; parallèlement, les enzymes pour les conjugaisons secondaires avec les glucuronides, le glutathion et les acides aminés apparaissent progressivement. Cette évolution enzymatique est reliée à la différenciation du foie lors du développement du nouveau-né; on observe alors une augmentation progressive du réticulum endoplasmique lisse microsomal hépatique, lequel renferme la majorité des enzymes de biotransformation. Malgré cela, les nouveau-nés sont généralement plus sensibles aux agressions toxiques que les adultes. Il faut ajouter que l'absorption des toxiques est souvent plus rapide chez les nouveau-nés que chez les adultes : ceci a notamment été démontré pour le cadmium chez des rats.

Aux âges avancés, les concentrations de cytochrome P450 et subséquemment les biotransformations de toxiques diminuent, ce qui allonge leur demi-vie de rétention et leur toxicité.

6.3.4 Sexe

Les mâles possèdent davantage de cytochromes P450 et de NADPH que les femelles chez les rats (rapport des cytochromes P450 et NADPH chez les mâles par rapport aux femelles est de 1,4 et 1,3 respectivement). L'injection de testostérone (hormone mâle) aux femelles et la castration des mâles suppriment ces différences, lesquelles s'expliquent par des variations d'isozymes de cytochromes P450 reliées aux maturations non semblables des hormones sexuelles, quoique celles-ci soient chimiquement voisines. Certes, les biotransformations primaires réduisent la toxicité dans plusieurs cas et, en étant plus actives chez les mâles que chez les femelles, favorisent une diminution de la toxicité chez les premiers. Mais certaines biotransformations peuvent activer la toxicité de quelques composés, tels le CCl_4 et le chloroforme, qui deviennent alors des radicaux libres toxiques; les mâles sont ainsi plus sensibles à ces composés que les femelles chez les rats.

6.3.5 Nutrition

Diverses déficiences nutritionnelles induisent des diminutions de cytochromes P450 et (ou) de leur activité, ce qui réduit les biotransformations des toxiques. Parmi ces déficiences, soulignons celles en vitamines B, C, E et en métaux essentiels Ca, Mg, Zn, Fe et Cu. La détoxification est alors ralentie, mais cela occasionne aussi moins de métabolites toxiques.

Un jeûne alimentaire sévère entraîne non seulement une réduction des biotransformations primaires et secondaires des toxiques, mais aussi une mobilisation des graisses de réserve et ainsi une libération des toxiques lipophiles (DDT, BPC, lindane, etc.) qui y sont dilués; ces deux conséquences favorisent des intoxications.

La présence de certaines substances naturelles, comme des indoles végétaux dans la nutrition, stimule les biotransformations avec le cytochrome P450 et ainsi des détoxifications. C'est également le cas pour les HAP des viandes fumées, bien que certains HAP subissent une époxydation qui les transforment en adduits d'ADN.

6.3.6 Pathologie

Le foie étant le principal lieu des biotransformations et le carrefour métabolique pour les toxiques, son dysfonctionnement pathologique ralentit les biotransformations de toxiques. Ce ralentissement se chiffre respectivement à 40 %, 55 %, 60 % pour la cirrhose, l'hépatocarcinome et la jaunisse.

Un dérèglement hormonal comme l'hypotyroïdie cause un effet hypométabolique, lequel induit une réduction des biotransformations de toxiques.

6.3.7 Cycle circadien

Les concentrations hépatiques du glutathion montrent un rythme circadien chez les mammifères : elles sont très hautes à la fin de la nuit et diminuent durant le jour, ce qui influence les biotransformations secondaires de plusieurs toxiques.

6.3.8 Température

Chez les organismes homéothermes (mammifères et oiseaux), le froid induit une amplification du métabolisme et des enzymes de biotransformation.

Chez les organismes poïkilothermes (poissons et invertébrés), une élévation de température externe entraîne une élévation du métabolisme, et conséquemment une augmentation des biotransformations, une diminution de plusieurs demi-vies de rétention et une diminution de la bioaccumulation des toxiques.

6.3.9 Cocontaminants

La toxicocinétique de certains contaminants est influencée par la présence d'autres toxiques. Entre autres, des HAP comme le benzo-a-pyrène et le 3-méthylcholanthène activent les cytochromes P450 et ainsi des biotransformations et des détoxifications de divers composés organiques.

Par ailleurs, quelques toxiques comme le fluorure (F^-) et l'acide cyanhydrique (HCN) inhibent le métabolisme, et favorisent ainsi des intoxications d'autres contaminants car ces derniers sont alors moins biotransformés et moins éliminés.

En outre, la présence d'un métal peut influencer le toxicocinétique d'un autre métal. Par exemple, le cadmium décroît l'absorption du zinc et du cuivre, le calcium diminue celle du cadmium et le zinc réduit celle du cuivre.

6.4 Biodisponibilité et spéciation

L'entrée des substances toxiques dans les cellules dépend de leur biodisponibilité, laquelle correspond à leur portion qui traverse les membranes cellulaires (Newman, 2001). Cette biodisponibilité dépend à son tour de 14 facteurs : la photodégradation, la volatilisation, la précipitation de certains sels, l'adsorption aux particules en suspension et sédimentation dans les milieux aquatiques, l'adsorption aux particules en suspension et dépôt sec dans l'air, l'adsorption aux particules et érosion ou lixiviation dans les sols, la biodégradation, l'hydrosolubilité, la liposolubilité, la liaison aux acides humiques, la partition géochimique et le pH, le ligand biologique et la spéciation chimique des métaux et, enfin, la spéciation physicochimique des métaux. Voyons ces facteurs.

1. *Photodégradation*. Si une portion du toxique est photolysée par les rayons ultraviolets du spectre solaire, sa biodisponibilité est réduite. Ceci s'observe pour plusieurs pesticides, entre autres des organophosphates tels que le fénitrothion (CNRC, 1976; Murphy, 1986). Par contre, des phototransformations des HAP activent ces derniers qui deviennent alors davantage toxiques sans changement de leur biodisponibilité (Germain *et al.*, 1993).

2. *Volatilisation*. Lorsqu'une portion du toxique se volatilise, sa biodisponibilité diminue dans les eaux. Ceci se constate notamment lors de la dérive aérienne des insecticides (Murphy, 1986).

3. *Précipitation de certains sels*. Plusieurs sulfures métalliques sont reconnus pour leur rapide précipitation dans l'eau et leur très faible biodisponibilité aquatique subséquente. Toutefois, lorsque ces sulfures sont oxydés en sulfates solubles par l'oxygène dissous dans l'eau, leurs métaux sont ionisés et deviennent disponibles : c'est notamment le cas pour le mercure (Van Coillie, 1991).

4. *Adsorption aux particules en suspension et sédimentation dans les milieux aquatiques*. Les portions de toxiques adsorbées aux particules en suspension dans l'eau sont souvent importantes. Ceci a notamment été montré pour les métaux, les HAP, les BPC et les pesticides organochlorés dans l'eau du fleuve Saint-Laurent (Cossa *et al.*, 1998). Les particules en suspension et leurs toxiques associés sont peu absorbés par les organismes aquatiques, car leur absorption nécessite une pinocytose et (ou) phagocytose exigeantes en énergie. Elles limitent ainsi la biodisponibilité des toxiques. Lorsqu'elles sédimentent en eaux calmes, elles « trappent » les toxiques dans les sédiments qui deviennent ainsi des « réservoirs » de toxiques peu biodisponibles. Toutefois, ces derniers peuvent être partiellement désorbés à partir des sédiments dans l'eau interstitielle d'abord, puis dans la couche d'eau surjacente (Donkin, 1994; Environnment Canada, 1996b). Entre autres, la « bioturbation » faite par des espèces du benthos (crevettes, mollusques, vers et larves d'insectes qui remuent et (ou) creusent les sédiments) entraîne une désorption des toxiques adsorbés aux sédiments; ceci a été constaté pour le mercure au Saguenay marin (IML, 1996).

5. *Adsorption aux particules en suspension et dépôt sec dans l'air*. Les toxiques dans l'air voyagent souvent en association avec des particules aériennes qui retombent sous forme de dépôt sec et (ou) humide. Ils sont alors peu biodisponibles, car les systèmes respiratoires les captent et (ou) les renvoient (filtre pileux nasal, ascenseur muco-ciliaire de la trachée avec déversement dans l'œsophage et élimination par une phagocytose des macrophages pulmonaires). Les HAP font partie des toxiques qui sont transportés dans l'air principalement avec des particules en suspension (Germain *et al.*, 1993).

6. *Adsorption aux particules et érosion ou lixiviation dans les sols*. Les toxiques dans les sols ne sont que partiellement disponibles car ils y sont souvent adsorbés aux particules édaphiques peu biodisponibles, sauf pour certaines espèces telles que les vers de terre. De plus, ces particules édaphiques peuvent être « lessivées » par une lixiviation faite par les eaux de percolation et (ou) peuvent être érodées par un ruissellement de surface et (ou) une érosion éolienne. C'est notamment le cas pour les HAP (Germain *et al.*, 1993) ou le cadmium des boues d'épuration épandues sur des sols agricoles (Van Coillie et Laquerre, 2003).
7. *Biodégradation*. Certains toxiques, tels des phénols et des carbamates, peuvent être assez vite biodégradés dans l'eau, les sols et l'air et ont ainsi une biodisponibilité réduite (De Héneau, 1993).
8. *Hydrosolubilité*. Étant donné que les lieux d'absorption (intestin, poumons, couche germinative de l'épiderme, branchies de vertébrés et invertébrés aquatiques, et ectodermes de vers) sont très humides (> 80 % d'eau), les toxiques doivent avoir une certaine hydrosolubilité pour y arriver. Celle-ci est très limitée pour des substances lipidiques apolaires, tels que des HAP ou des chaînes aliphatiques, ce qui réduit leur biodisponibilité. La faible hydrosolubilité de ces substances a été modélisée pour 105 composés avec l'équation suivante (Donkin, 1994) :

$$\text{Log } S = 0{,}54 - 3{,}32\ V/100 + 0{,}46\ \alpha + 5{,}17\ \beta$$

où

S	=	hydrosolubilité du composé;
V	=	volume molaire dissous du composé;
α et β	=	paramètres de solvatation du composé.

À titre d'illustration, mentionnons que les faibles hydrosolubilités des HAP, anthracène, benzo-a-anthracène et benzo-a-pyrène, se situent respectivement à 4,5, 5,7 et 3,8 ng/l (Environnement Canada, 1994). Ajoutons que l'aluminium a une hydrosolubilité restreinte à 20 µg/l pour un pH 6,5 – 7, laquelle augmente considérablement à des pH plus acides (Van Coillie *et al.*, 1983; Brouard, 1988). Par contre, l'hydrosolubilité des composés polaires et des ions en général est très élevée; elle n'est donc pas une limite de biodisponibilité pour ceux-ci.

9. *Liposolubilité*. Comme nous l'avons expliqué antérieurement, les toxiques doivent traverser les membranes cellulaires lipidiques des lieux

d'absorption (intestin, peau et poumon) pour pénétrer dans le système circulatoire des organismes biologiques. Cela se fait par liposolubilité membranaire passive pour la majorité des toxiques organiques. Ce phénomène dépend du coefficient de solubilité octanol/eau (k_{oe}) pour le toxique organique, coefficient souvent élevé. Par exemple, il atteint log 3,5 à log 6 chez les HAP (Environnement Canada, 1994); il favorise alors l'absorption des toxiques. Toutefois, le coefficient koe est bas pour quelques produits organiques polaires, tel l'atrazine qui contient 5 azotes polaires (k_{oe} = 1,4, selon la firme Ciba-Geigy, 1996); il limite alors la biodisponibilité et l'absorption de ces produits.

Rappelons ici que le coefficient k_{oe} est déterminant pour la bioconcentration des composés organiques et leur fugacité dans les organismes biologiques à partir de leur milieu. Il permet aussi de définir d'autres coefficients, tel le coefficient k_{pe} de bioconcentration de composés organochlorés chez des plantes aquatiques à partir de l'eau (Donkin, 1994), en utilisant l'équation :

$$k_{pe} = 0{,}98\ (\pm\ 0{,}15) \log k_{oe} - 2{,}24\ (\pm\ 0{,}61)$$

10. *Liaison aux substances humiques.* Les habitats dulcicoles renferment des substances humiques dissoutes et colloïdales qui lient des composés organiques peu hydrosolubles, tels les HAP, ce qui réduit ainsi considérablement la biodisponibilité et l'absorption des HAP chez les organismes aquatiques (Donkin, 1994). C'est également le cas pour des métaux comme l'aluminium (Van Coillie *et al.*, 1983, Parent *et al.*, 1996). Il faut toutefois signaler que la diminution de la biodisponibilité des toxiques en présence de substance humique a surtout été étudiée en laboratoire à l'aide d'acides humiques commerciaux d'Aldrich, lesquels lient davantage des toxiques que les substances humiques naturelles (Donkin, 1994).

11. *Partition géochimique et pH.* La portion mesurée des métaux traces dissous, ionisés et biodisponibles dans les eaux naturelles s'avère inférieure à celle qui est calculée à partir des équilibres d'hydrosolubilité et de précipitation (Campbell et Tessier, 1996). Cette différence s'explique par une « sorption » de ces métaux avec les sédiments des eaux naturelles selon la réaction suivante :

$$M^{z+} + S - (OH)x \rightarrow S - OM + xH^{+}$$

où

M^{z+}	:	métal trace dissous, ionisé et biodisponible avec z charges positives : Cd^{2+}, Cu^{2+}, Ni^{2+} et Zn^{2+} ont été particulièrement étudiés (Flessas *et al.*, 2000);
S	:	métal responsable de la sorption des métaux traces dans les sédiments : principalement, Al, Fe, Mn, Si ou Ti (Campbell et Tessier, 1996);
S – (OH)x	:	le métal S est présent sous la forme de plusieurs hydroxydes (OH) superficiels, d'où la formulation – (OH)x;
S – OM	:	le métal trace M remplace l'H dans un hydroxyde du métal S;
H^+	:	ions d'hydrogène.

La constante d'équilibre K de la réaction précédente se calcule comme suit (Campbell et Tessier, 1996) :

$$K = [\,S - OM\,]\,[\,H^+\,]^x / [\,S - (OH)^x\,]\,[\,M^{z+}\,]$$

où

[ ] = concentrations

Donc

$$[\,M^{z+}\,] = [\,S - OM\,]\,[\,H^+\,]^x \;/\; [\,S - (OH)^x\,]\,K$$

Ceci montre que, lorsque K est élevé et indique une partition géochimique importante du métal trace en se liant aux sédiments dans le milieu aquatique, l'ionisation de ce métal y est faible. Par contre, celle-ci augmente avec l'acidité, car cette dernière accroît l'hydrosolubilité des métaux. Par exemple, cette partition géochimique des métaux traces est importante dans le lac Saint-Louis du fleuve Saint-Laurent (pH non acide, voisin de 8) et réduit ainsi leur concentration ionique biodisponible pour leur bioconcentration chez des mollusques du lac, comme les valeurs suivantes l'illustrent (Flessas *et al.*, 2000).

Niveaux	Cadmium	Cuivre	Nickel	Zinc
Métal ionisé biodisponible	5,6 ng/l	321 ng/l	203 ng/l	578 ng/l
Métal capté dans les sédiments superficiels	1691 µg/kg	2646 µg/kg	6844 µg/kg	13890 µg/kg
Coefficient k_{se} de partage ou partition sédiment/eau	302	8,2	33,7	24

Parallèlement, il y a aussi une partition géochimique considérable entre les substances organiques toxiques et le carbone organique des sédiments dans le milieu aquatique. Elle équivaut à $K_{co} \times f_{co}$, où K_{co} est le coefficient de sorption du toxique avec le carbone organique et fco est la proportion de carbone organique dans le sédiment (Di Toro *et al.*, 1991; Environnement Canada, 1999b).

12. *Ligand biologique.* Les métaux ionisés traversent les membranes cellulaires des sites d'absorption dans les organismes biologiques en utilisant des transporteurs énergétiques de ces membranes. Ces transporteurs sont souvent des petits phospholipides qui se dissolvent aisément dans les lipides des membranes cellulaires et qui captent des métaux ionisés positifs grâce à leurs phosphates négatifs. Ils font des allers-retours à travers les membranes cellulaires et reçoivent une énergie métabolique (ATP : adénosine triphosphate) à cette fin. Ils assument ainsi l'absorption des ions Na^+, K^+, Ca^{2+} et Mg^{2+} pour diverses fonctions physiologiques, mais ils peuvent aussi effectuer le transport actif des ions Cd^{2+}, Cu^{2+}, Co^{2+}, Hg^{2+}, Ni^{2+} et Zn^{2+} (Van Coillie, 2000b). Ils sont considérés comme des ligands biologiques dans le modèle de l'ion libre pour l'absorption des métaux (Campbell, 1995).

    Le ligand biologique des membranes cellulaires (X – cellulaire) peut capter le métal (M) lorsque ce dernier est libre, sous une forme ionisée M^{z+} présente dans l'eau ou libérée à partir d'un complexe ML en solution. Ce captage implique les réactions et les constantes d'équilibre suivantes :

    $M^{z+} + {}^{-}X \text{ cellulaire} \rightarrow MX \text{ cellulaire}$

    $K1 = [\,MX \text{ cellulaire}\,] / [\,M^{z+}\,][\,{}^{-}X \text{ cellulaire}\,]$

    $[\,MX \text{ cellulaire}\,] = K1\,[\,M^{z+}\,][\,{}^{-}X \text{ cellulaire}\,]$

ML^{z+} + X cellulaire → MX cellulaire + L

K2 = [MX cellulaire] [L] / [M^{z+}] [$^{-}$X cellulaire]
[MX cellulaire] = K2 [ML^{z+}] [$^{-}$X cellulaire] / [L]

M^{z+} + L → ML^{z+}

K3 = [ML^{z+}] / [M^{z+}] [L]
[ML^{z+}] = K3 [M^{z+}] [L]
[MX cellulaire] = K2 K3 [M^{z+}] [$^{-}$X cellulaire]

où

M^{z+} = métal dissous et ionisé avec z charges positives = Cd^{2+}, Cu^{2+}, Co^{2+}, Hg^{2+}, Li^{+}, Ni^{2+}, Zn^{2+} ou autres;

X cellulaire = ligand biologique dans les membranes cellulaires;

MX = ligand avec métal biodisponible dans les membranes cellulaires;

ML = métal M dans un complexe hydrosoluble labile L;

ML^{z+} = métal M ionisé et biodisponible avec z charges positives à partir du complexe ML;

K1, K2 et K3 = constantes d'équilibre.

Subséquemment, l'absorption cellulaire d'un métal M en solution dépend de la formation des complexes MX, laquelle dépend à son tour des concentrations ionisées de M^{2+} et des concentrations de leurs ligands X dans les membranes cellulaires (Campbell, 1995).

Absorption M = f [MX cellulaire]
= (K1 + K2 + K3) [M^{z+}] [X cellulaire]

Bref, la biodisponibilité des métaux en solution est conditionnée par leur teneur en ions libres et celle de leurs ligands biologiques membranaires.

Notons ici que les ions organométalliques, tels le méthylmercure et le tributylétain, sont davantage absorbés par une liposolubilité membranaire passive que par des ligands membranaires dans les organismes biologiques. En effet, leurs k_{oe}, qui se chiffrent respectivement à 2 et 2,2 (Huckabee *et al.*, 1979; Environnement Canada, 1993b), privilégient le premier mode d'absorption qui est moins exigeant pour leur biodisponibilité.

13. *Spéciation chimique des métaux.* Comme nous l'avons vu antérieurement, la spéciation chimique peut être définie comme un ensemble de formes physiques ou chimiques différentes pour une même substance (Campbell et Couillard, 2004). La spéciation physique d'un métal tient compte de sa distribution entre des formes particulaires, colloïdales ou dissoutes. La spéciation chimique d'un métal s'exprime selon son potentiel à former divers complexes de coordination. Nous présentons dans le tableau 6.6 des exemples de formes ou d'espèces métalliques qui sont potentiellement importantes sur le plan toxicologique (Campbell et Couillard, 2004).

Tableau 6.6 Exemples de formes ou d'espèces métalliques qui sont potentiellement importantes sur le plan toxicologique

A. Ion métallique libre	$Al^{3+}(H_2O)_6$ $Cu^{2+}(H_2O)_6$
B. Hydroxo-complexes	$AlOH^{2+}$, $Al(OH)_2^+$, $Al(OH)_4^-$ $FeOH^{2+}$, $Fe(OH)_2^+$, $Fe(OH)_4^-$ $Cu(OH)_2^0$
C. Complexes simples inorganiques	AlF^{2+}, AlF_2^+ $CdCl^+$, $CdCl_2^0$, $CdCl_3^-$ $HgCl_2^0$, $HgOHCl^0$ $CuCO_3^0$ $CdSO_4^0$
D. Complexes simples organiques	
i) synthétiques	Cu – $EDTA^{2-}$ Cd – NTA^-
ii) naturels	Cd – alanine Cd – citrate Fe – sidérophore
E. Complexes polymères organiques	Al, Fe, Cu, Pb ou Hg – acide fulvique ou humique

Source : Pelletier *et al.* (2004).

Nous aurions pu aussi donner comme exemple le mercure qui est présent dans les eaux naturelles sous les 14 formes suivantes (Benes et Havlik, 1979) : $HgCl_2$, $HgCl^+$, Hg^{2+}, Hg_2Cl_2, HgO, $Hg(OH)_2$, HgS, Hg_0, $HgCH_3^+$, $HgC_6H_5^+$, $Hg(CH_3)_2$, $Hg(C_6H_5)_2$, HgS et Hg humique. Toutes ces formes sont en équilibre les unes avec les autres et, si les conditions ambiantes sont constantes, la distribution globale du métal entre ses différentes formes ne change pas (Campbell et Couillard, 2004).

La spéciation chimique d'un métal dissous dépend de la composition de la solution, du pH, de la concentration de divers ligands ou de la température, et de son affinité pour les ligands disponibles (Campbell et Couillard, 2004).

Un modèle de l'ion libre (MIL) a été conçu pour expliquer le lien entre la spéciation des métaux et leur biodisponibilité. Ce modèle, très utilisé, a établi que la réponse biologique provoquée par un métal dissous varie en fonction de la concentration de l'ion métallique libre, laquelle est déterminée par la concentration totale du métal dissous de même que par la concentration et la nature des ligands présents en solution (Morel, 1983).

Par la suite, ce modèle a été nuancé par Campbell (1985) puis Hudson (1998) qui tempère l'affirmation qu'une espèce présente en solution soit considérée comme étant plus (ou moins) biodisponible qu'une autre espèce. Ces chercheurs soutiennent que l'importance de l'ion métallique libre comme prédicteur de la biodisponibilité n'implique pas qu'il soit « l'espèce biodisponible », mais découle plutôt de la chimie des équilibres. Le modèle de l'ion libre s'est ensuite complexifié avec le développement du modèle du ligang biotique (BLM). C'est ce dernier modèle qui est le plus fréquemment utilisé par les gouvernements au Canada, aux États-Unis ainsi que par l'Union européenne (Campbell et Couillard, 2004) pour entre autres déterminer des objectifs environnementaux de rejet pour les métaux.

C'est également le cas pour les multiples formes chimiques de l'aluminium en eaux naturelles où leur spéciation chimique est très dépendante du pH (Van Coillie *et al.*, 1983; Parent *et al.*, 1996) : Al^{3+}, $AlOH^{2-}$, $Al(OH)^{2+}$, $Al(OH)_3$, $Al(OH)^-_4$, AlF^{2+}, AlF^{2+}, AlF_3, AlF_4^-, AlF_5^{2-}, AlF_6^{3-}, $AlCl_2^+$, $AlCl_3$, $AlHPO_4^+$, $AlH_2PO_4^{2+}$, $AlSO_4^+$, $2Al_2(OH)_2^{+4}$, $3Al_3(OH)_4^{+5}$, $8Al_8(OH)_{20}^{2+}$.

14. *Spéciation physicochimique des métaux*. Les formes dissoutes, adsorbées à des particules aériennes, aquatiques ou édaphiques, colloïdales, labiles, interstitielles, vaporisées ou précipitées d'un métal sont différenciées dans ce type de spéciation et ont des biodisponibilités différentes.

    Les liens sont difficiles à établir entre les spéciations chimique et physicochimique d'un métal. En effet, plusieurs formes chimiques peuvent se retrouver dans la même forme physicochimique d'un métal. Néanmoins, certains liens sont possibles, entre autres pour Al^{3+} et

$Al(OH)^{2+}$ qui sont des formes respectivement présentes à des pH 4-4,5 et 5,5-6. La solubilité de l'aluminium favorise sa biodisponibilité mais cette dernière peut être amoindrie par la présence de matière organique naturelle dissoute à laquelle l'aluminium peut se lier (Van Coillie *et al.*, 1983 et Parent *et al.*, 1996).

Les quatorze facteurs précédents conditionnent la biodisponibilité d'un toxique, laquelle exprime la portion de ce toxique qui peut être absorbée dans les organismes biologiques; elle répond aux trois exigences suivantes pour cette absorption :

- Le toxique doit être libre, c'est-à-dire non adsorbé à des particules, non associé à des acides humiques, non capté par des sédiments et non complexé;
- Le toxique doit être suffisamment hydrosoluble pour atteindre les lieux humides d'absorption;
- Le toxique organique doit être liposoluble pour traverser les membranes cellulaires ou, s'il s'agit d'un métal, être capable de se lier à des ligands biologiques de ces membranes.

Conclusion

Ce chapitre sur la régulation toxicocinétique a fait le tour d'un ensemble de principes fondamentaux à la base de l'écotoxicologie. En effet, les notions de demi-vie, de biodisponibilité et de spéciation, les nuances entre la bioaccumulation et la bioamplification, les facteurs qui influencent la régulation toxicocinétique correspondent tous à des caractéristiques qui doivent être connues pour comprendre l'écotoxicologie d'une substance. Il faut aussi tenir compte que, pour chacune de ces caractéristiques, il existe une panoplie de mesures adaptées, de protocoles d'évaluation propres et de spécialistes disciplinaires.

Maintenant que nous avons vu la régulation du passage d'une substance toxique à travers un organisme biologique, ainsi que les principes de bioaccumulation et de bioamplification, nous examinerons dans le prochain chapitre quels sont les principaux mécanismes d'action des substances une fois à l'intérieur de l'organisme.

Chapitre 7

Éléments de toxicodynamique

Aperçu du chapitre

Après avoir examiné le passage toxicocinétique des toxiques au chapitre 5 et sa régulation par divers facteurs au chapitre 6, il faut s'interroger sur la façon dont les toxiques exercent des effets néfastes lors de ce passage. Nous étudierons donc, dans ce chapitre, les mécanismes d'action des toxiques au niveau moléculaire. Bien que nombreux, ils peuvent être regroupés en sept grands types : inhibition, compétition, effet narcotique, mimétisme, apoptose, stimulation et action génotoxique. Nous étudierons les six premiers types de mécanismes dans ce chapitre; l'action génotoxique fera l'objet du chapitre suivant.

Nous verrons ultérieurement que plusieurs mécanismes toxicodynamiques peuvent être additifs et que leur quantification fait l'objet de relations-doses ou concentrations-réponses.

7.1 Définition

Bien que l'étymologie du mot *toxicodynamique* puisse nous amener à penser qu'il s'agit du flux dynamique d'un toxique à travers un organisme biologique, la toxicodynamique concerne plutôt les mécanismes d'action d'un toxique. Elle explique pourquoi et surtout comment un toxique est néfaste, en excluant les aspects toxicocinétiques que nous avons vus précédemment.

Les mécanismes d'action des toxiques peuvent être regroupés en sept grands types :

- inhibition d'une enzyme ou d'une fonction biochimique;
- compétition entre un toxique et un métabolite normal;
- effet narcotique général;
- mimétisme biochimique et mécanismes connexes;
- mort cellulaire programmée par apoptose;
- stimulation biochimique et mécanismes connexes;
- action génotoxique.

Voyons maintenant les six premiers types de mécanismes d'action des toxiques, puis la possibilité que plusieurs mécanismes toxicodynamiques s'additionnent et, enfin, comment se traduit leur quantification. L'action génotoxique, soit la toxicité exprimée au niveau des gènes, peut aussi être considérée comme un mécanisme d'action toxicodynamique. Son importance particulière nous a amenés à l'étudier dans le chapitre 8 pour éviter de surcharger le présent chapitre. Les sections de ce dernier sont basées sur une abondante littérature décrite par Puga et Wallace (1998), Walker *et al.* (2000), Gregus et Klaassen (2001), Lu et Kacew (2002), Hoffmann *et al.* (2003) et Manahan (2003).

7.2 Inhibition

On parle d'effet inhibiteur lorsque le toxique devient néfaste en inhibant une ou plusieurs enzymes dont il bloque souvent le site actif ou en inhibant une fonction biochimique. Ce mécanisme est fréquent et varié. Les trois inhibitions suivantes causées par le plomb, le cyanure et le méthylmercure illustrent ce phénomène.

7.2.1 Inhibition par le plomb

Le plomb (Pb) inhibe trois enzymes dans la synthèse du « groupement central hème » (celui-ci est composé de 4 pyrroles amino-aromatiques en position nord, est, sud et ouest autour d'un ion ferreux Fe^{2+}) de l'hémoglobine des globules rouges sanguins, lesquels ont alors une couleur affaiblie, un format réduit, ce qui entraîne une anémie. Le schéma de la figure 7.1 illustre ce mécanisme (Goyer, 1986; Lu, 1991).

L'inhibition d'ALA déhydratase par le plomb (Pb) induit une accumulation d'acide aminolévulinique (ALA) dans le sang et l'urine. Il y a aussi un excès de coproporphyrinogène (COPRO) dans le sang à la suite de l'inhibition de la coproporphyrinogène oxydase par le plomb. De plus, le transfert de l'ion ferreux (Fe^{2+}) n'ayant pas lieu dans l'hème à partir de la protoporphyrine (PROTO) à cause de l'inhibition de la ferrochélatase par le plomb, un surplus de PROTO est observé dans le sang. Une partie de ce surplus capte du zinc, ce qui génère de la PROTO Zn facilement identifiable dans le sang pour un diagnostic d'intoxication au plomb.

Substrat	Réaction	Produit
Glycine + succinyl CoA	→ ALA synthétase dans les mitochondries des cellules	acide aminolévulinique (ALA)
ALA	→ ALA déhydratase **inhibée** par le Pb dans le cytosol des cellules	porphobilinogène (PBG)
PBG	→ 3 réactions avec 3 enzymes dans le cytosol des cellules	coproporphyrinogène (COPRO)
COPRO	→ COPRO oxydase **inhibée** par le Pb dans les mitochondries des cellules	protoporphyrine IX (PROTO)
PROTO + 4 Fe^{2+}	→ Ferrochélatase **inhibée** par le Pb dans les mitochondries des cellules	hème avec 4 Fe^{2+}

Figure 7.1 Inhibition par le plomb.

7.2.2 Inhibition par le cyanure

Le cyanure (CN^-) inhibe le dernier transfert d'électrons négatifs dans la chaîne des cytochromes Fe^{2+}. Cette chaîne transfère des électrons négatifs dans les mitochondries intracellulaires et y génère ainsi une énergie stockée dans l'ATP métabolique (adénosine triphosphate) à partir de l'ADP (adénosine diphosphate) + P (phosphate). Le dernier transfert assumé par le cytochrome a_3 Fe^{2+} transmet normalement des électrons négatifs à l'oxygène moléculaire (O_2) fourni par la respiration. Cet O_2 devient ainsi ionisé grâce à l'apport de quatre électrons, ce qui le transforme en 2 O^{2-} qui donnent 2 H_2O avec l'apport de quatre ions hydrogène (H^+) du métabolisme. Lorsque l'ion CN^- issu de l'acide cyanhydrique HCN bloque l'ionisation de O_2 et ainsi le cytochrome a_3 Fe^{2+}, il y a une rétroaction de reflux dans la chaîne des cytochromes Fe antérieurs. La formation d'ATP le long de cette chaîne est subséquemment ralentie et le métabolisme dépendant de l'ATP chute rapidement (Leduc *et al.*, 1983; Van Coillie, 2000b).

7.2.3 Inhibition par le méthylmercure

Le méthylmercure (CH_3Hg^+) inhibe diverses enzymes et protéines en se liant aux radicaux SH^- de leurs acides aminés cystéines (Webb, 1966;

NRCC, 1979b; Goyer, 1986; Van Coillie, 2000b). Ceci s'applique particulièrement aux enzymes et protéines des membranes des cellules nerveuses (NRCC, 1979b), entre autres à leur enzyme ATPase impliquée dans leur pompe de sodium (Na^+) et potassium (K^+) (Van Coillie, 1996a; Picot et Proust, 1998).

Cette pompe de Na^+ et K^+ fonctionne avec une énergie métabolique fournie par l'ATP (adénosine triphosphate) qui est hydrolysée à cette fin en ADP (adénosine diphosphate) et P (phosphate), à l'aide de l'enzyme ATPase. Cette pompe entretient un déséquilibre ionique entre le cytosol intérieur de la cellule nerveuse et le plasma extérieur. En effet, elle fournit une concentration interne de sodium (Na^+_i) plus élevée que la concentration externe (Na^+_e) à l'aide d'une importation par transport actif. Elle entretient aussi une teneur externe de potassium (K^+_e) plus haute que la teneur interne (K^+_i), à l'aide d'une exportation par transport actif. Cette importation de sodium (Na^+) et cette exportation de potassium (K^+) contre gradient sont faites par des transporteurs membranaires de nature phospholipoprotéiques avec l'énergie issue de l'ATP. Ces transporteurs de petite taille font facilement des allers-retours avec des ions positifs à travers la membrane cellulaire lipidique à cause leur liposolubilité. Comme l'exportation de K^+ dépasse considérablement l'importation de Na^+, il y a plus de charges positives à la face externe de la membrane de la cellule nerveuse qu'à la face interne de cette membrane; celle-ci devient ainsi positive à sa face externe et, conséquemment, négative à sa face interne. Cette polarisation de la membrane du neurone est due à 5000 transports actifs de Na^+ et K^+ par millième de seconde (0,001/s) et induit un potentiel électrochimique de 10 à 60 mvolts, selon les neurones.

Lorsque des stimuli excitent la membrane d'une cellule nerveuse, son potentiel électrochimique est perturbé et atteint environ 100 mvolts. Ces stimuli peuvent être biochimiques (neuromédiateurs entre deux cellules nerveuses, tels que l'acétylcholine ou la noradrénaline), chimiques (acides forts, sels et vapeurs pour les neurones sensoriels de la peau, du goût et de l'odorat respectivement) et physiques (pressions tactiles, rayons lumineux et vibrations sonores pour les neurones sensoriels du toucher, de la vue et de l'ouïe respectivement). La perturbation du potentiel électrochimique et de la pompe Na^+ et K^+ de la membrane cellulaire nerveuse par un stimulus a lieu généralement pendant 0,0002 à 0,010 seconde, selon les neurones. Durant ce minuscule intervalle, le transport actif de Na^+ et K^+

atteint 250 000 ions/0,001 seconde. Ensuite, il y a une régénération d'un potentiel électrochimique normal et d'un fonctionnement normal de la pompe Na^+ et K^+ pendant 0,040 à 0,060 seconde.

Après l'action du stimulus, la perturbation du potentiel électrochimique et de sa pompe Na^+ et K^+ se propage le long de la membrane cellulaire du neurone vers son extrémité en aval. Ceci constitue un influx nerveux dont la vitesse varie de 0,5 à 125 m/seconde selon les neurones et les espèces.

La régénération de la pompe sodium/potassium (Na^+/K^+) après un influx est ralentie dans une cellule nerveuse en présence de méthylmercure (CH_3Hg^+), car cet agent neurotoxique inhibe partiellement l'ATPase de cette pompe et interfère avec le Na^+ et le K^+ au niveau des transporteurs phospholipoprotéiques dans cette pompe. La cellule nerveuse est alors moins rapidement prête pour un nouveau stimulus et un nouvel influx. Son ralentissement par CH_3Hg^+ s'avère la principale cause de la maladie neurotoxique de Minamata dont l'évolution est lente et dramatique (Ui, 1972). En effet, le ralentissement se manifeste d'abord dans le système nerveux sensoriel par un rétrécissement du champ visuel et une paresthésie (sensibilité anormale avec engourdissement), ensuite dans le système nerveux moteur avec une ataxie (désordre des contractions musculaires pour la marche) et, enfin, dans le système nerveux coordonnateur (dégénérescence dans le lobe occipital, l'écorce cérébrale et le cervelet) (Goyer, 1986; Lu, 1991).

En plus du CH_3Hg^+, il y a aussi le lithium (Li^+) qui peut ralentir le système nerveux. Certes, le lithium est reconnu pour éliminer des dérivés métaboliques issus d'une fatigue nerveuse et accumulés sur des récepteurs destinés à recevoir des neuromédiateurs, mais il peut aussi ultérieurement interférer avec le Na^+ et le K^+ des transporteurs actifs des cellules nerveuses (Goyer, 1986; Van Coillie, 2000b). La pompe Na^+/K^+ des neurones peut également être inhibée par des organochlorés, comme le DDT et le méthoxychlore (Murphy, 1986), ou par des toxines neuroparalysantes, comme la saxitoxine du dinoflagellé *Gonyaulax sp.*, en symbiose avec des moules marines à certains endroits et à certaines périodes, ou par la tétrodoxine des poissons-soleil et des amphibiens salamandres (Russell, 1986; Lu, 1991).

Des inhibitions de synthèse d'ADN, d'ARN et de protéines peuvent également être causées par certains métaux (Cd^{2+}, Cu^{2+}, Pb^{2+} et Zn^{2+}) lors de la vie embryonnaire des poissons (Van Coillie *et al.*, 1979, 1980, 1988 et 1989). Ceci réduit la synthèse des inducteurs embryologiques et entraîne ainsi une toxicité retardée.

7.3 Compétition

Les toxiques peuvent aussi et souvent agir en compétition avec des métabolites. Voyons trois cas types à ce sujet : le monoxyde de carbone (CO), le fluorure et les organophosphates.

7.3.1 Monoxyde de carbone

Le monoxyde de carbone (CO) se lie à l'hémoglobine (Hb) au détriment de l'oxygène (O_2) dans le sang, provoquant ainsi rapidement l'asphyxie.

$$Hb + 4\ CO \rightarrow Hb\ (CO)_4, \text{ à la place de } Hb\ (O_2)_4 \text{ à partir de } 4\ O_2$$

Rappelons ici que l'hémoglobine est une macromolécule quaternaire assemblant 4 Mb (myoglobines), lesquelles sont des macromolécules tertiaires composées de globines protéiques et d'hèmes aprotéiques; ces derniers sont constitués, tel qu'indiqué précédemment, de quatre pyrroles entourant un ion ferreux Fe^{2+}.

7.3.2 Fluorure

Le fluorure agit également par compétition, laquelle survient par son adjonction à un métabolite. De fait, l'ion fluorure se lie à l'acétyle, qui devient ainsi du fluoroacétyle. Ce dernier entre ensuite en compétition avec l'acétyle normal, notamment pour l'aconitase qui intervient dans la respiration biochimique à l'intérieur des mitochondries. Ceci cause un ralentissement marqué dans le métabolisme qui s'en trouve très vite affecté (CNRC, 1979c; Van Coillie, 2000a).

7.3.3 Organophosphates

Les organophosphates, tels que le parathion et le malathion biotransformés en paraoxon et en malaoxon, entrent en compétition avec l'acétylcholine (ACh) pour l'enzyme acétylcholinestérase (AChE) responsable de l'hydrolyse de l'ACh (Murphy, 1986; Lu, 1991; Francis, 1994; Bocquené *et al.*, 1997). Ce métabolite est sécrété à l'extrémité d'une cellule nerveuse excitée et sert alors comme neuromédiateur pour aller exciter une autre cellule nerveuse, musculaire ou glandulaire. Sur la membrane de cette dernière, il y a des récepteurs spécifiques R, dits cholinergiques, pour l'ACh et des sites voisins renfermant des enzymes AChE. Celles-ci empêchent ce neuromédiateur de continuer à exciter sans fin la cellule réceptrice. Cette persistance peut entraîner une contracture. Pour que l'activation enzymatique de l'AChE se produise, il faut que le cheminement suivant ait lieu :

- Il y a une liaison de l'ACh avec le récepteur cholinergique membranaire R composé d'acides aminés et de quelques sucres simples; cette liaison change la configuration du récepteur R.
- Ce changement allostérique de configuration permet au complexe membranaire ACh – R de recevoir un métabolite local énergétique, tel le GTP (guanosine triphosphate).
- Le complexe ACh – R, ainsi activé par le GTP, devient un substrat pour la guanylate cyclase; cette dernière hydrolyse alors le GTP en GMP (guanosine monophosphate) avec une libération d'énergie qui permet de relâcher l'ACh pour son hydrolyse par l'AChE voisine et de libérer ainsi le R pour d'autres liaisons avec l'ACh.
- L'énergie fournie par l'hydrolyse du GTP en GMP sert aussi à activer l'AChE contiguë.
- Le GMP obtenu peut reformer du GTP avec un apport énergétique de deux phosphates ou devenir un GMP cyclique (GMPc). Dans ce dernier cas, le GMPc est un messager et induit des synthèses d'enzymes telles que des AChE à renouveler à partir de certains gènes du noyau cellulaire.

Lorsque des organophosphates paraoxon ou malaoxon sont présents, ils utilisent l'AChE à leur profit pour leur hydrolyse.

La compétition des organophosphates avec l'ACh pour l'AChE est réversible : ceci se constate aussi pour les carbamates. Cependant, lorsqu'on utilise certains organophosphates, tels les organofluorophosphates sarin et saman, cette compétition devient irréversible, car l'AChE reste bloquée par du phosphate qui a perdu un radical alkyle et accroche ainsi l'enzyme dite « âgée » à une protéine; il faut alors une nouvelle synthèse d'AChE (Murphy, 1986).

Ajoutons ici que des neurotoxicités graves peuvent aussi être provoquées par des inhibitions de la sécrétion de l'ACh, lesquelles entraînent des paralysies musculaires dans le système nerveux moteur et des blocages dans le système nerveux involontaire parasympathique. Le DDT et la toxine de la bactérie du botulisme (*Clostridium botulinum*) sont reconnus pour ce double effet (Lu,

1991). Parallèlement, le sulfate d'atropine (alcaloïde végétal) et la toxine de la bactérie du tétanos (*Clostridium tetani*) compétitionnent avec l'ACh au niveau des récepteurs cholinergiques membranaires R de ce neuromédiateur. Le premier bloque l'entrée du récepteur R à l'ACh, empêchant ainsi une contracture musculaire, mais occasionne aussi une dilatation des pupilles oculaires et des troubles cérébraux. Il est néanmoins recommandé comme antidote des organophosphates et a été notamment utilisé à cette fin, en Israël en 1991, lors de la guerre contre l'Iraq (Francis, 1994). La seconde, la toxine de la bactérie du tétanos, remplace l'ACh dans R et agit à sa place sans être hydrolysée par l'AChE, ce qui entraîne une contracture tétanique (Lu, 1991).

Signalons, en outre, que les sécrétions de deux autres neuromédiateurs, à savoir la dopamine et la noradrénaline (aussi appelée norépinéphrine), sont également inhibées par certains toxiques dans le système nerveux orthosympathique, ce qui induit des ralentissements cardiaques et des hypotensions circulatoires. Parmi ces toxiques, citons le DDT, le manganèse et le sulfure de carbone (Lu, 1991).

7.4 Effet narcotique général

Une narcose est un déclin physiologique général causé par un toxique organique. Ce déclin se manifeste d'abord par des effets sublétaux souvent réversibles et évolue ensuite vers la mort (Environnement Canada, 1999b).

Les substances narcotiques sont nombreuses et diverses. Parmi celles-ci, citons les hydrocarbures aliphatiques, les HAP, les alcools, les phénols, les chlorophénols, les aldéhydes, les esthers, les carbamates, les acides et les bases organiques faibles (Suter, 1993; Environnement Canada, 1999b). Leurs mécanismes d'action toxique étant peu ou pas élucidés, on se limite à constater leurs manifestations sublétales ou létales et on estime leurs CL_{50}, CI_{50}, *LOEC* et (ou) *NOEC*, pour ces manifestations, à partir de leurs coefficients octanol-eau (k_{oe}) en utilisant des modèles QSAR (*quantative structure-activity relationships*) (Environnement Canada, 1999b).

Toutefois, il faut préciser que, lorsqu'on estime de cette façon des CI_{50}, CL_{50}, *LOEC* et *NOEC* pour des toxiques organiques dont les mécanismes d'action sont connus, les quatre mesures terminales estimées pour ces toxiques révèlent moins de toxicité que celles qui sont déterminées à partir de leurs mécanismes d'action (Ikemoto *et al.*, 1992; Environnement

Canada, 1999b). Il en ressort que l'évaluation toxicodynamique fondée sur une narcose modélisée à partir du coefficient k_{oe} peut être sous-évaluée dans plusieurs cas.

7.5 Mimétisme biochimique et mécanismes connexes

Certains toxiques peuvent imiter ou « mimer » des hormones et (ou) des métabolites normaux et prendre leur place dans leurs récepteurs cellulaires et (ou) leurs cheminements métaboliques (Clarkson, 1993; Sonnenschein et Soto, 1998; Guillette et Craine, 2000). Voyons trois cas types impliquant successivement des perturbateurs endocriniens, le méthylmercure et les HAP.

7.5.1 Perturbateurs endocriniens

Des perturbateurs endocriniens miment des hormones œstrogènes femelles telles que l'œstradiol 17 B. Ces perturbateurs se lient à des récepteurs spécifiques dans les ovaires et autres organes et tissus, et y déclenchent plusieurs phénomènes qui caractérisent la physiologie et la morphologie des femelles (Lu, 1991). Entre autres, l'œstradiol 17 B stimule une activation des gènes de la vitellogénine (Vg), aussi appelée vitelline, et subséquemment une synthèse de la Vg. Celle-ci est composée de glycolipophosphoprotéines énergétiques destinées à devenir le vitellus de réserve dans les ovules, puis les œufs qui les utilisent lors du développement embryonnaire. Cette synthèse de la Vg s'effectue dans les ovaires chez les moules dulcicoles et marines, tandis qu'elle a lieu dans le foie chez les poissons où la Vg est ensuite transférée via le sang aux ovaires qui ont sécrété l'œstradiol 17 B (Gagné et Blaise, 1998; Blaise *et al.*, 1999; Gagné *et al.*, 2001a et b; Martel, 2006).

Les perturbateurs endocriniens œstrogéniques les plus connus sont le nonylphénol (NP), les nonylphénoléthoxylates (NPE), d'autres alkylphénols (AP) et alkylphénols éthoxylates (APE) qui sont couramment utilisés dans des détergents, des dégraisseurs et agents de nettoyage (White *et al.*, 1994; Environnement Canada, 2001d). Les NP et NPE induisent notamment des synthèses de la Vg chez les femelles des moules et des poissons (Flouriot *et al.*, 1995; Environnement Canada, 2001d; Gagné *et al.*, 2001a).

Parmi les autres composés œstrogéniques, mentionnons des phytostérols et autres constituants naturels du bois transformé en pâte

(Mellianen *et al.*, 1996; Environnement Canada, 1999b), quelques insecticides organochlorés comme le lindane (Flouriot *et al.*, 1995) et des médicaments stéroïdiens et œstrogéniques (Shore *et al.*, 1993; Arcand *et al.*, 1998; Gillesby et Zacharewski, 1998; Halling *et al.*, 1998; Jorgensen et Halling, 2000; Robinson *et al.*, 2006 et 2008).

Plusieurs effluents municipaux traités causent aussi des inductions œstrogéniques chez des cellules humaines de souche MCF 7 (Korner *et al.*, 1999), chez des poissons (Sumpter, 1995) et des moules (Gagné *et al.*, 2001a). Entre autres, ils activent des synthèses de la Vg chez des poissons et des moules dulcicoles (Gagné et Blaise, 1998; Gagné *et al.*, 2001a et b). Leur comportement œstrogénique est attribué, au moins partiellement, à leurs NP et NPE et à leurs métabolites provenant de médicaments utilisés pour le contrôle des naissances et des thérapies hormonales (Sumpter et Jobling, 1995; Gagné et Blaise, 1999; Gagné *et al.*, 2001b; Birkett et Lester, 2003; Sabik *et al.*, 2003). Ceci peut entraîner une féminisation des mollusques (Gagné *et al.*, 2001b).

Des effluents d'usines de textile contiennent aussi des NP et NPE et ils se révèlent ainsi œstrogéniques (Environnement Canada, 2001c). Des rivières drainant des superficies importantes d'agriculture intensive, comme la rivière L'Assomption au Québec, s'avèrent également œstrogéniques pour des moules en agissant sur la synthèse de leur Vg; ceci serait attribuable à des pesticides qui se retrouvent dans ces rivières (Gagné *et al.*, 2001b). Par ailleurs, quelques effluents traités de fabriques de pâtes et papiers ont aussi un potentiel œstrogénique chez des poissons pour leurs hormones stéroïdes femelles et leur Vg : ceci est vraisemblablement causé par des composés organiques polaires du bois tels que des phyto-sténols et autres phyto-œstrogènes (Gagné et Blaise, 1998; Gagné *et al.*, 1999; Kovacs *et al.*, 1997; Martel, 2006).

Des mécanismes connexes sont également induits par des agents anti-œstrogéniques présents dans l'environnement. Nous présentons trois illustrations à ce propos.

- L'herbicide atrazine et des insecticides carbamates perturbent les neuro-hormones FRF (*folliculo-release factor*) et LRF (*luteo-release factor*) de l'hypothalamus, qui induisent la sécrétion des hormones FSH (*folliculo-stimulo hypophysaire*) et LSH (*luteo-stimulo hypophysaire*), responsables de l'activation de la synthèse des hormones femelles dans les ovaires (Cooper *et al.*, 1999 et 2000).

- Les BPC, le cadmium et le pesticide organochloré Mirex bloquent la transcription des messages de l'ARN aux gènes responsables de la synthèse de la Vg chez des truites (Chen *et al.*, 1986; Olsson *et al.*, 1995).
- Des effluents de fabriques de pâte Kraft blanchie ont été ciblés comme inhibiteurs de la reproduction des poissons à cause de certains composés anti-œstrogéniques (McMaster *et al.*, 1991 et 1996). Toutefois, ce phénomène n'a pas été remarqué après l'amélioration du traitement des effluents (Servos *et al.*, 1992); il peut également être lié à des facteurs saisonniers naturels (Gagnon *et al.*, 1994). De plus, des effets anti-œstrogéniques observés chez des poissons en aval des effluents de certaines papetières de pâte Kraft blanchie ne concordent pas avec des résultats de bioessais d'effets anti-œstrogéniques de ces effluents (Kovacs *et al.*, 1997). Rappelons en outre que certains effluents de papetières sont œstrogéniques (Gagné et Blaise, 1998; Martel, 2006). Bref, le portrait des effets anti-œstrogéniques des effluents des papetières reste complexe et peu clair (Environnement Canada, 1999b).

Dans ce nouveau domaine, des perturbations endocriniennes sexuelles peuvent survenir dans l'environnement non seulement chez les femelles mais aussi chez des mâles. Certains composés androgéniques favorisent la testostérone. Par exemple, l'aminoglutamide inhibe l'enzyme aromatase qui transforme la testostérone en œstrogène, entraînant ainsi un surplus de testostérone (Purba *et al.*, 1994). Cette inhibition et (ou) celle du catabolisme de la testostérone expliqueraient une masculinisation et un « imposex » constatés chez certains mollusques marins exposés à du tributylétain (TBT) présent dans la peinture de bateaux, où il agit comme agent antisalissure; ceci a notamment été observé chez des limaces de mer *Nucella lamellosa* et *Nucola lapillus* (Gibbs et Bryan, 1986; Prouse et Ellis, 1997). Chez les femelles de ces limaces, le surplus de testostérone causé par le TBT impose une sexualité masculine en induisant le développement d'un pénis à la sortie de leur oviducte qui ne peut plus, subséquemment, libérer les ovules et (ou) les œufs (Gibbs et Bryan, 1986; Prouse et Ellis, 1997).

Un potentiel androgénique est également observé dans certains effluents de fabriques de pâtes et papiers qui activent la synthèse de la testostérone chez des poissons (Kovacs *et al.*, 1997; Martel, 2006).

Des effets anti-androgéniques peuvent en outre être provoqués par certaines substances dans l'environnement. À ce sujet, mentionnons que, parmi les premières perturbations hormonales constatées dans l'environnement, une hypomasculinisation a été observée chez les alligators du lac Apopka en Floride, à la suite de l'utilisation locale de l'insecticide DDT. En effet, cet organochloré a provoqué une diminution de la testostérone et un rapetissement du pénis chez ces alligators (Guillette *et al.*, 1999).

L'exposition à des pesticides organochlorés (DDD, dieldrine, heptachlore et lindane) est également ciblée comme cause d'effets anti-androgéniques chez de jeunes garçons qui habitent des milieux agricoles. De fait, elle peut entraîner chez ces derniers une cryptorchidie (anomalie embryonnaire où les testicules s'atrophient et (ou) restent dans l'abdomen) ou un hypospodias (arrêt du développement embryonnaire du pénis) (Sloth Weidner *et al.*, 1998; Olea *et al.*, 1999). L'herbicide atrazine entraîne aussi des dégénérescences de testicules chez des amphibiens d'une région agricole (Dimacaos et Ruby, 2006).

Le platine diaminé et dichloré est un autre composé qui affecte la synthèse de la testostérone mâle chez des rats (Maines, 1990). De plus, des moules dulcicoles et des poissons mâles synthétisent de la Vg femelle lorsqu'ils sont exposés à certains effluents municipaux. Certes, ces mâles possèdent les gènes de la Vg, mais ces derniers sont normalement inactifs. La stimulation de ces gènes par des substances œstrogéniques favorise ainsi une féminisation chez des mâles exposés à ces effluents municipaux (Gagné *et al.*, 2001a). L'exposition à un effluent municipal oestrogénique peut aussi induire un phénomène d'« intersexe » chez des ménés mâles; ceux-ci ont alors des follicules ovariens dans leurs testicules (Aravindakshan *et al.*, 2004).

L'ensemble de ces données sur les perturbations endocriniennes des hormones femelles et mâles montre que ces dérèglements ont des effets divers, parfois contradictoires, avec des mécanismes variés, lesquels sont non seulement des mimétismes, mais aussi des inhibitions et des stimulations (Ankley *et al.*, 1998; Kendall *et al.*, 1998; Naz *et al.*, 1998; Hoffmann *et al.*, 2003). Malgré la complexité de leurs actions, les perturbateurs endocriniens sexuels constituent une nouvelle préoccupation environnementale qui forcera probablement la révision de certains critères de qualité, entre autres pour les produits domestiques tels que des détergents (Parent *et al.*, 2006b; Parent et RQFE, 2009).

En plus des perturbateurs endocriniens des hormones femelles et mâles, il existe des substances perturbatrices d'autres hormones qui peuvent agir dans l'environnement, notamment celles qui affectent la sécrétion des corticostéroïdes. Parmi ces derniers, le cortisol, une hormone de régulation des sels sanguins et de réponse à des stress, est particulièrement sensible à plusieurs toxiques de l'environnement chez les poissons (Hontela *et al.*, 1997; Leblond et Hontela, 1999; Bisson et Hontela, 2002). Dans des conditions normales, la sécrétion du cortisol obéit au cheminement décrit ci-après chez les poissons (Hontela *et al.*, 1998; Benguira et Hontela, 2000).

Un stress est perçu par le système nerveux qui avertit l'hypothalamus. Celui-ci sécrète alors une neurohormone CRF (*cortico-release factor*) qui va exciter l'hypophyse, laquelle secrète alors une hormone ACTH (adrénocorticotrope hypophysaire). Cette dernière secrétée dans le sang va se lier aux récepteurs des membranes de la glande surrénale. Ces récepteurs membranaires libèrent de l'AMP (adénosine mono phosphate cyclique) qui va activer les gènes responsables de la synthèse du cholestérol. Ce composé donne ensuite des métabolites parmi lesquels il y a le cortisol qui est une hormone de stress sécrétée dans le sang.

La synthèse du cortisol peut être affectée par des perturbateurs endocriniens tels que les insecticides organochlorés DDT et DDD, lesquels miment les hormones ACTH, les inhibent dans les récepteurs membranaires de ces dernières et (ou) réduisent la libération du médiateur intracellulaire AMP cyclique dans la glande interrénale (Benguira et Hontela, 2000). Outre les DDT et DDD, l'herbicide atrazine, les insecticides diazinon et endosulfane, des métaux comme le cadmium, le mercure et le zinc, ainsi qu'un effluent de fabriques de pâte Kraft blanchie diminuent la sécrétion du cortisol chez les poissons (Hontela *et al.*, 1997; Leblond et Hontela, 1999; Bisson et Hontela, 2002).

Signalons enfin que quelques autres hormones peuvent être perturbées par certains toxiques environnementaux. Entre autres, l'acide rétinoïque, dont le récepteur est semblable à celui des hormones stéroïdes, est nécessaire dans le développement embryonnaire et il est affecté dans son métabolisme par les BPC chez les esturgeons du fleuve Saint-Laurent, comparativement à des esturgeons sains de l'Abitibi (Doyon *et al.*, 1999). En effet, les cytochromes P450 sont stimulés par les BPC pour l'hydroxylation de ces derniers et entraînent alors une hydroxylation excessive de l'acide rétinoïque chez les esturgeons du fleuve Saint-Laurent; cet excès induit une augmentation d'anomalies embryonnaires dans les nageoires chez ceux-ci. Une pollution agricole, notamment celle due à l'herbicide atrazine, peut également affecter les rétinoïdes chez des amphibiens (Boily *et al.*, 2005).

Ajoutons que certains pesticides tels que le carbamate aldicarbe et l'herbicide atrazine perturbent les hormones somatropine et thyroxine chez des mammifères, affectant respectivement leur croissance et leur métabolisme (Porter *et al.*, 1999).

7.5.2 Méthylmercure

Certains toxiques peuvent aussi mimer des métabolites et les remplacer dans le métabolisme. Le méthylmercure, par exemple, se lie au conjugué glutathion et le composé ainsi formé devient du méthylmercure cystéine (Picot et Proust, 1998). Le méthylmercure cystéine mime ensuite la méthionine pour passer à travers la barrière hématoencéphalique et agir dans le cerveau à la place de ce métabolite (Clarkson, 1993).

7.5.3 Hydrocarbures aromatiques polycycliques

Un mimétisme peut aussi survenir au niveau des récepteurs spécifiques intracellulaires, lesquels diffèrent des récepteurs membranaires des neuromédiateurs (acétylcholine, dopamine et noradrénaline) ou des hormones sexuelles, présexuelles hypophysaires ou ACTH (Puga et Wallace, 1998; Manahan, 2003). Le cas le plus connu est un récepteur protéique A spécifique pour des substances aromatiques dans le cytosol intracellulaire du foie (Sipes et Gandolfi, 1986). Les complexes formés entre le récepteur A et des métabolites aromatiques normaux migrent, grâce à une énergie fournie par l'ATP, dans le noyau pour y activer des gènes responsables de la synthèse des enzymes AHH (aryle hydrocarbure hydroxylases), lesquelles vont ensuite oxyder par diverses hydroxylations les métabolites aromatiques normaux libérés de leur récepteur A (Lu, 1991). Des toxiques aromatiques, comme des HAP tels que les 3 MC, 2 AAF et BaP, des dioxines chlorées telles que la 2,3,7,8 TCDD, des anilines et des BPC, s'associent également au récepteur A et induisent ainsi une synthèse accrue d'AHH (Sipes et Gandolfi, 1986, Lu, 1991; Safe, 1994). Il y alors une dérivation métabolique avec surutilisation d'ATP au détriment du métabolisme normal. Ceci n'a cependant pas lieu lorsque le gène Ah responsable du récepteur A est récessif.

7.6 Apoptose

Ce mécanisme d'action toxique, l'apoptose, est une décomposition cellulaire générale qui survient à la suite d'une augmentation anormalement rapide et importante de la concentration des ions Ca^{2+} dans le cytosol intracellulaire; cette augmentation entraîne une mort cellulaire qui franchit les étapes suivantes (Denizeau, 1996; Gregus et Klaassen, 2001) :

- Activation des endonucléases de digestion de l'ADN, fragmentation subséquente de ce dernier et de la chromatine environnementale, puis brisure ultérieure du noyau.
- Activation des enzymes du catabolisme des protéines, entre autres des caspases qui digèrent des protéines possédant des cystéines avec radical SH^- telles que celles des microtubules de l'endosquelette intracellulaire, ainsi que des caspases qui hydrolysent les polyADPribopolymérases nécessaires à la synthèse des ARN messagers transcrits sur les gènes; ceci induit respectivement une désintégration de l'endosquelette intracellulaire et un arrêt des transcriptions génétiques (Van Coillie et Roy, 1991).
- Activation des phospholipases qui dégradent des phospholipides dans les membranes cellulaires et dans les membranes des mitochondries et des canaux du réticulum endoplasmique; ces membranes perdent leur intégrité et les organites intracellulaires sont détériorés.
- Fragmentation de la cellule en « corps apoptiques » qui contiennent des morceaux de noyau et des organites intracellulaires altérés.
- Phagocytose des corps apoptiques par des globules blancs, macrophages ou autres cellules phagocytantes.

Cette mort cellulaire est provoquée par une protéine p53 et diffère de la nécrose dont l'origine est davantage pathologique que toxicologique. De fait, la nécrose est causée par un dérèglement osmotique qui détruit la cellule (le déversement de son contenu entraîne une inflammation locale), tandis que l'apoptose n'occasionne aucune inflammation.

Parmi les agents toxiques qui provoquent l'apoptose, citons le tributyl étain (TBT), des métaux tels que le mercure et le plomb, le tétrachlorure de carbone (CCl_4), la dioxine 2,3,7,8 TCDD, l'acétaminophène, les cyanures et les rayons ultraviolets B (Reader *et al.*, 1994; Denizeau, 1996; Gregus et Klaassen, 2001).

Pour comprendre l'apoptose, il faut souligner que l'homéostasie des ions Ca^{2+} du cytosol intracellulaire est un phénomène très sensible qui dépend des importations et des exportations que nous décrivons à la figure 7.2 (Gregus et Klaassen, 2001).

Entrée de Ca^{2+} dans le cytosol intracellulaire

Ca^{2+} du plasma	→	Ca^{2+} dans le cytosol intracellulaire

Canaux calciques des membranes cellulaires
Transport actif transmembranaires

Séquestration de Ca^{2+} dans des organites intracellulaires

Ca^{2+} du cytosol	→	Ca^{2+} dans le réticulum endoplasmique (RE), les mitochondries et le noyau

Transport actif à travers les membranes des organites
Pompe Ca^{2+}

Libération de Ca^{2+} des organites intracellulaires

Ca^{2+} du RE, des mitochondries et du noyau	→	Ca^{2+} dans le cytosol

Pompe Na^{+} et Ca^{2+}

Sortie de Ca^{2+} du cytosol intracellulaire

Ca^{2+} du cytosol intracellulaire	→	Ca^{2+} dans le plasma extracellulaire

Pompe Na^{+} et Ca^{2+}

Figure 7.2 Métabolisme intracellulaire du calcium.

Ces différentes migrations des ions Ca^{2+} procurent une teneur intracellulaire en Ca^{2+} plus élevée que la concentration extracellulaire en Ca^{2+}.

Lorsqu'un toxique, tel le chlorure de tributyl étain (TBT), pénètre dans une cellule hépatique, il y a une rapide augmentation de la libération de Ca^{2+} de ses organites intracellulaires dans son cytosol et, à moindre degré, de l'entrée de Ca^{2+}, tandis que la sortie de Ca^{2+} dans le plasma est inhibée (Reader *et al.*, 1994). Il en résulte une brusque élévation du Ca^{2+} dans le cytosol, où elle est concomitante avec une légère baisse de pH induite par le TBT; ceci entraîne une activation des enzymes d'hydrolyse suicides impliquées dans l'apoptose (Denizeau, 1996).

7.7 Stimulation biochimique et mécanismes connexes

Plusieurs toxiques exercent leurs effets néfastes en stimulant certaines fonctions ou réactions métaboliques. Illustrons cette stimulation par trois cas types : les porphyries, les allergies et la formation d'un excès de radicaux libres.

7.7.1 Porphyries

Les porphyries consistent en un excès de protoporphyrines; rappelons que celles-ci sont des précurseurs de l'hémoglobine. Parmi les porphyries, mentionnons celle qui a été causée par le fongicide HCB (hexachlorobenzène), car elle a touché plus de 4000 personnes en Turquie en 1956, à la suite d'une consommation de blé traité avec ce fongicide (Lu, 1991). Elle est due à une stimulation non contrôlée de la synthèse des protoporphyrines (Lu, 1991; Van Coillie, 2000b).

Pour l'expliquer, il faut indiquer que cette synthèse est dépendante de plusieurs contrôles :

- six enzymes intervenant successivement selon un ordre fonctionnel;
- six gènes pour ces six enzymes; ces gènes sont disposés successivement selon l'ordre fonctionnel de leurs enzymes dépendantes dans un ensemble dénommé « opéron » et y transcrivent concomitamment leurs ARN;
- opéron contrôlé par un gène initial, appelé opérateur, qui agit comme un interrupteur sur l'opéron;
- opérateur contrôlé par un répresseur issu d'un gène régulateur;
- répresseur qui nécessite un corépresseur;
- corépresseur qui est activé par une concentration trop élevée de protoporphyrines; la teneur de celles-ci contrôle ainsi par rétroaction (*feedback*) leurs gènes de synthèse.

L'HCB s'unit au répresseur. Ensuite, comme ce dernier ne peut pas bloquer l'opérateur, l'opéron n'arrête pas de transcrire des ARN messagers pour la synthèse ininterrompue de protoporphyrines, ce qui mène à la porphyrie (Van Coillie, 2000b). Le platine diaminé et dichloré est un autre composé qui induit une porphyrie (Maines, 1990) .

7.7.2 Allergies

Les allergies résultent d'une stimulation d'une cascade de réactions, laquelle est provoquée non seulement par des pollens, acariens, poils d'animaux, aliments et médicaments, mais aussi par divers toxiques (Dean *et al.*, 1986; Dodet, 1989; Lu, 1991). Cette stimulation séquentielle est schématisée ci-dessous (Dodet, 1989; Brousseau *et al.*, 1997) (encart 7.1).

Encart 7.1 Principaux mécanismes d'allergies

Induction de l'allergie lors des premières rencontres avec l'allergène		
Allergènes : pollen, acarien, poil d'animal, aliment, médicament, venin et (ou) toxique →	Lymphe et (ou) sang de la peau, des poumons et (ou) de l'intestin →	Macrophage*
Macrophage →	Interleukine 1 →	Lymphocyte T*
Lymphocyte T →	Interleukines 2, 4 et 5 →	Lymphocyte B*
Lymphocyte B →	Plasmocyte* →	Immunoglobulines (Ig) : IgA, IgD, IgE et IgM
Réactions allergiques lors des rencontres ultérieures avec l'allergène		
IgE préformés et (ou) allergènes →	Basophile* Mastocyte* →	Activation des phospholipides des membranes de ces cellules
Phospholipides membranaires activés →	Libération d'AMP cyclique et augmentation du Ca^{2+} intracellulaire →	Libération intracellulaire de médiateurs préformés stockés et synthèse intracellulaire de médiateurs néoformés
Libération intracellulaire de médiateurs préformés stockés et synthèse intracellulaire de médiateurs néoformés →	Attraction chimiotactique des éosinophiles* →	Action anaphylactique
Estérase →	Muqueuse nasale →	Sécrétion de mucus nasal
Histamine →	Récepteurs RH 1 des lymphocytes T →	VP*** Sécrétion de mucus nasal
→	Récepteurs RH 2 des lymphocytes T →	BD*** Sécrétion de mucus bronchique
NCFA** →	Attraction chimiotactique des neutrophiles* →	Action anaphylactique
Protéases →	Hydrolyses de protéines →	Dégradations de tissus
Libération intracellulaire de médiateurs néoformés principaux leucotriènes LT C4 et LT E4 →	Capillaires →	VP VD*** BC Sécrétion de mucus nasal
Autres leucotriènes LT B4 et LT D4 des éosinophiles macrophages, monocytes* et neutrophiles activés par des interleukines et médiateurs →	Capillaires →	VP VD BC Sécrétion de mucus nasal Attraction chimiotactique des éosinophiles et neutrophiles
Prostaglandine PG D2 →	Capillaires →	VP VD BC

Encart 7.1 (*suite*)

Réactions allergiques lors des rencontres ultérieures avec l'allergène

Autres prostaglandines PG E2, PG F2 et PG 12 des macrophages, neutrophiles et cellules endothéliales vasculaires activés par des interleukines et médiateurs	→	Capillaires	→	VD BC Attraction chimiotactique des éosinophiles et neutrophiles
Thromboxane TX A1	→	Capillaires	→	BC
Autre thromboxane TX A2 des macrophages, monocytes et plaquettes* activés par des interleukines et médiateurs	→	Capillaires	→	BC Agrégation de plaquettes
Autre médiateur néoformé PAF** des éosinophiles, macrophages, neutrophiles, plaquettes et cellules endothéliales vasculaires activés par des interleukines et médiateurs	→	Macrophages, mastocytes, monocytes, neutrophiles et plaquettes	→	Agrégation de plaquettes VP BC Attraction chimiotactique des éosinophiles et neutrophiles

* Ces diverses cellules font partie du système immunitaire et sont réparties dans la moelle osseuse, les ganglions lymphatiques, la lymphe intestinale, la rate et le thymus. Elles prviennent de cellules souches de la moelle épinière, lesquelles fournissent les deux lignées cellulaires suivantes : d'une part, une lignée de cellules lymphoïdes évoluant en lymphocytes B ou T, ou en cellules tueuses NK (*natural killers*) et, d'autre part, une lignée de cellules myéloïdes donnant des monocytes ou des granulocytes polynucléaires basophiles, éosinophiles (acidophiles) ou neutrophiles, ou aussi des mastocytes. Les monocytes, lymphocytes et les granulocytes représentent respectivement 5 %, 25 % et 70 % des globules blancs du sang. Les monocytes et les macrophages issus de ces derniers ont essentiellement un rôle de phagocytose de bactéries. Les lymphocytes B et les plasmocytes (cellules plasmatiques) produisent plusieurs anticorps (immunoglobulines) sous la régulation de lymphocytes T, dits *helpers* ou *supresssors*; des lymphocytes B et T peuvent aussi devenir des « cellules mémoires » pour des allergies ultérieures durant plusieurs années. Les granulocytes basophiles, éosinophiles et neutrophiles ont les fonctions suivantes : sécrétion d'histamine allergique, induction d'action cytotoxique et (ou) phagocytose de bactéries et cellules étrangères après attraction chimiotactique. Enfin, les plaquettes sont des parties de globules sanguins utilisées lors de la coagulation (Lu, 1991).

** ECFA : *Eosinophil chemotactic factor of anaphylaxis*, un agent favorisant un chimiotactisme des éosinophiles pour une action anaphylactique.
NCFA : *Neutrophil chemotactic factor of anaphylaxis*, un agent favorisant un chimiotactisme des neutrophiles pour une action anaphylactique.
PAF : *Platelet – activating factor*, un agent favorisant des plaquettes sanguines.

*** BC : Bronchoconstriction, soit le rétrécissement des diamètres des bronches et bronchioles des poumons.
BD : Bronchodilatation, soit l'élargissement des diamètres des bronches et bronchioles des poumons.
VD : Vasodilatation des capillaires et voies vasculaires du système circulatoire.
VP : Vasoperméabilité accrue des capillaires et voies vasculaires du système circulatoire.

Cette cascade de réactions biochimiques et physiologiques variées de l'allergie mène à diverses manifestations, lesquelles peuvent être regroupées en sept catégories (Dodet, 1989).

- *Choc anaphylactique aigu* : suffocation et hypotension subséquente pouvant aller jusqu'à un collapsus avec arrêt cardiaque;
- *Asthme* : sécrétion abondante de mucus bronchique avec bronchoconstriction étouffante et infiltration ultérieure d'un excès d'éosinophiles et de neutrophiles avec induction d'inflammations et d'œdèmes;
- *Eczéma* : macules cutanées;
- *Dermatites autres que l'eczéma* : vasodilatation et infiltration de lymphocytes et éosinophiles dans le derme avec démangeaisons, éruptions, gonflements, rougeurs, prurits et urticaires cutanés subséquents;
- *Rhinite* : sécrétion abondante de mucus nasal, gonflement des muqueuses respiratoires et (ou) obstruction des voies inhalatoires avec réaction conséquente d'éternuement;
- *Conjonctivite* : sécrétion abondante de mucus lacrymal et rougeur d'inflammation;
- *Allergie alimentaire* : diarrhées et vomissements.

Ces différentes manifestations allergiques sont croissantes aujourd'hui et constituent donc une préoccupation prioritaire en santé environnementale. Ceci justifie que nous accordions une attention particulière aux allergies, d'autant plus qu'elles peuvent être non seulement immédiates, mais aussi retardées (encart 7.1). En effet, d'une part, la plupart des manifestations allergiques (allergie alimentaire, asthme à court terme, choc anaphylactique, conjonctivite, dermatite et rhinite) surviennent à court terme. D'autre part, les effets des médiateurs néoformés (leucotriènes, prostaglandines et PAF) et des infiltrations périvasculaires d'éosinophiles, lymphocytes, monocytes et neutrophiles induisent des inflammations allergiques, des asthmes à long terme, des eczémas chroniques et d'autres manifestations retardées (Dodet, 1989; Lu, 1991).

Les allergènes qui agissent comme des antigènes exercent leur hypersensibilité (ensemble de réactions dues à une exposition répétée à un antigène) de façon directe ou de façon indirecte. Dans le second cas, l'allergène se combine avec une protéine endogène présente et disponible dans l'hôte et forme alors un allergène, dit haptène, avec cette dernière protéine : ce processus est une hapténisation (Dean *et al.*, 1986; Lu, 1991). Dans certains cas, l'allergène doit être activé par la lumière solaire avant d'exercer une hypersensibilité, laquelle est alors assujettie à une photosensibilité.

Les toxiques allergènes ont été classifiés selon quatre types de manifestations allergiques présentés dans le tableau 7.1 (Dean *et al.*, 1986; Lu, 1991; Burns-Naas *et al.*, 2001).

Tableau 7.1 Types de toxiques allergènes

Types	Manifestations allergiques	Toxiques allergènes
I	Allergies immédiates : chocs anaphylactiques, asthme à court terme, rhinites, conjonctivites, dermatites, allergies alimentaires et inflammations	• Additifs alimentaires • Anhydrides phtaliques • Béryllium • Diisocyanate de toluène utilisé pour les plastics et résines • Éthylènediamine • Nickel • Pénicilline • Pesticides pyrèthroïdes • Platine • Tétracyclines et quelques autres antibiotiques
II	Anémie hémolytique et autres destructions cellulaires (leucopénies et thrombocytopénies)	• Pénicilline
III	Néphrite des glomérules rénaux, arthrite rhumatoïde, lupus et pneumonie	• Mercure • Pénicilline
IV	Allergies retardées : asthme à long terme, eczéma et inflammations générées par des macrophages et des lymphocytes T avec infiltrations de macrophages et de granulocytes	• Béryllium • Chrome • Diisocyanate de toluène utilisé pour les plastics et résines • Formaldéhyde utilisé pour les cosmétiques, déodorants, résines et textiles • Mercure • Nickel • Pénicilline • Pesticides • Tétracyclines et quelques autres antibiotiques • Zirconium

Parallèlement à ces divers toxiques allergènes immunostimulants, il faut souligner ici que plusieurs autres toxiques s'avèrent immunodépresseurs en réduisant les synthèses des immunoglobulines anticorps IgA, IgD, IgE, IgG et (ou) IgM, et (ou) les mécanismes immunitaires (Lu, 1991). Les toxiques immunodépresseurs sont répartis dans six catégories (Lu, 1991; Brousseau *et al.*, 1997; Burns-Naas *et al.*, 2001; Kouassi *et al.*, 2003; Fournier *et al.*, 2004 et 2005; Gagné *et al.*, 2006).

- *Métaux lourds* : arsenic, cadmium, étain alkylé, méthylmercure, mercure inorganique, plomb et silicium;
- *Pesticides* : insecticides organochlorés (DDT, chlordane et dieldrine), organophosphates (parathion et malathion) et carbamates (carbaryl et carbofuranne) et fongicides (carbamate manèbe et HCB);
- *Hydrocarbures aromatiques* : BaP, benzène, 3MC et toluène;
- *Hydrocarbures halogénés aliphatiques et aromatiques* : BPC, chloroforme, pentachlorophénol, TCDD et trichloroéthylène;
- *Antibiotiques* : oxytétracycline, pénicelline et autres antibiotiques récents;
- *Autres* : aflatoxine, amiante, diéthylstilbestrol, uréthane et certaines eaux usées domestiques.

Les mécanismes d'action de ces toxiques sont souvent des compétitions et (ou) mimétismes. Par exemple, les TCDD entraînent une immunosuppression toxique en se liant aux récepteurs Ah dans les lymphocytes du système immunitaire; ces récepteurs induisent alors des hydroxylations des TCDD au lieu des hydroxylations des métabolites aromatiques normaux dans les lymphocytes (Lu, 1991).

7.7.3 Formation d'un excès de radicaux libres ou stress oxydatif

Certains toxiques stimulent une formation excessive de radicaux libres, ce qui crée un stress oxydatif (Wallace, 1997; Newman, 2001). Pour comprendre ce phénomène, mentionnons au préalable les principaux radicaux libres qui font partie du métabolisme normal (Cossu *et al.*, 1997a; Le Cren, 1999; Gregus et Klaassen, 2001) : l'ion oxyde, l'ion hydroxyle et l'ion peroxyde. Voyons comment sont caractérisés, de façon succincte, ces radicaux libres, ainsi que la molécule de peroxyde d'oxygène très interdépendante avec le radical libre peroxyde (encart 7.2).

Encart 7.2 Métabolisme des radicaux libres

Ion oxyde O^{2-}

Mode de formation : $\frac{1}{2}O_2$ + 2 électrons négatifs → O^{2-}

Les 2 électrons négatifs proviennent normalement du cytochrome a3 Fe^{2+} terminal de la chaîne des cytochromes Fe^{2+} de la respiration biochimique dans les mitochondries. Ces cytochromes Fe^{2+} transfèrent des électrons issus d'ions H^+ fournis par le métabolisme et libèrent ainsi une énergie métabolique sous la forme d'ATP à partir d'ADP + P.

Rôle : O^{2-} est essentiel à la chaîne des cytochromes Fe^{2+} et, ainsi, à la respiration biochimique.

Mode d'élimination : O^{2-} s'unit avec 2 H^+ issus du métabolisme, ce qui forme H_2O.

Ion hydroxyle OH^-

Mode de formation : H_2O + $\frac{1}{2}O_2$ + 2 électrons négatifs → 2 OH^-

Rôle : Régulation des ions H^+ dans les mitochondries; lorsque celles-ci ont un excès d'ions H^+, ces derniers sont captés par les ions OH^- et sont évacués sous forme d'H_2O.

Mode d'élimination :

2 OH^- + 2 GSH* → $2H_2O$ + GSSG + 2 électrons négatifs
GPX**

Ion peroxyde ou superoxyde ($^-O - O^-$)

Mode de formation : O_2 + 2 électrons négatifs → $^-O - O^-$

Ceci a lieu dans les mitochondries qui fournissent les électrons négatifs à partir de la chaîne des cytochromes (voir ci-dessus).

Rôles : **1.** Formation de peroxyde d'oxygène H_2O_2, selon la réaction suivante : $^-O - O^-$ + $2H^+$ → H_2O_2
superoxyde dismutase

2. Formation de divers radicaux peroxyles $R^-O - O^-$
$^-O - O^-$ + R → $RO - O^-$
Cette réaction survient notamment au niveau des acides gras lors de leur catabolisme qui débute par leur peroxydation.

→

Encart 7.2 (*suite*)

3. Sécrétion de peroxydes par les globules blancs qui effectuent des phagocytoses de cellules étrangères généralement néfastes; ces dernières sont alors préalablement affaiblies par des ions peroxydes sécrétés et sont ensuite ingérées par phagocytose.

Mode d'élimination : $^-O - O^- + 2H^+ \xrightarrow{\text{superoxyde dismutase}} H_2O_2$

Molécule de peroxyde d'hydrogène (H_2O_2), également appelée eau oxygénée

Bien que cette molécule ne soit pas un radical libre comme tel, elle est cependant très interdépendante avec le radical libre peroxyde $^-O - O^-$. En effet, elle provient de ce dernier grâce à la superoxyde dismutase et, réciproquement, elle peut fournir $^-O - O^- + 2H^+$ par ionisation. Elle est concentrée dans des vacuoles appelées peroxysomes (Lu, 1991; Latruffe, 1993). Le peroxyde d'hydrogène en excès est éliminé de deux façons :

1. H_2O_2 en excès + 2 GSH* $\xrightarrow{\text{GPX**}}$ 2 H_2O + GSSG

2. H_2O_2 en excès $\xrightarrow{\text{catalase}}$ $H_2O + ½O_2$

* Glutathion.

** Glutathion peroxydase : elle enlève les 2 H des 2 GSH, lesquels sont ainsi oxydés; cette double oxydation équivaut à une peroxydation (bien que des oxygènes ne soient pas impliqués) et les 2 GS oxydés s'unissent ensuite en GSSG.

Les peroxysomes renferment non seulement du H_2O_2, mais aussi les enzymes catalase et superoxyde dismutase associées au H_2O_2, ainsi que diverses oxydases et déshydrogénases pour l'oxydation des acides gras à longue chaîne, pour le catabolisme des acides aminés et des purines et pour la synthèse du cholestérol (Latruffe, 1993). Les gènes des peroxysomes sont activés par un récepteur nucléaire dont l'activation est déclenchée par des proliférateurs naturels de peroxysomes, lesquels proliférateurs comprennent des hormones stéroïdes, l'acide rétinoïque dérivé de la vitamine A et des acides gras polyinsaturés à longue chaîne (Latruffe, 1993).

Des excès des trois radicaux libres (RL) et (ou) du peroxyde d'hydrogène entraînent des peroxydations d'acides gras insaturés dans les membranes cellulaires et les membranes des organites intracellulaires. Par la suite, celles-ci perdent leur intégrité et subissent plusieurs perturbations, notamment une dépression de leurs pompes de Ca^{++} qui induit une teneur élevée de Ca^{2+} dans le cytosol (Lu, 1991; Cossu *et al.*, 1997a; Le Cren, 1999).

En outre, des excès des trois RL et (ou) du H_2O_2 causent des dommages génotoxiques par oxydation dans l'ADN, que nous verrons plus loin. Ils provoquent aussi des inflammations telles que l'arthrite ainsi que des oxydations d'acides gras et de cholestérols, surtout les cholestérols LDL nuisibles, dans le système circulatoire; ces oxydations peuvent induire des athéroscléroses et artérioscléroses cardiovasculaires (Le Cren, 1999).

Des agents antioxydants neutralisent les excès des trois RL et du H_2O_2, ainsi que leurs diverses manifestations. Les agents antioxydants sont nombreux et diversifiés, et possèdent des mécanismes d'action variés pour contrer ces excès (Cossu *et al.*, 1997a et b; Le Cren, 1999). Voyons ces agents oxydants et leurs actions.

Agent de conjugaison

- Glutathion GSH, qui aide à éliminer des ions OH^- et du H_2O_2;

Enzymes

- Catalase, qui dégrade le H_2O_2;
- Glutathion peroxydase, qui intervient dans l'élimination des ions OH^- et du H_2O_2 par le GSH;
- Glutathion réductase, qui réduit le GSSG en y ajoutant $2H^+$ et en reformant ainsi 2 GSH antioxydants;
- Superoxyde dismutase, qui transforme le RL peroxyde en H_2O_2, moins réactif.

Indoles végétaux

- Inhibiteurs de la formation des RL en captant des électrons négatifs.

Métaux

- Cuivre, fer, manganèse et zinc, qui activent la superoxyde dismutase;
- Sélénium, qui est nécessaire à la glutathion peroxydase précitée.

Prohormones

- Déhydroépiandrostérone; cette prohormone stéroïde est synthétisée dans les glandes surrénales et évolue ensuite en hormones androgènes et œstrogènes en stimulant une formation de GSH antioxydant;
- Mélatonine; cette autre prohormone est fabriquée dans l'épiphyse (glande pinéale) du cerveau pendant la nuit, selon une horloge biologique interne, et exerce une régulation de la glande thyroïde hormonale; elle stimule également une synthèse de GSH antioxydants.

Vitamines

- Provitamine A (bêta-carotène) de végétaux, de produits laitiers, de jaunes d'œuf et du foie; elle freine la peroxydation des acides gras insaturés en offrant d'autres substrats pour la peroxydation;
- Vitamine B5 (acide pantothénique) de végétaux; elle amplifie la production de GSH antioxydants;
- Vitamine C (acide ascorbique) de végétaux; elle capte des électrons négatifs qui sont alors indisponibles pour la génération de RL;
- Vitamine E (tocophérol) de végétaux; comme elle est liposoluble, elle se retrouve dans les membranes cellulaires et intracellulaires où elle réduit la peroxydation lipidique par les RL en liant ces derniers; elle se régénère ensuite à l'aide des GSH;
- Vitamine B9 (acide folique) de végétaux; elle diminue le cholestérol et, subséquemment, son oxydation par les RL dans les athéroscléroses;
- Vitamine P (polyphénol) de végétaux; elle protège les capillaires et vaisseaux sanguins contre les RL;
- Vitamine Q10 de poissons, aussi appelée coenzyme Q10 et ubiquinol; elle est un inhibiteur de la peroxydation lipidique par les RL dans les membranes des mitochondries.

Cocktail d'antioxydants

- Ail avec métaux (Mn, Se et Zn) et vitamines A et C comme antioxydants.

Lorsque les antioxydants sont inférieurs aux RL, des stress oxydatifs se développent. Certains toxiques provoquent de tels stress. Parmi eux, le tétrachlorure de carbone (CCl_4) a été particulièrement étudié comme agent de stress oxydatif; il induit des peroxydations selon la séquence suivante (Plaa, 1986; Lu, 1991; Gregus et Klaassen, 2001) :

- $CCl_4 \rightarrow CCl_3^+ + Cl^-$
- CCl_3^+ attaque ensuite des acides gras insaturés au niveau de leurs doubles liaisons covalentes dans les membranes cellulaires et intracellulaires, entre autres celles du réticulum endoplasmique (RE) des cellules hépatiques.
- Ces acides gras insaturés ainsi affectés deviennent des acides gras chlorés qui subissent ensuite des oxydations déchlorinantes. Ils deviennent alors des acides gras peroxydés et peuvent ultérieurement évoluer en phosgènes toxiques ($Cl_2 - C = O$) ou en dialdéhydes maloniques ($O = CH - CH_2 - CH = O$).

Bien que CCl_3^+ ne soit pas un RL analogue aux 3 RL oxygénés que nous avons décrits, il induit des peroxydations d'acides gras insaturés analogues à celles que causent ces 3 RL. Dans cette perspective, il peut aussi être considéré comme un générateur de RL peroxydes (Lu, 1991).

En plus du CCl_4, quelques autres toxiques sont aussi des générateurs d'excès de RL, devant lesquels les antioxydants sont dépassés, occasionnant ainsi des stress oxydatifs. Citons, à ce propos, le tétrabromure de carbone (CBr_4), le bromotrichlorométhane ($CBrCl_3$), le tétrachloroéthane ($Cl_2CH - HCl_2$) et le trichloroéthylène ($ClCH = CCL_2$), ainsi que certains composés organiques tels que l'herbicide Paraquat, l'éthanol et la formaldéhyde (Plaa, 1986; Lu, 1991; Cossu *et al.*, 1997b; Le Cren, 1999; Gregus et Klaassen, 2001). Ajoutons que certains toxiques, comme l'herbicide 2,4-D et des phtalates, favorisent aussi des stress oxydatifs en provoquant une prolifération anormalement élevée de peroxysomes (Latruffe, 1993).

Signalons enfin que des HAP, comme l'anthracène, le BaP et le pyrène, peuvent être photoactivés par les rayons UVA et UVB du spectre solaire; ils éjectent alors des électrons négatifs qui sont captés par l'oxygène ambiant : ceci mène à des peroxydations lipidiques dans les membranes cellulaires et intracellulaires, puis à des perturbations de celles-ci (Germain *et al.*, 1993).

7.7.4 Métallothionéines et autres stimulations

Après ces trois cas de stimulation provoquée par des toxiques avec des effets nocifs (porphyries, allergies et stress oxydatifs), il convient de signaler que des toxiques peuvent aussi induire des stimulations avec des effets non nocifs. Parmi ces dernières, l'induction de métallothionéines (MT) par des excès de certains ions métalliques mérite d'être soulignée.

En effet, une synthèse de MT est stimulée en réponse à des excès d'ions Ag^{+}, Cd^{2+}, Cu^{2+}, Hg^{2+}, $HgCH_3^{+}$ et Zn^{2+}. Ces métallothionéines sont de petites protéines (PM ≤ 10 000) abondantes en acides aminés cystéines avec des radicaux SH^{-} qui captent ces ions; ces protéines sont sécrétées par le foie, les reins et l'hépatopancréas, selon le mécanisme schématisé à la figure 7.3 (Amiard et Cosson, 1997).

Ion métallique Cd^{2+} ou autre	+	Ligand biologique X d'une membrane cellulaire		Cd – X membranaire
Cd – X transport transmembranaire		Cd^{2+} dans le cytosol	+	X libre pour la membrane
Cd^{2+} du cytosol	+	Ligand biologique Y lié avec du Zn dans le cytosol		Zn^{2+} + Y lié à Cd^{2+} dans le cytosol
Zn^{2+} du cytosol	+	Facteur de transcription MTF dans le cytosol		MTF activé dans le cytosol
Zn^{2+} + Y lié à Cd dans le cytosol		ZnY + Cd^{2+}		
MTF du cytosol		MTF dans le noyau		Gène de métallothionéine (MT)
Gène MT du noyau		ARN messager pour la synthèse d'Apo MT		Apo MT dans le cytosol
Apo MT du cytosol		MT du cytosol + Cd^{2+}		MT Cd dans le cytosol
MT Cd du cytosol		MT Cd dans une vacuole cytoplasmique appelée lysosome		Expulsion de lysosomes avec MT Cd en dehors des cellules par exocytose dans le plasma
MT Cd du plasma		MT Cd à travers le filtre rénal		MT Cd dans les tubules rénaux
MT Cd non réabsorbé dans les tubules rénaux		MT Cd dans l'urine		Élimination de Cd avec MT

Figure 7.3 Synthèse de métallothionéines en présence de cadmium.

Parallèlement à cette stimulation de synthèse de métallothionéines pour contrer des excès d'ions métalliques tels Cd^{2+}, Cu^{2+} et Zn^{2+} ou autres (Amiard et Cosson, 1997; Couillard, 1997; Cooper et Fortin, 2006; Parent *et al.*, 2006), d'autres réponses biochimiques à ces excès sont observées. Parmi celles-ci, mentionnons des liaisons de ces métaux avec du glutathion GSH, des protéines riches en acides aminés cystéines contenant des radicaux SH^- et des céruloplasmines spécifiques pour les ions Cu^{2+}. Ces autres réponses deviennent plus importantes à long terme que celles des MT, entre autres chez les mollusques (Couillard *et al.*, 1995).

Les métallothionéines (MT) font partie d'un ensemble de biomarqueurs biochimiques qui révèlent des agressions de métaux (Lagadic *et al.*, 1997b; Campbell et Couillard, 2004).

En plus des MT qui répondent à des expositions excessives de certains ions inorganiques métalliques, voici d'autres biomarqueurs biochimiques :

- Oxydases à fonction mixte (OFM), notamment les AHH (aryles hydrocarbures oxydases) des cytochromes P 1A1, plusieurs autres cytochromes P450, l'ECOD (éthoxycoumarine-o-dééthylase) et l'EROD (éthoxyrésorufine-o-dééthylase); elles augmentent lorsque des molécules organiques telles que des BPC, HAP, PCDD, PCDF et composés pétroliers agressent le foie, l'hépatopancréas et d'autres tissus (Paine, 1995; Rousseaux *et al.*,1995; Martel et Kovacs, 1997; Monod, 1997; Narbonne et Michel, 1997; Hodson *et al.*, 1998; Environnement Canada, 1999b).
- Charge en adénylates (CEA) pour la synthèse d'AMP, ADP et ATP nécessaires à l'élaboration d'enzymes de biotransformation des toxiques et d'AMP cycliques pour leur modulation d'effet hormonal; diverses agressions toxiques entraînent un surcroît de la CEA (Legal *et al.*, 1997).
- Enzymes de poly ADP-ribosylation en hausse pour la transcription d'ARN messagers à partir de gènes activés à la suite de certaines agressions toxiques (voir allergies et MT ci-dessus) (Van Coillie et Roy, 1991; Denizeau, 1996).
- Acétylcholinestérase (AChE); sa teneur normale diminue lors de son inhibition par des insecticides organophosphates, carbamates et pyréthroïdes et par des herbicides Paraquat et triazines (Bouquené *et al.*, 1997).
- Hormones androgènes, œstrogènes et vitellogénine, en baisse ou en hausse en réponse à divers perturbateurs endocriniens.
- Immunoglobulines E (IgE), qui augmentent face à des toxiques allergènes (Brousseau *et al.*, 1997).

Toutefois, ces divers biomarqueurs biochimiques dépendent de plusieurs variables. Ceci est particulièrement constaté chez les poissons et les mollusques aquatiques où les oxydases à fonction mixte (OFM) sont modulées par les facteurs suivants : espèce, âge, sexe, température, autres variables environnementales et, surtout, besoin d'OFM pour les hormones et les gamètes de la reproduction, lequel besoin peut masquer la réponse des OFM à des agressions organiques (Monod, 1997; Narbonne et Michel, 1997; Environnement Canada, 1999b; De Lafontaine *et al.*,2000).

De plus, la réponse des MT n'est significative que pour le cuivre et le sélénium, soit deux métaux mesurés sur dix, chez les moules zébrées du fleuve Saint-Laurent à cause de plusieurs variabilités (De Lafontaine *et al.*, 2000). En outre, les MT peuvent être impliquées dans des stress oxydatifs qui ne sont pas provoqués par des métaux (Denizeau, 1996; Amiard et Cosson, 1997; Van Coillie, 2005e). Bref, les réponses des biomarqueurs biochimiques sont variables et doivent ainsi être interprétées avec grande prudence (Lagadic *et al.*, 1997a).

Conclusion

Nous avons vu les principaux mécanismes d'action des toxiques au niveau moléculaire à l'exception de la génotoxicité qui sera traitée dans le prochain chapitre. Terminons en rappelant que la toxicodynamique comprend l'ensemble des mécanismes qui peuvent agir de façon concomitante, synergique, additive, compétitive, etc. On comprend alors toute la complexité liée à la compréhension de la toxicité et des mécanismes d'action des substances qui agressent les organismes vivants.

Chapitre 8

Génotoxicité

Aperçu du chapitre

La génotoxicité constitue une sphère importante de la toxicité, puisque c'est la toxicité qui affecte les gènes de l'ADN, lesquels correspondent au support matériel de l'hérédité.

La génotoxicité peut être provoquée de différentes façons, comme par des mutations et (ou) des endommagements de l'une ou des deux chaînes de l'ADN. Les substances qui ont des effets génotoxiques peuvent entraîner des malformations durant le développement embryonnaire (tératogénicité) et (ou) affecter des gènes et provoquer une prolifération anarchique des cellules causant un cancer, on parle alors de cancérogénicité.

Ce chapitre est une synthèse des mécanismes à la base de la génotoxicité. Il contient une liste importante des différents tests ou approches disponibles pour déceler le pouvoir génotoxique à différents niveaux (mutagène, endogène, clastogène, tératogène et cancérogène) des substances toxiques. La consultation des ouvrages cités permettra d'approfondir le sujet.

8.1 Définition

Comme le mot l'indique, la génotoxicité affecte les gènes de l'acide désoxyribonucléique du génome, communément appelé ADN. Plusieurs mécanismes différents peuvent intervenir et occasionner des manifestations variées; ils sont souvent regroupés en trois types : la mutagénicité, l'endommagement de l'ADN et la clasténogénicité; ces mécanismes induisent parfois une tératogénicité pendant la vie embryonnaire ou une cancérogénicité durant la vie postembryonnaire.

Avant d'étudier ces manifestations, précisons leur origine commune, soit l'ADN. Cette macromolécule est composée de deux chaînes hélicoïdales (brins) qui s'enroulent l'une autour de l'autre (figure 8.1).

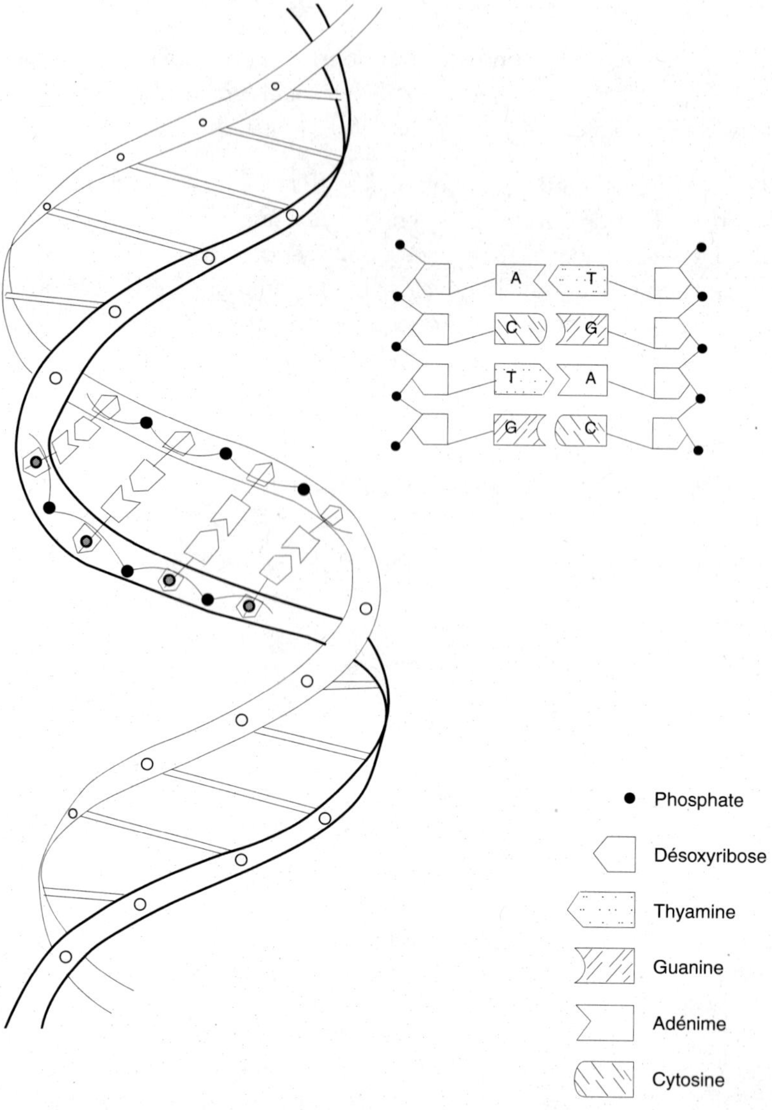

Figure 8.1 Illustration d'un fragment d'une molécule d'ADN.

Chaque chaîne est une succession de phosphates (P) et de sucres (S) désoxyriboses (5 carbones en cycle) auxquels des bases aminées (B) sont liées. Ces trois constituants moléculaires (P – S avec B) forment un nucléotide dont la polymérisation constitue chaque chaîne, comme ceci :

```
P – S – P – S – P – S – P – S – P – S – P – S – P –
    |       |       |       |       |       |
    B1      B2      B3      B4      B5      B6
```

Les bases sont soit des purines adénine (A) ou guanine (G), soit des pyrimidines cytosine (C) ou thymine (T). Les purines d'une chaîne sont liées aux pyrimidines de l'autre chaîne par des liaisons H (hydrogène d'une base en lien réversible avec un oxygène d'une autre base) et forment ainsi des paires A T et C G. Cet agencement macromoléculaire est illustré ci-dessous pour un tronçon d'ADN :

```
          – P – S – P – S – P – S – P – S – P – S – P – S – P –
                |       |       |       |       |       |
                A       G       C       T       C       G
Liens H         ..      ...     ...     ..      ...     ...       Liens H
                T       C       G       A       G       C
                |       |       |       |       |       |
          – P – S – P – S – P – S – P – S – P – S – P – S – P –
```

On schématise généralement cet agencement en résumant les nucléotides ainsi :

```
– A   G   C   T   C   G –
– T   C   G   A   G   C –
```

où A représente l'adénosine, C la cytidine, G la guanosine et T la thymidine.

Chaque séquence de trois paires de nucléotides dans l'ADN constitue un codon, lequel est une unité de base en génétique moléculaire; l'énoncé précédent est donc composé de deux codons successifs. Pour transcrire un message génétique, à savoir un ARN (acide ribonucléique) qui est une suite de P – S (sucres riboses avec B), les deux chaînes de l'ADN se séparent temporairement et une chaîne met en place des nucléotides complémentaires (C → G, G → C, T → A et A → uridine spécifique au ARN), comme il est illustré ci-après.

```
Chaîne d'ADN – A G C – T C G – G A T – G A C – A A G –
                  ↓       ↓       ↓       ↓      ↓ ↓
ARN          – U C G – A G C – C U A – C U G – U U C –
```

Trois nucléotides successifs complémentaires de l'ARN forment un anticodon. Lorsque l'ARN messager émigre de l'ADN et du noyau dans le cytoplasme, chacun de ses anticodons se liera à un acide aminé spécifique qui sera placé dans une protéine en formation dans les ribosomes du cytoplasme. L'alphabet génétique de quatre lettres (ACGT de l'ADN et ACGU de l'ARN) est ainsi « traduit » en un alphabet protéique de 20 lettres (20 acides aminés). Un acide aminé peut être mis en place par plusieurs codons ou anticodons différents, comme il est illustré ci-après.

Anticodons des ARN messagers	**Acides aminés sélectionnés**
CUC	Leucine
CUU	Leucine
UUA	Leucine
UUG	Leucine
UCC	Sérine
UCU	Sérine
UUU	Phénylalanine
UUC	Phénylalanine

Les protéines formées à partir des gènes du génotype peuvent être réparties en trois catégories, à savoir des protéines de structure (où celles des caractères individuels physionomiques ne dépassent pas 1000), des protéines de fonction (environ 3000 enzymes, immunoglobulines, etc.) et des autres protéines peu connues. Ces trois catégories constituent le phénotype protéique. Puisqu'une protéine moyenne renferme de 300 à 500 acides aminés, un gène moyen possède de 900 à 1500 paires de nucléotides.

L'ADN s'autoduplique selon une méthode dite « semiconservative ». Chaque chaîne met alors en place une chaîne complémentaire, ce qui réplique l'ADN :

Nouvel ADN ←	–	T	C	G		A	G	C	–
		↑	↑	↑		↑	↑	↑	
	–	A	G	C	–	T	C	G	–
	–	T	C	G	–	A	G	C	–
		↓	↓	↓		↓	↓	↓	
Nouvel ADN ←	–	A	G	C	–	T	C	G	–

La réplication de l'ADN et sa transcription d'ARN sont des phénomènes très rapides; leur vitesse est d'environ 600 nucléotides par seconde. Les enzymes responsables de ces synthèses anaboliques vertigineuses sont respectivement l'ADN polymérase et l'ARN polymérase. Cette vitesse peut occasionner des erreurs lors des réplications de l'ADN, ce qui explique certaines mutations naturelles.

Lorsqu'on traite de l'ADN, on utilise de très grands nombres et on fait appel à des dimensions gigantesques. De fait, l'ADN de chaque cellule humaine contient environ 30 000 gènes (nombre explicité lors de la récente étude de la séquence nucléotidique du génome humain) et a un poids moléculaire (PM) de $1,9 \times 10^{11}$ daltons. Ces dimensions expliquent que les probabilités de rencontre entre l'ADN et les toxiques sont élevées. Ceci s'applique aussi, à plus faible échelle, aux bactéries, telle la bactérie *Escherichia coli* du colon humain, et aux virus comme le bactériophage T_2 de *E. coli*. De fait, chez la première et le second, l'ADN renferme respectivement > 1000 et > 100 gènes, pèse $1,8 \times 10^9$ et $1,2 \times 10^8$ daltons et mesure > 1000 microns et 52 microns, alors que leur taille respective équivaut à 1-3 microns et à 0,21 micron.

Mentionnons également que l'ADN renferme entre ses gènes des séquences de quelques nucléotides qui sont des « ponctuations ». Ces dernières peuvent être repérées en biotechnologie par des désoxyribonucléases (DNAses) particulières : ceci permet de découper un gène en vue de le transférer.

Les probabilités de rencontre entre l'ADN et des toxiques sont heureusement réduites par la présence d'un corset protéique autour de l'ADN chez l'humain et chez les organismes non bactériens et non viraux. Ce corset est composé de petites protéines, nommées histones et protamines, riches en acides aminés arginine et lysine positifs, lesquelles protéines ont une affinité polaire pour les chaînes de polyphosphates négatifs de l'ADN. Lorsqu'il y a dérépression, c'est-à-dire que les gènes sont mis à nu par l'enlèvement de leur corset protéique au moyen de petits ARN présents dans la chromatine à cette fin, ils deviennent vulnérables aux agressions génotoxiques. Les gènes dérépressés sont actifs pour une transcription d'ARN ou une autoréplication d'ADN. La génotoxicité affecte ainsi surtout les gènes actifs et les cellules en multiplication fréquente, ce qui la rend particulièrement insidieuse.

8.2 Mutagénicité

La mutagénicité, ou mutagénèse, est une agression génotoxique qui provoque des mutations dans l'ADN, soit un changement dans la séquence des nucléotides d'un gène. Cinq types de mutation peuvent naturellement survenir (Thilly et Call, 1986; Lu, 1991; Hoffmann, 1996; Preston et Hoffmann, 2001) :

- *Substitution de transition.* A est remplacé par G (2 purines) et réciproquement, ou C est remplacé par T (2 pyrimidines) et réciproquement;
- *Substitution de transversion.* Un nucléotide avec une purine (A ou G) est changé par un nucléotide avec une pyrimidine (C ou T) et vice versa;
- *Addition.* Un nucléotide (A, C, G ou T) s'ajoute dans la séquence;
- *Délétion.* Un nucléotide (A, C, G ou T) est absent de la séquence;
- *Transformation.* Un nucléotide devient non fonctionnel; en voici cinq possibilités, par ordre décroissant de fréquence (Hoffmann, 1996; Hughes, 1996; Burden, 2000; Pitot et Dragan, 2001).

1. Plusieurs substances mutagènes se lient à A, C, G ou T de l'ADN et deviennent alors des adduits avec ces bases; par exemple, des composés alkylés (éthyl-R et méthyl-R) peuvent s'associer aux atomes N_1, N_3 ou N_7 de l'adénine, O de C_2 ou N_3 de la cytosine, N_3, O de C_6 ou N_7 de la guanine, ou bien O de C_2, N_3 ou O de C_4 de la thymine; le 2-acétylaminofluorène (2 AAF), un HAP souvent utilisé comme mutagène expérimental et d'autres amines aromatiques se lient facilement au C_8 de la guanine après une hydroxylation métabolique; divers autres HAP biotransformés par le foie forment également des adduits avec des bases de l'ADN; enfin, certaines substances naturelles, comme la mycotoxine aflatoxine B1 hydroxylée qui s'unit au N_7 de G, ont la même propriété de former des adduits avec l'ADN. Parfois, des bases avec adduit subissent un changement métabolique; mentionnons à ce propos que le 5-méthyle G peut être déaminé, puis hydroxylé, et devenir ainsi T, mais la mutation demeure car la paire initiale C-G de nucléotides complémentaires n'est pas remplaçable par une paire C-T de nucléotides non complémentaires.

2. Des bases sont hydroxylées lors de stress oxydatifs.

3. Quelques agents mutagènes, comme l'HAP 9-aminoacridine et certains métaux lourds (Cd, Cr, Hg, Ni et Pb), établissent un pontage

entre deux bases complémentaires de l'ADN ou se lient à des bases de l'ADN et les empêchent ainsi d'être fonctionnelles.

4. Une transformation de bases normales survient aussi sans adduit ou sans pontage; par exemple, l'acide nitreux mutagène change les bases A, C et G en respectivement hypoxanthine, en uracyle et en xanthine qui s'apparient à C, A et C.

5. Un nucléotide anormal tel que l'inosine ou l'uridine remplace un nucléotide normal lors de la réplication de l'ADN à partir du réservoir (*pool*) de nucléotides.

Les deux premiers types de mutation entraînent un changement d'acides aminés mis en place dans les protéines; ce changement a généralement peu d'effet sauf lorsqu'il affecte des acides aminés importants pour la configuration des protéines, entre autres les cystéines avec SH des sites actifs des enzymes ou les acides aminés en position 6, 7, 26, 63, 67 et 125 de la chaîne B et 16, 30, 57, 58 et 68 de la chaîne A de l'hémoglobine, dont les remplacements par d'autres acides aminés entraînent des anémies.

Les trois derniers types de mutation occasionnent un décalage de « lecture » des codons (*frameshift mutation*). En effet, l'addition d'un nucléotide, sa soustraction et (ou) sa transformation en nucléotide non fonctionnel dans un gène modifient la séquence de triplets de nucléotides dans celui-ci à partir du nucléotide muté et, par la suite, la séquence des codons de ce gène à partir de son point de mutation. Conséquemment, les acides aminés mis en place dans la protéine prévue changent à partir de l'acide aminé concerné par le codon muté. Ces mutations ont un impact majeur, car elles induisent des protéines souvent non fonctionnelles ou avortées.

Ces diverses mutations ont lieu essentiellement grâce à deux mécanismes, à savoir, d'une part, une erreur de mise en place d'un nucléotide complémentaire à partir du réservoir (*pool*) des nucléotides libres lors des vitesses très élevées (600 nucléotides/seconde) de l'autoduplication de l'ADN et de la transcription de l'ARN et, d'autre part, un encrassement des bases des nucléotides par des métabolites (alkyles, hydroxyles, R-nitreux et autres) ou par des agents génotoxiques de l'environnement.

Les mutations expliquent partiellement l'évolution biologique. De fait, elles ont lieu au hasard et leur fréquence entraîne graduellement des protéines plus fonctionnelles ou moins efficaces permettant une adaptation améliorée ou amoindrie. Ce procédé par « essais et erreurs » est continu et conduit, à long terme, à une spéciation biologique positive ou négative, c'est-à-dire à une apparition ou à une disparition progressive de variétés et d'espèces. L'évolution biologique est également due à des additions graduelles de gènes (1000 gènes chez les bactéries à 30 000 gènes chez l'humain).

Les substances mutagènes provoquent des mutations additionnelles, principalement par transformation, en s'associant aux nucléotides de l'ADN et en les rendant non fonctionnels. Il y a aussi des mutations additionnelles, par délétion, causées par des rayons UVB solaires ou par d'autres radiations qui photodégradent des nucléotides et (ou) par des radicaux libres qui les oxydent. Ces mutations supplémentaires ont surtout lieu au sein des molécules d'ADN souvent dénudées dans les gènes très actifs et dans les cellules à réplication rapide d'ADN. Elles ont un impact majeur lorsqu'elles ne sont pas supprimées suffisamment tôt par les enzymes de réparation de l'ADN.

Une multitude de toxiques s'avèrent ainsi mutagènes. Nous les citerons dans la section traitant des substances cancérogènes initiatrices, puisque la majorité des toxiques (environ 80 %), et non la totalité, qui se révèlent mutagènes sont aussi des substances cancérogènes.

Signalons que la plupart des toxiques mutagènes doivent être bioactivés par le foie ou par l'extrait enzymatique hépatique S9 avant de provoquer des mutations par transformation; pour cette raison, ils sont appelés prémutagènes. Cette bioactivation a une signification importante car elle traduit la capacité des organismes biologiques supérieurs à transformer des toxiques en mutagènes. En outre, quand un toxique se révèle mutagène pour un gène, sa mutagénicité ne peut être confirmée que s'il s'avère également mutagène pour divers autres gènes lors de quelques autres tests de mutagénicité.

Pour déceler le pouvoir mutagène d'un toxique, avec et sans le complexe enzymatique S9, il existe plusieurs bioessais dont les plus utilisés sont actuellement le test d'Ames, le test Mutatox, le test de mutagénicité avec *Escherichia coli*, le test de mutagénicité avec la levure et un autre ascomycète, le test de mutagénicité avec la drosophile, le « spot test » des souris, le test de mutagénicité avec des cultures cellulaires de mammifères, le test de mutagénicité avec des souris transgéniques ou le test de mutagénicité avec des plantes (Thilly et Call, 1986; Lu, 1991; Hoffmann, 1996; Environnement Canada, 1999b; Preston et Hoffmann, 2001).

Test d'Ames

Le test d'Ames est effectué avec des souches non pathogènes de la bactérie *Salmonella typhimurium* dont la souche pathogène est responsable de la fièvre typhoïde. Ces souches mutées nécessitent l'acide aminé histidine et sont donc dépendantes de l'histidine pour leur survie, car des mutations sont survenues dans les 10 gènes de l'opéron des 10 réactions de la synthèse de l'histidine à partir du phosphoribosyle. Des agents mutagènes peuvent inverser et (ou) supprimer une ou plusieurs de ces mutations. Les souches mutées deviennent alors normales, car elles ont retrouvé leur capacité de synthétiser l'histidine : ce phénomène est considéré comme une réversion. Les souches TA 97 et TA 98 décèlent ainsi des mutations d'addition et de délétion, tandis que les souches TA 100 et TA 102 détectent des mutations de substitution et de transformation, respectivement (Marion et Ames, 1983).

Test « Mutatox »

Une souche mutée de la bactérie *Vibrio fisheri* du système microbien Microtox a perdu sa capacité de bioluminescence et est subséquemment nommée « Mutatox ». Un agent mutagène peut renverser sa mutation et lui rendre ainsi une bioluminescence par réversion (Microbics, 1993).

Test avec la bactérie Escherichia coli

Le 5-méthyltryptophane est toxique pour la souche WP2 de la bactérie *E. coli*; celle-ci devient résistante à ce composé après l'action de divers mutagènes (Gatehouse *et al.*, 1994).

Test avec la levure ou avec un autre ascomycète

Une culture de levures mutées *Saccharomyces cerevisiae* dépendante de l'adénine peut avoir une réversion et devenir indépendante de cette base lors d'une agression mutagénique : elle retrouve alors son état initial propice à la fermentation alcoolique (Zimmerman *et al.*, 1984). Un test analogue de réversion pour l'adénine est également fait avec des cultures de l'ascomycète *Neurospora crassa* (Brockmann *et al.*, 1984).

Test avec la drosophile

L'insecte *Drosophila melanogaster* mâle (porteur du chromosome sexuel mâle) meurt 12 à 14 jours (durée entre deux générations) après avoir été exposé à un mutagène; il s'agit d'une mutation dite germinale car la femelle exposée reste indemne (Masan *et al.*, 1987).

« Spot test » des souris

Des souris en gestation de couleur blanche (qualité acquise depuis plusieurs générations), auxquelles on injecte un toxique mutagène, donnent des embryons ayant des tâches de couleur dans leur fourrure; ce test ne demande que quelques semaines et révèle une mutation dite somatique (Styles et Pennmann, 1985).

Test avec des cultures cellulaires de mammifères

Des cellules d'ovaires d'hamster, affectées par la 6-thioguanine et la 8-azaguanine, acquièrent une résistance à ces deux analogues de G lorsque leur gène HGPRT (hypoxanthine guanine phosphoribosyle transférase) est agressé par un agent mutagène : c'est également le cas avec des cultures de fibroblastes et lymphoblastes humains et des lymphocytes de rongeurs (De Marini *et al.*, 1989; Hoffmann, 1996).

Un autre test de mutagénicité utilise des cellules de lymphomes de souris. Lorsqu'un composé mutagène agresse ces cellules, leur enzyme TK (thymidine kinase) est mutée et permet à la culture de survivre en présence de 5 BrdU (5-bromodésoxy uridine) ou de TFP (trifluoropyrimidine), lesquels sont toxiques pour une culture normale non mutée de ces cellules (Lu, 1991; Hoffmann, 1996).

Test avec des souris transgéniques

Le génie génétique permet d'ajouter des gènes bactériens ou autres au génome de souris appelées alors transgéniques. Ceci s'effectue, par exemple, avec les gènes lactose Z responsables de la synthèse de l'enzyme B galactosidase de la bactérie *Escherichia coli*. On administre ensuite un composé mutagène aux souris transgéniques et, après un certain délai, l'ADN génomique des gènes lactose Z est extrait. Cet ADN est incorporé dans celui d'un bactériophage λ et ultérieurement, par ce dernier, dans l'ADN d'une souche bactérienne d'*Escherichia coli*. On ajoute enfin à cette dernière du B-galactoside pour tester l'activité de la B-galactosidase des gènes lactose Z. S'il y a une mutation dans ces gènes, le B-galactoside (substrat de la B-galactosidase) n'est pas hydrolysé. La séquence des nucléotides de l'ADN peut alors être étudiée pour identifier les nucléotides mutés (Mirsalis *et al.*, 1994; Hoffmann, 1996).

Tests avec des plantes

Parmi ces tests, celui de la couleur des poils des étamines de *Tradescantia spp.* est le plus utilisé (Grant, 1994).

8.3 Endogénicité : endommagement d'une chaîne de l'ADN

Divers toxiques et certains agents physiques, notamment les rayons UVB solaires, peuvent altérer des bases le long d'une chaîne de l'ADN. L'endommagement d'une chaîne de l'ADN peut survenir de différentes façons : la formation d'adduits, l'oxydation par des radicaux libres et la photodestruction (Hoffmann, 1996; Pitot et Dragan, 1996).

1. Des composés génotoxiques forment des adduits avec des bases d'une chaîne de l'ADN. Par exemple, le HAP benzo-a-pyrène (BaP) de la fumée de cigarette est époxydé et ensuite hydroxylé à ses C_7, C_8, C_9 et C_{10} par des enzymes du foie. Le 7,8,9,10-tétrahydroxy ou tétrol BaP ainsi formé s'associe ultérieurement à la base G de l'ADN par une liaison entre son radical OH de C_{10} et le radical amine NH_2 de C_4 de G (figure 8.2). Soulignons ici que l'OH de C_{10} du BaP se situe au début d'une « baie » moléculaire, laquelle est une configuration favorable pour recevoir le NH_2 proéminent de C_4 de G. Ceci illustre que la formation d'adduits à l'ADN demande des facilités stériques, lesquelles sont absentes pour le 1,2,3,4-tétrol BaP, le 4,5-diol BaP, le BeP hydroxyle et divers autres HAP hydroxylés. Des contraintes de configuration stérique limitent donc considérablement les possibilités de formation d'adduits entre les HAP hydroxylés et l'ADN. En fait, cette formation d'adduits n'a lieu qu'avec quelques HAP hydroxylés, tandis que la grande majorité de ceux-ci sont associés à des conjugués tels que l'acide glucuronique, le glutathion, le sulfate ou l'acide acétique, en vue de leur élimination.

   Divers autres composés organiques tels que des amines aromatiques monocycliques et polycycliques, des organochlorés et plusieurs autres initiateurs précancérogènes, ainsi que certaines substances naturelles comme la mycotoxine aflatoxine B1, peuvent aussi devenir des adduits à l'ADN après biotransformation. De plus, certains composés synthétiques ont la capacité de s'unir à l'ADN par des adduits sans biotransformation préalable : mentionnons des alkylsulfates, des alkylnitrosurées, des alkylnitrosamides et quelques autres agents chimiques qui sont des initiateurs directement cancérogènes. La formation d'adduits de cette multitude de composés est heureusement très limitée par des exigences stériques analogues à celle qui a été décrite pour le BaP.

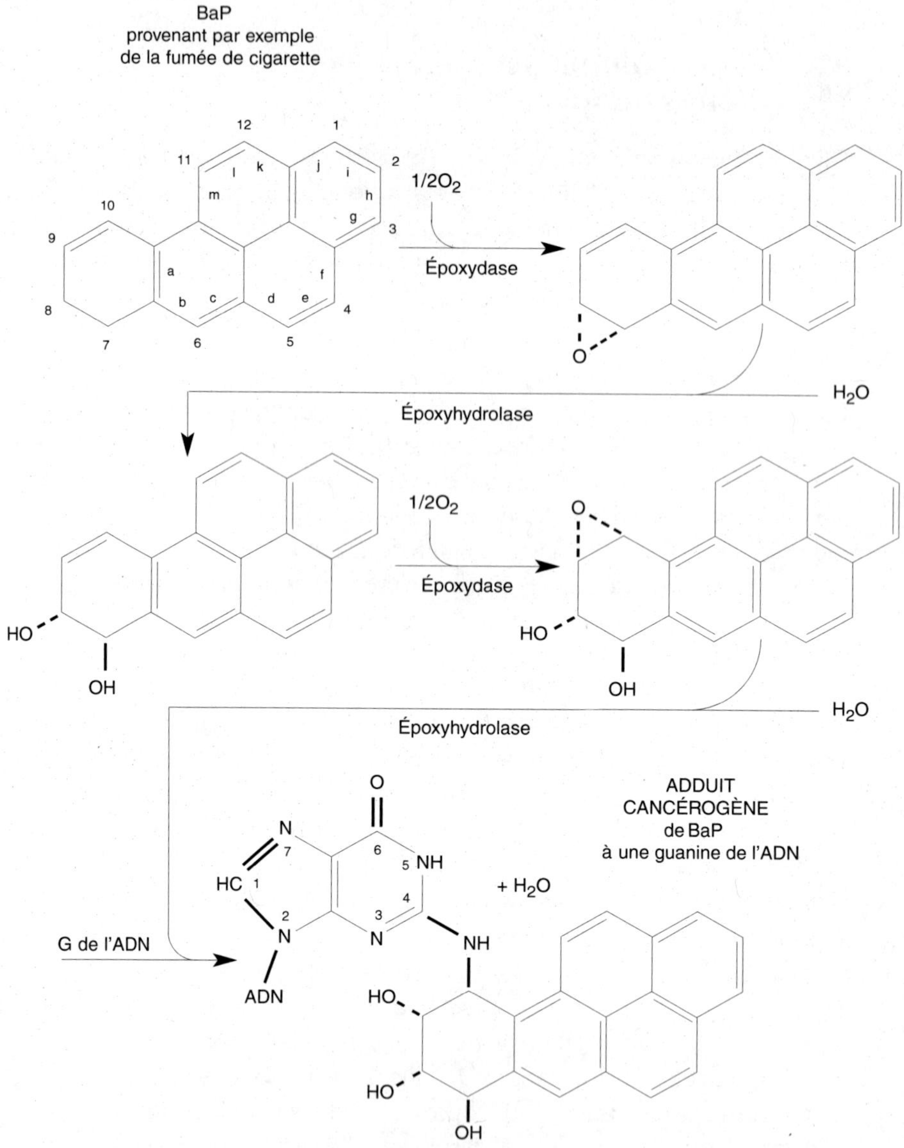

Figure 8.2 Biotransformation du benzo-a-pyrène en adduit génotoxique.

2. Certains composés chimiques provoquent une génotoxicité en stimulant une formation excessive d'ions oxyde et superoxyde, et de molécules H_2O_2, lesquels oxydants puissants peuvent ensuite dégrader des bases de l'ADN. Parmi ces provocateurs génotoxiques, citons l'herbicide Paraquat et des proliférateurs de peroxysomes, que nous verrons plus loin.
3. Des rayons UVB solaires, des rayons X et des rayons gamma d'origine nucléaire sont reconnus comme des photodestructeurs de bases de l'ADN, car leur énergie de rayonnement est captée par des doubles liaisons covalentes de ces bases qui la transforment en énergie chimique par résonance mésomérique. Ils peuvent aussi entraîner la formation de ponts dimères T – T dans une chaîne d'ADN.

Lorsqu'un segment d'une chaîne de l'ADN est endommagé par des adduits, un stress oxydatif ou par des rayons ultraviolets, les bases altérées sont remplacées. Pour cela, la seconde chaîne de cet ADN va guider, à partir de sa séquence complémentaire de nucléotides, la mise en place de nouveaux nucléotides qui répètent, dans le même ordre, ceux qui ont été altérés. Ce processus se fait à l'aide d'enzymes de réparation de l'ADN et voici comment nous pouvons le schématiser (Hoffmann, 1996; Pitot et Dragan, 2001) :

Séquence d'ADN normal	ATTCGA TAAGCT
↓	
Agression génotoxique d'une chaîne de l'ADN par des adduits (a) de composés chimiques	a a a ATTCGA TAAGCT
ou	ou
Agression génotoxique d'une chaîne de l'ADN par des rayons ultraviolets B ou des rayons gamma	A GA TAAG CT
↓	
Autoréparation de la chaîne agressée de l'ADN à partir de la chaîne intacte de l'ADN à l'aide d'enzymes de réparation; celles-ci interv iennent uniquement au lieu de l'agression génotoxique car ce dernier dénudé a été cerné préalablement par des protéines dites XPA qui s'y lient	A GA TTC TAAGCT
	↓
	ATTCGA TAAGCT

Le processus enzymatique d'autoréparation de l'ADN nécessite généralement les enzymes de réparation suivantes, de façon successive (figure 8.3).

- Une endonucléase enlève le nucléotide altéré par un adduit; cette enzyme découpe jusqu'à 12 à 29 nucléotides voisins (par exemple : les nucléotides C, A et G à la figure 8.3), en plus de celui qui est altéré (*large patch*); un retrait plus économique du nucléotide endommagé par un adduit est assumé par une ADN glycosylase, qui enlève uniquement la base contaminée de ce nucléotide, et ensuite par une AP endonucléase qui retire le reste AP (apurique ou apyrimidique) de celui-ci (*short patch*).
- Une ADN polymérase catalyse la mise en place de nucléotides complémentaires dans le segment de la chaîne de l'ADN à réparer, à partir de la chaîne intacte de l'ADN.
- Une ADN ligase lie le segment réparé au lieu agressé de la chaîne de l'ADN.

Quelques autres mécanismes de réparation de l'ADN sont également possibles. Entre autres, des adduits d'alkyles à l'ADN peuvent être enlevés de celui-ci au moyen d'alkyltransférases : c'est notamment le cas pour les alkyles de O_6 de G et le méthyle de O_4 de T. En outre, des dimères adjacents de T, formés à la suite d'une agression génotoxique des rayons ultraviolets B, sont séparés par une autre enzyme.

Plusieurs gènes sont présents dans le génome pour assurer ses réparations à la suite d'agressions génotoxiques naturelles. Par exemple, un « coup de soleil » causé par les rayons ultraviolets B solaires brûle environ 20 % de l'ADN cutané; ceci se produit principalement dans des segments d'une chaîne de cet ADN et la réversibilité de cette agression survient en trois jours. La capacité naturelle de réparation de l'ADN dépasse largement l'incidence des agressions génotoxiques d'origine naturelle.

Le tableau 8.1 présente pour différents types de dommages, les fréquences horaires de dommages et de réparation de l'ADN par cellule (Pitot et Dragan, 2001).

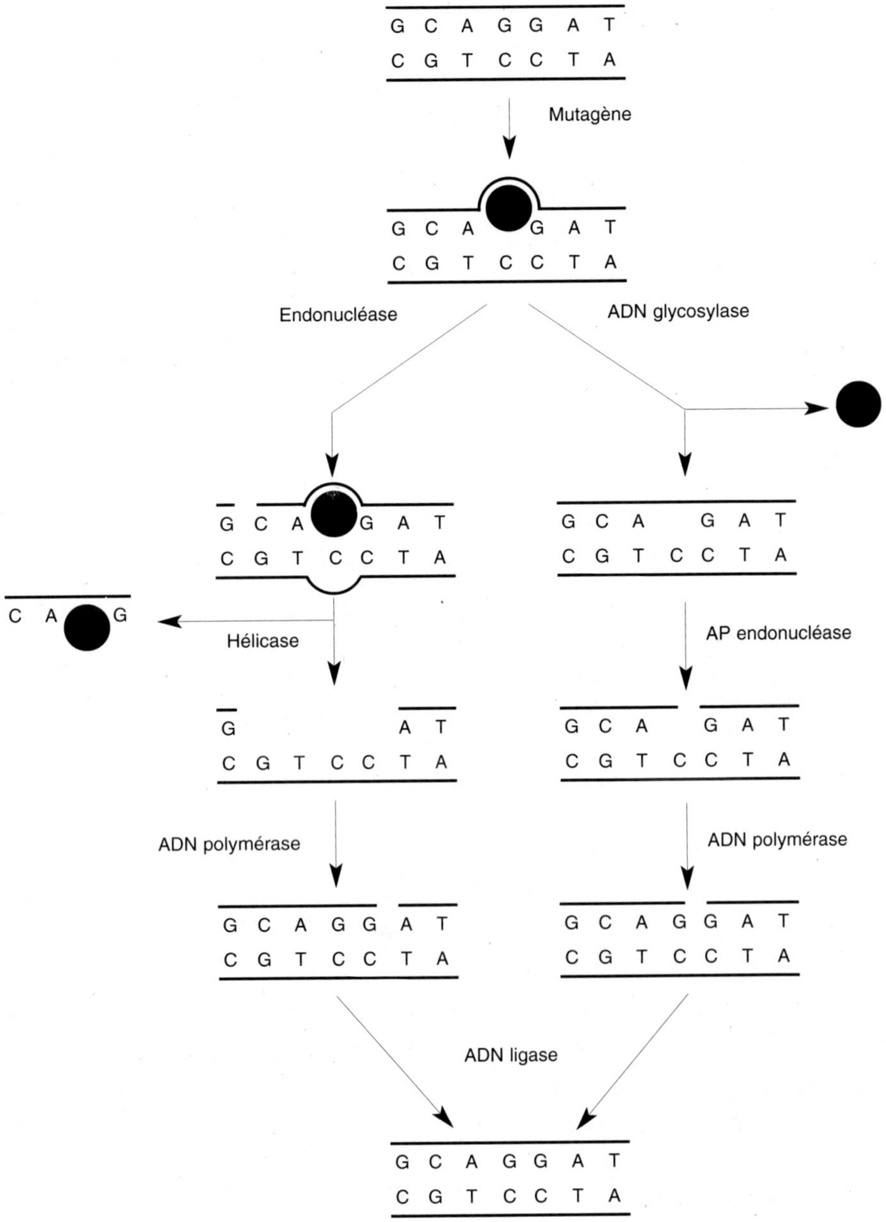

Source : Klaassen *et al.* (1986), p. 275.

Figure 8.3 Mécanisme d'autoréparation d'une chaîne de l'ADN, après une agression génotoxique par un agent mutagène chimique ou physique.

Tableau 8.1 Dommages à l'ADN et réparation

Types de dommages à l'ADN	Fréquences horaires estimées de dommages à l'ADN, par cellule	Fréquences horaires maximales de réparation de l'ADN, par cellule
Agression à une chaîne	5 000	200 000
Alkylation de la guanine	3 630	10 000
Enlèvement d'une base de purine	1 000	10 000
Oxydation des bases	120	100 000
Enlèvement d'une base de pyrimidine	55	10 000

L'autoréparation innée de l'ADN corrige des erreurs naturelles dans la séquence des nucléotides de l'ADN, lesquelles erreurs proviennent de mauvaises mises en place de nucléotides lors de mutations ou sont causées par des endommagements de nucléotides lors de diverses expositions naturelles à des substances génotoxiques. Parmi ces expositions naturelles, mentionnons, en plus de celle du « coup de soleil », trois autres possibilités, à savoir la respiration d'HAP et de DF (dioxines et furannes chlorés) dispersés à partir de feux de forêt et autres feux à ciel ouvert, la consommation de produits végétaux tels que des fougères et du safrole, ainsi que l'exposition variée à certains métaux lourds (Cd, Cr, Ni et Pb). Chez l'humain, les erreurs naturelles dans la séquence des nucléotides de l'ADN à réparer sont estimées, selon Koshland (1994), à $1/10^{10}$ par paire de nucléotides/cycle de vie d'une cellule × 4 milliards de paires de nucléotides/cellule × 10^{16} cycles cellulaires/vie = 4 000 trilliards pendant une vie.

Il ressort que les organismes biologiques sont bien équipés contre les mutations et les endommagements des chaînes de l'ADN.

Toutefois, ces mutations et endommagements peuvent supplanter l'autoréparation de l'ADN dans les trois situations suivantes :

1. Les altérations de l'ADN ne sont pas réparées avant sa réplication ou sa transcription d'ARN; les mutations et endommagements se retrouvent alors dans les cellules filles.
2. Des gènes responsables de l'autoréparation de l'ADN sont mutés. On observe notamment ceci pour le *Xeroderma pigmentosum*, une maladie génétique humaine cutanée, où les victimes ne supportent pas les rayons ultraviolets B solaires car les effets génotoxiques de ces derniers ne peuvent pas être réparés. Des mutations sont également constatées dans des gènes de la réparation de l'ADN chez certaines

souches des bactéries *Escherichia coli* et *Bacillus subtilis*; leurs ADN endonucléases et ADN polymérases sont alors défectueuses (Lu, 1991; Hoffmann, 1996).

3. Les agressions génotoxiques sont trop nombreuses de telle sorte que la capacité naturelle de réparation de l'ADN est dépassée : ceci se produit lors de la phase d'initiation de la cancérogenèse.

Plusieurs substances génotoxiques provoquent de tels dépassements après biotransformation par le foie ou la potion S9; d'autres peuvent le faire sans cette biotransformation et nous en présentons la liste plus loin dans la section sur la cancérogénicité.

Le pouvoir d'endommagement excessif d'une chaîne de l'ADN par des substances génotoxiques peut être détecté avec trois bioessais : le SOS chromotest, les tests avec des souches bactériennes « rec » et le test de synthèse non programmée de l'ADN (Lu, 1991; Hoffmann, 1996; Environnement Canada, 1999b; Preston et Hoffmann, 2001).

SOS chromotest

Le gène responsable de la synthèse d'une enzyme d'autoréparation de l'ADN, à savoir l'ADN polymérase de réparation, a été localisé dans l'ADN circulaire de la bactérie *Escherichia coli*. Ce gène, dit « SOS » (*save our souls*, selon une prière chantée par des marins anglais avant de se noyer) a ensuite été découpé à l'aide d'une déoxyribonucléase spécifique de coupure. Puis, au moyen d'un plasmide cytoplasmique, il a été transféré dans une souche de *E. coli*, K12 ou PQ37, où il a été placé à côté de l'opérateur de l'opéron lactose Z. Ce dernier est responsable de la synthèse de la B galactoside perméase qui facilite l'entrée du B galactoside du lactose dans la bactérie, et de la B galactosidase, qui hydrolyse le B galactoside en galactose et glucose; ces deux enzymes sont essentielles pour la nutrition bactérienne. Lors d'une agression génotoxique, le gène SOS est activé pour une augmentation de synthèse d'ADN polymérase de réparation et il active, à son tour, l'opéron et son gène de la B galactosidase. Il y a alors un surplus de cette dernière enzyme, surplus qui se mesure par spectrophotocolorimétrie avec un substrat chromogène à 635 nm et est proportionnel à l'effet génotoxique induit.

Ce test génotoxique a été validé avec 83 composés chimiques et a ensuite été largement utilisé avec diverses substances (Quillardet et Hofnung, 1993). Il est couramment adopté aujourd'hui en environnement avec une vérification de l'effet non toxique du composé étudié, laquelle vérification s'effectue au niveau de l'enzyme métabolique phosphatase alcaline (Environnement

Canada, 1999b). Par exemple, il a servi pour étudier la génotoxicité de l'eau et des sédiments du fleuve Saint-Laurent (Langevin *et al.*, 1992; White et Côté, 1998). Il a été classé plus favorable que le test d'Ames dans une étude comparative de bioessais de génotoxicité avec plusieurs substances (Legault *et al.*, 1994). Nous devons souligner que ce test est souvent précédé d'une concentration de la matière organique à tester, concentration produite avec une extraction au chlorure de méthylène. Un tel procédé est peu représentatif par rapport aux conditions environnementales.

Tests avec des souches bactériennes « rec »

Des souches mutantes dites « rec » de *Bacillus subtilis* sont mises en contact avec des agents génotoxiques pour tester leur capacité de réparation de l'ADN; les mêmes tests sont faits sur des souches normales de ces bactéries. Les premières sont incapables de corriger des endommagements à l'ADN et leur croissance en culture est subséquemment arrêtée, contrairement aux secondes (Lu, 1991; Hoffmann, 1996). Ce test peut aussi être réalisé avec des souches « rec » d'*Escherichia coli* et des souches normales de cette bactérie (Lu, 1991; Hoffmann, 1996).

Test de synthèse non programmée de l'ADN

La thymidine (T de l'alphabet génétique) étant spécifique à l'ADN, l'incorporation de thymidine radiomarquée (^{14}C ou ^{3}H) est utilisée pour mesurer les taux de synthèse de l'ADN.

La principale synthèse de l'ADN a lieu avant toute division cellulaire, durant l'interphase entre deux divisions cellulaires, de telle sorte que son autoduplication donnera le même bagage génétique à chaque cellule fille. En plus de cette autoréplication « programmée » majeure, compte tenu de la masse d'ADN à autodupliquer, il y a aussi une synthèse mineure non programmée (*unscheduled DNA synthesis*), beaucoup plus faible mais continue, qui est associée à l'autoréparation de l'ADN. Afin de distinguer l'incorporation de radiothymidine due à l'autoduplication de l'ADN et l'incorporation de radiothymidine due à l'autoréparation de l'ADN, on peut inhiber la première avec l'hydroxyurée et mesurer ensuite la seconde. Ces tests s'effectuent généralement avec des cultures cellulaires d'hépatocytes de rat, *in vitro*, ou dans des cellules hépatiques ou germinales testiculaires de rongeurs, *in vivo*, après injection des deux produits successifs (Bentley *et al.*, 1994; Madle *et al.*, 1994; Hoffmann, 1996). Un endommagement de l'ADN par une substance génotoxique augmente le taux naturel de synthèse non programmée de l'ADN. Il faut toutefois souligner que ces tests exigent des techniques biochimiques coûteuses (séparation macromoléculaire, comptage de la radioactivité par scintillation et parfois radioautographie) réservées à certains laboratoires.

En plus de ces trois bioessais, il est également possible de compter le nombre d'adduits à l'ADN et d'identifier ces derniers et (ou) de préciser le nombre de bris d'ADN. Ceci exige toutefois les manipulations biomoléculaires complexes suivantes (Pitot et Dragan, 2001) :

Extraction de l'ADN dans l'éthanol à –20 °C

↓

Hydrolyse de l'ADN en nucléotides indépendantes
avec la déoxyribonucléase

↓

Radiomarquage de ces nucléotides par addition d'ATP
(adénosine triphosphate) dont le 3e P est radioactif (P^{32})
et ajout d'une enzyme kinase bactérienne
qui lie ce P^{32} à chaque nucléotide

↓

Séparation des nucléotides normaux
par chromatographie liquide à haute performance

↓

Comptage et analyse des nucléotides avec adduits
par chromatographie avec cellulose

8.4 Clastogénicité : endommagement des deux chaînes de l'ADN

Le terme *clastogénicité*, ou le terme analogue *clastogenèse,* définit une agression génotoxique qui altère localement les deux chaînes de l'ADN (Thilly et Call, 1986). Si celles-ci ne sont pas réparées ou le sont insuffisamment, ce phénomène entraîne des bris d'ADN (Shugart *et al.*, 1992) et des délétions de morceaux d'ADN (Preston et Hoffmann, 2001). Subséquemment, il y a une perte de morceaux de chromosomes, une éventuelle expulsion des parties perdues sous forme de micronoyaux hors du noyau cellulaire et (ou) une apparition d'aberrations chromosomiques.

Pour bien comprendre, décrivons brièvement les chromosomes. Les chromosomes ne sont présents que lors de la mitose (division ou multiplication des cellules) et sont constitués d'un amas serré de chromatine, laquelle est un ensemble d'ADN et de ses protéines liées. Lorsque l'ADN est actif pendant son autoduplication et la transcription d'ARN, la chromatine environnante est diffuse; par contre, lorsque l'ADN n'est pas actif, cette chromatine apparaît comprimée et on la dit « répressée ». La condensation de la chromatine diffuse en chromatine « répressée » a lieu après l'interphase entre deux mitoses. En effet, l'autoduplication (ou autoréplication) de l'ADN en deux ADN homologues s'effectue durant l'interphase et ensuite la chromatine qui renferme ces deux ADN homologues est « répressée ». Lors de la prophase de la mitose qui suit, cette chromatine « répressée » est concentrée en un certain nombre de chromosomes. Par exemple, chaque cellule humaine en prophase contient 23 chromosomes répartis en 22 autosomes et un hétérochromosome sexuel mâle « Y » ou femelle « X ». Signalons ici que le chromosome mâle « Y » ne renferme que 78 gènes fragiles aux agressions génotoxiques tandis que le chromosome femelle « X » contient plus de 3000 gènes très protégés contre les agressions.

Le nombre de chromosomes varie selon les espèces; il se répartit entre 1 chez les bactéries (ADN circulaire sans chromatine chez *Escherichia coli*) et 97 chez certains insectes. À la fin de la prophase, chaque chromosome se fissure longitudinalement en deux chromatides dites sœurs; chacune de celles-ci contient un des deux ADN homologues. Pendant la brève métaphase après la prophase, les deux chromatides d'un chromosome apparaissent séparées, sauf au niveau d'un centromère. On peut alors examiner la configuration des chromatides de ce chromosome et des autres chromosomes, puis définir ainsi leur caryotype, que nous préciserons plus loin. Par la suite, les centromères des chromosomes sont fendus à l'anaphase et les chromatides sœurs qui sont alors complètement séparées s'éloignent et migrent vers les futurs noyaux fils dont chacun possède un des deux ADN homologues. Lors de la télophase de la mitose, la chromatine « répressée » des deux chromatides sœurs devenues chromosomes indépendants est décompressée en chromatine diffuse « dérépressée », en vue de la prochaine interphase.

Le caryotype des chromosomes en métaphase est l'ensemble de leurs configurations. Il permet de déceler des aberrations chromosomiques causées par des agressions génotoxiques. Dans un caryotype, les deux chromatides sœurs de chaque chromosome apparaissent nettement séparées, sauf au niveau de leur centromère (figure 8.4). Lors d'un examen cytogénétique, on distingue des bras supérieur *p* et inférieur *q* dans chaque chromatide par rapport au centromère, de une à quatre régions dans chaque bras et de une à sept bandes dans chaque région. Le caryotype des cellules humaines compte un nombre diploïde 2 n de chromatides, soit 44 chromatides autosomes (2 x 22), auxquels s'ajoutent les 2 chromatides sexuels (XY) mâles ou (XX) femelles, sauf dans les cellules germinales spermatozoïdes ou ovules, où ce nombre est haploïde n. Mentionnons ici que la diploïdie 2 n des cellules somatiques et l'haploïdie des gamètes germinales s'observent chez toutes les espèces; il y a aussi parfois des triploïdies 3 n, des tétraploïdies 4 n et autres polyploïdies. Chacune des paires de chromatides sœurs diffère des autres paires quant aux points suivants (figure 8.5) : position du centromère, longueur des bras des chromatides, nombre de régions dans ces bras et nombre de bandes foncées ou claires dans ces régions.

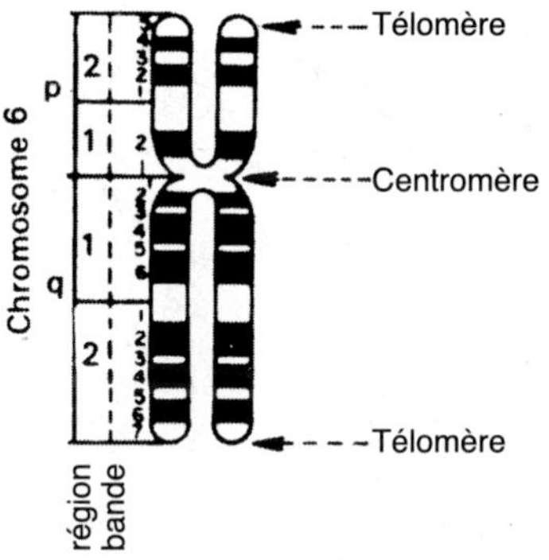

Source : Klaassen *et al.* (1986), p. 177.

Figure 8.4 Caryotype de chromosome : exemple du chromosome 6 du génome humain.

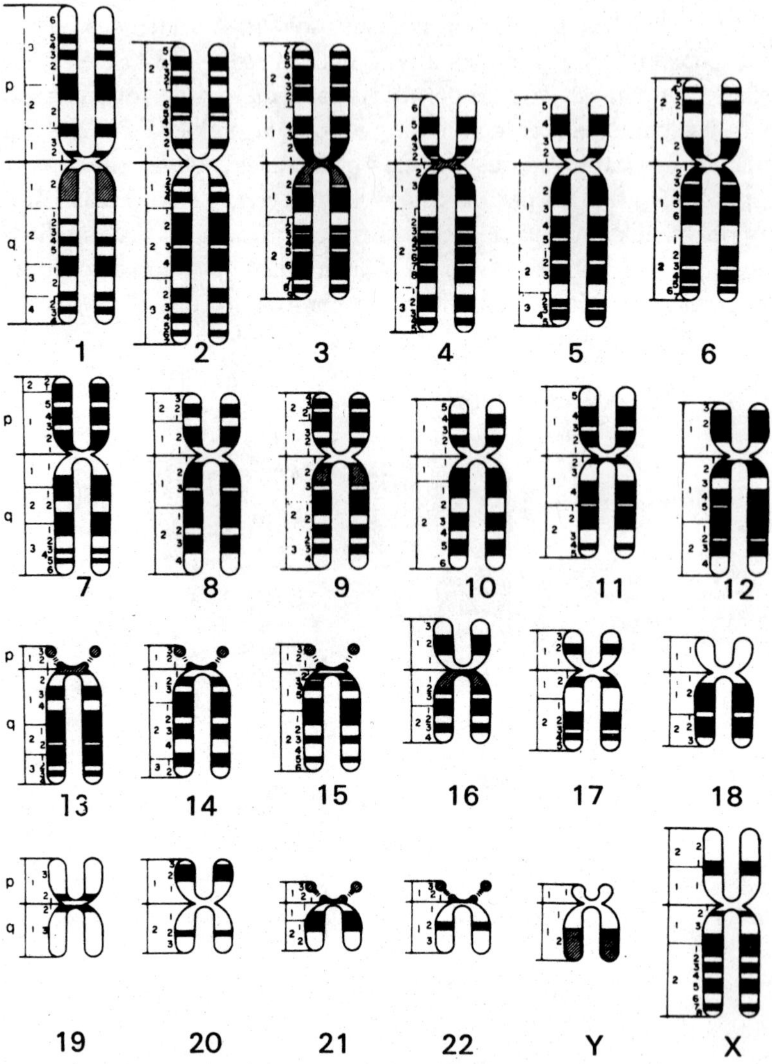

Source : Klaassen *et al.* (1986), p. 176.

Figure 8.5 Caryotype des 22 paires des 22 chromosomes dits autosomes et de la paire de chromatides de l'hétérochromosome (X) mâle ou femelle (Y) du génome humain.

Des aberrations chromosomiques peuvent survenir naturellement et leur fréquence est amplifiée par des agressions génotoxiques. Les sites les plus fragiles dans les chromatides sont les suivants : 2q11, 2q13, 6p23, 7p11, 8q22, 9p21, 9q32, 10q23, 10q25, 11q23, 12q13, 16p12, 16q22, 17p12, 20p11 et Xq27. Voici comment on identifie les sites dans les chromatides : la première position correspond au numéro du chromosome; la deuxième position, soit les lettres *p* et *q*, fait référence aux bras *supérieur* et *inférieur* des chromatides sœurs; la troisième position correspond au numéro de la région dans le bras et la dernière position, au numéro de la bande dans la région (Thilly et Call, 1986).

La clastogénicité qui provoque des aberrations chromosomiques additionnelles est distincte d'un autre phénomène cytogénétique appelé « aneuploïdisation ». L'aneuploïdisation est une perte ou un gain de chromatides intactes : ceci change leur nombre diploïde $2\,n$ en $2\,(n-1)$ et en $2\,(n+1)$ dans les cas de monosomie et de trisomie respectivement, lesquels cas entraînent des maladies génétiques non reliées à des agressions génotoxiques.

Les réparations des altérations clastogénétiques ont lieu selon les deux processus de « couture » suivants, par ordre décroissant de fréquence (Hoffmann, 1996; Pitot et Dragan, 2001; Preston et Hoffmann, 2001).

- Une recombinaison, appelée aussi « translocation », des deux chaînes altérées d'un ADN avec les deux chaînes intactes de son ADN homologue s'effectue grâce à certaines enzymes (figure 8.6). Ceci permet une réparation complète de la région altérée ou trouée de l'ADN, pour autant que son ADN homologue soit présent et disponible; cette exigence ne peut être satisfaite que lors de l'interphase avancée.

- Une réparation de l'ADN s'effectue à l'aide d'une enzyme ADN PK (protéine kinase) qui apporte des morceaux d'ADN Ku 70 ou Ku 80 pour remplacer la région altérée ou trouée des deux chaînes de l'ADN; ensuite, ces morceaux sont liés à cet ADN au moyen d'une ligase. Cette réparation est toutefois vaine et mutante, car elle ne renouvelle pas la séquence d'ADN altérée ou trouée, ce qui correspond à une mutation par délétion; elle ajoute à sa place de l'ADN Ku 70 ou Ku 80, ce qui constitue alors une insertion, donc une mutation par addition.

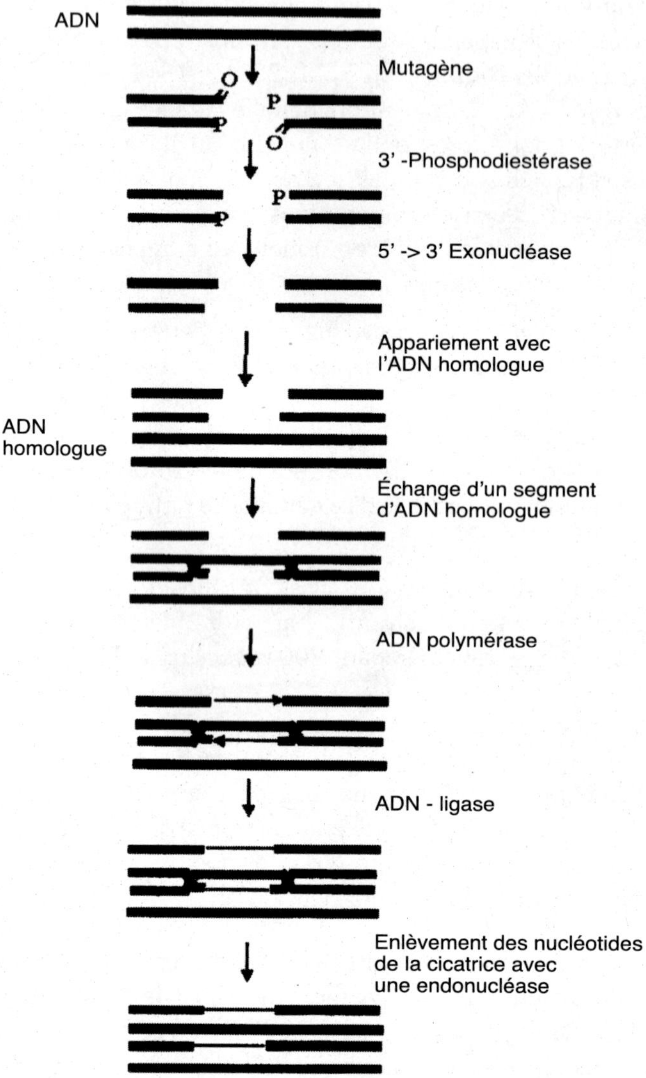

Source : Klaassen *et al.* (1986), p. 225.

Figure 8.6 Mécanisme d'autoréparation des deux chaînes de l'ADN d'une chromatide après une agression génotoxique par un agent mutagène chimique ou physique.

En outre, lorsque la clastogénicité survient dans des cellules qui font partie d'une population où la multiplication et le renouvellement des cellules est relativement rapide, les cellules affectées par des altérations clastogéniques peuvent être relativement vite remplacées par des cellules normales. Ceci se limite toutefois à certaines populations de cellules et s'observe notamment chez les globules rouges avec noyau et chez les globules blancs.

Compte tenu de ce que nous venons de voir sur les agressions génotoxiques clastogéniques, nous pouvons dire que les réparations réussies de ces agressions des chaînes de l'ADN sont limitées et moins fréquentes que celles des mutations et endommagements d'une seule chaîne de l'ADN. La clastogénicité se révèle ainsi plus grave que la mutagénicité et l'endommagement d'une chaîne de l'ADN.

Les substances qui provoquent une clastogénicité sont décrites plus loin avec celles qui peuvent causer une mutagénicité par transformation et un endommagement d'une chaîne de l'ADN vu que ces trois catégories de substances sont impliquées dans l'initiation de la cancérogénicité.

La plupart des composés chimiques qui induisent une clastogénocité doivent être préalablement biotransformés par le foie ou sa potion S9 avant de produire cet effet; ils sont donc considérés comme des composés préclastogènes.

Trois tests sont couramment utilisés pour révéler le pouvoir clastogène de plusieurs composés chimiques ou d'irradiations (rayons UVB solaires, rayons X et radiations gamma d'origine nucléaire du Co^{60}, Ra^{224}, U^{235} et Pu^{239}) : le *test d'aberrations chromosomiques*, le *test d'échange de chromatides sœurs* et le *test des micronoyaux* (Hoffmann, 1996; Pitot et Dragan, 2001; Preston et Hoffmann, 2001).

Tests d'aberrations chromosomiques

Des cultures de cellules ovariennes de hamster, de cellules humaines ou d'autres cellules mammaliennes sont traitées avec une substance clastogène; leurs caryotypes sont ensuite examinés pour y déceler des aberrations chromosomiques à l'aide d'un minutieux examen cytogénétique (Galloway *et al.*, 1994; Ishidate *et al.*, 1988). On peut également exposer des rongeurs à des substances clastogènes et détecter ensuite des aberrations chromosomiques dans des cellules présanguines de leur moelle osseuse, dans leurs lymphocytes ou dans leurs cellules germinales ovocytes ou spermatogonies (Tease, 1992; Tice *et al.*, 1994). Un test analogue peut aussi être effectué avec des oursins embryonnaires (Hose, 1985 et 1994) ou avec des plantes (Grant, 1994). L'examen cytogénétique des aberrations chromosomiques s'avère toutefois fastidieux et coûteux. Pour le faciliter, on adopte aujourd'hui des sondes fluorescentes d'ADN qui se lient et colorent spécifiquement chaque chromosome : c'est la technique FISH (*fluorescence in situ hybridation*) (Trask *et al.*, 1993; Tucker *et al.*, 1993b).

Tests d'échange de chromatides sœurs

Avant d'être exposées à une substance clastogène, des cultures de cellules ovariennes de hamster, de lymphocytes humains ou de cellules de lymphomes de souris sont marquées avec du 5-bromodésoxyuridine (5-BrdU) qui se lie à leur ADN. Lors de l'interphase ultérieure, la substance clastogène provoque des bris dans les deux chaînes de l'un de leurs deux ADN homologues. Ces cassures sont réparées par une recombinaison à partir de leur second ADN homologue, mais les morceaux réparés ne sont plus marqués par le 5-BrdU. Par la suite, après deux cycles cellulaires, donc après deux cycles d'autoduplication d'ADN, les chromatides sœurs vont différer par leur marquage au 5-BrdU révélé avec une coloration *Giemsa*. De fait, alors que les chromosomes des cellules témoins ont une ancienne chromatide marquée et une nouvelle chromatide non marquée, les cellules traitées montrent des chromosomes où la chromatide ancienne n'est que partiellement marquée par rapport à l'autre nouvelle non marquée (Lu, 1991; Tucker *et al.*, 1993a). Ce test peut également être réalisé avec des rongeurs auxquels on administre le 5-BrdU et ensuite la substance clastogène; le marquage est alors observé dans des cellules présanguines de leur moelle osseuse (Tucker *et al.*, 1993a).

Tests des micronoyaux

Des morceaux non réparés des deux chaînes d'ADN, de leur chromatine associée et de leurs chromosomes ultérieurs sont expulsés du noyau cellulaire et forment des micronoyaux dans le cytoplasme de la cellule lorsque celle-ci est agressée par des substances clastogènes. On peut observer ce phénomène chez des cultures de lymphocytes humains (Kirsch *et al.*, 2000). Il est également possible d'administrer la substance clastogène à des organismes biologiques tels que des amphibiens, des rongeurs et des plantes, puis d'observer des micronoyaux respectivement dans leurs globules rouges (Jaylet *et al.*, 1986; Ferrier *et al.*, 1998), dans leurs globules rouges immatures (Hayashi *et al.*, 1994 et 2000) ou leurs spermatides (Lähdetie *et al.*, 1994), et dans leurs cellules chlorophylliennes (Grant, 1994; Rether *et al.*, 1997).

Des micronoyaux sont également des biomarqueurs d'une agression clastogène *in situ*. Par exemple, des plantes de blé situées autour d'une décharge majeure de divers résidus à Mellery en Belgique présentent des micronoyaux; ceux-ci résultent d'une exposition de ces plantes (dites sentinelles) aux émissions génotoxiques de cette décharge (Van Coillie, 2002b).

8.5 Tératogénicité

Bien que les racines grecques du mot *tératogénicité* laissent penser que nous traiterons de formation de monstres issus d'un développement embryonnaire anormal, ce mot, ou son analogue « tératogénèse », concerne aujourd'hui l'ensemble des malformations ou difformités qui peuvent survenir durant un développement embryonnaire et qui induisent souvent un avortement (Lu, 1991; Rogers et Kavlock, 2001). La tératologie est la science qui étudie ces malformations, tandis que la tératogénicité considère leurs causes. Examinons maintenant les principales causes des altérations tératogènes.

Parmi ces causes, il y a les agressions génotoxiques par mutagénicité, l'endommagement de l'ADN et la clastogénicité que nous avons étudiés précédemment. Les agressions génotoxiques entraînent souvent une activation du gène p53 et, subséquemment, une synthèse de protéines p53 qui interrompent les cycles cellulaires à leur interphase. Si des stimulateurs de cycles cellulaires (facteurs de croissance synthétisés à partir des gènes sis, fgf et bcl-2) ne parviennent pas à renverser l'effet des protéines p53, les arrêts pendant l'interphase se prolongent et des cellules meurent par apoptose : ceci affecte évidemment le développement embryonnaire où les cycles cellulaires sont rapides (Rogers et Kavlock, 2001).

Beaucoup d'agents tératogènes ne sont cependant pas génotoxiques, comme le montre le tableau 8.2 (Manson, 1986; Thilly et Call, 1986; Lu, 1991; Rogers et Kavlock, 2001).

Tableau 8.2 Relevé des principaux agents tératogènes

Classes d'agents tératogènes	Agents tératogènes
Agents génotoxiques	BPC, DF, DDT et autres insecticides organochlorés, HAP de fumée de cigarette, méthylnitronitrosoguanine, mycotoxine aflatoxine B1, nitrosamines et TCDD
Inhibiteurs de la synthèse d'ADN	Hydroxyurée et autres
Inhibiteurs de mitose	Caféine, méthyle ou phényle mercure et autres
Inhibiteurs d'enzymes	Cyanures, 5-fluorouracyle, plomb et autres
Compétiteurs métalliques	Cd contre Zn, Li contre Na et autres
Perturbateurs métaboliques	Alcools méthylique et éthylique, cocaïne et autres
Agent hypoxique	Monoxyde de carbone (CO)
Médicaments	Antibiotiques (pénicilline, streptomycine, tétracyclines et autres), vasoactifs (épinéphrine, sérotonine et autres) et certains autres
Excès hormonaux	Diéthylstilbestrol synthétique, hormones androgéniques et autres
Insuffisances hormonales	Progestérone et autres hormones femelles
Déficiences alimentaires	Acide folique, métaux Ca, Co, Mg, Mn et Zn, vitamines B, C et D et autres
Hypervitaminose	Acide rétinoïque issu de la vitamine A
Agents multiactifs	Thalidomide, tristement réputée pour soulager les nausées de grossesse entre 1955 et 1965; ce composé possède 24 mécanismes d'action; parmi ceux-ci, il y a une agression génotoxique (Parmann *et al.*, 1999)
Solvants	Benzène, dichloroéthane, propylène glycol, toluène, xylène et autres solvants qui peuvent dissoudre des membranes cellulaires dans les embryons
Agents infectieux	Protozoaire de la toxoplasmose, tréponème de la syphilis, virus d'une encéphalite, virus Herpès, virus de la rubéole, virus de la varicelle et autres
Maladies chez les mères	Cancers, hypertension, phénylcétonurie, stress excessif et autres
Radiations	Rayons *gamma* d'origine nucléaire et rayons X
Températures déréglées	Hyperthermie (fièvres) et hypothermie
Facteurs génétiques	Ces facteurs sont importants; en effet, il y a 35 % d'aneuploïdisation trisomique reliée aux chromosomes sexuels parmi les 50 % d'avortements dus à des aberrations chromosomiques dans 150 000 avortements par rapport à 1 000 000 de conceptions. Ces proportions sont amoindries mais restent appréciables chez les nouveau-nés; 0,62 % de ceux-ci présentent des aberrations chromosomiques et cette proportion comprend de 0,19 à 0,22 % d'aneuploïdisation essentiellement trisomique reliée aux chromosomes sexuels et 0,14 % d'aneuploïdisation reliée aux chromosomes autosomes non sexuels. Soulignons que la probabilité d'aberrations chromosomiques chez les nouveau-nés augmente 4 fois lorsque les mères sont âgées de 39 à 44 ans (Thilly et Call, 1986).

La plupart des agents tératogènes agissent directement. Quelques-uns doivent être bioactivés par le foie avant d'exercer des effets tératogéniques. Bien que cette bioactivation soit faible chez l'embryon (environ 20 % seulement de celle de l'adulte) et réduite chez la femelle en gestation (Manson, 1986), elle peut transformer certains composés en toxiques tératogènes. Parmi ces composés prétératogènes, citons les BPC, DF, DDT, HAP de fumée de cigarette, mycotoxine aflatoxine B1, nitrosamines, thalidomide et TCDD (Rogers et Kavlock, 2001).

Tous les agents tératogènes mentionnés dans le relevé précédent, parmi lesquels les agresseurs génotoxiques prétératogènes sont minoritaires, provoquent des tératogénicités additionnelles à celles qui surviennent naturellement. Sur ce point, soulignons que le développement embryonnaire nécessite l'intervention d'environ 15 000 gènes dans un intervalle de temps relativement court et que la probabilité d'erreurs dans cet enchaînement rapide entraîne environ 7 % d'avortements naturels chez l'humain et autres mammifères (Thilly et Call, 1986).

Pour vérifier si des substances sont tératogènes, il existe six séries de tests : les tests de tératogénicité avec des cultures cellulaires embryonnaires, avec des embryons de vertébrés, avec des femelles en gestation, avec des oursins, avec la drosophile et avec une culture d'hydre.

Tests avec des cultures cellulaires embryonnaires

Des substances tératogènes inhibent la multiplication et (ou) la différenciation cellulaire dans des cultures de cellules embryonnaires de mésenchyme humain, de cerveau de rat, de queue de souris ou de rétine de poulet (FDA, 1984; Genschow *et al.*, 2000; Rogers et Kavlock, 2001). On utilise notamment ces tests avec du liquide amniotique utérin de femelle en gestation pour savoir s'il renferme des substances tératogènes (Lu, 1991).

Tests avec des embryons de vertébrés

On teste des substances sur des embryons isolés de l'amphibien xenope ou des œufs fécondés du poisson medaka, du méné tête-de-boule, de la sole ou de la truite arc-en-ciel durant plusieurs jours; on observe ensuite si des difformités tératogènes surviennent dans les embryons et (ou) les alevins (Shi et Faustmann, 1989; USEPA, 1994; Environnement Canada, 1999b; Fort *et al.*, 2000).

Tests avec des mammifères en gestation

Des tests sont réalisés avec des femelles en gestation de rongeurs ou de lapins, auxquelles on administre de façon répétée des substances tératogènes afin de vérifier des malformations induites par celles-ci dans les embryons et (ou) les nouveau-nés (FDA, 1987; Lu, 1991; Rogers et Kavlock, 2001).

Tests avec des oursins

On expose des oursins *Paracentrotus purpuratus* à des substances tératogènes, puis on examine si leurs gastrules embryonnaires présentent ou non des malformations (Hose, 1985 et 1994).

Test avec la drosophile

Des larves de drosophile *Drosophila melanogaster* exposées à des substances tératogènes peuvent devenir des adultes avec des ailes entaillées et hérissées (Lynch *et al.*, 1991).

Tests avec une culture d'hydres

Lorsque des hydres *Hydra attenuata* adultes sont exposées à des substances tératogènes, diverses difformités se développent chez des embryons (Jonhson et Gabel, 1982; Lu, 1991).

8.6 Cancérogénicité

Le terme *cancérogénicité* – ou son synonyme *cancérogenèse (carcinogenesis)* – désigne le développement d'un cancer, lequel est une prolifération anarchique de cellules et fait partie des maladies appelées *néoplasies*. Le mot *cancer* vient du latin où il signifie *crabe*; dans le zodiaque d'ailleurs, le signe du Cancer est représenté par le crabe. Il a été introduit en 1775 par Percival Pott pour nommer une maladie due à des expositions répétées à la suie durant plusieurs années chez les ramoneurs de cheminées; ce chirurgien considérait que cette maladie des ramoneurs grugeait et rongeait l'organisme, comme le crabe gruge et ronge sa proie. En fait, cette image est peu appropriée puisque le cancer cause plutôt des tumeurs, appelées néoplasmes, lesquelles tumeurs sont des masses résultant d'une activité anormale de cellules et ont tendance à persister et à s'accroître (Pitot et Dragan, 2001). Toutefois, seules les tumeurs dites malignes s'avèrent cancéreuses (tableau 8.3).

Tableau 8.3 Tumeurs malignes cancéreuses (néoblasmes cancéreux) en fonction de l'origine des tissus

Origine des tissus	Tumeurs malignes cancéreuses (néoplasmes cancéreux)
Ectodermale	Carcinomes, épithéliomes, mélanomes et autres
Endodermale	Carcinomes, adénocarcinomes, hépatocarcinomes et autres
Mésodermale (mésenchymes)	Sarcomes, fibrosarcomes, ostéosarcomes, mésothéliomes et autres

La classification qui apparaît dans le tableau 8.3 indique que plusieurs types de cancers existent; en fait, une trentaine de cancers différents sont diagnostiqués selon les organes ou tissus concernés (Pitot et Dragan, 2001). Il ne faut donc pas considérer le cancer comme une seule maladie. Des cancers sont observés chez les vertébrés et les invertébrés supérieurs; ils sont rares chez les autres organismes biologiques. Deux types de causes sont reconnues : des agressions génotoxiques et des causes génétiques. Nous examinerons surtout les premières, car elles sont associées à l'environnement.

La cancérogenèse fait l'objet de nombreux débats. Toutefois, il existe un consensus sur l'évolution lente du phénomène en trois phases, à savoir *l'initiation* ou endogénicité, la *promotion* ou épigénicité, et la *conversion* ou oncogénicité; cette dernière phase est parfois appelée *transformation* ou progression. La cancérogenèse n'est pas limitée à l'humain ni à des animaux de laboratoire, car elle est aussi observée chez l'ensemble des vertébrés incluant les poissons et chez certains invertébrés.

8.6.1 Initiation ou endogénicité

L'initiation, aussi appelée endogénicité, est la phase pendant laquelle se produit une agression génotoxique de l'ADN par mutation, endommagement de l'ADN et (ou) clastogénicité. Les agents endogéniques ou initiateurs cancérogènes sont très variés et peuvent être regroupés en cinq catégories (Williams et Weisburger, 1986; Lu, 1991; Gregus et Klaassen, 2001; Pitot et Dragan, 2001) : les initiateurs qui agissent directement, les initiateurs qui nécessitent une bioactivation, les initiateurs physiques, certains métaux, ainsi que les substances qui génèrent des radicaux libres en excès.

1. Les *initiateurs cancérogènes directs* qui se lient tels quels à l'ADN. Ils s'avèrent électrophiles et réagissent avec des bases nucléophiles de l'ADN. Parmi eux, se trouvent les produits suivants, qui tous forment des adduits dans l'ADN et sont généralement des xénobiotiques synthétiques :
   - agents alkylants, tel le diméthyle sulfate;
   - éthers d'alkyles chlorés, tel le bischlorométhyle éther;
   - sulfoéthers d'alkyles chlorés, tel le bischloroéthyle sulfoéther qui est le gaz moutarde ypérite;
   - amines d'alkyles chlorés, tel le bischloroéthyle amine qu'on appelle gaz moutarde azoté;
   - composés nitrosés, tel le nitrosométhyluréthane;
   - amides chlorées, tel le diméthyle carbamyle chloré.
2. Les initiateurs précancérogènes qui nécessitent une bioactivation fournie par le métabolisme. Au laboratoire, cette transformation est faite avec la fraction subcellulaire dite S9, laquelle est extraite du foie de rat et contient toutes les enzymes nécessaires à cette fin. Après leur bioactivation, laquelle se traduit souvent par une ou plusieurs oxydations, ils deviennent des adduits dans l'ADN. Ils peuvent aussi être des adduits dans des protéines sanguines telles que l'hémoglobine et l'albumine. Dans ce groupe, se trouvent les composés suivants :
   - HAP, comme le benzo-a-pyrène, le benzo-a-anthracène et le dibenzo-a-anthracène des fumées de cigarette, d'aluminerie et de cokerie respectivement, le diméthyl-benzo-a-anthracène dit DMBA et le 3-méthylcholanthrène dit 3MC (Van Coillie, 2001b);
   - amines aromatiques, comme l'aniline, toluidine, naphtylamine et 2-acéthylaminofluorène dit 2AAF;
   - nitrosamines aliphatiques, comme le méthyl, l'éthyl ou la diéthylnitrosamine;
   - organochlorés aliphatiques, comme le chlorure de vinyle, l'acrylonitrile, le dichloroéthane et le trichloroéthylène;
   - organochlorés aromatiques polycycliques, comme les BPC, DDT et DF.

Bien que la plupart de ces différents composés proviennent d'origine synthétique, certains sont des composés de source naturelle tels que la mycotoxine aflatoxine B1, quelques antibiotiques, le safrole végétal et les DF de feux de forêt.

3. Les *initiateurs physiques cancérogènes*, surtout les rayons UVB solaires, les rayons X et les radiations gamma et secondairement alpha émises par des radio- isotopes, tels les cobalt 60, strontium 90, iode 131, césium 137, cérium 144, plomb 210, bismuth 214, polonium 214 et 216, radium 224, 226 et 228, uranium 235, plutonium 239 et transuraniens synthétiques; ces initiateurs altèrent des bases de l'ADN avec une grande efficacité, laquelle est évaluée à 500 bases altérées par 100 rad (0,01 joule/kg) (Hobbs et Mc Clellan, 1986; Harley, 2001).

4. *Certains métaux* (arsenic, béryllium, cadmium, chrome, cobalt, nickel, plomb et titane) qui se lient à des bases de l'ADN ou y forment des ponts covalents relativement persistants entre les deux brins de l'ADN ou entre ce dernier et ses protéines adjointes (histones et enzymes ADN polymérases) (Goyer, 1986; Goyer et Clarkson, 2001; Pitot et Dragan, 2001).

5. Les *substances qui génèrent des radicaux libres* en excès (tétrachlorure de carbone, trichloroéthylène, trihalométhanes, formaldéhyde et HAP photoactivés) sont des initiateurs cancérogènes puisqu'ils peuvent indirectement oxyder des bases de l'ADN. Il faut souligner ici que les stress oxydatifs provoqués par les radicaux libres sont probablement la principale source des lésions de l'ADN; de fait, ils provoquent 10 000 et 100 000 lésions d'ADN/cellule/jour chez respectivement l'humain et le rat (Pitot et Dragan, 1996 et 2001). Ajoutons que les proliférateurs de peroxysomes sont également considérés comme des initiateurs de cancérogénicité bien que leur action sur l'ADN soit indirecte. De fait, ces composés induisent une multiplication des peroxysomes qui sont des vacuoles impliquées dans le métabolisme du H_2O_2 et libèrent des métabolites réactifs oxydant des bases de l'ADN. Parmi ces proliférateurs, citons des phtalates (exemple : diéthylhexylphtalate), des organochlorés aliphatiques légers (exemples : tétrachlorure de carbone et trichloroéthylène) et des herbicides (exemple : 2-4D et paraquat).

Lorsqu'il y a une agression endogénique de l'ADN par certains agents chimiques ou physiques, les bases altérées de l'ADN peuvent être remplacées à l'aide d'enzymes par un processus naturel d'autoréparation de l'ADN, lequel processus est alors amplifié. Il est également possible que la cellule agressée par un agent génotoxique meure et soit remplacée par une autre. Ces deux possibilités réduisent considérablement l'impact des fréquentes agressions génotoxiques des multiples initiateurs cancérogènes. On n'attrape donc pas le cancer en fumant une cigarette ou en respirant sa fumée… une fois! Mais quand l'autoréparation est progressivement « dépassée » par une agression génotoxique répétée et (ou) intense, le processus d'initiation devient progressivement irréversible (Pitot et Dragan, 2001). L'initiation est donc une « lutte à finir » entre l'agression génotoxique de l'ADN et l'autoréparation de l'ADN.

Dans ce contexte, les quatre phénomènes suivants favorisent l'initiation cancérogène.

1. *Augmentation de la fréquence* des lésions dans l'ADN de 10 à 1000 fois par rapport à sa valeur naturelle de $1/10^8$ à $1/10^{10}$ (Gregus et Klaassen, 2001).
2. *Durée relativement longue de certains adduits* formés par des initiateurs chimiques; par exemple, les demi-vies des adduits du diméthylhydrazine et du 2-naphtylamine sur la guanine de l'ADN sont supérieures à 20 jours (Pitot et Dragan, 2001).
3. *Mutations* dans les gènes responsables de l'autoréparation de l'ADN, auquel cas cette dernière est diminuée; cette probabilité augmente avec la durée de l'initiation (Pitot et Dragan, 2001).
4. *Amplification des effets des initiateurs génotoxiques* par quelques substances dites « cocancérogènes ». Ces dernières favorisent une augmentation de l'absorption des initiateurs ou une hausse de leur bioactivation (Williams et Weisburger, 1986; Lu, 1991). Parmi ces substances, mentionnons l'amiante reconnue pour faciliter l'entrée des initiateurs, dans les cellules et le tétradécanoyle phorbol acétate de l'huile de croton efficace pour activer les initiateurs, les catéchols provenant de la dégradation des HAP de la fumée de cigarette et une grande consommation régulière d'alcool éthylique (Lu, 1991).

8.6.2 Promotion ou épigénicité

La promotion, appelée également épigénicité, est la phase où se multiplient les cellules initiées, c'est-à-dire atteintes par les agents endogéniques, ce qui amène graduellement des prénéoplasmes ou lésions prénéoplasmiques. Le mécanisme d'action de la promotion n'implique pas une réaction directe sur l'ADN, d'où l'appellation *épigénicité* par rapport à *endogénicité* (Williams et Weisburger, 1986; Lu, 1991; Gregus et Klaassen, 2001; Pitot et Dragan,

2001). Le mécanisme d'action de la promotion emprunte quatre voies complémentaires : des *divisions cellulaires anormalement continues*, une *baisse d'activité des suppresseurs de tumeurs*, une *inhibition de la communication intercellulaire aux jonctions communicantes* et une *immunorépression*.

1. Des *divisions cellulaires anormalement continues* à cause de certains gènes dénommés protooncogènes (Gregus et Klaassen, 2001; Pitot et Dragan, 2001). Pour comprendre ce phénomène, mentionnons que la longue intermitose entre deux divisions cellulaires est une succession de trois phases : la phase G1, la phase S et la phase G2. Durant la phase G1, des enzymes sont synthétisées pour préparer la synthèse ultérieure de l'ADN. C'est à la phase S que cette synthèse a lieu ensuite par autoduplication de l'ADN avec l'aide de l'ADN polymérase. Enfin, à la phase G2, des enzymes sont fabriquées en vue de la mitose suivante. L'élaboration de cette série d'enzymes est déclenchée par six cyclines qui activent, à cette fin, les récepteurs des protéines kinases; elle dépend aussi d'un facteur extracellulaire de croissance GF qui se lie à un récepteur protéique G de la membrane cellulaire (Gregus et Klaassen, 2001). Ces différents activateurs et leurs récepteurs sont contrôlés par des gènes appelés « proto-oncogènes ». Parmi ceux-ci, mentionnons le gène « ras » responsable du récepteur protéique G.

   Des mutations débutent dans les protooncogènes lors de l'initiation et deviennent ensuite abondantes pendant la promotion. Elles sont des mutations par substitutions ou délétions et (ou) méthylations de bases, ainsi que des additions de fragments (transposons) d'ADN répétitif. Par exemple, les HAP, les rayons UV-B, l'aflatoxine B1, le diéthylnitrosamine , le N-méthyle N-nitrosourée et l'uréthane provoquent ces mutations dans le protooncogène « ras » (Pitot et Dragan, 2001). Les mutations des protooncogènes stimulent de façon continue et incontrôlée la synthèse des activateurs du cycle cellulaire et de leurs récepteurs : ceci entraîne une induction continue des cycles et divisions cellulaires.

   Parallèlement, une mutation du gène du facteur extracellulaire de croissance FG peut avoir lieu durant l'initiation et la promotion et occasionne alors une élaboration de FG transformé qui stimule la synthèse de matériel extracellulaire tel que des fibres collagènes; il y a alors une fibrogenèse excessive qui évolue en fribose (Gregus et Klaassen, 2001).

2. Une *baisse d'activité des suppresseurs de tumeurs*, qui survient également pendant la promotion. Entre autres, c'est le cas pour la

protéine p53. En conditions normales, cette dernière est activée lors d'une agression génotoxique de l'ADN. Elle bloque alors l'intermitose en activant, stimulant ou inhibant des gènes qui ont un rôle à jouer dans la division cellulaire. Ainsi, la protéine p53 peut activer deux gènes, le p21 et le gadd 45, qui produisent deux protéines inhibant des cyclines et des protéines kinases destinées à activer l'intermitose et le cycle cellulaire. Elle peut aussi stimuler deux autres gènes, le bax et le fas, qui sont responsables de l'élaboration de protéines proapoptiques provocatrices de la mort cellulaire par apoptose. Enfin, la p53 peut aussi inhiber deux gènes, le bcl2 et le IGF, qui génèrent des protéines anti-apoptiques (Gregus et Klaassen, 2001). En favorisant ainsi l'élimination de cellules initiées par des agresseurs génotoxiques, la protéine p53 se révèle un « gardien du génome ».

Elle peut aussi bloquer le cycle cellulaire pour permettre une différenciation des cellules (Pitot et Dragan, 2001). Des mutations de substitution affectent le gène de la protéine p53 durant l'initiation et surtout lors de la promotion; cette protéine devient alors inefficace. Ceci peut être causé par les HAP, le catéchol, l'aflatoxine B1 et les rayons UVB (Gregus et Klaassen, 2001). Certains autres gènes des suppresseurs de tumeurs peuvent aussi subir des mutations analogues durant l'initiation et la promotion; citons notamment ceux des répresseurs de la transcription nucléaire NF 1, RB 1 et WT 1 (Pitot et Dragan, 2001).

3. *Une inhibition de la communication aux canaux intercellulaires (gap junctions)* lors de la promotion. Ces canaux membranaires permettent des transferts de composés de faible poids moléculaire entre deux cellules voisines, lesquels composés ont un rôle de contrôle des cycles cellulaires de ces deux cellules (Williams et Weisburger, 1986). Lorsque cette communication intercellulaire est interrompue pendant la promotion, lequel phénomène est concomitant avec une perte de cadhérines assumant une adhérence intercellulaire, la répression exercée par une cellule sur une cellule voisine est amoindrie et l'« inhibition par contact » entre ces deux cellules ne fonctionne plus; subséquemment, les cellules initiées peuvent poursuivre leur multiplication sans limite (Lu, 1991; Gregus et Klaassen, 2001).

4. Une *immunorépression*, qui peut favoriser la promotion. Elle permet notamment l'introduction de virus oncogènes qui stimulent les divisions cellulaires (Williams et Weisburger, 1986).

Les agents épigéniques ou promoteurs cancérogènes peuvent être répartis en cinq groupes : des *promoteurs mitogènes endogènes*, des *promoteurs mitogènes exogènes* ou xénobiotiques, des *agents inhibiteurs de la communication intercellulaire*, *certains immunosuppresseurs* et *quelques matériaux solides*.

1. Les *promoteurs mitogènes endogènes* du métabolisme, qui activent les cycles et divisions cellulaires lorsqu'ils sont en excès. Parmi ceux-ci, des hormones prédominent, à savoir l'oestradiol et les autres oestrogènes femelles naturels ou synthétiques (notamment le diéthylestilbestrol), la prolactine, les hormones androgènes mâles à un moindre degré, ainsi que les hormones hypophysaires stimulant les ovaires et les testicules (Lu, 1991; Gregus et Klaassen, 2001; Pitot et Dragan, 2001).
2. Les *promoteurs mitogènes exogènes ou xénobiotiques*, qui stimulent les mitoses de façon excessive. Ils sont nombreux et variés (Williams et Weisburger, 1986; Lu, 1991; Gregus et Klaassen, 2001; Pitot et Dragan, 2001) :
   - aflatoxine B1;
   - alcool éthylique en abus chronique;
   - benzène;
   - benzo-a-pyrène et certains autres HAP;
   - insecticides dithiocarbamates, éthylènethiourée, thioacétamide, thiouracyle et thiourée;
   - rayons UVB;
   - organochlorés, BPC, DDT, dieldrine, lindane et TCDD;
   - saccharine.
3. Des *agents inhibiteurs de la communication intercellulaire*, qui favorisent également la promotion cancérogène. Parmi ces inhibiteurs, mentionnons l'amiante, le chloroforme, le dichlorométhane, le tétrachlorure de carbone et le trichloroéthylène (Lu, 1991; Gregus et Klaassen, 2001; Pitot et Dragan, 2001).
4. *Certains immunosuppresseurs*, tels que le 6-mercaptopurine, qui induit une promotion cancérogène (Williams et Weisburger, 1986).
5. *Quelques matériaux solides*, qui peuvent offrir des substrats d'habitat pour la prolifération cellulaire et (ou) une fibrogénèse excessive. Mentionnons l'amiante de type amosite et crocidolite, plusieurs autres fibres minérales de silicium, des plastics et le verre qui, agissant ainsi, sont des promoteurs cancérogènes (Williams et Weisburger, 1986; Lu, 1991; Gregus et Klaassen, 2001; Pitot et Dragan, 2001).

Par ailleurs, soulignons que certains promoteurs s'avèrent aussi des initiateurs : ceci se constate pour le 2-aminoacéthylfluorène (2AAF), le benzène, le benzo-a-pyrène et quelques autres HAP, des BPC, le DDT, le diéthylnitrosamine, la mycotoxine aflatoxine B1, des proliférateurs de peroxysomes (diethylhexylphtalate, tétrachlorure de carbone et trichloroéthylène), les rayons UVB et le 2,3,7,8-TCDD.

La promotion peut être lentement réversible à la condition que le promoteur ne soit plus présent ou actif (Lu, 1991; Pitot et Dragan, 2001). Sinon, elle aboutit à la formation de clones, « foci », kystes, nodules et tumeurs non cancéreuses (Lu, 1991; Gregus et Klaassen, 2001; Pitot et Dragan, 2001).

8.6.3 Conversion ou oncogénicité

La conversion, autrefois appelée progression ou transformation, est la phase pendant laquelle se développent les cellules anarchiques dans les tumeurs issues de la promotion; les lésions prénéoplasmiques ou prénéoplasmes bénins évoluent alors en lésions néoplasmiques ou néoplasmes malins, qui sont des tumeurs et clones cancéreux (Williams et Weisburger, 1986; Lu, 1991; Gregus et Klaassen, 2001). Les quatre types de désordre suivants sont observés lors de cette phase (Pitot et Dragan, 2001) :

1. *Dérèglement des mitoses*, qui entraîne des caryotypes inégaux; cette instabilité des caryotypes donne des cellules où le nombre et la forme des chromosomes varient par cellule.
2. *Recombinaisons d'ADN et amplifications ou transpositions de gènes*, qui occasionnent aussi une instabilité génétique.
3. *Altérations de gènes de réparation* de l'ADN.
4. *Déclenchement d'une production d'hormones dans des cellules qui ne synthétisent normalement pas d'hormone*; cette production ectopique et l'activation de gènes intervenant dans le développement du fœtus stimulent la prolifération de cellules.

Certains désordres cellulaires et génétiques semblent provenir de gènes dits « oncogènes », lesquels seraient d'origine naturelle et (ou) virale. Par exemple, des gènes du virus Rous Sarcoma et d'une centaine de *Papilloma viruses* (Maréchal, 2007) peuvent provoquer un cancer. Toutefois, ceci fait l'objet d'un débat difficile (Pitot et Dragan, 2001). À un stade avancé, les tumeurs malignes rejettent des cellules cancéreuses libres, appelées métastases, lesquelles vont induire des conversions cancéreuses dans d'autres tissus en passant par les systèmes circulatoires (lymphe et sang), conduisant ainsi ultérieurement à un cancer généralisé.

Les agents converseurs de la cancérogenèse ont été peu étudiés; cependant, tous les agents cancérogènes reconnus par l'Agence internationale de recherche sur le cancer ont un certain pouvoir de conversion cancérogène (Pitot et Dragan, 2001).

La progression est irréversible et constitue l'étape finale décisive pour un cancer (Lu, 1991); seules les ablations des tumeurs malignes par chirurgie, chimiothérapie et (ou) radiothérapie peuvent arrêter la progression cancérogène, si elles sont pratiquées suffisamment tôt.

8.6.4 Identification et classification des substances cancérogènes

Les phases d'initiation, de promotion et de conversion de la cancérogenèse montrent que cette dernière est un processus long, varié et complexe, comme le montre la figure 8.7. Puisque les substances ayant un pouvoir initiateur ou promoteur sont nombreuses et vu que leur expérimentation est généralement faite à des doses qui sont de 10 à 1000 fois plus élevées que les doses présentes dans l'environnement, il faut être prudent avant de déclarer qu'une substance est cancérogène. Dans ce contexte, l'Agence internationale de recherche sur le cancer (IARC, 2003) demande une procédure longue et exigeante pour officialiser la cancérogénicité, parfois aussi appelée oncogénicité, d'une substance (Williams et Weisburger, 1986; Lu, 1991; Pitot et Dragan, 2001). Cette procédure a lieu en cinq étapes suivies d'une étude épidémiologique.

Étape 1

Une *étude de la structure et des propriétés physicochimiques* de la substance est faite pour prévoir son comportement.

Étape 2

Un dépistage rapide, en quelques jours, du *pouvoir initiateur cancérogène* de la substance est mené avec divers tests, tels ceux que nous avons décrits pour la mutagénicité, l'endommagement de l'ADN et la clastogénicité : le test de réversion d'Ames avec la bactérie *Salmonella typhimurium*, le test de réversion avec la bactérie *Escherichia coli*, le test de mutation avec la levure *Saccharomyces cerevisae*, le test de mutagénicité létale avec la drosophile, des tests de mutagénicité avec des cultures cellulaires de mammifère, le « spot test » avec des souris, des tests de mutagénicité avec des souris transgéniques, le SOS chromotest avec *Escherichia coli*, les tests de synthèse non programmée de l'ADN, des tests d'aberrations chromosomiques, le test d'échange de chromatides sœurs et des tests de micronoyaux. Notons ici qu'il y a une corrélation de 55 à 93 % entre les substances cancérogènes et leur pouvoir mutagène selon le test d'Ames (Lu, 1991) : ceci montre l'importance du dépistage rapide de leur capacité d'initiation au moyen de plusieurs tests de génotoxicité.

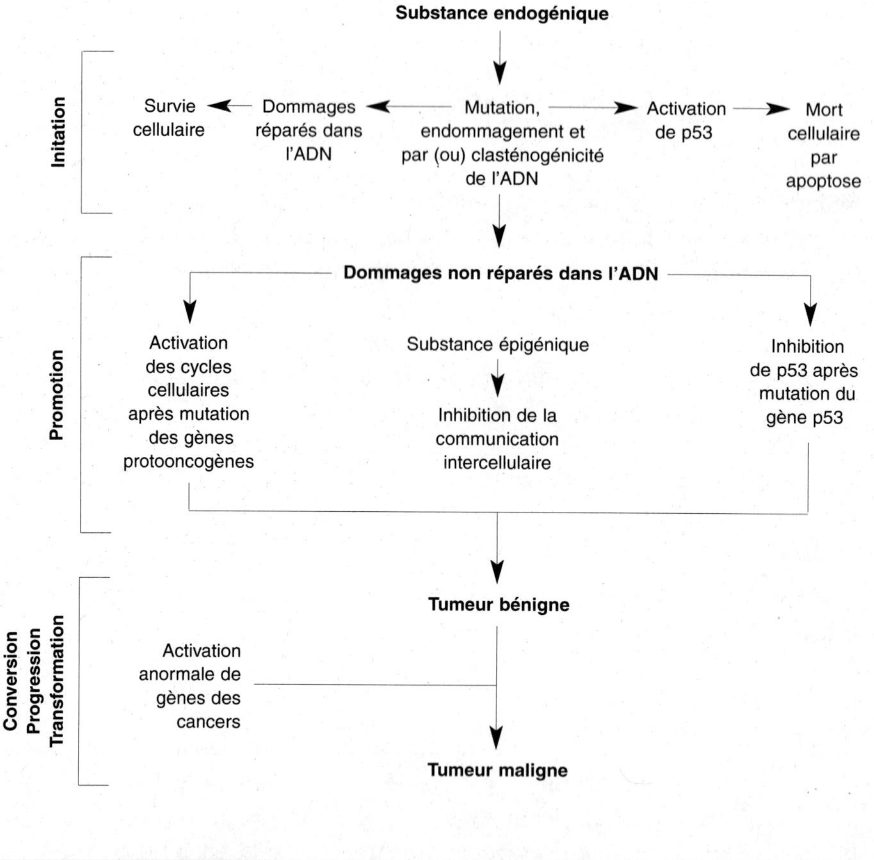

Figure 8.7 Processus schématisé de la cancérogénicité.

Étape 3

Des tests de *promotion cancérogène* sont effectués pendant quelques semaines avec la substance, en utilisant des cultures cellulaires de souris *in vitro* et des rongeurs *in vivo*, qui sont préalablement traitées avec des initiateurs (par exemple, le 2-aminoacéthylfluorène).

Étape 4

Des tests de *cancérogénicité limitée* de la substance sont ensuite nécessaires pour vérifier si elle induit la formation d'une tumeur chez des rongeurs durant un à six mois. Cette tumeur peut prendre les formes suivantes : papillomes cutanés, adénomes pulmonaires, carcicomes mammaires, foci hépatiques et hépatomes cancéreux.

Étape 5

Des études de *cancérogénèse complète* de la substance, à long terme, constituent l'étape finale qui est la plus coûteuse. Elles sont faites avec des souches de mammifères qui ont une faible incidence de tumeurs spontanées, une sensibilité cancérogène connue pour des produits de structure chimique voisine et une ressemblance métabolique avec l'humain. Elles utilisent les voies d'inhalation ou d'ingestion durant une période de 18 à 24 mois (Lu, 1991).

Ces étapes sont suivies d'une étude épidémiologique destinée à confirmer qu'une substance identifiée comme cancérogène pour des animaux de laboratoire l'est également pour l'humain (Pitot et Dragan, 2001).

Lors de ces cinq étapes, on peut aussi détecter certains biomarqueurs de cancérogénicité, à savoir des adduits à l'ADN lors de l'initiation, la prostaglandine en haute concentration durant la promotion et des biomarqueurs tumoraux tels que l'alphafoetoprotéine et des hormones gonadotropiques (stimulant les hormones sexuelles) pendant la conversion (Lu, 1991).

À la suite de cette longue procédure (cinq étapes et étude épidémiologique complémentaire), l'Agence internationale de recherche sur le cancer classifie les substances en trois groupes, selon que les substances sont reconnues cancérogènes pour les animaux de laboratoire et l'humain, cancérogènes uniquement pour ces animaux, ou potentiellement cancérogènes. Le tableau 8.4 présente cette classification (IARC, 2003).

Tableau 8.4 Classification des substances cancérogènes

Groupes	Exemples de substances
A. Cancérogènes reconnus pour les animaux de laboratoire et pour l'humain (environ 50 substances)	Alcool éthylique excessif chronique, 4-aminobiphényle, arsenic, benzène, benzo-a-pyrène, béryllium, 1-3 butadiène, cadmium, chlorure de vinyle, chrome hexavalant, cyclophosphamide, diéthylestilbestrol, formaldéhyde, gaz moutarde soufré, HAP de la fumée de tabac, de la suie et des émissions d'alumineries et d'aciéries, mycotoxine aflatoxine B1, 2-naphtylamine, nickel, oestrogènes en excès, radon, silice, TCDD et UVB
B. Cancérogènes reconnus pour les animaux de laboratoire, mais avec des preuves insuffisantes pour l'humain (environ 200 substances)	Acétaldéhyde, acrylonitrile, 2-amino acétyl fluoréne, androgènes anabolisants, benzo-a-anthracène, benzo(bjk) fluoranthène, BPC, bromodichlorométhane, chlorure ou fluorure de vinyle, chloroforme, créosote, DDT, diéthyle nitrosamine, diéthyle sulfate, diméthyle sulfate, fibre de verre, formaldéhyde, gaz moutarde azoté, insecticide mirex, N-méthyle N-nitrosourée, oxyde d'éthylène, oxyde de propylène, particules de combustion du diesel, progestérone en excès, safrole végétal, sulfure de sélénium, thiourée, toluidine, trichloroéthylène et uréthane
C. Cancérogènes possibles; les données sont limitées pour les animaux de laboratoire et absentes pour l'humain (environ 200 substances)	En cours d'étude

Sources : Lu (1991), Pitot et Dragan (2001), IARC (2003) et USDH (2004).

Soulignons que les proportions moyennes de cancers mortels attribués à différents facteurs se répartissent comme suit (Pitot et Dragan, 2001; Belliveau et Gingras, 2005) :

Alimentation	30 à 36 %
Fumée du tabac	30 %
Facteurs héréditaires	15 %
Emplois dans certaines industries	5 %
Alcool en excès	3 %
Pollution	2 %
Rayons UVB	2 %
Autres causes	7 à 13 %

Enfin, la mesure de la puissance cancérogène d'une substance peut être exprimée en TD_{50}, soit sa dose en mg/kg poids corporel/jour qui, lorsqu'elle est administrée durant deux ans, diminue de moitié la probabilité qu'un animal demeure sans néoplasie; ce TD_{50} se situe dans les échelles suivantes par ordre décroissant (Pitot et Dragan, 2001) :

Échelles	**Exemples**
1 g à 100 mg	bromodichlorométhane
100 mg à 10 mg	DDT
10 mg à 1 mg	mirex
1 mg à 100 µg	2-aminoacéthylfluorène
100 µg à 10 µg	diéthylnitrosamine
10 µg à 1 µg	mycotoxine aflatoxine B
1 µg à 100 ng	mitomycine
100 ng à 10 ng	2,3,7,8-TCDD

Il appert que le 2,3,7,8-TCDD a la puissance la plus cancérogène.

Conclusion

Ces diverses notions complètent le chapitre sur la génotoxicité qui se révèle un mécanisme toxicodynamique complexe et varié. Une inquiétude publique est croissante à ce sujet, notamment pour la cancérogénicité. Les explications fournies permettent toutefois de mieux comprendre et ainsi mieux prévenir la génotoxicité et la cancérogénicité. De plus, il ne faut pas ignorer que celles-ci et les autres mécanismes toxicodynamiques sont modulés par divers facteurs, lesquels font l'objet du chapitre suivant.

Chapitre 9

Régulation toxicodynamique

Aperçu du chapitre

Dans ce chapitre, nous aborderons les différents types de relations « doses-réponses » ou « concentrations-réponses » qui sont souvent utilisés pour déterminer la toxicité d'une substance chez un organisme. Nous présenterons aussi les relations « doses-durées» ou « concentrations-durées » qui montrent des relations inverses entre les doses ou les concentrations de contaminants persistants et leurs durées d'action pour des effets toxiques.

La toxicodynamique et la génotoxicité, comme la toxicocinétique que nous avons étudiée au chapitre 6, sont influencées par plusieurs facteurs. Nous verrons à ce sujet que l'espèce, la souche, l'âge, le sexe, l'état de santé, et quelques paramètres environnementaux, comme la température et le pH, peuvent être déterminants pour la toxicodynamique et la génotoxicité. Nous indiquerons enfin comment le mécanisme d'un toxique peut être influencé en présence d'autres cocontaminants en interaction avec celui-ci.

9.1 Relations doses-réponses

Les relations doses-réponses ou concentrations-réponses sont des relations de toxicité établies au moyen de bioessais. Mentionnons que le terme « doses » représente ici des doses injectées (intramusculaires, intrapéritonéales, intraveineuses ou autres), ingérées (orales) ou scarifiées (topiques) d'une substance en mg/kg de poids corporel du receveur ou souvent des concentrations d'une substance dans l'eau en mg/l, dans l'air en ng/m^3 ou dans le sol et les sédiments en mg/kg de poids sec. Le terme « réponses » correspond, quant à lui, à des effets létaux, sublétaux ou génotoxiques. Les effets peuvent être aigus (quelques minutes à quelques jours), subaigus ou chroniques (de quelques jours à 10 % de la longévité).

On distingue cinq types de relations doses ou concentrations-réponses toxicologiques, à savoir sigmoïdes avec ou sans dose sans effet dite DSE ou concentration sans effet dite CSE, linéaires avec ou sans DSE ou CSE, ou discriminantes pour la carence et la toxicité de substances essentielles (Eaton et Klaassen, 2001; Newman, 2001; Viau et Tardif, 2003; Reichl *et al.*, 2004) (figure 9.1).

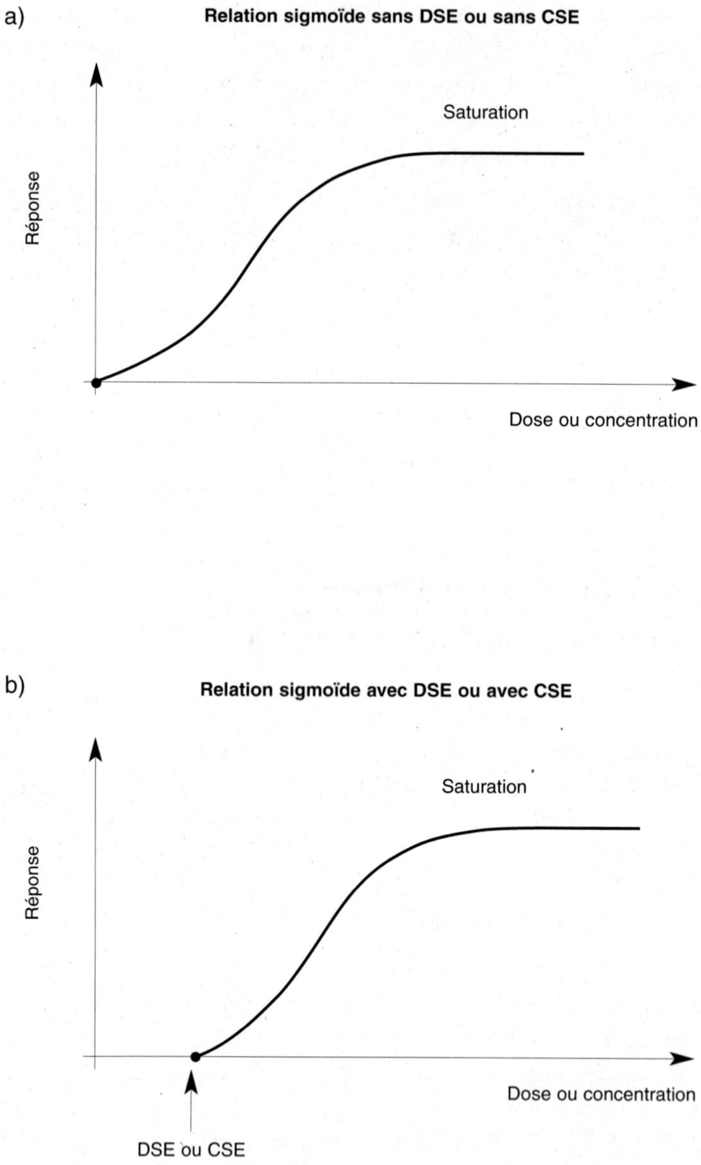

Figure 9.1 Relations « doses-réponses » ou « concentrations-réponses ».

c) **Relation linéaire sans DSE ou sans CSE**

d) **Relation linéaire avec DSE ou avec CSE**

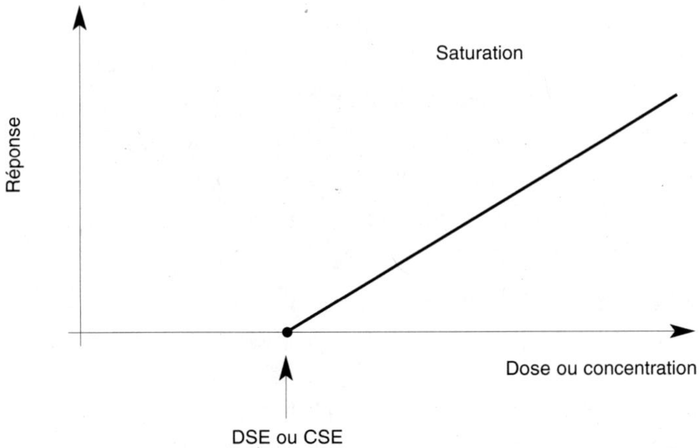

Figure 9.1 Relations « doses-réponses » ou « concentrations-réponses ». *(suite)*

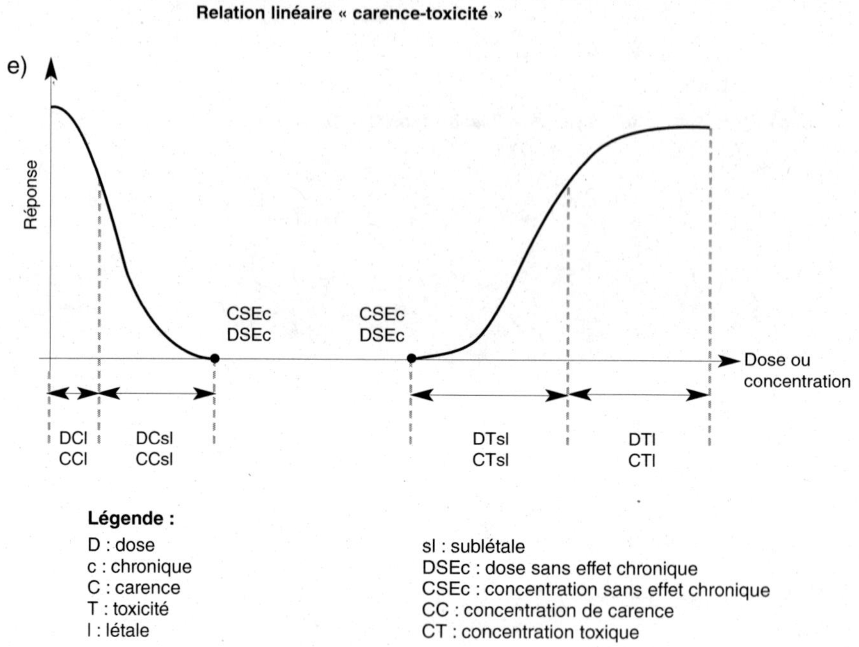

Figure 9.1 Relations « doses-réponses » ou « concentrations-réponses ». *(suite)*

1. *Les relations sigmoïdes doses ou concentrations-réponses sans DSE ou sans CSE*. La figure 9.2 en présente un exemple, celui de la bioaccumulation toxique sublétale d'aluminium inorganique (Al) dans des branchies de truite (*Salvelinus fontinalis*) en conditions modérément acides (pH 5,5 ± 0,2), durant 7 jours.

2. *Les relations sigmoïdes* doses *ou concentrations*-réponses *avec DSE ou sans CSE*. La figure 9.3 illustre ce type de relation avec la toxicité létale chez des embryons éclos de crapet arlequin (*Lepomis macrochirus*), causée par du mercure inorganique, durant 4 jours.

3. *Les relations linéaires* doses *ou concentrations*-réponses *sans DSE ou sans CSE*. Cette relation est relativement rare, sauf pour des extrapolations linéaires qui permettent de définir des doses virtuelles de sécurité applicables à la cancérogénicité d'une substance. La figure 9.4 expose une extrapolation linéaire montrant la réponse observée, la limite supérieure de l'intervalle de confiance à la plus faible dose expérimentale et l'interpolation linéaire de cette limite.

4. *Les relations linéaires* doses ou *concentrations*-réponses *avec DSE ou avec CSE*. La figure 9.5 en présente un exemple, soit celui de la toxicité létale chez des embryons éclos de truite arc-en-ciel (*Oncorhynchus mykiss*), causée par du mercure inorganique, durant 4 jours.
5. *Les relations discriminantes doses-réponses avec DSE pour la carence et avec DSE pour la toxicité de substances essentielles*. Ces relations sont utilisées pour des métaux toxiques à certaines doses, lesquels métaux sont aussi essentiels pour le métabolisme à des doses ou concentrations infimes. Elles s'appliquent surtout aux métaux traces suivants : Co, Cr, Cu, Fe, Mn, Mo, Ni, Se et Zn (Goyer, 1996; Lu, 1991; Goyer et Clarkson, 2001). Nous avons choisi le sélénium pour illustrer ce dernier type de relation dose-réponse à la figure 9.6. Le sélénium est toxique à des doses supérieures à 1 mg/kg p.c., car il provoque alors des hypertrophies du pancréas et de la rate et peut avoir des effets néfastes sur la reproduction (WHO, 1987). Par contre, il s'avère nécessaire pour activer la peroxydase qui dégrade le H_2O_2 et les lipides peroxydés dans le métabolisme; toutefois, sa carence en deçà de 0,01 mg/kg p.c. entraîne une nécrose hépatique (Lu, 1991).

Ces diverses relations sont déterminées pour des durées fixes de réponse et permettent de préciser des DL_{50}, DE_{50}, DI_{50}, CL_{50}, CE_{50}, CI_{50}, CI_{25}, DMEO, DSEO, DSE, CMEO, CSEO, CESO et CES.

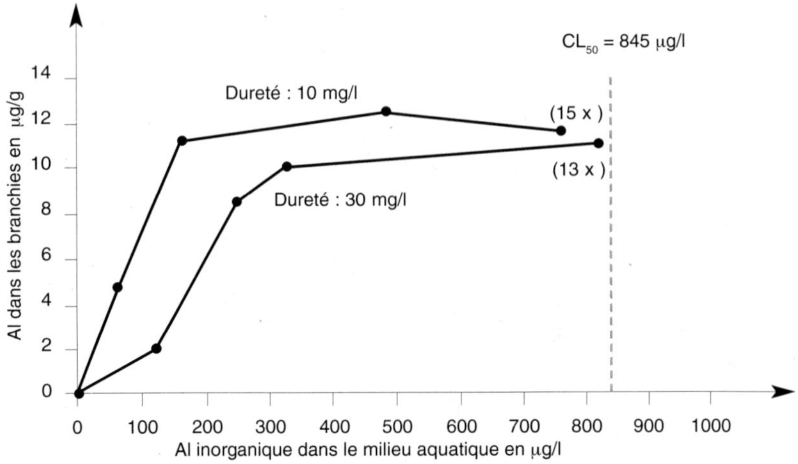

Figure 9.2 Bioaccumulation toxique sublétale d'aluminium inorganique (Al) dans des branchies de truite (*Salvelinus fontinalis*), durant 7 jours, à pH 5,5 ± 0,2. (Van Coillie *et al.*, 1983)

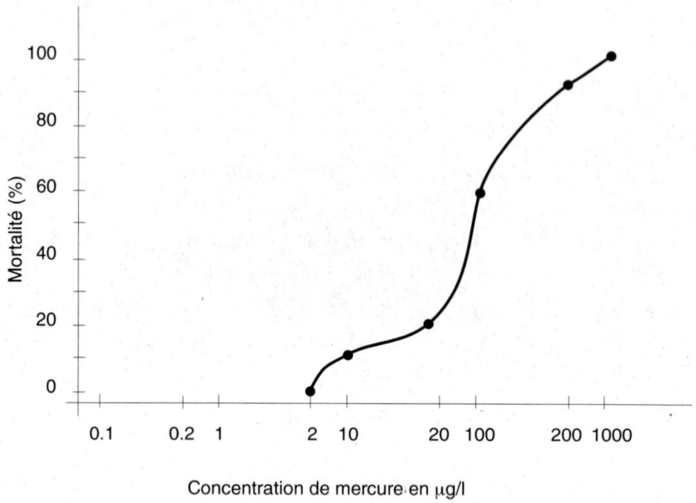

Figure 9.3 Données expérimentales de la toxicité létale du mercure inorganique chez des embryons éclos de crapet arlequin (*Lepomis macrochirus*), durant 4 jours (données tirées de Nriagu, 1979).

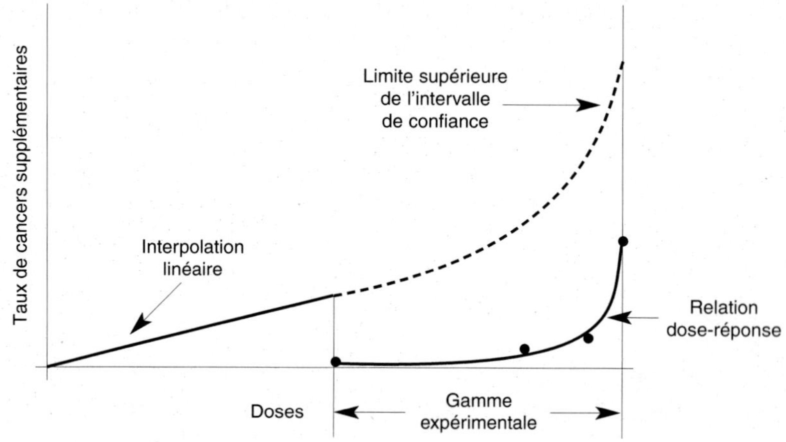

Figure 9.4 Extrapolation linéaire montrant la réponse observée, la limite supérieure de l'intervalle de confiance à la plus faible dose expérimentale et l'interpolation linéaire (Gaylor et Kodell, 1980 dans Lu, 1991).

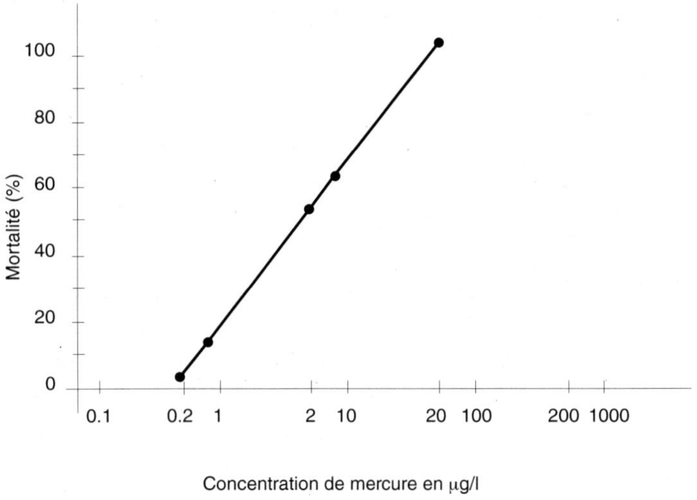

Figure 9.5 Toxicité létale du mercure inorganique chez des embryons éclos de truite arc-en-ciel (*Oncorhynchus mykiss*), durant 4 jours (données tirées de Nriagu, 1979).

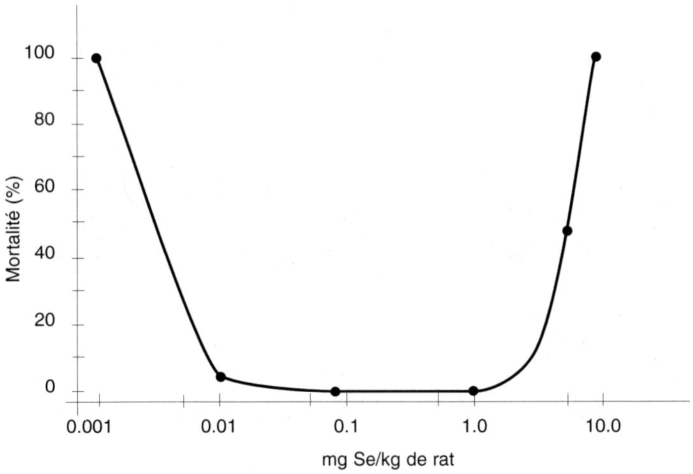

Figure 9.6 Carence et toxicité du sélénium chez des mammifères durant 28 jours (données tirées de Lu, 1991 et Goyer, 1996).

9.2 Relations doses-durées

On observe souvent des relations inverses entre les doses ou les concentrations de contaminants persistants et les durées de leurs effets toxiques. La figure 9.7 présente deux types de relations doses ou concentrations-durées. Elles s'appliquent principalement aux métaux lourds et à certains organochlorés de longue vie (Van Coillie, 1997b; Reichl *et al.*, 2004).

La figure 9.8 illustre une relation dose ou concentrations-durée, soit les premiers symptômes de neurotoxicité du méthylmercure chez des rats nourris quotidiennement avec différentes doses de ce contaminant (Suzuki, 1979). On constate que plus la dose est petite, plus l'effet toxique tarde à se manifester. Il faut donc examiner cette relation à l'aide de longs bioessais avant de déclarer une dose d'effet seuil (DES) pour un toxique persistant.

Par contre, cette relation n'est généralement pas constatée pour la majorité des substances organiques, hormis certains organochlorés, car ces substances sont assez rapidement biotransformées en vue de leur élimination.

Signalons, toutefois, que certains toxiques organiques vite biotransformés évoluent en dérivés métaboliques qui ont des durées plus longues et ainsi des effets plus néfastes que ceux de leur composé d'origine. C'est le cas, par exemple, pour le trichloroéthylène (TCE). De fait, ce dernier est rapidement transformé en acide trichloroacétique, en trichloroéthanol, en acide dichloroacétique et en chlorure de thioacétyle, qui ont des demi-vies comprises entre 0,5 et 100 heures, alors que celle du TCE se situe entre 0,25 et 3 heures; de plus, ces dérivés s'avèrent beaucoup plus toxiques que le TCE (EURA, 2001; USEPA, 2001b; INRS, 2002; USEPA, 2002 et CFTP, 2003).

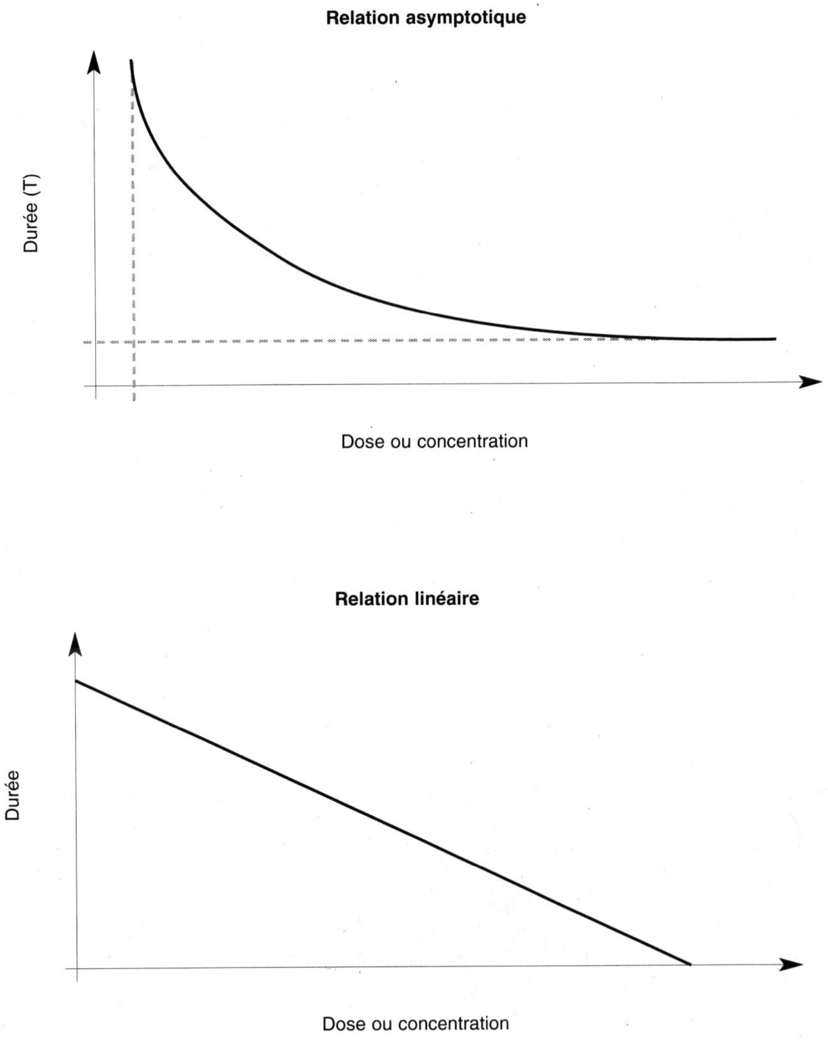

Figure 9.7 Relations « doses-durées » ou « concentrations-durées ».

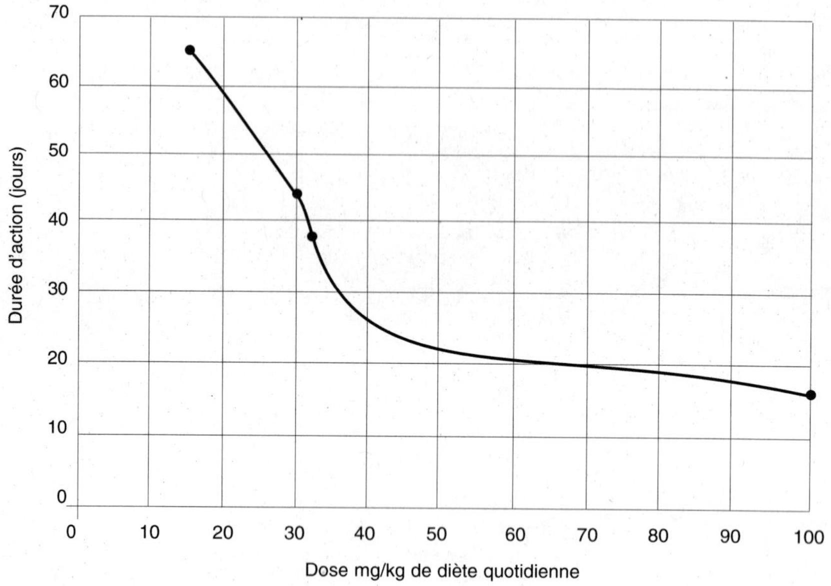

Figure 9.8 Neurotoxicité du méthyle mercure chez des souris en fonction de la dose et de la durée d'action (données tirées de Nriagu, 1979).

9.3 Facteurs toxicodynamiques

Les actions des toxiques peuvent être modulées par certains facteurs, lesquels font l'objet de nombreuses études (Lu, 1991; Eaton et Klaassen, 2001; Gregus et Klaassen, 2001). Voici quelques exemples qui illustrent les principaux facteurs qui peuvent influencer les mécanismes d'action des substances toxiques.

9.3.1 Espèce

La sensibilité aux agents toxiques varie avec les espèces. Les réponses toxiques suivantes au TCE (trichloroéthylène) illustrent cette différence interspécifique (EURA, 2001; USEPA, 2001b; CFPT, 2003).

Réponses toxiques	Rats	Souris
CL_{50}, 4 heures, voie inhalatoire	12 500 mg de TCE/l	8 450 mg de TCE/l
DL_{50}, 4 heures, voie orale	4 930 mg de TCE/kg p.c.	2 400 mg de TCE/kg p.c.

Compte tenu de cette différence interspécifique, l'application à l'humain de données toxicologiques obtenues avec des animaux de laboratoire ne peut être faite qu'avec l'utilisation d'un facteur de sécurité qui réduit de 10 à 100 fois ces données et les rend ainsi plus sensibles.

9.3.2 Souche

Les niveaux de réponses toxiques peuvent varier avec les souches d'une même espèce. Voici un exemple de cette variation pour le TCE (EURA, 2001; CFPT, 2003).

Réponses toxiques	Souche NMRI de souris	Souches B6CBA, C57BL, DBA et NZB
Hypertrophie du foie après inhalation de 75 et 150 mg de TCE/l durant 30 jours	Modérée	Forte chez NZB Faible chez les autres souches
Hypertrophie des reins après inhalation de 75 et 150 mg de TCE/l durant 30 jours	Évidente	Non évidente

9.3.3 Âge

Le métabolisme étant plus élevé chez les jeunes que chez les vieux lorsqu'on le compare par unité de poids corporel, les mécanismes toxicodynamiques sont généralement plus rapides chez les premiers que chez les seconds (Van Coillie, 2001a).

Ceci explique que les tests de toxicité létale chez la truite arc-en-ciel sont faits avec des juvéniles plus sensibles que des adultes (Environnement Canada, 1990a et c); ces juvéniles se révèlent également plus sensibles que les œufs, puisque ces derniers sont protégés par un chorion périphérique épais (Van Coillie, 2004a). Le stade vésiculé est également très sensible aux toxiques chez les salmonidés (Environnement Canada, 1992g), notamment pour l'aluminium (Parent *et al.*, 1988)

Par ailleurs, chez les mammifères, les nouveau-nés ont moins d'enzymes de biotransformation que les adultes. Certains toxiques, comme le DDT et les HAP, sont alors moins bioactivés chez les nouveau-nés qui apparaissent ainsi moins sensibles à ces contaminants (Sipes et Gandolfi, 1986).

9.3.4 Sexe

Les réponses aux substances toxiques peuvent être différentes selon le sexe. Voici un exemple de réponses pour le TCE, chez des souris mâles et femelles (EURA, 2001; CFPT, 2003).

Traitements toxiques	Souris souche CDI femelle	Souris souche CDI mâle
2,5 mg de TCE/l d'eau potable, durant 6 mois	Diminution de l'immunité	Hypertrophie du foie
5 mg de TCE/l d'eau potable, durant 6 mois	Pas d'effet hématologique	Diminution du nombre de globules rouges et blancs
	Pas d'effet rénal	Hypertrophie des reins

9.3.5 Facteurs pathologiques

Certains états pathologiques peuvent augmenter la toxicité des substances. Par exemple, l'asthme rend plus sensible au SO_2 et des faiblesses rénales ralentissent l'élimination des toxiques, qui agissent ainsi plus longtemps (Sipes et Gandolfi, 1986; Lu, 1991).

9.3.6 Température

Les mécanismes toxicodynamiques sont activés par une hausse modérée de température chez les animaux poïkilothermes, c'est-à-dire qui ont une température interne variable. Subséquemment, la toxicité de plusieurs substances (HAP, pesticides et DF) est accentuée pendant l'été chez certains poissons et invertébrés (Germain *et al.*, 1993; Francis, 1994; Niimi, 1994).

9.3.7 pH

La toxicité de quelques contaminants, comme celle des métaux lourds, peut être influencée par le pH. Généralement, des pH acides favorisent leur solubilité, leur biodisponibilité, leur absorption et leur action (Campbell et Tessier, 1996; Van Coillie, 1997b). Ceci est particulièrement évident pour l'aluminium. En effet, en conditions modérément acides, l'aluminium s'avère beaucoup plus toxique qu'à pH neutre tant chez les algues (Parent et Campbell, 1993; Parent *et al.*, 1996), que chez les poissons (Van Coillie *et al.*, 1983 et 1998; Parent *et al.* 1988;) ou que chez les humains (Goyer, 1986; Goyer et Clakson, 2001). Ajoutons ici que le pH des précipitations acides peut entraîner des effets écotoxicologiques dans diverses rivières (Van Coillie *et al.*, 1984)

9.3.8 Cocontaminants

L'action d'un toxique peut changer en présence d'un autre toxique; l'effet du premier peut alors être activé ou inhibé par le second (Klaassen, 1986a). Ce genre d'interactions est fréquent puisque les organismes biologiques, incluant l'humain, sont exposés couramment à un « cocktail » de substances contaminantes contenues dans l'air, le milieu aquatique, les sols et (ou) la nourriture. Ce cocktail comprend notamment des HAP, des pesticides, des métaux lourds, des organochlorés non pesticides et plusieurs composés simples aliphatiques et aromatiques (Van Coillie, 2000a). Il est reconnu, par exemple, que la fumée de cigarette contient plus de 80 substances contaminantes.

Les interactions entre les contaminants de ces cocktails sont généralement très peu connues. Toutefois, elles font l'objet de certaines études sur des combinaisons de toxiques organiques au niveau du foie (Plaa, 1986;

Treinen-Moslen, 2001), sur les gaz d'échappement des véhicules de transport (Amdur, 1986; Costa, 2001) et sur des composantes génotoxiques du tabac de cigarette (Préfontaine *et al.*, 2004). Malgré cela, on constate que les connaissances sur les interactions toxicodynamiques entre plusieurs contaminants demeurent insuffisantes. En effet, dans la grande majorité des cas, ces recherches sont restreintes à deux contaminants en interaction simple (Klaassen, 1986a; Van Coillie, 2000a). Néanmoins, il faut accorder une attention particulière aux interactions entre les contaminants tant pour la santé humaine que pour la santé des écosystèmes.

9.4 Interactions entre les contaminants

Il existe quatre types d'interactions entre les contaminants : l'additivité, l'infra-additivité, la supra-additivité et la potentialisation (Klaassen, 1986a; Newman, 2001).

9.4.1 Additivité

Il y a additivité lorsque deux toxiques agissent indépendamment sur la même cible ou sur des cibles différentes; leur toxicité s'additionne (Klaassen, 1986a).

Par exemple, deux insecticides organophosphates inhibent ensemble l'acétylcholine estérase; la persistance de l'acétylcholine et sa capacité d'induire des contractures dues au second, s'additionnant à celles dues au premier (Lu, 1991; Van Coillie, 1996c; Ecobichon, 2001). Une autre possibilité est une addition de l'agression neurotoxique du méthylmercure et d'une agression additionnelle hépatique des HAP (Van Coillie, 2000b).

9.4.2 Infra-additivité ou antagonisme

Il y a infra-additivité lorsqu'un contaminant affaiblit l'action d'un autre contaminant; leurs deux toxicités combinées sont alors inférieures à leur somme (Klaassen, 1986a; Lu, 1991).

Ceci s'observe entre autres pour l'agression toxique du cadmium, qui est diminuée par la présence du zinc. En effet, le zinc compétitionne avec le cadmium pour des mêmes sites (Van Coillie, 1997b).

Dans ce contexte particulier, il faut citer des antidotes, à savoir le BAL (*British Anti-Lewisite)*, qui complexe les métaux lourds présents, ou l'atropine qui bloque le récepteur de l'acétylcholine, présente en excès à la suite d'une agression par des organophosphates (Lu, 1991; Van Coillie, 2000a).

9.4.3 Supra-additivité ou synergie

Il y a supra-additivité ou synergie lorsqu'un contaminant stimule l'action d'un autre contaminant : leurs deux toxicités combinées dépassent alors leur somme (Klaassen, 1986a).

Ce phénomène est constaté, par exemple, lorsque la fumée de cigarette, particulièrement certains de ses HAP, et l'amiante agissent ensemble au niveau du poumon. L'incidence de cancer est multipliée par 5 et 11 fois respectivement pour ces deux substances isolées et le mélange de celles-ci multiplie 55 fois cette incidence (Lu, 1991).

Une autre illustration d'une synergie entre deux contaminants environnementaux est la présence concomitante de traces de tétraéthyle de plomb ou de méthyle manganèse et de mercure le long des autoroutes. Mentionnons ici que le tétraéthyle de plomb est un agent anti-détonnant ajouté dans l'essence, remplacé par le méthyle manganèse au Canada depuis 1991 et non aux États-Unis, tandis que le mercure provient du pétrole brut raffiné. Le tétraéthyle de plomb et le méthyle manganèse procurent rapidement des éthyles ou méthyles qui sont captés par le mercure, lequel devient alors du méthyle ou éthyle mercure beaucoup plus toxique que le mercure (Van Coillie, 1998b).

9.4.4 Potentialisation

La potentialisation (*potentiation*, en anglais) est une interaction qui met en présence une substance peu toxique avec un contaminant très toxique; la première reste peu néfaste mais elle agit, au niveau du métabolisme, pour amplifier la toxicité du second (Klaassen, 1986a; Lu, 1991).

Un exemple bien connu est la potentialisation du tétrachlorure de carbone, du chloroforme, du trichloroéthane et du trichloroéthylène par des alcools (éthylique, isopropylique ou butylique) ou des cétones (acétone, butanone ou képone) (Plaa, 1986; Lu, 1991; Bruckner et Warren, 2001). Ces alcools et cétones stimulent des enzymes de biotransformation qui deviennent ainsi plus nombreuses pour biactiver les composés chlorés aliphatiques en dérivés plus toxiques (Plaa, 1986; Van Coillie, 2000b). Ceci a été notamment explicité pour le trichloroéthylène (EURA, 2001; USEPA, 2001b; CFPT, 2003).

On observe une autre potentialisation entre le cobalt et le mercure : le premier métal relativement peu toxique favorise la synthèse de la vitamine B12, dont il est un des principaux composants, et cette synthèse supplémentaire fournit du méthyle au mercure, lequel est alors méthylé et devient ainsi nettement plus toxique (Van Coillie, 2000a).

Conclusion

Nous avons vu, dans ce chapitre, les éléments qui interviennent dans la régulation de la toxicodynamique des substances toxiques. Nous avons constaté que la toxicodynamique pouvait être influencée tant par des facteurs biologiques et des facteurs externes que par des interactions entre les substances toxiques elles-mêmes. Ceci met fin aux aspects de la toxicologie fondamentale. Dans le prochain chapitre, nous traiterons des outils écotoxicologiques développés pour évaluer les substances toxiques qui se trouvent dans notre environnement.

Chapitre 10

Outils écotoxicologiques

Aperçu du chapitre

Ce chapitre résume les outils utilisés aujourd'hui pour les évaluations écotoxicologiques de substances isolées et de rejets complexes, soit les types d'approche, les analyses chimiques, les bioessais d'écotoxicité, les bioindicateurs environnementaux et les estimateurs de risque écotoxicologique.

10.1 Approches

Il y a essentiellement deux approches générales employées pour effectuer les évaluations écotoxicologiques de contaminants ou de rejets complexes : l'« approche bout de tuyau » et pour l'étude des réponses de l'environnement l'« approche milieu » (Van Coillie, 1994; 2002c et 2004a). La première utilise à la fois des analyses chimiques dont les résultats sont comparés à des critères de qualité et des bioessais d'écotoxicité; elle correspond aux trois premières étapes de la démarche d'évaluation écotoxicologique, que nous avons vue au chapitre 4, et elle permet de préciser des dangers écotoxicologiques. La seconde approche recourt à des évaluations d'exposition dans le milieu avec des bioindicateurs et des calculs d'exposition; les données obtenues permettent ensuite d'estimer des risques écotoxicologiques. Les deux approches sont non seulement complémentaires mais aussi nécessaires (Van Coillie, 2005d). La première est plus simple car elle utilise des outils normalisés, ce qui n'est pas le cas pour la seconde; conséquemment, la première est plus fréquemment choisie que la seconde (Van Coillie, 2004b).

Des combinaisons des deux approches ont été proposées. Voyons quatre combinaisons couramment adoptées.

1. *L'approche « triade »* pour les sédiments aquatiques tient compte des analyses de leurs contaminants, des bioessais de leur écotoxicité, des évaluations de leur biodiversité et des interrelations statistiques entre ces trois paramètres pour démontrer, par cumul de preuves, les risques écotoxicologiques qu'ils représentent (Chapman, 1990 et 1996; Chapman et McDonald, 2005). Cette approche de la triade, illustrée à la figure 10.1, a notamment été appliquée pour des sédiments très contaminés du Port de Montréal (Environnement Canada et partenaires, 1998; Prairie *et al.*, 1998; Van Coillie, 2005d).

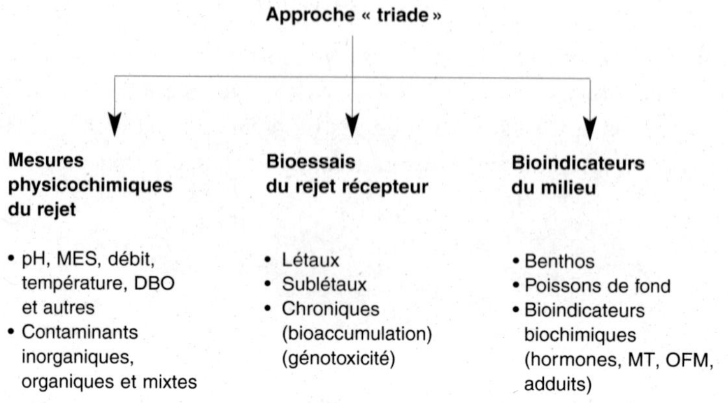

Figure 10.1 Approche « triade ».

2. Une *procédure d'évaluation du risque écotoxicologique (PÉRÉ)* pour des terrains contaminés, proposée par le ministère de l'Environnement du Québec (MEF, 1998; Martel *et al.*, 2002). Cette procédure demande successivement des analyses chimiques des agents stresseurs dans des sols, des bioessais d'écotoxicité de ces derniers et des calculs des expositions des récepteurs (plantes, vers de terre, campagnols et autres) à ces agents stresseurs. Elle fait ensuite des estimations du quotient du risque à partir de ces expositions par rapport à des expositions de référence (MEF, 1998; MENV, 2001a et 2001b; Van Coillie, 2005d; CEAEQ, 2007).

3. Une *approche « objectifs environnementaux de rejet » (OER)* pour des attestations d'assainissement des effluents des papetières et des mines, imposées par le ministère de l'Environnement du Québec (MEF, 1996a; MENV, 2002b; MDDEP, 2007). Cette approche précise des charges (kg/jour) et des concentrations (mg/l) acceptables de contaminants dans des effluents à leurs émissaires (« bouts de tuyau »), en tenant compte du respect des critères les plus sévères de qualité de ces contaminants à la fin d'une zone de mélange définie dans leur milieu récepteur.

   Généralement, pour des grands cours d'eau, ces critères doivent être respectés à la fin d'un panache de diffusion où la dilution maximale permise est fixée à 1 %, soit à l'extrémité d'une zone de mélange de moins de 300 mètres de longueur et 50 mètres de largeur (figure 10.2).

En d'autres mots, pour déterminer les OER de l'effluent, on doit tenir compte du critère de qualité à atteindre en aval du rejet et de la zone de mélange considérée. Les OER, tant aigus que chroniques, s'appliquent directement à l'effluent. Dans la zone de mélange, ou la zone d'impact contiguë au point de rejet, les critères de qualité de l'eau peuvent être dépassés tant qu'il n'y a pas de toxicité aiguë pour les organismes aquatiques ou qu'aucun usage n'est affecté. C'est à la limite de cette zone, qui détermine le volume d'eau alloué pour la dilution de l'effluent, que les critères de qualité de l'eau s'appliquent. Cette zone de mélange est tolérée sur le principe qu'une très petite zone dégradée ne nuira pas à la pérennité de l'écosystème dans son ensemble.

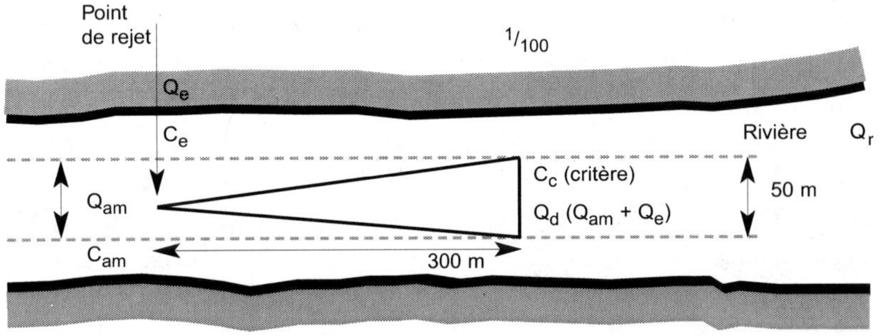

où

C_{am} : Concentration amont du contaminant dans le milieu récepteur. Elle est déterminée à partir de données représentatives de la qualité du plan d'eau en amont du rejet. Elle peut être évaluée à partir des données de suivi sur le plan d'eau, sur un plan d'eau comparable ou à partir de valeurs par défaut.

Q_{am} : Débit amont qui correspond à la portion du débit du milieu allouée pour le mélange de l'effluent. Q_{am} prend en considération la fraction du débit d'effluent prélevée dans le milieu récepteur en amont du point de rejet (f) : $Q_{am} = Q_r - fQ_e$.

C_e : Concentration allouée à l'effluent pour un contaminant donné. Elle correspond à l'OER en concentration.

Q_e : Débit de l'effluent. Pour un rejet d'eaux usées industrielles, il correspond généralement au débit moyen de l'effluent. Pour un rejet d'eaux usées municipales ou domestiques, le débit d'effluent retenu correspond généralement au débit moyen de conception.

C_c : Concentration correspondant au critère de qualité de l'eau retenu pour un contaminant et un usage donnés.

Q_r : Débit du milieu récepteur alloué pour le mélange de l'effluent.

f : Fraction du débit de l'effluent prélevée dans le milieu récepteur en amont du point de rejet. Le facteur f prend la valeur « I » si l'eau d'approvisionnement est entièrement tirée du cours d'eau en amont du point de rejet et est égal à « 0 » si l'approvisionnement en eau se fait à partir d'un autre bassin versant ou à partir d'eau souterraine.

Figure 10.2 Représentation du calcul à rebours effectué au moment de la détermination des OER (MDDEP, 2007).

4. Des *études de suivi des effets sur l'environnement (ESEE)* des effluents des fabriques de pâtes et papiers ou des effluents de mines de métaux, sont imposées par Environnement Canada et Pêches et Océans Canada (1993a et b, 1997, 1998 et 2000a et b). Elles combinent des analyses chimiques et des bioessais létaux et sublétaux des effluents, avec des examens des effets de ces derniers sur des poissons sentinelles et des macroinvertébrés benthiques, dans leur panache de diffusion jusqu'à 1 %; elles comparent ensuite les résultats à ceux obtenus pour ces poissons et macroinvertébrés dans une zone de référence (Van Coillie *et al.*, 1996; Lowell *et al.*, 2005; Walker *et al.*, 2006).

En outre, mentionnons ici quatre autres approches complémentaires que le *Plan d'action Saint-Laurent* a adoptées pour le suivi de la dépollution des effluents industriels déversés dans le fleuve Saint-Laurent et ses tributaires : le chimiotox (Pigeon et Duchesneau, 1992; Van Coillie, 1996a), le barème d'effets écotoxiques potentiels (BEEP) (Costan *et al.*, 1993; Blaise et Férard, 2005c; Van Coillie, 2005c), la spirale d'écotoxicité (Blaise *et al.*, 1984 et 1985; Van Coillie *et al.*, 1992) et une méthodologie d'évaluation écotoxicologique des effluents (Bermingham 1989 et Van Coillie *et al.*, 1992).

- *L'approche chimiotox* multiplie les concentrations des différents contaminants d'un effluent industriel par son débit et par des facteurs de pondération toxique calculés à partir des critères de qualité les plus sévères pour ces polluants dans le milieu receveur de cet effluent. On obtient ainsi des unités chimiotox pour les différents contaminants, puis on les additionne pour préciser un indice chimiotox.

- *Le barème d'effets écotoxiques potentiels (BEEP)* évalue l'écotoxicité d'un effluent industriel à l'aide de quatre bioessais, avant et après sa biodégradation, puis additionne les unités toxiques déterminées. Le total est multiplié par le débit de l'effluent et le pourcentage de bioessais positifs pour définir un indice BEEP logarithmique entre 1 et 9, comme celui de l'échelle Richter pour les tremblements de terre.

- *La spirale d'écotoxicité* intègre des bioessais à trois paliers, à savoir létal, sublétal et potentiellement chronique, pour évaluer les impacts d'un effluent industriel correspondant à trois niveaux de danger. Les impacts sont respectivement *locaux* aux « bouts de tuyau », *appliqués à la zone* correspondant à la diffusion de l'effluent dans son milieu receveur, ou *chroniques* pour la bioaccumulation et la génotoxicité de ses contaminants de longue durée dans ce milieu.

- *La méthodologie d'évaluation écotoxicologique des effluents* est un organigramme décisionnel progressif pour leurs analyses chimiques et biologiques.

10.2 Analyses chimiques couramment utilisées

Les teneurs de contaminants dans les effluents, les émissions ou les milieux receveurs sont analysées par des méthodes accréditées et (ou) recommandées avec des procédures d'analyse qualité – contrôle de qualité (AQ-CQ). Ces méthodes et procédures sont décrites par des organismes gouvernementaux comme Environnement Canada, le ministère du Développement durable, de l'Environnement et des Parcs (MDDEP) et (ou) l'USEPA et par des organismes paragouvernementaux tels que ASTM (1986), CAEAL (1991), APHA, AWWA et WEF (1998) et OCDE (1998a et 1999). Mentionnons ici qu'il existe des techniques analytiques reconnues de préparation et de dosage et des AQ–CQ pour plus de 200 substances contaminantes. Rappelons qu'il y a également plusieurs limites et problèmes pour les analyses chimiques, comme nous l'avons vu au chapitre 4. Ces contraintes et celles des méthodes et de leurs AQ–CQ incitent à être prudent avant d'accepter des certificats d'analyse chimique (Van Coillie, 2005b).

10.3 Bioessais d'écotoxicité

Au chapitre 4, nous avons vu de façon générale les bioessais d'écotoxicité, leurs dimensions écotoxicologiques, leurs types, leurs critères opérationnels, leurs mesures terminales et leurs limites. Nous présenterons, dans cette section et dans les tableaux 10.1 à 10.6, les différents bioessais d'écotoxicité demandés par diverses règlementations gouvernementales selon le milieu qui est évalué : eau douce, sédiments en eau douce, eau marine, sédiments en eau marine, sols et air. Nous indiquerons les paramètres testés, la durée, ainsi que les documents de référence. Signalons que les bioessais de génotoxicité ne sont pas inclus dans cette présentation car ils ont été décrits au chapitre 8.

Les divers bioessais d'écotoxicité sont précisés dans plusieurs ouvrages : Couture, 1981; Thellen, 1983; Persoone *et al.*, 1984; Couture *et al.*, 1986; Schwartz, 1987; ASTM, 1989b; Munawar *et al.*, 1989; Giesy et Hoke, 1990; ASTM, 1993; Calow, 1993; Rand, 1995; Roy, 1995; Grothes *et al.*, 1996; Lokke et Van Gestel, 1998; Wells *et al.*, 1998; Stephenson *et al.*, 2002; USEPA, 2002a et b; Adams *et al.*, 2003; Blaise et Férard, 2005a et b; Scroggins *et al.*, 2005 et Van Coillie, 2005c. De plus, des procédures de bioessais d'écotoxicité sont régulièrement publiées depuis 1981 par l'American Society for Testing and Materials (ASTM) dans des séries intitulées *Aquatic toxicology and hazard assessment* et *Annual book of ASTM standards*.

Tableau 10.1 Tests d'écotoxicité en eau douce*

Groupes biologiques et espèces	Paramètres testés et durées	Références
BACTÉRIES		
Vibrio fisheri, anciennement *Photobacterium phosphoreum,* du système microtox	Inhibition sublétale de la bioluminescence, durant 5 à 15 minutes	Bulich, 1984 et 1986; Environnement Canada, 1992a; Mayfield, 1993; Johnson, 2005
Autres bactéries : *Pseudomonas flurorescens, Spirullum volutans* et autres	Variés	Mayfield, 1993
MICROALGUES		
Pseudokirchneriella subcapitata, anciennement *Selenastrum capricornutum*	Inhibition sublétale de la croissance de la culture dans des microcupules sur microplaques, durant 72 heures	Blaise 1984; Blaise *et al.,* 1986; Environnement Canada, 1992b et 2007a; Blaise et Vasseur, 2005
	Inhibition sublétale de la croissance de la culture dans des fioles, durant 96 heures	Lewis, 1993; CEAEQ, 1997; ASTM, 2000a; USEPA, 2002a
Même espèce et autres microalgues : *Chlamydomonas variabilis, Chlorella vulgaris, Microcystis æruginosa* et autres	Variés	Couture, 1981 et 1990; Couture *et al.,* 1982; Van Coillie *et al.,* 1983; Lewis 1993; Parent *et al.,* 1995; Boucher *et al.*, 2009)

Tableau 10.1 (*suite*)

Groupes biologiques et espèces	**Paramètres testés et durées**	**Références**
PLANTES AQUATIQUES		
Lemna minor ou *Lemna gibba* (lentilles d'eau)	Inhibition sublétale de la croissance en nombre de thalles, durant 7 jours	Lewis, 1993; Environnement Canada, 1999e; OECD, 2002; USEPA, 2002a; Mooddy et Miller, 2005
Autres plantes macrophytes : *Elodea canadensis, Myriophyllum spicatum* et autres	Variés	Lewis, 1993
INVERTÉBRÉS		
Daphnia magna ou *Daphnia pulex* (puce d'eau, néonate)	Létalité et inhibition sublétale de la mobilité, durant 24 ou 48 heures	Buikema et Cairns, 1980; AFNOR, 1983; ASTM, 1984; OECD, 1984; Environnement Canada, 1990c; Persoone et Janssen, 1993; Environnement Canada, 2000k; USEPA, 2002a; Jonczyk et Giron, 2005
	Inhibition sublétale de la reproduction asexuée, durant 21 jours	OECD, 1984; ASTM, 1987; Persoone et Janssen, 1993; OCDE, 1998b; ISO, 1999a; Jonczyk et Giron, 2005
Ceriodaphnia dubia (micropuce d'eau, néonate)	Létalité et inhibition sublétale de la reproduction asexuée, durant 7 jours	Mount et Norberg, 1984; ASTM, 1989a; Environnement Canada, 1992c et 2007; Persoone et Janssen, 1993; USEPA 2002a
Autres invertébrés : *Colpidium campylum, Tetrahymena pyriformis* (protozoaires), *Brachionus sp.* (rotifère), *Hydra sp.* (hydre), *Gammarus sp.* (crevette), *Hexagenia sp.* (larve de libellule) *Lumbriculus variegatus* (ver) et autres	Variés	Persoone et Janssen, 1993; USEPA, 2002a; Blaise et Férard, 2005a; Tytka *et al.*, 2006
VERTÉBRÉS		
Oncorhynchus mykiss, anciennement *Salmo gairdneri* (truite arc-en-ciel, alevin ou juvénile)	Létalité de juvéniles, durant 4 jours	Environnement Canada, 1990a; ASTM, 1991a; Environnement Canada, 2000j
	Létalité d'alevins, durant 7 jours	ASTM, 1991a; Environnement Canada, 1998a
	Inhibition sublétale de la croissance de juvéniles, durant 28 jours	OCDE, 2000; USEPA, 2002a
Pimephales promelas (méné tête-de-boule, larve)	Létalité de larves et inhibition sublétale de leur croissance, durant 7 jours	ASTM, 1991a; Environnement Canada, 1992d; USEPA, 2002a

→

Tableau 10.1 (*suite*)

Groupes biologiques et espèces	Paramètres testés et durées	Références
Salvelinus fontinalis (truite mouchetée, juvénile)	Capacité natatoire, durant 24 heures	Saint-Louis *et al.*, 1987
Autres poissons : *Ictalurus punctatus* (poisson chat), *Lepomis macrochirus* (crapet arlequin), *Oncorhynchus kisutch* (saumon coho), *Oryzias latipes* (médaka), *Salmo salar* (saumon de l'Atlantique), *Oncorhynchus tshawytscha* (saumon quinnat)	Variés	ASTM, 1991a; de Solbé, 1993; USEPA, 2002a; Environnement Canada, 1992g et 2004b
Rana pipiens (grenouille)	Létalité, durant 4 jours	Jackman *et al.*, 2006

* Des comparaisons entre certains des bioessais qui apparaissent dans le tableau 10.1, ont été faites par Blaise *et al.* (1984), Scroggins *et al.* (1990) et Roy (1995).

Tableau 10.2 Tests d'écotoxicité de sédiments en eau douce*

Groupes biologiques et espèces	Paramètres testés et durée	Références
BACTÉRIES		
Vibro fisheri, anciennement *Photobacterium phosphoreum*, du système microtox en phase solide	Inhibition sublétale de la bioluminescence, durant 15 minutes	Environnement Canada, 2002
INVERTÉBRÉS		
Hyallela azteca (microcrustacé)	Létalité et inhibition sublétale de la croissance, durant 14 jours	Borgman et Munawar, 1989; ASTM, 1990; Environnement Canada, 1997b; Borgman *et al.*, 2005
Chironomus riparius ou *Chironomus tentans* (insectes, larves)	Létalité de larves et inhibition sublétale de leur croissance, durant 10 jours	Nebeker *et al.*, 1984; ASTM, 1990; Environnement Canada 1997a; Péry *et al.*, 2005
Autres invertébrés : *Panagrellus redivivus* (nématode), *Tubifex tubifex* (ver) *Hexagenia sp.* (larve de libellule) et autres	Variés	Giesy et Hoke, 1990; Reynoldson et Day, 1993

* L'eau interstitielle des sédiments d'eau douce obtenue par filtration et leur eau de lixiviation peuvent aussi être étudiées pour leur toxicité; dans ce cas, les tests pour l'eau douce sont utilisés.

Tableau 10.3 Tests d'écotoxicité en eau marine

Groupes biologiques et espèces	Paramètres testés et durée	Références
BACTÉRIES		
Vibro fisheri, anciennement *Photobacterium phosphoreum,* du système microtox	Inhibition de la bioluminescence, durant 15 minutes	Bulich, 1984 et 1986; Environnement Canada, 1992a
ALGUES		
Champia parvula	Létalité et inhibition sublétale de l'augmentation du nombre de bourgeons de cystocarpes, durant 9 jours	Steele et Thursby, 1983; USEPA, 2002b;
Dunaliella sp., Thalasssiosira sp. et autres	Variés	USEPA, 1988d; ASTM, 1993; Walsh, 1993; USEPA, 2002b
INVERTÉBRÉS		
Paleomonetes vulgaris (crevette bouquet)	Létalité, durant 30 jours	USEPA, 2002b; Environnement Canada, 2004b
Artemia salina (microcrustacé)	Létalité, durant 48 heures	Vanhaecke et Persoone, 1984; Widdows, 1993
Autres microcrustacés : *Acartia tons* (copépode), *Mysidopsis bahia* (mysidacé) et autres	Variés	Widdows, 1993; USEPA 2002b;
Strongylocentrotus purpuratus (oursin pourpre) ou *Dendraster excentricus* (oursin plat), *Arbacia punctulata* (oursin bleu)	Inhibition sublétale de la fertilisation, durant 40 minutes ou moins	Environnement Canada, 1992f; USEPA, 2002b; Environnement Canada, 2004b
Mytilus eludis (moule), *Crassostrera sp.* (huître), *Mercenaria mercenaria,* (palourde), *Pecten sp.* (pétoncle)	Létalité, durant 28 jours	Widdows, 1993; Environnement Canada, 2004b
Autre invertébré : *Brachionus plicatilis* (rotifère)	Létalité, durant 24 heures	Snell et Persoone, 1989; Widdows, 1993

→

Tableau 10.3 (*suite*)

Groupes biologiques et espèces	**Paramètres testés et durée**	**Références**
VERTÉBRÉS		
Menidia beryllina (capucette)	Létalité et inhibition sublétale de la croissance des larves, durant 4 ou 7 jours	Middaugh *et al.*, 1993; USEPA, 2002b; Environnement Canada, 2004b
	Létalité d'embryons, durant 28 jours	Middaugh *et al.*, 1993
	Létalité de juvéniles, durant 28 jours	Environnement Canada, 2004b
Menidia menidia (capucette de l'Atlantique)	Létalité de larves, durant 4 jours	Middaugh *et al.*, 1993
	Létalité d'embryons, durant 28 jours	Middaugh *et al.*, 1993
Gasterosteus aculateus (épinoche à trois épines)	Létalité de juvéniles, durant 4 jours	Environnement Canada,1990b
	Létalité de juvéniles, durant 28 jours	USEPA, 2002b
Cyprinodon variegatus (méné à tête-de-mouton)	Létalité et inhibition sublétale de la croissance des larves, durant 4 ou 7 jours	Middaugh *et al.*, 1993; USEPA, 2002b; Environnement Canada, 2004b
	Létalité d'embryons, durant 28 jours	Middaugh *et al.*, 1993
	Létalité de juvéniles, durant 28 jours	Environnement Canada, 2004b
Atherinops affinis (capucette barrée)	Létalité et inhibition sublétale de la croissance des larves, durant 4 ou 7 jours	Middaugh *et al.*, 1993; USEPA, 2002b; Environnement Canada, 2004b
	Létalité d'embryons, durant 35 jours	Middaugh *et al.*, 1993
	Létalité de juvéniles, durant 28 jours	Environnement Canada, 2004b
Oncorhynchus mykiss (truite-arc-en-ciel acclimatée à l'eau de mer)	Létalité de juvéniles, durant 28 jours	Environnement Canada, 2004b
Oncorhynchus gorbuscha (saumon rose acclimaté à l'eau de mer)	Létalité, durant 28 jours	Environnement Canada, 2004b
Autres poissons : *Fundulus sp.* (fondule), *Leuresthes tenuis* (grunion) et autres	Variés	Middaugh *et al.*, 1993

Tableau 10.4 Tests d'écotoxicité de sédiments en eau marine*

Groupes biologiques et espèces	Paramètres testés et durée	Références
BACTÉRIES		
Vibro fisheri, anciennement *Photobacterium phosphoreum,* du système microtox, en phase solide	Inhibition sublétale de la bioluminescence, durant 15 minutes	Environnement Canada, 2002
INVERTÉBRÉS		
Rhepoxinius abronius, Pontoporeia affinis, Eohausterius washingtonius, Amphiporeia virginiona (microcrustacés)	Létalité, durant 10 jours	Schwartz, 1987; Environnement Canada, 1992e; Luoma et Ho, 1993; Environnement Canada, 1998b et 2004b
Leptocheirus plumolosus (microcrustacé)	Létalité, durant 28 jours	Environnement Canada, 2004b
Paleomonetes pugio (crevette)	Létalité, durant 6 à 23 jours	Luoma et Ho, 1993; Environnement Canada, 2004b
Autres microcrustacés	Létalité, durant 10 jours	Environnement Canada, 1992e; Luoma et Ho, 1993; Environnement Canada, 2004b
Macoma balthica (palourde, mollusque)	Létalité, durant 28 jours	Environnement Canada, 2004b
Polydora cornutus (ver)	Létalité, durant 14 jours	Environnement Canada, 2001g et 2004b
Neanthes arenaceodentata (ver)	Létalité, durant 28 jours	Luoma et Ho, 1993; Environnement Canada, 2004b

* Pour tester la toxicité de l'eau interstitielle des sédiments marins et de leur eau de lixiviation, on adopte les bioessais utilisés pour l'eau marine.

Tableau 10.5 Tests d'écotoxicité de sols*

Groupes biologiques et espèces	**Paramètres testés et durées**	**Références**
INVERTÉBRÉS		
Trichoniscus pusillus *Oniscus asellus* *Porcellio scaber* (microcrustacés)	Inhibition sublétale de la croissance, durant 28 jours	Van Straalen et Van Gestel, 1993; Stephenson *et al.*, 2002
Folsomia candida (insecte)	Létalité d'adultes, durant 14 jours; inhibition sublétale de la reproduction, durant 28 jours	Van Straalen et Van Gestel, 1993; ISO, 1999b; Stephenson *et al.*, 2002; Environnement Canada 2004b et 2007d; Hendry *et al.*, 2006
Eisenia fetida, Eisenia andrei ou *Lumbricus terrestris* (vers de terre)	Létalité, durant 14 ou 28 jours, évitement durant moins de 14 jours et inhibition sublétale de la croissance et de reproduction, durant moins de 28 jours	USEPA, 1989; Van Straalen et Van Gestel, 1993; USEPA, 1996a; ASTM, 2000b; Environnement Canada 2004a
Euchytreus sp. (ver)	Inhibition sublétale de la production de cocons, durant 10 jours	Van Straalen et Van Gestel, 1993; ISO, 1999b; Stephenson *et al.*, 2002
PLANTES		
Hordeum vulgare (orge), *Lactuva sativa* (laitue), *Medicago sativa* (luzerne), *Raphanus sativus* (radis) et autres	Inhibition sublétale de la germination et de l'élongation des pousses et de leurs racines, durant 7,14 ou 21 jours	ASTM, 1991b; Kaputska et Reporter, 1993; ASTM, 1994 et 2000c; Environnement Canada, 2004b et c

* Pour déterminer la toxicité de l'eau extraite du sol, de l'eau de lixiviation d'un sol et de l'eau souterraine, les bioessais pour l'eau douce sont utilisés.

Tableau 10.6 Tests d'écotoxicité de l'air

Groupes biologiques et espèces	Paramètres testés et durées	Références
INVERTÉBRÉS		
Apis mellifera (abeille domestique)	Létalité, durant 30 jours	Jepson, 1993; USEPA, 1996b; Environnement Canada, 2004b
Autres insectes et certains acariens	Variés	Jepson, 1993
VERTÉBRÉS		
Anas platyrhynchos (canard colvert) *Colinus virginianus* (colin de Virginie) *Coturnix coturnix* (caille)	Létalité due à une exposition inhalatoire ou orale, durant 30 jours	Walker, 1993; Environnement Canada, 2004b
Mus muculus ou *domesticus* (souris) *Rattus norvegicus* ou *rattus* (rats)	Létalité due à une exposition inhalatoire ou orale, durant ≥ 21 jours	Smith, 1993; Environnement Canada, 2004b

Parmi les nombreux bioessais d'écotoxicité, les bioessais avec de petits organismes sont de plus en plus employés à cause de leur coût moindre, de leur durée souvent moins longue, de leur plus grande facilité de manipulation automatique (Bitton et Dutka, 1986; Wells *et al.*, 1998; Blaise et Férard, 2005a). Des microbioessais avec des puces d'eau sont notamment appréciés dans les évaluations d'identification et de réduction de l'écotoxicité des effluents industriels. En effet, ces évaluations nécessitent plusieurs répétitions du même bioessai d'écotoxicité avec diverses fractions chimiques d'un effluent jusqu'à identifier d'abord les composés responsables de sa nocivité et à vérifier ensuite l'efficacité de leur réduction (USEPA, 1988c et 1991b; Novak et Holtze, 2005).

Les exigences d'AQ–CQ des bioessais d'écotoxicité (procédures, délais, toxiques de référence, accréditations et autres aspects) sont explicitées dans certains documents : USEPA, 1989; Environnement Canada, 1990d; Environment Canada, 1993; USEPA, 2002a et b; Environnement Canada, 2004d; Van Coillie, 2004b).

10.4 Bioindicateurs environnementaux couramment utilisés

Les calibrations et les procédures des bioindicateurs environnementaux sont beaucoup moins nombreuses et précises que celles des bioessais. Malgré cela et malgré l'absence de protocoles normalisés et (ou) réglementaires, l'emploi des bioindicateurs augmente (Simon, 2003). Ces derniers peuvent être regroupés en trois classes : les écoindicateurs, les biomarqueurs et les biotraceurs.

10.4.1 Écoindicateurs

Les écoindicateurs sont des bioindicateurs de la biodiversité avec une signification écologique. Quatre d'entre eux sont privilégiés pour les cours d'eau :

- *l'indice biologique global*, qui amalgame des données de biodiversité et de sensibilité spécifique des macroinvertébrés du benthos en amont et en aval de rejets polluants (AFNOR, 1985; Piché, 1998);
- *l'indice d'intégrité biotique*, qui combine des données de biodiversité, de santé, de niveau trophique et de sensibilité des communautés piscicoles en amont et en aval de rejets polluants (Karr *et al.*, 1986; Karr, 1991; Richard, 1996; Saint-Jacques, 1998; Martel, 2006);
- *l'analyse des populations* telles que celle des larves des libellules *Hexagenia limbata* en présence de contaminations métalliques (Parent *et al.*, 2006a; Hare *et al.*, 2006);
- l'indice biologique diatomées, qui intègre les informations sur la présence des espèces « polluosensibles » et leur abondance (Campeau *et al.*, 2009). Cet indice fait l'objet d'une norme européenne.

10.4.2 Biomarqueurs

Les biomarqueurs sont des bioindicateurs qui fournissent des réponses biochimiques réagissant à des agresseurs toxiques *in situ* et *in vitro*. Quelques ouvrages de synthèse ont été récemment publiés sur les biomarqueurs : Lagadic *et al.*, 1997b; Newman, 2001; Greenberg, 2002; Svendsen *et al.*, 2002; Melançon, 2003; Newman et Unger, 2003; Pelletier *et al.*, 2004; Martel, 2006.

Les principales réponses biochimiques étudiées sont :

- les *oxydases à fonction mixte* (OFM) avec cytochrome P450, entre autres l'éthoxyrésorufine-O-dééthylase; leur synthèse est stimulée par des contaminants organiques et accélère ainsi la biotransformation oxydante de ces derniers en vue d'une élimination (Martel et Kovacs, 1997; Monod, 1997; Parkinson, 2001; Svendsen *et al.*, 2002; Melançon, 2003; Martel, 2006);
- les *métallothionéines* (MT); il y a une augmentation de leur synthèse lorsque des métaux lourds, notamment le cadmium et le mercure, agressent des cellules, ce qui leur permet de capter ces métaux en vue de leur élimination (Couillard *et al.*, 1995; Amiard et Cosson, 1997; Couillard, 1997; Newman, 2001; Svendsen *et al.*, 2002; Campbell et Couillard, 2004; Pinel Alloul *et al.*, 2004; Cooper et Fortin, 2006);
- les *hormones sexuelles stéroïdes* féminines (œstrogènes) et masculines (androgènes); leur synthèse ou leur action est affectée par divers composés perturbateurs endocriniens (Guillette et Craine, 2000; Birkett et Lester, 2003; Hoffmann *et al.*, 2003; Martel, 2006);
- la *vitellogénine* (Vg); ce précurseur du vitellus des ovules des poissons femelles est normalement secrété par leur foie stimulé par des hormones œstrogènes à cette fin; il peut aussi être anormalement synthétisé par des poissons mâles en présence de composés perturbateurs endocriniens (Gagné *et al.*, 1998 et 1999; Martel, 2006); ces derniers induisent également un surplus de vitellogénine chez des moules dulcicoles et marines (Gagné *et al.*, 2001a et b, 2002 et 2003);
- les *paramètres immunologiques*; ceux-ci sont surtout la phagocytose, l'adhérence entre cellules, l'activité des cellules naturelles tueuses, la prolifération des lymphoblastes, l'activation des lymphocytes T, le compte de cellules coelomocytes et la production d'anticorps (Brousseau *et al.*, 1997; Burns-Naas *et al.*, 2001; Fournier *et al.*, 2004 et 2005; Gagné *et al.*, 2006);
- la *chlorophylle a*, particulièrement son photosystème II et son transport d'électrons; ce biomarqueur végétal peut être inhibé par divers toxiques (Samson et Popovic, 1988; Greenberg, 2002).

10.4.3 Biotraceurs

Les biotraceurs sont des organismes sédentaires qui bioaccumulent à long terme des toxiques dans l'environnement (Philips, 1993).

Les organismes suivants sont fréquemment employés comme biotraceurs :

- mousses dulcicoles, gammares, gastéropodes, moules, vers, ménés de l'année, perchaudes et brochets en eaux douces (Ramade, 1992; Sloterdijck, 1992; Berryman et Nadeau, 1998; Piché et Laliberté, 1998; Verdon et Tremblay, 1999; Flessas *et al.*, 2000);
- visons, martres et hérons (pour leur consommation de poissons d'eau douce) (Ramade 1992; Laperle *et al.*, 1999);
- microcrustacés isopodes, huîtres, crevettes, gastéropodes, moules, palourdes, morues, anguilles, vers, phoques et bélugas en eaux marines (Phillips, 1993; Quilliam et Milet, 1998);
- vers de terre, aiguilles de pin, mousses, lichens et poils de mammifères en milieu terrestre (Ramade, 1992; Grenon, 1997; Quilliam et Milet, 1998; Germain *et al.*, 2002).

Plusieurs de ces biotraceurs peuvent non seulement être analysés pour leurs teneurs en contaminants après leur récolte *in situ*, mais aussi être étudiés en laboratoire pour la toxicocinétique de bioaccumulation de ces contaminants (Ramade, 1992; Phillips, 1993).

10.5 Estimateurs de risque

Les estimateurs de risque ont été présentés au chapitre 4. Mentionnons simplement :

- la méthode du quotient (Van Coillie, 2005d) dans la procédure d'évaluation du risque écotoxicologique (PÉRÉ) du MEF (1998) pour des terrains contaminés et dans l'évaluation écotoxicologique des substances d'intérêt prioritaire de la *Loi canadienne de protection de l'environnement* (Environnement Canada, 1999b); cette méthode du quotient peut être complétée avec des vérifications *in situ* (Lorangé *et al.*, 2006);
- la méthode de la triade (Chapman, 1990 et 1996; Environnement Canada, 1999b; Chapman et McDonald, 2005).

Conclusion

Les outils nécessaires pour examiner les suivis et les effets écotoxicologiques des contaminants sont actuellement bien établis et souvent réglementés aux niveaux des analyses chimiques et des bioessais d'écotoxicité. Par contre, ces outils sont en cours de développement aux niveaux des bioindicateurs d'exposition et des descripteurs de risque pour les contaminants. Des applications de ces différents outils et des notions décrites dans les chapitres antérieurs sont présentées dans les deux chapitres suivants pour illustrer successivement des écotoxicologies locales de sols et de cours d'eau.

Chapitre 11

Évaluation écotoxicologique d'un lieu d'enfouissement sanitaire

Aperçu du chapitre

Nous vous proposons ce chapitre afin d'illustrer la démarche d'évaluation écotoxicologique d'un lieu d'enfouissement sanitaire (LES). Vous y trouverez des exemples concrets des différents principes théoriques abordés tout au long de cet ouvrage.

L'étude que nous vous présentons ici vise à expliciter le risque écotoxicologique des rejets de BPC et de DF du LES Bestan. Comme vous pourrez le constater, la démarche qui a été adoptée à cette fin suit une procédure en six étapes, soit l'identification des sources des toxiques, l'évaluation des cheminements des toxiques, l'estimation des dangers des toxiques, l'évaluation de la nocivité des toxiques, l'estimation des expositions aux dangers des toxiques et, enfin, l'estimation des risques des toxiques.

Cet exemple de cas montre toute la complexité de l'évaluation du risque écotoxicologique d'une ou de plusieurs substances. Vous y trouverez des références aux principes et aux notions apprises dans les dix premiers chapitres de cet ouvrage.

11.1 Contexte

Une inquiétude publique existe quant aux effets environnementaux des lieux d'enfouissement sanitaire (LES). Face à cela, le gouvernement du Québec a adopté, dès 1981, un règlement sur les déchets solides (MENVIQ, 1981) à partir de sa *Loi sur la qualité de l'environnement*. L'objet principal de ce règlement concerne la toxicité des effluents des LES.

Le lieu d'enfouissement sanitaire Bestan, à Magog, filiale de Waste Management, fait l'objet d'une préoccupation exprimée par des groupes environnementaux. Celle-ci et certaines autres préoccupations environnementales locales ont amené la direction régionale de l'Estrie du MDDEP à créer un groupe de travail pour étudier la contamination des lacs Lovering, Magog et Massawippi. Dans ce contexte, le MDDEP a effectué une étude des causes de la contamination des lacs Lovering et Massawippi par des substances toxiques (MENV, 2000).

Une des conclusions de cette étude indiquait que la contamination du lac Lovering pouvait provenir du LES Bestan vu la présence de biphényles polychlorés (BPC) et de dioxines et de furannes chlorés (DF) dans les eaux de lixiviation traitées de ce site. Bien que les eaux de lixiviation traitées du LES ne soient plus rejetées dans l'environnement depuis juillet 1997, étant donné qu'elles sont exportées vers un lieu de traitement extérieur depuis cette date, l'étude soulignait la présence de BPC et de DF dans les sédiments du ruisseau Boily, qui se déverse dans la rivière Magog, et d'un ruisseau sans nom, qui se déverse dans le lac Lovering. Ces deux ruisseaux sont localisés respectivement au nord et au sud du LES Bestan. Ceci laissait croire que ce LES pouvait être une source active de BPC et de DF dans l'environnement local. Ensuite, le MDDEP (MENV, 2002c, 2003; 2004a et b) a confirmé que le LES Bestan constituait une source de BPC et de DF, mais a aussi explicité que ce LES ne représentait pas la seule source de BPC et de DF dans l'environnement régional.

En collaboration avec le MDDEP, Bestan inc. a adopté un plan de sécurisation environnementale (Intersan inc., 2002), lequel comporte des relevés pour des études de suivi de la migration des BPC et des DF vers le LES ainsi que des actions pour contrer cette migration (Envir-Eau inc., 2003a et b; 2004a et b; ESA Environnement inc., 2003 et 2004); ces études et ces actions ont été acceptées par le MDDEP.

L'étude que nous vous présentons ici vise à expliciter le risque écotoxicologique des rejets de BPC et de DF du LES Bestan. La démarche qui a été adoptée à cette fin suit une procédure en six étapes (Van Coillie, 1996b et 2001a), laquelle a déjà été appliquée et publiée antérieurement pour d'autres rejets (Van Coillie et Lajoie, 2004a et b). Cette démarche d'évaluation écotoxicologique s'articule comme suit :

Identification des sources des toxiques
↓
Évaluation des cheminements des toxiques
↓
Estimation des dangers des toxiques ← Évaluation de la nocivité des toxiques
↓
Estimation des expositions aux dangers des toxiques
↓
Estimation des risques des toxiques

11.2 Sources des BPC et des DF au LES

Les BPC synthétisés par l'industrie chimique proviennent de multiples usages : lubrifiants, ballasts de lampes fluorescentes, pâtes à calfeutrage, cires, textiles, papiers autocollants, équipements électroniques, échangeurs de chaleur et anciens transformateurs (Carrier, 1991; Niimi, 1994).

Contrairement aux BPC, les DF ne sont pas synthétisés par l'industrie chimique et n'ont aucun usage industriel; ils sont issus de fongicides pentachlorophénols présents dans une multitude de poteaux de lignes électrique et téléphonique, d'herbicides phénoxyacides, de combustions incomplètes de matière organique (incinérateurs, véhicules de transport avec diesel ou essence, brûlage de plastic polychlorovinyle, feux de foyer, feux de forêt, chauffage, consommation de charbon, feux de déchets à ciel ouvert et BPC éventuels) (Boddington *et al.*, 1990; Carrier, 1991; Niimi, 1994; USEPA, 1997b; Environment Canada, 1999; Baker *et al.*, 2000; Germain *et al.*, 2002). Après avoir suivi divers itinéraires, des BPC et des DF se retrouvent dans des eaux usées et leurs boues d'épuration.

Bestan inc. a accueilli les boues d'épuration des stations de traitement des eaux usées de trois municipalités (Ayer's Cliff, Granby et Magog) et d'une usine de textile (C. S. Brooks). Le tableau 11.1 indique quelles étaient à cette époque les concentrations de BPC et de DF dans ces boues d'épuration (Envir-Eau inc., 2003a).

Tableau 11.1 BPC et DF dans les boues d'épuration jusqu'en juin 2002

Origines des boues d'épuration (août 2001)	**BPC en ng/kg en poids sec**	**DF en ng TEQ* /kg en poids sec**
Ayer's Cliff	183 900 et 185 850	8,1
Granby	98 570 et 91 420	7,8
Magog	69 640 et 80 320	17
C. S. Brooks	52 020 et 50 360	40
*Critères pour une valorisation agricole***	1 000 000	17 à 50

* TEQ : toxique équivalent à la 2, 3, 7, 8 tétrachlorodibenzodioxine (TCDD) qui est le congénère le plus toxique dans les DF : la concentration en TEQ équivaut à la somme des 17 congénères qui ont des chlores en position 2, 3, 7, 8 et qui ont une toxicité pondérée par rapport à celle de la TCDD.

** MENV (2001f).

Signalons ici que tous les résultats des concentrations de BPC et de DF, présentés dans les tableaux 11.1 à 11.9 et 11.13, ont été obtenus au laboratoire d'analyse chimique du Centre d'expertise en analyse environnementale du Québec du ministère du Développement durable et de l'Environnement du Québec à Laval au moyen d'un chromatographe en phase gazeuse couplé à un spectromètre à haute résolution.

Afin de corriger le problème à la source, Bestan inc. a refusé depuis juin 2002 ces boues contaminées qui constituent sa majeure source de BPC et de DF. Ceci a obligé les trois municipalités et C. S. Brooks à rechercher d'autres destinations pour leurs boues d'épuration contaminées. Parmi les possibilités envisagées, il y a leur valorisation agricole étant donné que leurs teneurs en BPC et en DF (excepté celles de l'usine de textile C. S. Brooks) le permettent si elles respectent les divers autres critères à cette fin (MENV, 2001f; Van Coillie et Laquerre, 2003b).

Lorsque les BPC et les DF sont enfouis, ils ne sont guère photooxydés par la lumière et ne sont que très lentement métabolisés par voie anaérobie plus que par voie aérobie (Niimi, 1994). Ils ont donc une demi-vie relativement longue de quelques années s'ils restent enfouis (Sinkkoven et Paasivirta, 2000). Cette persistance doit cependant être considérée avec nuance et prudence. En effet, elle a été estimée par Sinkkoven et Paasivirta (2000) à partir de calculs de modélisation. De plus, les BPC et les DF enfouis dans un LES émigrent et, subséquemment, leurs teneurs y diminuent avec le temps. Soulignons que peu d'organismes biologiques sont exposés à des BPC et à des DF enfouis dans un LES.

11.3 Cheminements des BPC et des DF au LES

On a évalué cinq cheminements possibles pour les migrations des BPC et des DF du LES Bestan, soit :
- les eaux de lixiviation drainées;
- les eaux souterraines;
- l'érosion de surface dans des fossés;
- les eaux de ruissellement drainées de ceux-ci dans des eaux de surface en aval du LES;
- la diffusion gazeuse.

Regardons plus en détail chacun de ces cheminements.

11.3.1 Eaux de lixiviation drainées

Les eaux de lixiviation sont récupérées par un réseau de tuyaux collecteurs qui les amène au sud du LES dans un réservoir de captage de 6000 m^3; les lixiviats bruts sont ensuite transférés dans un bassin de traitement par aération de 6400 m^3 (figure 11.1). Leur temps de résidence dans les deux bassins s'avère très long (plusieurs mois), car par rapport aux volumes précités, le volume annuel de lixiviat traité est approximativement 32 000 m^3/an (Envir-Eau inc., 2003a et 2004a).

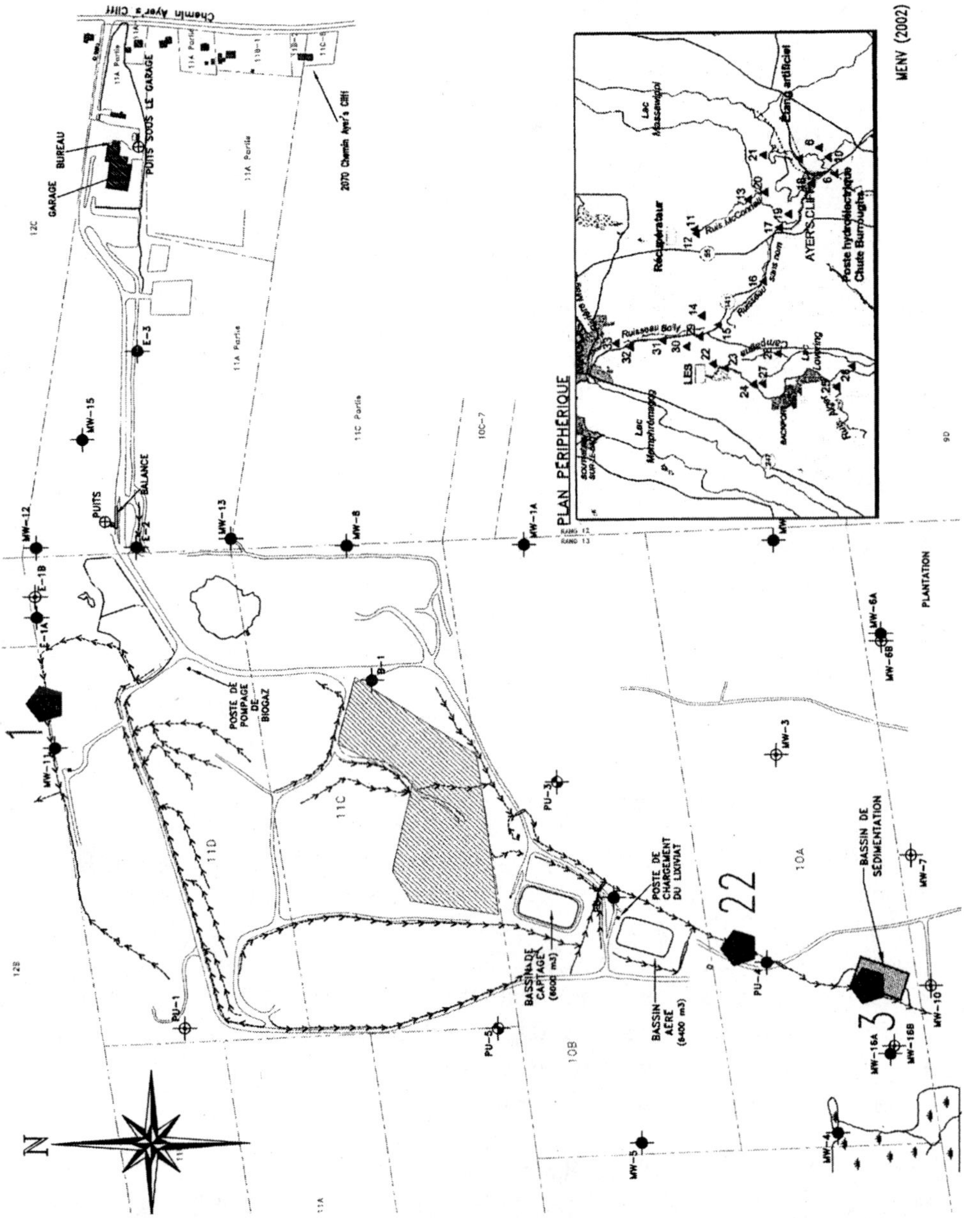

Figure 11.1 Plan de localisation du LES.

Ce lixiviat traité est ultérieurement transporté vers une usine de traitement hors du LES. De cette façon, le LES Bestan respecte pleinement la réglementation promulguée en 1981 par le MENVIQ pour les lixiviats des déchets solides des LES étant donné que son lixiviat traité n'est plus rejeté depuis juillet 1997 dans l'environnement.

Il est cependant utile de connaître les teneurs en BPC et en DF dans les lixiviats drainés du LES (MENV, 2000 et Envir-Eau inc., 2003a), lesquelles sont présentées dans le tableau 11.2.

Tableau 11.2 BPC et DF dans les lixiviats drainés du LES

Types de lixiviat	BPC en ng/l	DF en ng TEQ/l*
Lixiviat brut		
(août 1999)	1000	$1{,}925 \times 10^{-3}$
(septembre 2002)	532	$3{,}900 \times 10^{-3}$
Lixiviat traité		
(août 1999)	28,5	$0{,}085 \times 10^{-3}$
(septembre 2002)	52,0	$0{,}110 \times 10^{-3}$

* ng/l x 10^{-3} = pg/l = 10^{-12} g/l; un picogramme équivaut au contenu d'une demi-cuillère à thé dans 2 000 piscines olympiques (Environnement Canada, 2001).

11.3.2 Eaux souterraines

Le LES Bestan est situé à la convergence de deux réseaux d'écoulement provenant de deux collines localisées au nord-ouest et au sud-est du LES à respectivement 304 m et 292 m d'élévation. La ligne de partage des eaux souterraines est située près du bassin de captage des lixiviats bruts au point le plus haut où le roc affleure (LRA, 1990; ADS, 1991 et 1992; Chartier, 1998; Envir-Eau inc., 2003a et 2004a). De ce point, l'écoulement souterrain a lieu en direction du nord et du sud. Vers le nord, l'eau souterraine s'écoule surtout dans des dépôts fluvio-glaciaires à plusieurs mètres sous la surface (alternances de couches de sable, de silt et de gravier) et fait résurgence au voisinage d'un étang artificiel (étang Pagé) et d'un ru tributaire du ruisseau Boily. Vers le sud, l'écoulement de l'eau souterraine a surtout lieu dans la strate superficielle (limon, gravier et argile) et aboutit dans des marécages et des cours d'eau menant à l'étang aux Castors.

Les vitesses d'écoulement de ces eaux souterraines sont les suivantes (Envir-Eau inc., 2003a et 2004a) :

- 13 m/an de la colline nord-ouest vers le sud-est (étang aux Castors);
- 16 m/an de la colline sud-est vers le nord-ouest (étang Paré).

Les eaux souterraines ont été échantillonnées à 32 sites du LES (figure 11.1) surtout depuis 2000; 350 prélèvements y ont été faits (Envir-Eau inc., 2004a). Leurs teneurs les plus récentes en BPC et en DF sont indiquées dans le tableau 11.3 (Envir-Eau inc., 2003a et 2004a et b; MENV, 2002c et 2003).

La figure 11.1 est le plan de localisation du LES avec la présentation des sites d'échantillonnage des eaux souterraines, des lieux des bassins de captage et d'aération des eaux de lixiviation drainées, du réseau des fossés d'écoulement en surface, du bassin de sédimentation de ces derniers, de trois sites d'échantillonnage de sédiments (1,3 et 22) et du bureau et ses dépendances.

Tableau 11.3 BPC et DF dans les eaux souterraines du LES

	Sites	Aquifères	BPC en ng/l	DF en ngTEQ/l	Chlorures[1] en mg/l
			Secteur nord du LES		
B1					
	(août 2001)	dépôts meubles	0,130	$0,001 \times 10^{-3}$	na[2]
E1A					
	(juin 2001)	dépôts meubles	0,710	$0,034 \times 10^{-3}$	na
	(août 2002)		0,390	$0,091 \times 10^{-3}$	44
	(juin 2003)[3]				
	(avril 2004)		0,920	nd[2]	33
E1B					
	(août 2002)	roc schisteux	0,140	$0,002 \times 10^{-3}$	180
	(novembre 2002)		0,070	nd	300
	(mai 2003)		0,170	$0,015 \times 10^{-3}$	400
MW11					
	(août 2002)	dépôts meubles	0,054	nd	200
			Secteur sud du LES		
MW2					
	(juin 2003)[4]				
	(avril 2004)[4]	dépôts meubles			

→

Tableau11.3 (*suite*)

	Sites	Aquifères	BPC en ng/l	DF en ngTEQ/l	Chlorures[1] en mg/l
			Secteur sud du LES		
MW6	(juin 2003)	roc schisteux	0,150	$0{,}001 \times 10^{-3}$	1,5
MW4					
	(novembre 2004)	dépôts meubles	0,071	nd	7,1
	(mai 2003)		0,140	$0{,}001 \times 10^{-3}$	1,0
MW10					
	(novembre 2002)	roc schisteux	0,210	$0{,}001 \times 10^{-3}$	1,5
	(mai 2003)		0,170	$0{,}022 \times 10^{-3}$	1,0
MW16A					
	(août 2002)	dépôts meubles	0,250	nd	1,3
	(novembre 2002)		0,100	nd	nd
MW16B					
	(septembre 2002)	roc schisteux	0,170		1,5
	(novembre 2002)		0,120	$0{,}001 \times 10^{-3}$	1,9
			Site témoin		
Puits éloigné du LES et situé au 81 rue Lachance à l'ouest du LES					
	(juin 2001)		0,092	nd	na
	(août 2002)		0,058	nd	na
			Critères de qualité des eaux souterraines		
Eau potable[5]			500	15×10^{-3}	
Eau de résurgence dans les eaux de surface ou d'infiltrations dans les égouts[6]			12	$0{,}310 \times 10^{-3}$	

(1) Des valeurs élevées de chlorures sont des indicateurs de lixiviat, car les chlorures ont peu d'interaction avec la matrice de l'aquifère; leur teneur dans le lixiviat brut est 1408 mg/l (Envir-Eau inc., 2004a).

(2) na = non analysé; nd = non détecté.

(3) Les résultats de cet échantillonnage ne peuvent pas être considérés, car il y a probablement eu une contamination de l'eau du piézomètre par de l'eau de surface (MENV, 2003).

(4) Les résultats de ces échantillonnages ne peuvent pas être considérés, car le piézomètre est extérieur à la zone d'exploitation du LES dans un secteur boisé et n'a pas de relation hydraulique avec le LES (MENV, 2003 et Envir-Eau inc., 2004a et b).

(5) MENV (2001c et d).

(6) MENV (1998).

L'examen des valeurs du tableau 11.3 montre que :

- les normes de résurgence ou d'infiltration établies par le MDDEP (MENV, 1998) sont totalement respectées pour les BPC et les DF au LES Bestan;
- les lixiviats, qui peuvent être retracés à l'aide des chlorures, ne sont évidents que dans le secteur nord;
- un bruit de fond régional de BPC est constaté dans les eaux souterraines; il est proche de 0,1 ng/l comme l'indique le site témoin loin du LES;
- les teneurs en BPC dans les eaux souterraines du LES (0,05 à 0,2 ng/l) avoisinent ce bruit de fond, sauf au piézomètre E1A à l'extrémité du secteur nord du LES (0,4 à 0,9 ng/l);
- entre les concentrations des BPC dans les lixiviats bruts du LES (532 à 1000 ng/l : tableau 11.2) et celles des BPC dans les eaux souterraines du LES (0,05 à 0,9 ng/l), il y a une atténuation quasi complète (99,9 % en moyenne);
- une atténuation équivalente est également observée (98,2 % en moyenne) entre les teneurs en DF des lixiviats bruts (1,9 à 3,9 x 10^{-3} ng/l : tableau 11.2) et celles en DF dans les nappes phréatiques du LES (0,001 à 0,091 x 10^{-3} ng/l);
- ces deux atténuations explicitent que le transport des BPC et des DF s'avère globalement peu important dans l'eau souterraine du LES; en effet, les conditions hydrogéologiques du sous-sol du LES ne sont pas propices à la migration des BPC et des DF dans les eaux souterraines, car les aquifères présents ne favorisent pas une migration des particules à une grande distance. Les BPC et les DF en solution sont alors immobilisés par adsorption sur des solides (Envir-Eau inc., 2003a et 2004a et b).

Bien que la migration des BPC et des DF du LES n'ait pratiquement pas lieu par les eaux souterraines, il y avait une préoccupation publique concernant ces substances dans l'eau potable captée dans l'eau souterraine à partir de puits situés autour du LES (MENV, 2002c). Parmi les 41 puits inventoriés d'approvisionnement dans un rayon de 2 km autour du LES (Dessau-Soprin, 2000), les deux puits les plus proches de ce dernier ont fait l'objet d'un suivi depuis 2001 quant à leurs concentrations de BPC et de DF, lesquelles sont présentées dans le tableau 11.4 (MENV, 2002c et Envir-Eau inc., 2003a).

Le tableau 11.4 révèle que :

- les normes de l'eau potable et de l'eau de résurgence dans les eaux de surface ou d'infiltration dans les égouts sont largement respectées pour les BPC et les DF autour du LES;
- les teneurs en BPC décelées dans les puits (0,05 à 0,25 ng/l) sont voisines de celles causées par le bruit de fond régional (environ 0,10 ng/l);
- les eaux souterraines autour du LES ne représentent un risque ni pour la santé humaine (DSP, 2002) ni pour l'environnement (MENV, 2002c).

Tableau 11.4 BPC et DF dans les eaux souterraines autour du LES

Puits	BPC en ng/l	DF en ng TEQ/l	Chlorures en mg/l*
	Puits proches du LES		
1761, Chemin d'Ayer's Cliff au nord-est du LES			
(juillet 2001)	0,120	nd	na**
(août 2002)	0,056	nd	10
2010, Chemin d'Ayer's Cliff à l'est du LES			
(juin 2001)	0,250	nd	na
	Puits témoin		
Puits témoin éloigné du LES et situé au 81 rue Lachance à l'ouest du LES			
(juin 2001)	0,092	nd	na
(août 2002)	0,058	nd	na
	Critères de qualité des eaux souterraines		
Eau potable	500	15×10^{-3}	250
Eau de résurgence dans les eaux de surface ou d'infiltration dans les égouts	12	$0{,}310 \times 10^{-3}$	

* La teneur en chlorures est très faible et n'est donc pas indicatrice du lixiviat du LES (tableau 11.3).
** na = non analysé; nd = non détecté.

11.3.3 Eaux de ruissellement drainées

Une séparation des eaux de surface a lieu à la limite des lots 11C et 11D dans la partie centrale du LES Bestan (figure 11.1) (GSI Environnement inc., 2000 et Envir-Eau inc., 2003 et 2004a). Deux réseaux de fossés de drainage écoulent le ruissellement superficiel. Ces fossés contiennent des murets de pierre, des gabions et des ballots de paille pour y diminuer l'écoulement des matières en suspension (MES), car des corrélations ont été démontrées entre les MES et les teneurs en BPC et en DF dans les eaux de surface (Envir-Eau inc., 2003a et 2004a et b). Ces fossés cernent non seulement la superficie actuellement utilisée du LES pour l'enfouissement de matières résiduelles, mais aussi les superficies fermées et recouvertes de végétation.

Les fossés du secteur nord vont vers un bassin de sédimentation dont les eaux débouchent dans un drainage d'un ru qui descend vers le ruisseau Boily (Envir-Eau inc., 2003a et 2004a).

Dans le secteur sud du LES, les fossés convergent vers un bassin de sédimentation. Ce dernier déverse ses eaux dans un marécage relié à l'étang aux Castors, lequel débouche dans un ruisseau sans nom qui rejoint le lac Lovering à environ 3 km plus loin (Envir-Eau inc., 2004a). L'écoulement dans ces deux réseaux de fossés de drainage est intermittent et irrégulier. Les teneurs en BPC et en DF ont été déterminées depuis 2001 dans les écoulements variables des fossés; elles sont exposées dans le tableau 11.5 (Envir-Eau inc., 2003a et 2004a et b; MENV, 2003).

Étant donné que les fossés du LES ont un écoulement intermittent et irrégulier et qu'ils sont des cours d'eau artificiels avec des murets et des gabions, il est peu approprié dans ce cas d'appliquer les critères de qualité des eaux de surface des cours d'eau naturels. En effet, les critères de qualité pour l'eau potable, pour la protection de la vie aquatique et pour la protection de la faune piscivore terrestre (MEDDP, 2006) sont peu pertinents, car les fossés ne fournissent pas des sources d'approvisionnement en eau potable, ne sont pas des lieux où la vie aquatique se développe et ne constituent pas des milieux qui génèrent une nourriture pour une faune terrestre piscivore. Si ces critères (tableau 11.5) sont considérés malgré ce qui précède, ils sont respectés dans les eaux irrégulières des fossés sauf le critère de la protection de la faune terrestre piscivore. Malgré ce qui est discuté plus haut, mentionnons qu'ultimement, il est toujours pertinent de récupérer les usages d'un milieu d'eau douce avec des installations adéquates.

Tableau 11.5 BPC et DF dans les eaux des fossés du LES

Sites	BPC en ng/l	DF en ng TEQ/l	MES* en mg/l
		Secteur nord du LES	
MW11			
(septembre 2002)	37,781	$2{,}500 \times 10^{-3}$	310
(juin 2003)	6,600	$0{,}084 \times 10^{-3}$	4
(novembre 2003)	4,200	$0{,}197 \times 10^{-3}$	11
(mars 2004)	9,800	$0{,}260 \times 10^{-3}$	31
(mai 2004)	21,430	$0{,}270 \times 10^{-3}$	440
		Secteur sud du LES	
PU4			
(août 2001)	8,700	$1{,}300 \times 10^{-3}$	na**
(septembre 2002)	6,400	$1{,}100 \times 10^{-3}$	130
(mars 2004)	3,300	$0{,}330 \times 10^{-3}$	260
(mai 2004)	12,630	$0{,}040 \times 10^{-3}$	340
(septembre 2004)	1,600	nd**	330
Entrée au bassin de sédimentation			
(juin 2003)	0,340	$0{,}018 \times 10^{-3}$	2
(octobre 2003)	12,000	$0{,}683 \times 10^{-3}$	300
Sortie du bassin de sédimentation			
(juin 2003)	0,570	$0{,}023 \times 10^{-3}$	9
(septembre 2003)	1,800	nd	240

* Les MES (matières en suspension) sont des véhicules appréciés par les BPC et les DF, car ceux-ci s'y associent par adsorption étant donné qu'ils sont peu solubles (Niimi, 1994 et Envir-Eau inc., 2004a).

** na : non analysé; nd = non détecté.

Les résultats mentionnés dans le tableau 11.5 indiquent que :

- les teneurs en BPC et en DF sont beaucoup plus élevées dans les eaux de fossés que dans les eaux souterraines du LES; ceci explicite que la migration de ces contaminants a surtout lieu par les eaux de ruissellement (lesquelles ne contiennent que 6 à 41 mg de chlorures/l et révèlent ainsi qu'elles renferment peu de lixiviat, selon Envir-Eau, 2004a et b);
- les corrélations entre les concentrations de BPC et de DF et celles de MES (coefficients de corrélation = 0,83 et 0,83 respectivement, selon Envir-Eau inc., 2004a et b) dans les eaux de fossés du LES confirment que la migration précitée des deux contaminants se fait à l'aide des MES;
- les concentrations de MES dans les fossés du LES sont très variables et ne permettent pas de déceler une tendance temporelle, car celle-ci peut être influencée par divers facteurs tels que les conditions climatiques et

les travaux récents d'aménagement qui ont exposé des sols frais où le couvert végétal n'était pas complètement établi. Ces sols peuvent alors constituer une source importante de MES (Envir-Eau inc., 2004a).

11.3.4 Eaux de surface en aval du LES

Étant donné que les eaux des bassins de sédimentation débouchent dans des eaux de surface au nord et au sud du LES, ces dernières ont été échantillonnées depuis 1999 pour l'analyse des BPC et des DF. Le tableau 11.6 expose les résultats de ces analyses (MENV, 2000b, 2002c, 2003 et 2004a et Envir-Eau inc., 2003a, 2004a et b).

Les valeurs du tableau 11.6 révèlent les points suivants :

- les normes de qualité de l'eau pour la consommation sont totalement respectées pour les BPC et les DF dans les eaux de surface des secteurs nord et sud du LES (DSP, 2000a et b et 2002); c'est également le cas pour le critère de protection de la vie aquatique des BPC et des DF contre la toxicité chronique;
- par contre, les critères de qualité aquatique des BPC et des DF pour la protection de la faune terrestre piscivore (vison et autres) ne sont généralement pas respectés dans les eaux de surface au nord et au sud du LES;
- les teneurs en BPC et en DF de l'étang aux Castors sont supérieures à celles de l'embouchure du ruisseau sans nom issu de cet étang; ceci permet de penser que ce dernier a un rôle de filtration et de rétention de ces contaminants;
- les concentrations de BPC et de DF des eaux de surface sont globalement inférieures à celles des fossés (tableau 11.5) dans les secteurs nord et sud du LES; cette diminution peut être reliée à un dépôt des deux contaminants dans les sédiments de ces eaux de surface (tableau 11.7).
- Étant donné que les BPC et les DF se dissolvent peu dans les eaux de surface et s'y retrouvent surtout sous forme associée aux MES (Envir-Eau inc., 2004a et b), le dépôt de ces MES dans les sédiments peut contaminer ces derniers. Les teneurs de ces deux contaminants ont donc été examinées dans les sédiments des cours d'eau des secteurs nord et sud du LES; elles sont indiquées dans le tableau 11.7 (MENV, 2000b, 2002c, 2003 et 2004a et Envir-Eau inc., 2003a et b).

Tableau 11.6 BPC et DF dans les eaux de surface en aval du LES

Lieux	BPC en ng/l	DF en ng TEQ/l	MES* en mg/l
	Secteur nord du LES		
Drainage au nord du LESvers le ruisseau Boily (terrain Homan) (août 2001)	2,100	0,039 x 10^{-3}	na**
Exutoire de l'étang artificiel (étang Paré) (août 2001)	0,230	0,002 x 10^{-3}	na
Affluent ouest du ruisseau Boily au 1762 Chemin d'Ayer's Cliff au nord-est du LES (mai 2004)	0,590	0,086 x 10^{-3}	na
Ruisseau Boily en amont du pont de la route 141 (août 2001)	0,520	0,650 x 10^{-3}	na
Branche ouest du ruisseau Boily (septembre 2001)	0,160	0,001 x 10^{-3}	na
Embouchure du ruisseau Boily dans la rivière Magog (septembre 2001)	1,180	0,029 x 10^{-3}	na
	Secteur sud du LES		
Sortie de l'étang aux Castors (août 2001)	0,730	0,005 x 10^{-3}	na
(septembre 2002)	0,450	0,006 x 10^{-3}	11
(juin 2003)	0,810	0,230 x 10^{-3}	18
(octobre 2003)	2,000	0,106 x 10^{-3}	33
(mars 2004)	0,720	0,007 x 10^{-3}	3
(septembre 2004)	1,300	0,008 x 10^{-3}	15
Embouchure du ruisseau sans nom issu de l'étang aux Castors dans le lac Lovering (octobre 2004)	0,450	0,020 x 10^{-3}	na
	Critères de qualité des eaux de surface* **		
Eau potable	500	15 x 10^{-3}	
Protection de la vie aquatique contre la toxicité chronique	2000	1	13
Protection de la faune terrestre piscivore	0,120	0,0031 x 10^{-3}	

* Le suivi des MES peut être indicateur de la migration des BPC et des DF, car, comme il est illustré plus haut, il y a corrélation entre les teneurs en MES et celles en BPC et en DF.

** na : non analysé.

*** MENV (2001c).

Tableau 11.7 BPC et DF dans les sédiments des cours d'eau en aval du LES

Lieux	BPC en ng/kg en poids sec ajustés à 1 % de COT	DF en ng TEQ/kg en poids sec	COT[(1)] en mg/kg en poids sec
Secteur nord du LES			
Drainage au nord du LES vers le ruisseau Boily (terrain Homan) (juillet 2004)	12 029	3,153	6,9 %
Exutoire de l'étang artificiel Pagé (juillet 2001)	645	1,300	9,3 %
Affluent ouest du ruisseau Boily au 1762 Chemin d'Ayer's Cliff au nord-est du LES (juillet 2004)	114	2,026	4,3 %
Ruisseau Boily en amont du pont de la route 141 (juillet 2001)	288	2,000	3,3 %
Branche ouest du ruisseau Boily (juillet 2001)	461	1,000	13 %
Embouchure du ruisseau Boily dans la rivière Magog (juillet 1999)	1031	1,278	3,2 %
(juillet 2001)	824	1,400	3,4 %
Secteur sud du LES			
Étang aux Castors (juillet 2001)	5211[(3)]	1,651[(3)]	7,1
(août 2002)	3507[(3)]	1,801[(3)]	6,7
	3750[(3)]	1,496[(3)]	6,4
	4722[(3)]	1,777[(3)]	7,22
Embouchure du ruisseau sans nom issu de l'étang aux Castors dans le lac Lovering (juillet 1999)	911	0,555	4,5 %
Critères de qualité des sédiments			
Seuil sans effet	20 000[(2)]		
Seuil d'effet mineur	200 000[(2)]	0,850[(3)]	
Seuil d'effet néfaste	1 000 000[(2)]	21,50[(3)]	

(1) COT : carbone organique total.

(2) Environnement Canada et MENVIQ (1992); les critères de BPC sont ajustés pour 1 % de COT.

(3) Critères intérimaires du CCME (2000).

L'examen des données exposées dans le tableau 11.7 fournit les trois indications suivantes :

- Les critères de qualité sont respectés pour les BPC et les DF dans les sédiments des cours d'eau des secteurs nord et sud du LES. Certes, les teneurs en DF y dépassent souvent quelque peu le seuil provisoire suggéré par le CCME (2000) pour un effet mineur de ce contaminant, mais s'avèrent très inférieures à son seuil d'effet néfaste. Subséquemment, ce dépassement mineur peut être considéré comme marginal dans une évaluation globale.
- Il y a un dépôt des BPC et des DF des eaux de surface dans leurs sédiments aux secteurs nord et sud du LES, ce qui réduit considérablement leurs charges écoulées vers le ruisseau Boily et le lac Lovering.
- Les teneurs en BPC et en DF dans les sédiments des eaux de surface diminuent en aval du LES dans ses secteurs nord et sud. Ceci soutient que le dépôt sédimentaire des MES avec BPC et DF a lieu principalement à proximité du site, notamment à l'étang aux Castors dont le rôle de filtration et de rétention (voir plus haut) est ainsi confirmé. Soulignons aussi que les données obtenues ne fournissent pas une évidence d'une migration de ce dépôt de BPC et de DF vers l'aval avec les crues du printemps et de l'automne.

Étant donné que les BPC et les DF associés aux MES sont lentement photodégradés dans les eaux (demi-vies respectives supérieures à 8 et 60 jours selon les modèles de Sinkkonen et Paasivirta, 2000) et qu'ils se déposent avec les MES dans les sédiments, ces derniers constituent des réservoirs pour ces contaminants. Ils y sont peu photolysés et peu biodégradés (Niimi, 1994). Subséquemment, ils y séjournent longtemps. En effet, la demi-vie des BPC peut y dépasser trois ans selon la modélisation de Sinkkonen et Paasivirta (2000) et la demi-vie des DF y est de 1,5 an selon une expérimentation rapportée par Niimi (1994).

11.3.5 Diffusion gazeuse

Bien que les BPC et les DF soient peu volatils, il est reconnu qu'ils sont présents dans l'air où ils sont associés à des particules en suspension. En outre, ils ont une grande affinité pour les hydrocarbures volatils (Boddington *et al.*, 1990; Carrier, 1991; Tysklind, 1993; Niimi, 1994; ATSDR, 2000). Compte tenu de ces deux caractéristiques, il faut considérer une diffusion gazeuse des BPC et des DF dans l'air des sols du LES et dans les hydrocarbures des biogaz émis par le LES à partir de la fermentation de ses déchets. Subséquemment, des analyses de BPC et de DF ont été faites dans l'air du LES et autour de celui-ci. Leurs résultats (MENV, 2002c) sont exposés dans le tableau 11.8.

Les données du tableau 11.8 montrent que :

- les critères de qualité de l'air sont totalement respectés pour les BPC et les DF au LES;
- les concentrations de BPC dans l'air ambiant sont élevées au LES et, à moindre degré, au bassin de captage de ses eaux de lixiviation par rapport à celles des sites témoins local et régional;
- par contre, on n'observe pas une différence analogue pour les DF.

Une étude complémentaire a été menée en mars 2003 par le MENV avec des aiguilles de conifères comme biotraceurs de la présence de BPC et de DF dans l'air étant donné qu'elles bioaccumulent ces deux contaminants (MENV, 2004b). Le tableau 11.9 présente les résultats de cette étude.

Les valeurs du tableau 11.9 confirment que l'air ambiant du LES renferme plus de BPC que celui de la région de l'Estrie. Par contre, c'est le contraire pour les DF. De plus, les teneurs de ces derniers bioaccumulés dans les conifères au LES et au site témoin régional sont nettement inférieures à celles des régions de Jonquière et Montréal, à savoir respectivement 105,4 ng DF/kg et 369,2 ng DF/kg en moyenne (Germain *et al.*, 2002).

Cette différence concorde avec une différence analogue pour les concentrations de DF dans l'air ambiant. En effet, les teneurs en DF dans l'air ambiant du LES, autour de celui-ci et au site témoin (tableau 11.8) se révèlent plus petites que celles des régions de Jonquière et Montréal (0,015 et 0,020 ng DF en TEQ x $10^{3}/m^{3}$, selon Germain *et al.*, 2002), celles de l'air rural au Canada (0,016 à 0,024 ng DF en TEQ x $10^{-3}/m^{3}$, selon Environnement Canada, 2000m). Elles sont voisines des concentrations naturelles les plus basses, soit 0,005 ng DF en TEQ x $10^{-3}/m^{3}$ (Niimi, 1994; Environnement Canada, 1998c et 2000m). Compte tenu de toutes ces données, le LES ne peut pas être considéré comme une source significative de DF dans l'air (MENV, 2004b).

Tableau 11.8 BPC et DF dans l'air ambiant du LES et autour de celui-ci

Lieux	**BPC en ng/m3**	**DF en ng TEQ/m³**
	LES Bestan	
Cellules du LES (juillet 2001)	moyenne : 0,935 intervalle : 0,430 à 1,200 effectif : 4	moyenne : 0,0021 x 10^{-3} intervalle : (0,0016 à 0,0024) x 10^{-3} effectif : 4
Bassin de captage des eaux de lixiviation du LES (août 2001)	moyenne : 0,350 intervalle : 0,200 à 0,610 effectif : 3	moyenne : 0,0022 x 10^{-3} intervalle : (0,0016 à 0,0031) x 10^{-3} effectif : 3
	Autour du LES	
1762 Chemin d'Ayer's Cliff au nord-est du LES (juin 2001)	moyenne : 0,265 intervalle : 0,220 à 0,300 effectif : 4	moyenne : 0,0098 x 10^{-3} intervalle : (0,0075 à 0,012) x 10^{-3} effectif : 3(1)
2010 Chemin d'Ayer's Cliff à l'est du LES (juin 2001)	moyenne : 0,170 intervalle : 0,140 à 0,210 effectif : 3	moyenne : 0,0084 x 10^{-3} intervalle : (0,0068 à 0,011) x 10^{-3} effectif : 3
	Site témoin	
Site éloigné du LES et localisé au 81 rue Lachance à l'ouest du LES (juillet 2001)	moyenne : 0,256 intervalle : 0,130 à 0,440 effectif : 5	moyenne : 0,0071 x 10^{-3} intervalle : (0,0038 à 0,012) x 10^{-3} effectif : 5
	Site régional	
Stukely en Estrie à l'ouest du LES (juin à août 2003)	moyenne : 0,194 intervalle : 0,160 à 0,280 effectif : 4	
	Critères de la qualité de l'air(3)	
Air ambiant	10	0,060

(1) MENV (2001e).

Tableau 11.9 BPC et DF dans les aiguilles de conifères au LES

Lieux	BPC en ng/kg en poids sec	DF en ng/kg
LES	1496	2
Site témoin à Stukely en Estrie à l'ouest du LES	565	6

On peut penser que c'est aussi le cas pour les BPC émis par le LES dans l'air ambiant. En effet, bien que les teneurs aériennes de BPC au LES soient supérieures à celles des sites témoins (tableau 11.8), elles se situent dans les échelles de concentrations aériennes constatées en régions rurales au Québec, à savoir 0,008 à 1,182 ng de BPC/m^3 (Environnement Canada, 2000m).

Malgré ce constat, il subsiste un doute quant à la possibilité de dispersion des BPC et des DF de l'air ambiant du LES vers les milieux aquatiques voisins, entre autres, vers le lac Lovering (MENV, 2002c). Ceci nous apparaît peu vraisemblable étant donné que les vents dominants se dirigent vers le nord-est du LES, où il y a peu de cours d'eau, et non vers le lac Lovering situé au sud du LES, ni vers le ruisseau Boily, localisé au nord du LES; il appert donc que les BPC et les DF de l'air ambiant du LES ont peu de retombées dans les plans d'eau régionaux.

11.4 Toxicité environnementale des BPC et des DF

En vue de comparer les teneurs en BPC et en DF, constatées au LES, avec les seuils toxiques environnementaux de ces deux contaminants, nous avons recensé les concentrations toxiques environnementales déterminées avec des bioessais pour ces deux organochlorés. Ces concentrations demeurent relativement rares et sont regroupées dans le tableau 11.10.

Tableau 11.10 Toxicité des BPC et des DF en eaux douces

	CONCENTRATIONS TOXIQUES DES BPC[(1) (5)]	
Types de toxicité et groupes considérés	**Espèces étudiées, paramètres testés et durées**	**Concentrations toxiques en ng/l**
Toxicité létale		
Poissons	Fodule barré *Fundulus teteroclitus* Mortalité de 80 % 4 jours	$25\,000 \times 10^3$
	Truite fardée *Salmo clarki* CL_{50}[(2)] 4 jours	$(1170 \text{ à } 60\,900) \times 10^3$[(3)]
	Barbue de rivière *Ictalurus punctatus* CL_{50} 4 jours	$(6000 \text{ à } 12\,000) \times 10^3$[(3)]
	Crapet arlequin *Lepomis macrochirus* CL_{50} 4 jours	$(280 \text{ à } 2740) \times 10^3$[(3)]
	Truite arc-en-ciel *Oncorhynchus mykiss* CL_{50} 4 jours	$(8 \text{ à } 240) \times 10^3$[(3)]
	Méné tête-de-boule *Pimephales promelas* CMEO l[(4)] 7 jours	5×10^3
Invertébrés	Libellule *Macronia sp* CL_{50} 4 jours	$(800 \text{ à } 1000) \times 10^3$[(3)]
	Puce d'eau *Daphnia magna* CMEO l 21 jours	2×10^3[(5)]
Toxicité sublétale		
Poissons	Truite mouchetée *Salvelinus fontinalis* Réduction de l'éclosion des œufs de 78 % 21 jours	200×10^3
	Gambusie *Gambusia affinis* Évitement CMEO sl[(6)] 1 heure 30	100×10^3

Tableau 11.10 (*suite*)

CONCENTRATIONS TOXIQUES DES BPC[1] [5]		
Types de toxicité et groupes considérés	**Espèces étudiées, paramètres testés et durées**	**Concentrations toxiques en ng/l**
Toxicité sublétale		
Poissons	Méné tête-de-boule *Pimephales promelas* Inhibition de la croissance des larves CMEO sl 7 jours	2×10^3
	Protozaire cilié *Tetrahymena pyriformis* Inhibition de la croissance d'une culture cellulaire CMEO sl 4 jours	1×10^3
	Puce d'eau *Daphnia magna* Inhibition de la reproduction CMEO sl 21 jours	$0{,}1 \times 10^3$[5]
	Talitre *Gammarus pseudolimnaeus* Inhibition de la reproduction CMEO sl 21 jours	$0{,}1 \times 10^3$[5]

CONCENTRATIONS TOXIQUES DE DF[5] [8]		
Type de toxicité et groupe considérés	**Espèces étudiées, paramètres testés et durées**	**Concentrations toxiques en ng de2,3,7,8 TCDD/l**[7]
Toxicité sublétale		
Poissons	Touladi *Salvelinus namaycush* Inhibition de croissance de larves	5 à 55[5] [7]
	Guppy *Poicilia reticulata* Mortalité de 100 % 5 jours	100[7] [8]

(1) CNRC (1979b).
(2) CL_{50} = concentration létale du contaminant dans l'eau pour 50 % des individus testés.
(3) Intervalle de résultats obtenus pour différents BPC (arochlores 1221, 1232, 1242, 1248, 1254, 1260, 1262 et (ou) 1268).
(4) CMEO l = concentration minimale d'effet observé létal.
(5) Niimi (1994).
(6) CMEO sl = concentration minimale d'effet observé sublétal.
(7) 2,3,7,8 TCDD = 2,3,7,8 tétrachlorodibenzo-p-dioxine, lequel congénère est le plus toxique des congénères des DF (Niimi, 1994).
(8) NRCC (1978).

L'examen du tableau 11.10 permet de formuler les deux constatations suivantes :

- les teneurs toxiques en BPC (100 à 25 000 000 ng/l) sont globalement plus élevées que celles en DF (5 à 100 ng en TEQ/l) en eaux douces; ceci révèle que les DF y sont nettement plus toxiques que les BPC;
- les seuils toxiques des BPC et des DF sont respectivement 100 ng/l et 5 à 55 ng en TEQ/l en eaux douces.

Faute d'avoir pu trouver des valeurs de toxicité des BPC et des DF pour les eaux souterraines, les sédiments et l'air dans la littérature scientifique, les données toxicologiques environnementales présentées pour ces deux contaminants se limitent aux eaux douces (les eaux marines ne sont pas concernées dans le présent contexte).

Comparativement aux concentrations toxiques des BPC et des DF pour les organismes aquatiques, les teneurs toxiques de ces deux contaminants pour l'humain s'avèrent beaucoup plus élevées et donc moins néfastes comme les valeurs du tableau 11.11 le montrent par rapport à celles du tableau 11.10.

Tableau 11.11 Toxicité des BPC et des DF pour l'humain(1)

TENEURS TOXIQUES EN BPC		
Types de toxicité	**Paramètres estimés**	**Teneurs toxiques**
Toxicité létale	DL_{50}(2)	3 000 000 x 10^3 ng/kg p.c.(3)
	CL_{50} dans l'eau(4)	134 250 000 x 10^3 ng/l
	CL_{50} dans l'air(5)	13 425 000 x 10^3 ng/m^3
Toxicité sublétale	*LOAEL*(6)	7000 x 10^3 ng/kg p.c.
	CMEO dans l'eau(7)	313 250 x 10^3 ng/l
	CMEO dans l'air(8)	31 325 x 10^3 ng/m^3
TENEURS TOXIQUES EN DF		
Types de toxicités	**Paramètres estimés**	**Teneurs toxiques de 2,3,7,8 TCDD**(9)
Toxicité létale	DL_{50}(2)	100 x 10^3 ng/kg p.c.(3)
	CL_{50} dans l'eau(4)	4475 x 10^3 ng/l
	CL_{50} dans l'air(5)	447 x 10^3 ng/m^3
Toxicité sublétale	*LOAEL*(6)	200 ng/kg p.c.
	CMEO dans l'eau(7)	8950 ng/l
	CMEO dans l'air(8)	895 ng/m^3

Tableau 11.11 (*suite*)

(1) Carrier (1991) : cette toxicité a été estimée à partir de données obtenues pour des malades intoxiqués avec des BPC et (ou) des DF à Yusho, au Japon, en 1968, à Yu-Cheng et à Taïwan, en 1979 (empoisonnements avec du riz contaminé par des huiles contenant des BPC), à Seveso, en Italie, en 1976 (explosion d'un réacteur de pentachlorophénol, suivie d'une émission atmosphérique de 2,3,7,8 TCDD), aux États-Unis et en Allemagne en 1984-1985 (travailleurs dans des industries de chlorophénols et pesticides contaminés avec du 2,3,7,8 TCDD) et à divers lieux d'incendies de BPC en 1981-1985.

(2) DL_{50} : dose létale du contaminant pour 50 % des individus humains exposés.

(3) La dose toxique du contaminant est exprimée en ng/kg de poids corporel humain.

(4) CL_{50} dans l'eau : concentration aquatique du contaminant qui tue 50 % des individus exposés. Elle est calculée en considérant le volume d'eau consommé (1,58 l en moyenne par jour) et le poids corporel (70,7 kg en moyenne) pour un adulte (MSSS, 2002).

(5) CL_{50} dans l'air : concentration aérienne du contaminant qui tue 50 % des individus exposés. Elle est estimée en considérant le volume d'air respiré (15,8 m^3 en moyenne par jour) et le poids corporel (70,7 kg en moyenne) pour un adulte (MSSS, 2002).

(6) *LOAEL* : *Lowest observed adverse effect level*, soit la dose minimale d'effet néfaste observé pour un contaminant; l'effet toxique sublétal le plus sensible est une induction anormale des enzymes AHH (aryles hydrocarbures hydroxylases) du foie (Carrier, 1991).

(7) CMEO dans l'eau : concentration minimale d'effet observé sublétal; elle est précisée en utilisant les paramètres décrits à la note 4.

(8) CMEO dans l'air : concentration minimale d'effet observé sublétal; elle est évaluée en utilisant les paramètres décrits à la note 5.

(9) 2,3,7,8, TCDD : voir la note 7 dans la légende du tableau 11.10.

11.5 Danger écotoxicologique des BPC et des DF du LES

Un danger écotoxicologique à court terme est présent lorsque la concentration chimique d'un contaminant dans l'environnement dépasse son seuil toxique (Ramade, 1992). Ceci n'est pas constaté pour les BPC et les DF du LES. En effet, leurs teneurs dans ses eaux souterraines coulant vers des résurgences (tableaux 11.3 et 11.4), ses eaux de fossés de ruissellement (tableau 11.5) et les eaux de surface en aval (tableau 11.6) sont beaucoup plus basses que leurs seuils toxiques (tableaux 11.10 et 11.11). Le LES n'occasionne donc pas de danger écotoxicologique à court terme.

Toutefois, un danger écotoxicologique à long terme doit aussi être envisagé lorsqu'un contaminant est bioaccumulé et a une longue vie. C'est le cas pour les BPC et les DF (Boddington *et al.*, 1990; ATSDR, 2000;

Sinkkonen et Paasivirta, 2000). De fait, leurs bioaccumulations ont été démontrées chez les organismes aquatiques où elles augmentent avec la chaîne alimentaire par un processus de bioamplification (Niimi, 1994) et ont aussi été explicitées chez les humains exposés longtemps à des sources très excessives de BPC et de DF (Chen *et al.*, 1982; Pirkle *et al.*, 1989; Carrier, 1991).

De plus, leurs demi-vies s'étendent entre 55 et plus de 100 jours pour les BPC chez les poissons (CNRC, 1979 et Niimi, 1994), 50 et 100 jours pour les DF chez les poissons (Niimi, 1994), 100 et 730 jours pour les BPC chez les humains (Chen *et al.*, 1982; Carrier, 1991) et, enfin, 365 et 2590 jours pour les DF chez les humains (Pirkle *et al.*, 1989; Carrier, 1991). Compte tenu de leurs longues durées de vie combinées à leurs bioaccumulations, ces deux contaminants développent un danger écotoxicologique à long terme. L'évaluation de ce danger est reliée à l'estimation de leur exposition, laquelle fait l'objet de la section suivante.

11.6 Expositions aux BPC et aux DF du LES

Afin d'être en mesure de préciser les impacts de la présence des BPC et des DF au LES, nous devons, en premier lieu, répondre aux questions suivantes : où, qui, comment, quand, à quelle durée et à quelle fréquence est-on exposé aux BPC et aux DF du LES? Les réponses à ces questions sont regroupées dans le tableau 11.12.

Tableau 11.12 Possibilités d'exposition aux BPC et aux DF du LES(1)

Lieux	Organismes exposés	Milieux concernés	Durées et fréquences
LES	Travailleurs de Bestan	Air (tableau 11.8)	10 heures/jour pendant 335 jours/an
Voisinage du LES	Habitants locaux	Air (tableau 11.8) Eaux souterraines (tableau 11.4) Potager exposé à l'air et arrosé avec une eau de puits	Exposition continue Exposition continue Exposition estivale
Eaux des fossés du LES	Rares organismes aquatiques(2)	Fossés (tableau 11.5)	Intermittence et (ou) grande variabilité

Tableau 11.12 (*suite*)

Lieux	Organismes exposés	Milieux concernés	Durées et fréquences
Eaux de surface en aval des fossés du LES	Poissons(2) et autres organismes aquatiques(2) et faune terrestre piscivore et non piscivore	Ruisseau Boily, étang aux Castors, ruisseau issu de celui-ci et leurs sédiments(2) (tableaux 11.6 et 11.7)	Exposition continue
Lac Lovering(4)	Poissons, autres organismes biologiques(2), faune terrestre piscivore et non piscivore et humains consommateurs de poissons	Lac Lovering et ses sédiments(2)	Exposition continue

(1) Les pires scénarios possibles et réalistes sont adoptés pour les expositions afin de respecter le principe de précaution dans toute analyse de risque toxicologique ou écotoxicologique (MEF, 1996a et b et MEF, 1998).

(2) Parmi les possibilités d'exposition indiquées pour les BPC et les DF du LES, on ne peut préciser celles qui concernent les eaux de fossés du LES ainsi que les eaux de surface en aval de ceux-ci et leurs sédiments pour les poissons et autres organismes aquatiques ainsi que la faune terrestre piscivore et non piscivore. En effet, ces récepteurs biologiques n'y ont pas été inventoriés et leurs teneurs en BPC et en DF ne sont pas connues; c'est également le cas pour les organismes aquatiques autres que les poissons au lac Lovering.

En second lieu, nous devons effectuer des calculs d'exposition en fonction de différents scénarios d'exposition (tableau 11.12). Ces calculs sont effectués pour déterminer des doses d'exposition en ng/kg de poids corporel (p.c.)/jour en vue de pouvoir comparer ces dernières à des doses de référence exprimées en ng/kg p.c./jour et établies pour une protection durant toute la vie (Carrier, 1991; MEF, 1996a et b; DSP, 2000a et CEAEQ, 2007). Dans le cas des doses d'exposition quotidiennes des contaminants à partir de la consommation des poissons du lac Lovering, il faut obtenir préalablement les teneurs des contaminants dans ces poissons; ces dernières sont présentées dans le tableau 11.13.

Tableau 11.13 BPC et DF dans les poissons du lac Lovering[1]

Espèces de poissons	BPC en ng/kg	DF en ng TEQ/kg	Mercure en ng/kg
Touladi *Salvelinus namaycush*	(205 à 270) x 10^3	(3,470 à 5,300)	(1500 à 2000) x 10^3
Achigan à petite bouche *Microterus dolomieui*	(8,3 à 9,3) x 10^3	0,990	(450 à 1180) x 10^3
Barbotte brune *Ictalurus natalis*	(3,4 à 8) x 10^3	na[2]	(40 à 160) x 10^3
Perchaude *Perca flavescens*	(3,0 à 5,4) x 10^3	nd[2]	(120 à 410) x 10^3
Meunoir noir *Catostomus commersoni*			
Lac Lovering nord	39 x 10^3	0,120	80 x 10^3
Lac Lovering sud	45 x 10^3	0,412	60 x 10^3
Normes et critères de qualité pour la consommation			
Normes de consommation par l'humain[3]	2000 x 10^3	15	500 x 10^3
Critères de consommation par la faune terrestre piscivore[4]	160 x 10^3	0,660	57 x 10^3

(1) MENV (2000b); les concentrations de contaminants sont exprimées en ng/kg de muscle dorsal frais de poissons pêchés en 1997 et 1999. Étant donné qu'elles augmentent avec la grandeur des poissons pêchés, nous présentons leurs intervalles de valeurs sauf pour les concentrations moyennes chez les meuniers noirs pêchés.

(2) na = non analysé; nd = non détecté.

(3) Santé et Bien-être du Canada (1986b).

(4) USEPA (1995).

À partir du tableau 11.13, nous pouvons formuler les indications suivantes :

- Les normes de protection pour la consommation des poissons par l'humain sont totalement respectées pour les BPC et les DF au lac Lovering.
- Par contre, ces normes ne sont pas respectées pour le mercure chez les poissons piscivores du lac (touladi et achigan à petite bouche); face à cela, un avis public de restriction de consommation précisé plus bas a été émis par le DSP (2000b).

- Les teneurs en BPC et en DF dans les poissons du lac Lovering respectent les critères de protection pour la consommation de poissons par la faune terrestre piscivore (vison, martre, héron et autres) excepté chez les touladis du lac.
- Les concentrations de mercure des poissons du lac excèdent le critère de protection pour la consommation de poissons par la faune terrestre piscivore.

Pour protéger la population contre les effets d'une contamination trop élevée de mercure dans les poissons piscivores du lac Lovering et de plusieurs autres lacs de l'Estrie, la DSP (2000a et b) de l'Estrie a recommandé, dans un avis public, que la consommation de ces poissons soit limitée à deux repas de 230 grammes en moyenne/mois pour les humains adultes (poids moyen de 70 kg) afin de respecter l'apport maximal de 470 ng de mercure/kg p.c./jour. Une enquête de la DSP (2000a et b) sur la consommation de poissons de pêche sportive, réalisée auprès de 320 pêcheurs ayant fréquenté quatre lacs en Estrie, a montré que cette limite a été respectée.

Il est aussi recommandé que cette consommation soit nulle pour les femmes qui sont enceintes ou qui allaitent à cause des effets tératogéniques du mercure et également nulle pour les enfants dont le système nerveux est plus vulnérable au mercure que celui des adultes. Il faut souligner que la recommandation concerne aussi les poissons contaminés au mercure dans plusieurs lacs en Estrie.

En protégeant ainsi la population contre le mercure des poissons des lacs de l'Estrie, la DSP (2000a et b) de cette région protège aussi la population contre les BPC et les DF présents dans ces poissons. Signalons à ce sujet que les teneurs en BPC ont été inventoriées par le MENV (2000b) chez les touladis de huit lacs de l'Estrie où elles respectent le critère de consommation; les teneurs en BPC constatées chez les touladis du lac Lovering se situaient dans l'étalement de celles observées dans les touladis des autres lacs.

Il faut aussi souligner ici que le LES n'est pas une source significative de mercure dans l'environnement local. En effet, la concentration de mercure dans l'effluent du bassin de sédimentation sud du LES est 6,5 ng/l, laquelle valeur est voisine de celle de 5,5 ng/l présente dans le ruisseau Alger tributaire du lac Lovering (MENV, 2004a).

Les calculs des différentes expositions qui ont pu être explicitées pour les BPC et les DF du LES (tableau 11.12) ont été effectués à partir des concentrations les plus élevées des BPC et des DF au LES et autour de celui-ci (tableau 11.14). Cette exigence est demandée par principe de précaution dans des analyses de risque toxicologique et écotoxicologique lorsqu'il y a peu de valeurs pour les concentrations de contaminants (MEF, 1996a et b; MEF, 1998; MSSS, 2002).

Tableau 11.14 Concentrations les plus élevées en BPC et en DF au LES et autour de celui-ci

Lieux	BPC	DF en TEQ
A. Lieux exposés		
Air du LES	1,200 ng/m^3*	3,1 fg/m^3*
Air dans le voisinage du LES eaux souterraines de puits dans le voisinage du LES	0,300 ng/m^3* 0,250 ng/l**	12 fg/m^3* nd**; valeur substitut de l fg/l proche de la limite de détection
Eaux de surface	2,100 ng/l***	650 fg/l***
Eau du lac Lovering (embouchure du ruisseau sans nom issu de l'étang aux Castors)	0,450 ng/l***	20fg/l***
Poissons touladis du lac Lovering	275 ng/kg x 10^3	5,3 fg/kg x 10^6
B. Lieux témoins		
Air au 81, rue Lachance	0,440 ng/m^3*	12 fg/m^3*
Eau souterraine au 81, rue Lachance	0,092 ng/l**	nd**; valeur substitut de 1 fg/l proche de la limite de détection
Eau de surface à la branche ouest du ruisseau Boily	0,160 ng/l***	1 fg/l***

* Voir le tableau 11.8.

** Voir le tableau 11.4.

*** Voir le tableau 11.6.

Des équations qui sont préconisées par le MEF (1996a et b) pour l'exposition des humains ont été appliquées pour quantifier, à partir des concentrations précitées les plus élevées (tableau 11.14), les transferts suivants :

- concentrations de BPC et de DF dans l'air intérieur des bureaux du LES à partir de l'air extérieur et de la volatilisation de l'eau domestique issue d'un puits local (teneurs maximales de 0,160 ng BPC/l et de 1 fg DF en TEQ/l dans cette eau) excepté pour la douche;
- concentrations de BPC et de DF dans l'air intérieur des bureaux du LES à partir de l'air de la douche alimentée avec l'eau domestique issue d'un puits local;
- concentrations de BPC et de DF dans l'air intérieur des maisons voisines du LES à partir de l'air extérieur;
- concentrations de BPC et de DF dans l'air intérieur des maisons voisines du LES à partir de la volatilisation de l'eau domestique issue d'un puits local excepté pour la douche;
- concentrations de BPC et de DF dans l'air intérieur des maisons voisines du LES à partir de l'air de la douche alimentée avec l'eau domestique issue d'un puits local;
- dépôt atmosphérique de BPC et de DF sur les plantes des potagers des maisons voisines du LES;
- pénétration de BPC et de DF dans les sols des potagers à partir de l'air aux maisons voisines du LES;
- absorption de BPC et de DF dans les racines végétales des plantes des potagers à partir des sols contaminés par l'air aux maisons voisines du LES;
- dépôt aqueux de BPC et de DF sur les plantes des potagers arrosés avec l'eau domestique issue d'un puits local aux maisons voisines du LES;
- pénétration de BPC et de DF dans les sols des potagers arrosés avec l'eau domestique issue d'un puits local aux maisons voisines du LES;
- absorption de BPC et de DF dans les racines végétales des potagers à partir des sols contaminés par l'arrosage avec l'eau domestique issue d'un puits local aux maisons voisines du LES.

Nous avons utilisé des paramètres d'exposition qui sont recommandés pour les humains par le MSSS (2002).

Ces paramètres sont les suivants :

- volume d'air inhalé par jour, par classe d'âge;
- temps passé à l'extérieur par jour, par classe d'âge;
- poids corporel humain par classe d'âge;
- volume d'eau bue par jour, par classe d'âge;
- consommation de racines végétales par jour, par classe d'âge;
- consommation de feuilles et fruits par jour, par classe d'âge;
- surface corporelle exposée par classe d'âge.

Les doses d'exposition humaines aux BPC et aux DF par inhalation ou par ingestion ont été déterminées à l'aide des équations dictées par le MSSS (2002). Les doses d'exposition humaines aux BPC et aux DF par absorption cutanée ont été précisées au moyen d'équations proposées par le MEF (1996a et b). Les doses d'exposition des visons et des chevreuils aux BPC et aux DF ont été calculées selon les équations de Sample et Suter (1994) et Sample *et al.* (1997). Ces trois types de doses ont été majorés en y additionnant les doses de bruit de fond déterminées à partir du site témoin (MSSS, 2002).

Les valeurs calculées d'expositions humaine et faunique aux BPC et aux DF par différentes voies au LES sont présentées dans le tableau 11.15.

Tableau 11.15 Expositions estimées aux BPC et aux DF au LES et autour du LES

Groupes, voies d'exposition et classes d'âge	Doses d'exposition aux BPC, en ng/kg p.c./j*	Doses d'exposition aux DF en TEQ, en fg/kg p.c./j*
A. Employés hors du bureau du LES (> 19 ans)		
A.1 Ingestion	0**	0**
A.2 Inhalation	0,077	0,725
A.3 Absorption cutanée à partir de l'air extérieur	0,001	0,015
A.4 Inhalation combinée avec l'absorption cutanée	0,078	0,746
B. Employés au bureau du LES (> 19 ans)		
B.1 Ingestion	0**	0**
B.2 Inhalation d'air intérieur à partir de l'air extérieur, d'air intérieur provenant de la volatilisation de l'eau issue d'un puits et d'air intérieur émanant de la volatilisation de l'eau de douche issue d'un puits (cette dernière portion d'inhalation ne représente que 1 % x 10^{-6} pour les BPC et les DF)	0,079	0,582
B.3 Absorption cutanée à partir de l'air intérieur et de l'eau issue d'un puits	0,002	0,014
B.4 Inhalation combinée avec l'absorption cutanée	0,081	0,602
C. Voisins du LES		
C.1 Ingestion de produits des potagers exposés à l'air extérieur et arrosés avec une eau issue de puits et ingestion de cette eau		
< 0,5 an	0,088	1,105
0,5 à 4 ans	0,044	0,579
> 4 à 11 ans	0,031	0,420
> 11 à 19 ans	0,021	0,286
> 19 ans	0,022	0,277
C.2 Inhalation d'air intérieur, d'air intérieur à partir de l'air extérieur, d'air intérieur provenant de la volatilisation d'eau issue de puits et d'air intérieur émanant de la volatilisation d'eau de douche issue de puits (cette dernière portion inhalée ne représente que 0,005 % à 0,011 % pour les BPC et 0,004 à 0,009 % x 10^{-3} pour les DF)		
< 0,5 an	0,417	13,066
0,5 à 4 ans	0,427	13,422
> 4 à 11 ans	0,333	10,496
> 11 à 19 ans	0,228	6,300
> 19 ans	0,169	5,318

→

Tableau 11.15 (*suite*)

Groupes, voies d'exposition et classes d'âge	**Doses d'exposition aux BPC en ng/kg p.c./j***	**Doses d'exposition aux DF en TEQ en fg/kg p.c./j***
C.3 Absorption cutanée à partir de l'air extérieur, de l'air issu de l'air extérieur et de l'eau issue de puits (incluant celle de la douche)		
< 0,5 an	0,006	0,398
0,5 à 4 ans	0,009	0,328
> 4 à 11 ans	0,008	0,276
> 11 à 19 ans	0,006	0,222
> 19 ans	0,006	0,208
C.4 Inhalation combinée avec l'absorption cutanée		
< 0,5 an	0,423	13,635
0,5 à 4 ans	0,436	13,891
> 4 à 11 ans	0,341	10,890
> 11 à 19 ans	0,234	6,617
> 19 ans	0,175	5,615
C.5 Ingestion de lait maternel chez les nourrissons (< 0,5 an)	0,783	7,742
D. Consommateurs d'eau au Lac Lovering		
< 0,5 an	0,044	1,526
0,5 à 4 ans	0.027	0,926
> 4 à 11 ans	0,017	0,629
> 11 à 19 ans	0,012	0,434
> 19 ans	0,013	0,470
E. Consommateurs de touladis du lac Lovering		
> 19 ans***	3,750	72,28
F. Chevreuils *Odocoileus virginianus* ingérant la végétation et l'eau, et respirant l'air au LES et autour de celui-ci	46,489	175×10^3
G. Consommateurs locaux de chevreuils	0,015	0,116
H. Visons *Mustela vison* ingérant des poissons et de l'eau en aval du LES	6029	116×10^3

* Doses d'exposition exprimées en ng (10^{-9} g) de BPC/kg de poids corporel /jour et en fg (10^{-15} g)/kg de poids corporel/jour.

** L'ingestion d'eau est limitée à des eaux embouteillées.

*** L'exposition a été estimée pour une consommation de touladis en adoptant les recommandations émises par la DSP de l'Estrie (DSP, 2000a et b) à ce sujet.

Pour évaluer les valeurs estimées d'exposition citées dans le tableau 11.15, nous les comparons à des valeurs d'exposition de référence, qui ont été calculées pour toute une durée de vie. Ces valeurs de référence sont mentionnées dans le tableau 11.16.

Tableau 11.16 Valeurs d'expositions de référence aux BPC et aux DF

Substances	Expositions de référence	
BPC pour l'humain	6 ng/kg p.c./j pour l'ingestion 0,9 ng/kg p.c./j pour l'inhalation 1 000 ng/kg/j en général	(MEF, 1996a) (MEF, 1996a) (DSP, 2000a)
DF pour l'humain (en TEQ)	1 200 fg/kg/j pour l'ingestion 149 fg/kg/j pour l'inhalation 175 fg/kg p.c./j en général 1 000 fg/kg p.c./j en général	(MEF, 1996a) (MEF, 1996a) (Carrier, 1991) (DSP, 2000a)
BPC pour le vison *Mustela vison*	90 000 ng/kg p.c./j	(CEAEQ, 2007)
DF pour ce vison (en TEQ)	416 x 10^3 fg/kg p.c./j	(CEAEQ, 2007)
BPC pour le chevreuil *Odocoileus virginianus*	66 000 ng/kg p.c./j	(CEAEQ, 2007)
DF pour ce chevreuil (en TEQ)	1520 x 10^3 fg/kg p.c./j	(CEAEQ, 2007)

Les expositions aux BPC et aux DF du LES (tableau 11.15) s'avèrent très inférieures aux valeurs d'exposition de référence (tableau 11.16) pour ces deux contaminants.

11.7 Risques toxicologique et écotoxicologique des BPC et des DF au LES

Pour estimer les risques toxicologique et écotoxicologique des BPC et des DF au LES, on utilise généralement la méthode du quotient Q, laquelle divise l'exposition maximale à un contaminant par l'exposition de référence à ce contaminant (Landis et Hu, 1995; MEF, 1996a et b et CEAEQ, 1998). L'application de cette méthode aux BPC et aux DF au LES a fourni les quotients Q (ou indices IR) de risque exposés dans le tableau 11.17.

Lorsque les quotients Q sont inférieurs à 1, on considère que les risques estimés ne sont pas formels (Landis et Hu, 1995; MEF, 1996a et b et CEAEQ, 1998). Tous les quotients Q, présentés dans le tableau 11.17, sont inférieurs à la valeur 1 et indiquent ainsi que des risques toxicologiques autres que cancérogènes et des risques écotoxicologiques formels dus aux BPC et aux DF du LES de Bestan inc. ne sont pas présents à ce LES et autour de celui-ci.

Tableau 11.17 Quotients de risque (éco)toxicologique des BPC et des DF au LES et autour du LES

Groupes, voies d'exposition et classes d'âge	Quotients de risque des BPC[1]	Quotients de risque des DF[1] en TEQ
A. Employés hors du bureau du LES (> 19 ans)		
A.1 Ingestion	0[2]	0[2]
A.2 Inhalation[3]	0,088	0,009
A.3 Absorption cutanée à partir de l'air extérieur		
A.4 Inhalation combinée avec l'absorption cutanée	0,088	0,004
B. Employés au bureau du LES (> 19 ans)		
B.1 Ingestion	0[2]	0[2]
B.2 Inhalation d'air intérieur à partir de l'air extérieur, d'air intérieur provenant de la volatilisation de l'eau issue d'un puits et d'air intérieur émanant de la volatilisation de l'eau de douche issue d'un puits[3]	0,090	0,004
B.3 Absorption cutanée à partir de l'air intérieur et de l'eau issue d'un puits		
B.4 Inhalation combinée avec l'absorption cutanée[3]	0,090	0,004

Tableau 11.17 (*suite*)

Groupes, voies d'exposition et classes d'âge	**Quotients de risque des BPC[1]**	**Quotients de risque des DF[1] en TEQ**
C. Voisins du LES		
C.1 Ingestion de produits des potagers exposés à l'air extérieur et arrosés avec une eau issue de puits et ingestion de cette eau[4]		
< 0,5 an	0,015	$1,004 \times 10^{-3}$
0,5 à 4 ans	0,007	$0,482 \times 10^{-3}$
> 4 à 11 ans	0,005	$0,350 \times 10^{-3}$
> 11 à 19 ans	0,003	$0,238 \times 10^{-3}$
> 19 ans	0,003	$0,231 \times 10^{-3}$
C.2 Inhalation d'air intérieur, d'air intérieur à partir de l'air extérieur, d'air provenant de la volatilisation d'eau issue de puits et d'air intérieur émanant de la volatilisation d'eau de douche issue de puits[3]		
< 0,5 an	0,463	0,088
0,5 à 4 ans	0,474	0,090
> 4 à 11 ans	0,370	0,070
> 11 à 19 ans	0,250	0,042
> 19 ans	0,187	0,035
C.3 Absorption cutanée à partir de l'air extérieur, de l'air issu de l'air extérieur et de l'eau issue de puits (incluant celle de la douche)		
< 0,5 an		
0,5 à 4 ans		
> 4 à 11 ans		
> 11 à 19 ans		
> 19 ans		
C.4 Inhalation combinée avec l'absorption cutanée[3]		
< 0,5 an	0,473	0,091
0,5 à 4 ans	0,484	0,093
> 4 à 11 ans	0,379	0,073
> 11 à 19 ans	0,260	0,044
> 19 ans	0,194	0,038
C.5 Ingestion de lait maternel chez les nourrissons (< 0,5 an)[4]	0,130	0,006
D. Consommateurs d'eau au Lac Lovering[4]		
< 0,5 an	0,007	$1,272 \times 10^{-3}$
0,5 à 4 ans	0.004	$0,771 \times 10^{-3}$
> 4 à 11 ans	0,003	$0,524 \times 10^{-3}$
> 11 à 19 ans	0,002	$0,362 \times 10^{-3}$
> 19 ans	0,002	$0,392 \times 10^{-3}$

→

Tableau 11.17 (*suite*)

Groupes, voies d'exposition et classes d'âge	Quotients de risque des BPC(1)	Quotients de risque des DF(1) en TEQ
E. Consommateurs de touladis du lac Lovering (> 19 ans)(4)(5)	0,625	0,060
F. Chevreuils *Odocoileus virginianus* ingérant la végétation et l'eau et respirant l'air au LES et autour de celui-ci(6)	0,015	0,001
G. Consommateurs locaux de chevreuils(4)	0,002	$0,097 \times 10^3$
H. Visons *Mustela vison* ingérant des poissons et de l'eau en aval du LES(6)	0,067	0,279

(1) Quotient de risque = exposition estimée/exposition de référence.
(2) Il n'y a aucun risque car l'ingestion d'eau est limitée à des eaux embouteillées.
(3) Les doses de référence spécifiques pour l'inhalation ont été utilisées (tableau 11.16).
(4) Les doses de référence spécifiques pour l'ingestion ont été utilisées (tableau 11.16).
(5) Le risque a été estimé pour une consommation de touladis en adoptant les recommandations émises par la DSP de l'Estrie (DSP, 2000a et b) à ce sujet.
(6) Les doses de référence spécifiques à la faune mammalienne ont été utilisées (tableau 11.16) (CEAEQ, 2007).

À partir des valeurs du tableau 11.17, il est possible d'estimer des risques additifs des BPC et des DF par groupe au LES et autour du LES. Les risques additifs sont présentés dans le tableau 11.18.

Ces divers risques additifs sont inférieurs à la valeur 1 et sont ainsi non formels.

Tableau 11.18 Risques additifs des BPC et des DF au LES et autour du LES

Groupes et classes d'âge	Quotients de risque des BPC*	Quotients de risque des DF* en TEQ
A. Employés hors du bureau du LES		
> 19 ans	0,088	0,005
B. Employés au bureau du LES		
> 19 ans	0,090	0,004
C. Voisins du LES		
< 0,5 an	0,618	0,097
0,5 à 4 ans	0,591	0,093
> 4 à 11 ans	0,384	0,073
> 11 à 19 ans	0,263	0,044
> 19 ans	0,197	0,038

Tableau 11.18 (*suite*)

Groupes et classes d'âge	**Quotients de risque des BPC***	**Quotients de risque des DF*en TEQ**
D. Consommateurs d'eau du Lac Lovering		
< 0,5 an	0,007	$1,272 \times 10^{-3}$
0,5 à 4 ans	0,004	$0,771 \times 10^{-3}$
> 4 à 11 ans	0,003	$0,524 \times 10^{-3}$
> 11 à 19 ans	0,002	$0,362 \times 10^{-3}$
> 19 ans	0,002	$0,392 \times 10^{-3}$
E. Consommateurs de touladis du lac Lovering		
> 19 ans	0,625	0,060
F. Chevreuils *Odocoileus virginianus* ingérant la végétation et l'eau et respirant l'air du LES et autour de celui-ci		
	0,015	0,001
G. Consommateurs locaux de chevreuils		
	0,002	$0,90 \times 10^{-3}$
H. Visons *Mustela vison* ingérant des poissons et de l'eau en aval du LES		
	0,067	0,279

* Les notes du tableau 11.17 s'appliquent également au tableau 11.18.

Étant donné que les BPC et les DF s'avèrent des substances cancérogènes (Carrier, 1991 et MEF, 1996a), il faut aussi estimer les risques cancérogènes de ces deux contaminants au LES et autour du LES. À cette fin, nous calculons des indices de risque cancérogène pour les humains en multipliant les doses moyennes ingérées ou inhalées entre 0 et 70 ans par des coefficients de cancérogénicité (MEF, 1996a et MSSS, 2002).

Les coefficients de cancérogénicité sont 1,08/(mg/kg p.c./j) et 3820/ (mg/kg p.c./j) pour l'ingestion respective des BPC et des DF en TEQ et 41/(mg/kg p.c./j) et 145 000/(mg/kg p.c./j) pour l'inhalation respective des BPC et des DF en TEQ (MEF, 1996a).

Les indices de risque cancérogène des BPC et des DF du LES et autour de celui-ci sont exposés dans le tableau 11.19.

Tableau 11.19 Indices de risque cancérogène des BPC et des DF au LES et autour du LES

Groupes et voies d'exposition	Indices de risque cancérogène des BPC	Indices de risque cancérogène des DF
A. Employés hors du bureau du LES		
> 19 ans Inhalation	$2{,}296 \times 10^{-6}$	$0{,}076 \times 10^{-6}$
B. Employés au bureau du LES		
> 19 ans Inhalation	$2{,}378 \times 10^{-6}$	$0{,}061 \times 10^{-6}$
C. Voisins du LES		
Ingestion d'eau de puits et de produits potagers exposés à l'air extérieur et arrosés avec une eau issue de puits et ingestion de cette eau	$0{,}032 \times 10^{-6}$	$0{,}001 \times 10^{-6}$
Inhalation	$8{,}487 \times 10^{-6}$	$0{,}929 \times 10^{-6}$
D. Consommateurs d'eau du Lac Lovering		
	$0{,}015 \times 10^{-6}$	$0{,}002 \times 10^{-6}$
E. Consommateurs de touladis du lac Lovering		
> 19 ans	$0{,}951 \times 10^{-6}$	$0{,}201 \times 10^{-6}$
F. Consommateurs locaux de chevreuils		
	$0{,}118 \times 10^{-6}$	$0{,}003 \times 10^{-6}$

Tous les indices de risque cancérogène indiqués dans le tableau 11.19 sont très inférieurs à la valeur 1/100 000 personnes compte tenu du nombre d'habitants locaux, et révèlent ainsi qu'ils ne sont pas formels (MEF, 1996a et b). Il appert que tous les indicateurs de risque (cancérogène, autres que cancérogène et écotoxicologique) montrent que les BPC et les DF du LES et autour de celui-ci ne constituent pas des risques formels pour la santé et l'environnement (Van Coillie, 2007a). C'est également le cas pour les risques de deux scénarios catastrophiques de déversement du lixiviat du LES (provenant respectivement de ses bassins de captage et d'aération ou d'un camion citerne transportant ce lixiviat (Van Coillie, 2007b et c).

Conclusion

Les boues d'épuration des effluents de municipalités et d'industries constituaient une source importante de BPC et de DF au LES Bestan d'Intersan inc. au canton de Magog. Depuis 2002, Intersan n'accepte plus ces boues à ce LES.

Les cheminements des BPC et des DF du LES sont multiples. Les eaux de lixiviation y sont drainées, captées, traitées et exportées. Depuis 1997, leurs BPC et leurs DF ne sont plus déversés dans l'environnement. La migration de ces deux contaminants par les eaux souterraines est défavorisée par les aquifères présents à cause d'une adsorption importante. Par contre, leur migration par ruissellement de surface les entraîne dans des fossés du LES où leur cheminement est amoindri par des murets, des gabions et des ballots de paille et aboutit à deux bassins de sédimentation au nord et au sud du site. Malgré ces mitigations au nord et au sud du LES, les eaux de surface en aval de celui-ci contiennent des BPC et des DF. Ceux-ci s'y déposent dans les sédiments selon un gradient décroissant, notamment à l'étang aux Castors, au sud, qui exerce ainsi un rôle de filtration. Il y a aussi une émission de BPC et de DF du LES avec ses biogaz et son air de sol, mais cette émission est mineure.

En ce qui concerne la protection des humains et des poissons, les critères et les normes de qualité pour l'eau potable, les eaux souterraines, les eaux de surface, les sédiments et l'air sont globalement respectés en matière de BPC et de DF. Toutefois, en qui a trait à la protection de la faune terrestre piscivore, les critères particulièrement bas sont dépassés pour les BPC et les DF dans les eaux de surface, mais tel qu'indiqué plus loin ces dépassements n'occasionnent pas de risque écotoxicologique formel.

Les seuils toxiques des BPC et des DF sont très largement supérieurs aux teneurs de ces contaminants dans les eaux de surface en aval du LES.

Des dangers écotoxicologiques à court terme ne sont pas présents pour les BPC au LES et autour de celui-ci. Malgré cela, il faut tenir compte de leur bioaccumulation et de leur persistance à long terme : leur danger à long terme doivent donc être évalués, ce qui nécessite des estimations d'exposition.

Les expositions aux BPC et aux DF du LES par l'air, les eaux souterraines et les poissons consommés s'avèrent très inférieures aux valeurs d'exposition de référence pour ces deux contaminants chez les humains locaux et la faune terrestre piscivore (bioindicateur : vison).

Les quotients de risques toxicologiques (autres que cancérogène) et écotoxicologique des BPC et des DF, au LES et autour de celui-ci, pour l'humain, la faune terrestre piscivore et les chevreuils sont beaucoup plus faibles que la valeur 1. Ils indiquent ainsi qu'il n'y a ni risque toxicologique, ni risque écotoxicologique formels associés aux BPC et aux DF au LES et autour de celui-ci.

Les indices de risque cancérogène pour ces deux contaminants au LES et à sa périphérie sont également inférieurs à la valeur 1/100 000 et s'avèrent ainsi non formels compte tenu du nombre d'habitants locaux.

Chapitre 12

Évaluation écotoxicologique du risque environnemental des eaux de la station d'épuration Est de la Ville de Québec

Aperçu du chapitre

Nous proposons dans ce chapitre l'étude du risque écotoxicologique de l'effluent de la station d'épuration Est de la Ville de Québec. Toutes les données de cette étude proviennent de documents disponibles pour information publique. Nous avons divisé la présentation de cette étude en deux parties. La première expose les sources de cet effluent, son cheminement, sa composition chimique, sa toxicité et, subséquemment, son danger. Elle correspond à une approche dite « bout de tuyau ». La seconde partie précise l'exposition et le risque de cet effluent dans le milieu récepteur. Elle correspond à une approche nécessaire appelée « approche milieu » qui pondère la première approche et permet une conclusion plus complète.

12.1 Contexte

En 1993, un comité du ministère de l'Environnement du Québec (MENV) a été créé pour étudier la toxicité résiduelle des effluents municipaux après traitement. Il a recommandé deux campagnes d'échantillonnage (en hiver et en été) afin d'évaluer le potentiel toxique des rejets d'une quinzaine de stations de traitement des eaux usées municipales représentatives du Québec. Parmi ces rejets, on a sélectionné ceux de la station d'épuration des eaux usées municipales située à l'est du territoire de la Ville de Québec. La caractérisation de ces rejets à la station d'épuration Est a eu lieu dans le cadre du Plan d'action Saint-Laurent Vision 2000 du gouvernement fédéral en 1997 et en 1999.

Ces activités ont mené à un rapport qui a évalué le potentiel toxique des effluents de 15 stations d'épuration municipales du Québec; il a été rendu public en juillet 2001 par le MENV et Environnement Canada. Il dresse un portrait de la toxicité potentielle des effluents municipaux en période hivernale et estivale, mais ne tient pas compte des particularités des milieux récepteurs pour en évaluer les effets.

À partir des données fournies dans le rapport précité et d'autres sources d'information publique, nous avons appliqué la méthode d'évaluation écotoxicologique (Van Coillie, 2004a) à l'effluent de la station d'épuration Est de la Ville de Québec de manière à mieux connaître le risque environnemental de cet effluent. Cette méthode d'évaluation écotoxicologique se divise en six étapes : sources, cheminement, toxicité, danger, exposition et risque.

12.2 Sources

La station d'épuration Est de la Ville de Québec reçoit les eaux usées provenant principalement des arrondissements de Québec, Beauport, Vanier et Charlesbourg dans lesquels on dénombre une population d'environ 270 000 habitants. Quelques effluents industriels y sont déversés à partir des secteurs suivants : industrie agroalimentaire, traitement des métaux et placage, bois de sciage, buanderies, tannage, industrie du béton et manufacture textile (tableaux 12.1 et 12.2). Cet apport industriel est cependant considéré comme globalement faible (CUQ, 2001).

Tableau 12.1 Principaux effluents d'industries dans le territoire de la station d'épuration Est des eaux usées de la Ville de Québec

Secteurs	Nombre d'effluents industriels	Principaux paramètres d'activité à suivre
Agroalimentaire	5	DBO_5, MES, huiles, pH
Traitement des métaux et placage	3	Métaux, pH
Bois de sciage	1	DBO_5, MES, pH
Buanderies	3	DBO_5, huiles, graisses, solvants, pH
Tannage	1	DBO_5, MES, huiles, graisses, pH, métaux
Béton et interblocs	3	MES, pH
Textile	1	DBO_5, pH
Compostage	1	Phosphore total
Cigarettes	1	DBO_5, MES
Agriculture	1	Phosphore total
Caoutchouc	1	Solvants
Papiers ou carton	2	DBO_5, MES, solvants, pH

Source : CUQ (2001).

Les données du tableau 12.1 proviennent de la division du traitement des eaux de la station d'épuration Est de la Ville de Québec dans le cadre du suivi des rejets industriels et de l'émission de permis de déversement dans le réseau d'interception.

Des permis de déversement sont requis lorsqu'il y a des dépassements pour les paramètres suivants :

- MES > 100 kg/j ou 600 mg/l;
- DBO_5 > 100 kg/j ou 2 400 mg/l;

- Débit > 200 m^3/j;
- Présence de métaux lourds;
- pH < 6 ou > 9,5;
- Huiles, graisses, solvants, etc.

Ces données font référence au règlement no 97-469 relatif aux rejets dans le réseau d'égouts de la Ville de Québec.

Dans le territoire desservi par la station d'épuration Est de la Ville de Québec, la centaine de kilomètres de conduites du réseau d'interception des eaux usées date, en majeure partie, de plus de 30 ans. Les conduites sont principalement de type unitaire. Par conséquent, les eaux usées acheminées à la station d'épuration Est de la Ville de Québec comprennent non seulement les eaux usées d'origine domestique et industrielle, mais aussi une partie des eaux pluviales et nivales. Notons cependant que des déversoirs d'orage se jettent dans des cours d'eau proches, lors de fortes pluies, entre autres dans la rivière Saint-Charles, la rivière du Moulin, la rivière Beauport et leurs tributaires respectifs.

La station d'épuration Est de la Ville de Québec est en opération depuis 1992. De 1995 à 2000, elle a traité en moyenne 2,32 m^3/s (CUQ, 2001), soit 0,018 % du débit moyen du fleuve Saint-Laurent, qui est de 12 600 m^3/s (moyenne de 20 ans) selon les données d'Environnement Canada (1996b).

L'effluent de la station d'épuration Est de Québec est soumis à un traitement qui comprend trois étapes. D'abord, il passe à travers quatre dégrilleurs puis cinq désableurs. Le traitement primaire est effectué à l'aide de sept décanteurs lamellaires. Ensuite, l'effluent des décanteurs primaires passe à travers 30 filtres biologiques gravitaires pour un traitement secondaire. Enfin, à la dernière étape du traitement, il est désinfecté aux rayons ultraviolets. Cette étape n'est cependant fonctionnelle qu'en période estivale et vise l'élimination des coliformes fécaux résiduels.

Nous vous présentons dans le tableau 12.2 un résumé des performances entre 1995 et 2006 de la station d'épuration Est de la Ville de Québec en ce qui a trait aux matières en suspension (MES), à la demande biochimique en oxygène (DBO_5) et à la désinfection, lesquels paramètres sont assujettis aux exigences de rejets du MENV.

Tableau 12.2 Évolution des performances de la station d'épuration Est de la Ville de Québec entre 1995 et 2006

	1995	1997	1999	2006
MES				
Débit traité (m^3/s)	2,36	2,26	2,24	2,42
Charge d'affluent (t/j)	33	32	41	41
Concentration d'effluent (mg/l)	20	20	20	18
Efficacité (%)	88	89	90	91
DBO_5				
Charge d'affluent	26	25	28	35
Concentration d'effluent (mg/l)	28	24	25	25
Efficacité (%)	78	82	83	84
Désinfection				
Effluent (1000 UCF/100ml)	352,9	20	17,1	9,3
Efficacité (%)	81	98,2	99	98,9

Source : Ville de Québec (2007).

Les débits, les concentrations et les charges qui apparaissent dans le tableau 12.2 sont basés sur des moyennes annuelles et proviennent des données d'opération (Ville de Québec, 2007). Les exigences de rejets annuels, établies par le MDDEP, sont les suivantes :

- matières en suspension (MES) : 20 mg/l ou 85 % d'efficacité;
- demande biochimique en oxygène (DBO_5) : 25 mg/l ou 80 % d'efficacité;
- désinfection en unités de coliformes fécaux (UCF) : 20 × 1000 UCF/ml.

De façon générale, on constate une stabilité dans les débits traités entre 1995 et 2006 et une augmentation des charges à traiter (ceci s'explique par une diminution des dérivations dans le réseau collecteur et à la station) sans qu'il y ait eu des dégradations de l'effluent en MES, DBO_5 et UCF. Ceci montre une hausse progressive des rendements entre 1995 et 2006. Notons également que les exigences de rejets sont globalement rencontrées depuis 1997. Cependant, le respect des exigences de rejet ne renseigne pas sur le caractère potentiellement écotoxicologique de l'effluent de la station d'épuration Est de la Ville de Québec.

12.3 Cheminement

Après le traitement effectué de l'eau usée acheminée à la station d'épuration Est de la Ville de Québec, on s'intéresse maintenant au devenir de l'effluent résultant. Dans cette section, nous verrons justement quel est le cheminement de l'effluent traité de la station d'épuration Est de la Ville de Québec à partir de la station d'épuration vers le fleuve Saint-Laurent, comment l'effluent est diffusé dans le fleuve, quelles sont les caractéristiques hydrodynamiques du milieu récepteur, et quelle est la caractérisation physicochimique de l'effluent.

12.3.1 Trajet entre la station d'épuration Est de la Ville de Québec et le fleuve Saint-Laurent

Comme illustré aux figures 12.1 et 12.2, l'effluent traité de la station d'épuration Est de la Ville de Québec est acheminé par une conduite vers une chambre de mise en charge où il est combiné avec l'effluent traité de la papetière Stadacona (anciennement Daishowa). Mentionnons ici que l'effluent brut de cette papetière passe depuis 1995 successivement par un clarificateur primaire, un épurateur secondaire biologique de type UNOX et un clarificateur secondaire avant d'être conduit vers sa mise en charge avec l'effluent traité de la CUQ (Barrière *et al.*, 2000a et b).

Ensuite, ces deux effluents conjoints sont rejetés dans le fleuve Saint-Laurent par successivement un collecteur de 1010 m, un puits vertical de 139 m et une conduite sous-fluviale de 940 m à l'extrémité de laquelle sont installées deux cheminées de diffusion qui remontent à 53 m sous le niveau zéro marégraphique (CUQ, 1981 et Roche et associés, 1983). Ces deux diffuseurs contigus sont situés dans la plus grande profondeur et au centre de la voie maritime à 1,5 km en aval de l'embouchure de la rivière Saint-Charles; ils y sont rivés au socle granitique du fond.

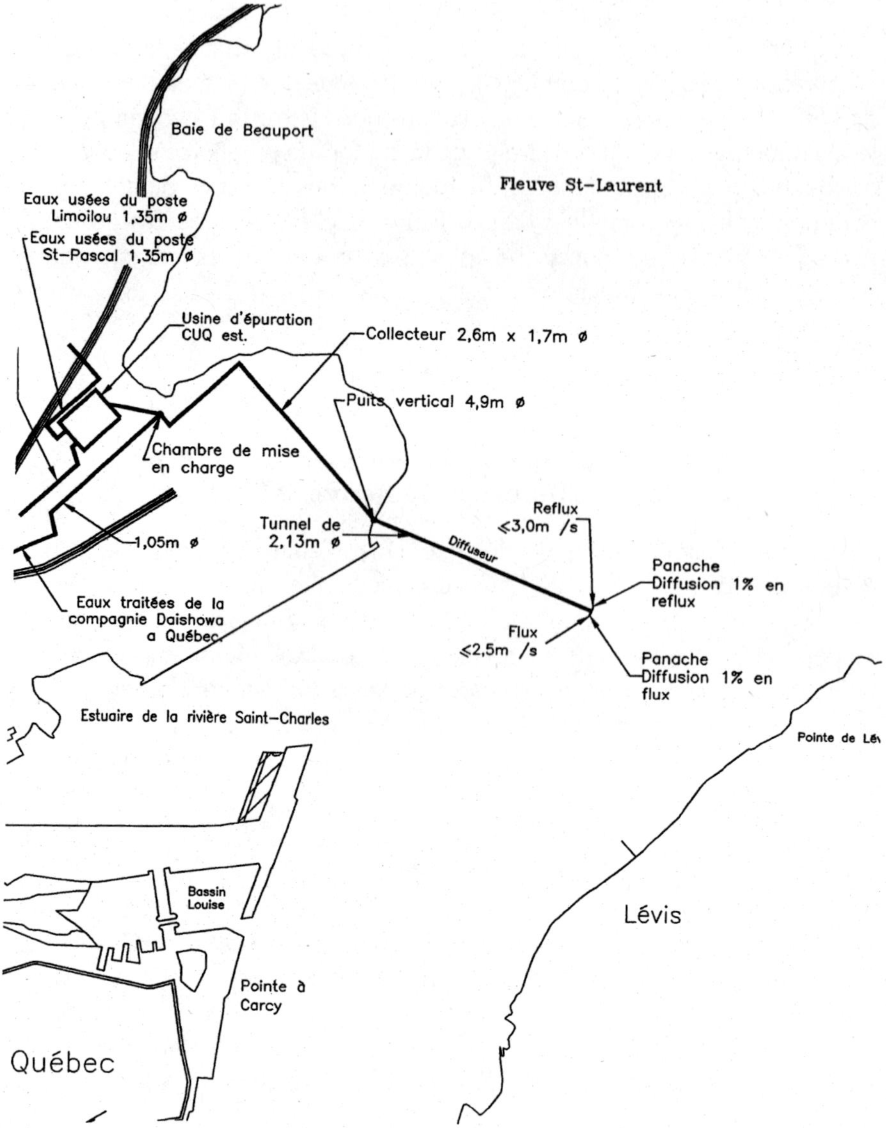

Figure 12.1 Schéma représentant l'installation de rejet de la station d'épuration Est de la Ville de Québec.

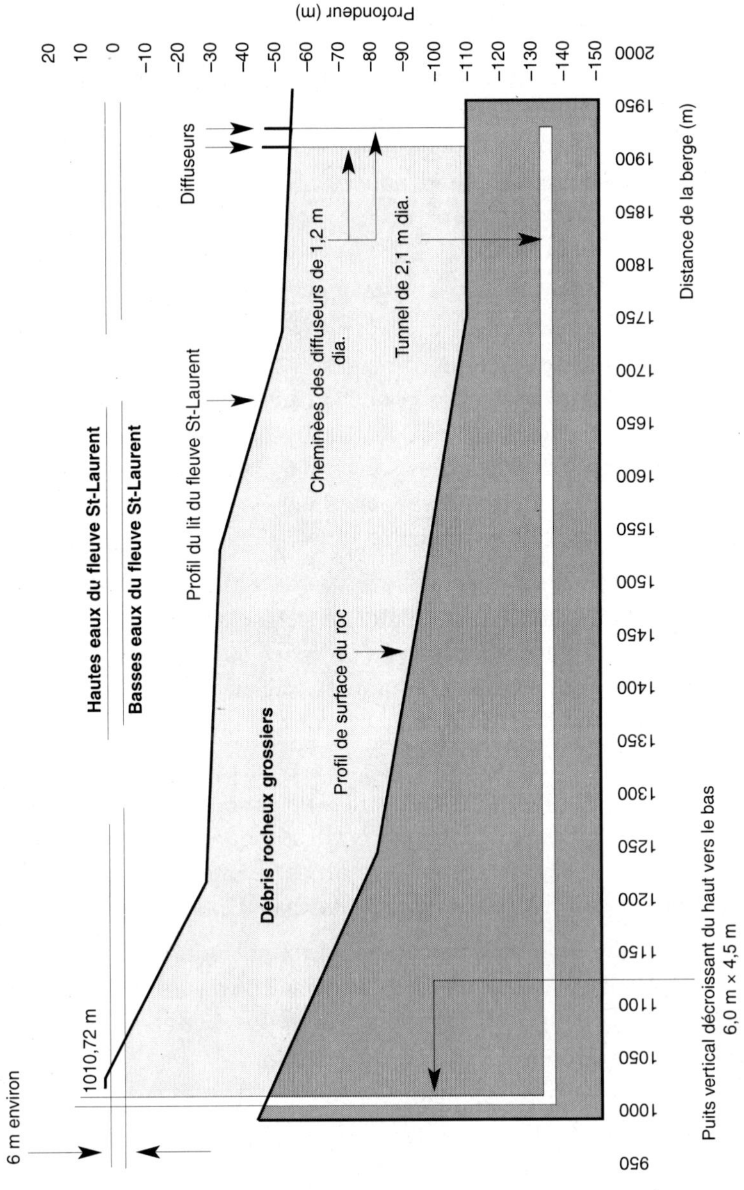

Figure 12.2 Profil en profondeur de l'émissaire et du rejet des eaux usées traitées de la station d'épuration Est de la Ville de Québec dans le fleuve Saint-Laurent.

12.3.2 Étendue de la dispersion des deux effluents conjoints dans le fleuve Saint-Laurent

Afin de préciser l'étendue de la dispersion des deux effluents conjoints dans le fleuve à partir des deux diffuseurs contigus, des tests de diffusion de ces deux effluents dans le fleuve ont été réalisés en 1982 par Roche et associés (1983). Il est opportun de rapporter ici certains aspects essentiels de cette étude, entre autres comment s'est fait la vérification de l'assurance de qualité des résultats obtenus.

En effet, avant d'effectuer des essais de diffusion avec le traceur rhodamine WT, on a dû expliciter la durée du trajet de celui-ci entre son point d'injection au puits vertical des deux effluents combinés et leurs diffuseurs de sortie en tenant compte des dimensions des conduites successives et des débits des effluents (Roche et associés, 1983). Il a fallu également s'assurer que la rhodamine WT, recommandée à cause de sa détection jusqu'à < 1 µg/l et de sa toxicité très faible (Environnement Canada et Pêches et Océans, 1993), n'était ni dégradée par des bactéries et (ou) des composés chimiques des effluents conjoints et (ou) du fleuve.

La dégradation de la rhodamine WT a été testée dans des échantillons de ces effluents conjoints et (ou) du fleuve en présence et en absence de lumière solaire : dans tous les cas, la concentration du traceur n'avait guère diminué (moins de 6 %) en deux heures (Roche et associés, 1983).

Après ces vérifications d'assurance de qualité, trois injections de rhodamine ont été faites dans le puits vertical de conduite des deux effluents lors d'une marée montante, d'une marée descendante et d'une étale de marée haute. Les principaux paramètres et les résultats des trois tests de diffusion du traceur sont regroupés dans le tableau 12.3.

À partir de cette étude de diffusion des deux effluents conjoints dans le fleuve, une délimitation de la zone de mélange à 1 % des effluents conjoints avec l'eau du fleuve a pu être précisée pour les périodes des marées montantes et descendantes.

Ce choix de 1 % pour la délimitation de la dispersion des deux effluents conjoints dans le fleuve est basé sur les recommandations d'Environnement Canada, pour les ESEE (Études de suivi des effets sur l'environnement) des effluents (Environnement Canada et Pêches et Océans, 1993a) et sur celles du MENV pour les objectifs environnementaux de rejet reliés aux attestations d'assainissement délivrées par le MENV pour les effluents (MEF, 1996c et MENV, 1999).

Tableau 12.3 Paramètres et résultats des tests de diffusion des effluents conjoints de la station d'épuration Est de la Ville de Québec et de Stadacona

	État de la marée et dates d'échantillonnage		
Amplitude de la marée et paramètres mesurés	**Marée montante 15 juillet 1982**	**Marée descendante 1er septembre 1982**	**Étale de marée haute 24 août 1982**
	Moyenne	**Moyenne**	**Moyenne**
Marée basse	0,5 m 8 h 50	— —	0,3 m 6 h 10
Marée haute	4,2 m 13 h 55	4,6 m 6 h 15	4,7 m 11 h
Marée basse	0,5 m 21 h 05	0,2 m 13 h 45	0,3 m 18 h 20
Débit du fleuve	$10{,}7 \times 10^6$ l/s	$9{,}9 \times 10^6$ l/s	$9{,}5 \times 10^6$ l/s
Débit des effluents conjoints	5380 l/s	4900 l/s	4450 l/s
Débit d'injection du traceur*	0,15 l/s	0,15 l/s	0,15 l/s
Concentration d'injection du traceur*	10^8 µg/l	10^8 µg/l	10^8 µg/l
Concentration du traceur dans les effluents	2800 µg/l	3100 µg/l	3400 µg/l
Période d'injection du traceur*	11 h 30 à 12 h 25	11 h 42 à 12 h 32	10 h 10 à 11 h
Volume injecté du traceur*	505 l	455 l	455 l
Durée du trajet jusqu'au diffuseur	15 min	18 min	20 min
Apparition du traceur à la surface du fleuve	2,5 km en amont des diffuseurs et au centre du fleuve à 12 h 35	1,0 km en aval des diffuseurs et au centre du chenal sud du fleuve à 12 h 25	0,9 km en amont des diffuseurs et au centre du fleuve à 10 h 58
Concentration la plus élevée du traceur à la surface du fleuve	0,9 µg/l Mélange de 3100 fois à 3,6 km en amont des diffuseurs et au centre du fleuve à 13 h 15	1,7 µg/l Mélange de 1800 fois à 2,4 km en aval des diffuseurs et au centre du chenal sud du fleuve à 12 h 45	3,6 µg/l Mélange de 950 fois à 0,9 km en amont des diffuseurs et au centre du fleuve à 12 h 08
Angle de remontée	7° 3	7° 1	
Largeur maximale du panache de diffusion à la surface	211 m en amont des diffuseurs et au centre du fleuve	158 m en aval des diffuseurs et au centre du chenal sud du fleuve	92 m en amont des diffuseurs et au centre du fleuve

* Traceur : rhodamine WT utilisée dans l'étude de Roche et associés (1983).

Source : Roche et associés (1983).

Nous présentons dans le tableau 12.4 les dimensions du panache de mélange des deux effluents combinés dans l'eau du milieu récepteur au fond du centre du chenal maritime dans le fleuve Saint-Laurent à une dilution de 1 % en 1982 (Roberge *et al.*, 1998; Environnement Canada, 1998c). Ces dimensions ont été définies en 1982 pour deux états de marée : marée montante et marée descendante.

Tableau 12.4 Dimensions du panache de mélange de 1 % des deux effluents conjoints dans le fond du centre du chenal maritime dans le fleuve Saint-Laurent en 1982

Dimensions	Marée montante	Marée baissante
Longueur	95 m	75 m
Largeur	11 m	8 m
Hauteur	5 m	3 m
Débit des deux effluents conjoints	5,38 m^3/s	4,90 m^3/s

Depuis 1982, il y a eu aussi des réductions importantes des débits de ces deux effluents, en plus de leurs traitements primaire et secondaire. Ces réductions sont indiquées dans le tableau 12.5; elles représentent respectivement 45 %, 23 % et 31 % pour l'effluent de la papetière, celui de la station d'épuration Est de la Ville de Québec et le total des débits moyens.

Tableau 12.5 Réduction des débits moyens annuels des effluents de la station d'épuration Est de la Ville de Québec et de Stadacona

Effluents	Débits moyens annuels	
	Année 1982	Année 2006
Papetière Stadacona	1,58 m^3/s 137 240 m^3/j (effluent non traité)	0,87 m^3/s 74 873 m^3/j (effluent traité) réduction de 45 %
Station d'épuration Est de la Ville de Québec	3,16 m^3/s 273 255 m^3/j (effluent non traité)	2,42 m^3/s 209 538 m^3/j (effluent traité) réduction de 23 %
Total des débits moyens	4,74 m^3/s 410 495 m^3/j (effluents non traités)	3,29 m^3/s 284 411 m^3/j (effluents traités) réduction de 31 %

Sources : Roche et associés (1983); Barrière *et al.* (2007) et Ville de Québec (2007).

Cette baisse de débit d'environ un tiers, entre 1982 et 2006, pour les deux effluents conjoints, a entraîné une diminution d'environ un tiers de l'étendue de leur panache de diffusion dans le fleuve. Le tableau 12.6 présente la délimitation de ce panache en 2006.

Tableau 12.6 Dimensions du panache de mélange de 1 % des deux effluents conjoints dans le fond du centre du chenal maritime du fleuve Saint-Laurent en 2006

Dimensions	Marée montante	Marée descendante
Longueur	66 m	52 m
Largeur	7,8 m	5,9 m
Hauteur à partir d'une profondeur de 53 m	3,1 m	2,0 m
Débit moyen annuel des deux effluents conjoints	3,29 m^3/s	3,29 m^3/s

Source : Données de Barrière *et al.* (2007).

Il ressort que la zone de mélange des deux effluents conjoints avec le fleuve est très restreinte au fond et au centre du chenal de la voie maritime. Étant donné qu'une zone de dilution jusqu'à 1 % d'un effluent avec son milieu receveur est considérée par Environnement Canada, Pêches et Océans (1993) et par le MDDEP (MEF, 1996c; MENV, 1999) comme la principale zone d'impact de cet effluent dans son milieu récepteur, on peut considérer que la zone d'impact des deux effluents conjoints dans le fleuve se situe davantage en profondeur et s'y avère petite.

12.3.3 Description du milieu récepteur

Le milieu récepteur des deux effluents conjoints de la station Est de la Ville de Québec et de Stadacona a été décrit par Barrière *et al.* (2000a). Selon la classification recommandée par Environnement Canada et Pêches et Océans (1993b), il est défini comme « un milieu fluvial influencé par des marées ».

De fait, à Québec, l'intensité et la direction des courants dans le fleuve Saint-Laurent sont essentiellement dépendantes de la marée et du débit fluvial. L'action des marées ne se limite pas à rehausser le niveau de l'eau, mais aussi à déterminer la direction et l'intensité de l'écoulement et, à ce titre, constitue la force motrice dominante dans le développement des courants.

Selon les tables des marées du Service hydrographique canadien, les hauteurs de marées observées à Québec sont les plus grandes de tout l'estuaire du fleuve Saint-Laurent. Par rapport au zéro marégraphique, elles sont les suivantes :

– Marée haute extrême	7,1	mètres
– Marée haute de vives-eaux	5,7	mètres
– Marée haute moyenne	4,8	mètres
– Marée basse moyenne	-0,8	mètre
– Marée basse de vives-eaux	-0,1	mètre
– Marée basse extrême	-1,3	mètre
– Niveau moyen de l'eau	2,6	mètres

À marée montante, la propagation de l'onde de marée favorise un flux d'eaux douces vers l'amont, lequel dure 4,5 à 5,5 heures, selon l'intensité des marées montantes. À marée descendante, il y a un reflux d'eaux douces vers l'aval, lequel a lieu durant 7,5 à 8,3 heures, selon l'intensité des marées descendantes. Cette asymétrie de durées est causée par une réduction du rayon hydraulique du fleuve le long de l'île d'Orléans. Ceci provoque un ralentissement de l'onde de marée qui s'amplifie et devient asymétrique comme une vague déferlant sur une plage. Ce phénomène se répercute sur l'intensité des courants et sur les fluctuations de niveau du fleuve. Subséquemment, la vitesse moyenne du flux n'excède guère 1,5 m/s dans la zone considérée en marée de vives-eaux tandis que celle du reflux y atteint 2,2 m/s (Roche et associés, 1983).

Aux étales de marées, le renversement des courants se produit à Québec par modification graduelle des vitesses; l'écoulement vers l'amont se développe environ deux à trois heures après la marée basse tandis que l'écoulement vers l'aval débute une heure après la marée haute.

Ces données sur l'intensité des courants se rapportent à la section principale du chenal du fleuve. À l'approche du rivage, la réduction et l'irrégularité de la profondeur provoquent des variations de la vitesse longitudinale de l'écoulement. Celui-ci est beaucoup plus faible le long des rives et varie en fonction de la configuration du fleuve. De plus, aux étales de marées, il existe un décalage entre le renversement des courants des régions riveraines et celui de la masse d'eau centrale du fleuve (Roche et associés, 1983).

La largeur du fleuve augmente de 1000 m en amont de l'embouchure de la rivière Saint-Charles à plus de 4000 m au début de l'île d'Orléans. À cet endroit, le fleuve se divise en deux chenaux au nord et au sud de l'île : la plus grande partie de l'écoulement se fait dans le chenal sud.

La profondeur du fleuve atteint graduellement et rapidement plus de 50 m à l'emplacement des diffuseurs des deux effluents conjoints de la station d'épuration Est de la Ville de Québec et de Stadacona. Cette bathymétrie s'étend en amont jusqu'au port de Québec. Par contre, en aval, les fonds remontent lentement au côté sud de l'île d'Orléans et rapidement au côté nord de celle-ci.

Le substrat de fond dans la zone d'impact des deux effluents conjoints est essentiellement composé de débris rocailleux et graveleux issus d'un socle granitique sous-jacent où les deux cheminées de diffusion des deux effluents ont été installées. Des dépôts sédimentaires ne se trouvent qu'aux embouchures des rivières Saint-Charles et Beauport et en aval le long des rives surtout au chenal nord.

La description des différents éléments précédents du milieu récepteur des deux effluents conjoints montre que celui-ci ne favorise pas un impact prononcé des deux effluents. En effet, les courants puissants et rapides en plus de l'énorme débit fluvial ainsi que le substrat pauvre du fond y sont peu propices à un impact lent, long et sédimentaire.

12.3.4 Substances rejetées dans le fleuve Saint-Laurent

Deux caractérisations chimiques complètes de l'effluent traité de la station d'épuration Est de la Ville de Québec ont été faites lors de l'hiver 1997 et de l'été 1999 (MENV et Environnement Canada, 2001).

Les prélèvements des échantillons d'effluent ont été réalisés les 6, 8 et 10 janvier 1997 et les 6, 8 et 10 juillet 1999. Ils ont été pris avec des échantillonneurs automatiques qui puisaient à intervalles réguliers un volume fixe d'effluent de façon à en obtenir quatre volumes successifs de 60 litres en 24 heures. Parallèlement, un échantillon journalier de 18 litres était prélevé selon des exigences précisées par Cossa *et al.* (1996) pour les analyses de traces organiques.

Les volumes prélevés d'effluent ont été très rapidement acheminés, en respectant les exigences de SLV 2000 (1995) à ce propos, vers le Centre Saint-Laurent d'Environnement Canada à Montréal. À ce centre, les quatre volumes de 60 litres ont été mélangés afin d'obtenir un échantillon composé journalier représentatif de 240 litres. Ce dernier y a été ensuite subdivisé en sous-échantillons pour les analyses chimiques courantes et les tests de toxicité. Le Centre Saint-Laurent transféra ensuite rapidement les sous-échantillons destinés aux analyses chimiques courantes vers les laboratoires contractuels concernés accrédités par le MENV. Il envoya également des échantillons de 18 litres destinés aux analyses de traces organiques aux laboratoires du Centre d'expertise en analyse environnementale du Québec (CEAEQ) du MDDEP en adoptant les directives émises par Cossa *et al.* (1996) au sujet de la préparation et de l'envoi des échantillons pour les traces organiques.

Les analyses physicochimiques ont été menées selon les méthodes de APHA, AWWA et WEF (1995); celles du CEAEQ (1996); du MDDEP et de celles de Cossa *et al.* (1997).

Tous les résultats détaillés des analyses et de leurs contrôles de qualité sont disponibles dans le document de Bombardier et Harwood (2001).

Les concentrations journalières détectées des substances dans l'effluent traité de la station d'épuration Est de la Ville de Québec lors de l'hiver 1997 et lors de l'été 1999 sont exposées dans le document du MENV et Environnement Canada (2001). Elles ont été regroupées en concentrations moyennes hivernales et en concentrations moyennes estivales, lesquelles sont présentées dans le tableau 12.7 comparativement aux critères les plus sévères de qualité aquatique.

Tableau 12.7 Paramètres analysés dans l'effluent traité de la station d'épuration Est de la Ville de Québec

Paramètres analysés	**Concentrations en hiver 1997 (6, 8 et 10 janvier)**	**Concentrations en été 1999 (6, 8 et 10 juillet)**	**Amplitudes de dépassement des critères de qualité aquatique (MENV et Environnement Canada, 2001)[7]**
A. Paramètres physicochimiques généraux en mg/l sauf indications			
Azote ammoniacal[1]	11,6	9,1	**6,6 et 8,5 (CVAC)**
Azote organique[2]	15,0	11,6	
Carbone organique total (COT)	16,6	8,8	
Chlore résiduel total	nd[3]	nd	
Chlorures totaux	320	126	1,4 et < 1 (CVAC)
Conductivité en µS/cm	na[4]	622	
Cyanures totaux	nd	nd	
Débit en m^3/j	157 166	196 795	
Demande biochimique en oxygène (DBO_5)	30	11	10 et 3,7 (CVAC)
Demande chimique en oxygène (DCO)	85	65	
Dureté en Ca CO_3/l	na	131	
Fluorures totaux	0,80	0,76	4,0 et 3,8 (CVAC)
Huiles et graisses	7,2	na	
Hydrocarbures totaux ($C_{10} - C_{50}$)	0,50	0,42	
Matières en suspension (MES)	22	11	2,2 et 1,1 (CVAC)
Nitrates	np[5]	0,16	
Nitrites	np	0,11	
Nitrites et nitrates	0,45	0,27	
Oxygène dissous	8,0	6,1	
pH	7,2	7,3	
Phénols (colorimétrie)	na	nd	
Phosphore total	1,59	1,25	53 et 42 (CARE)
Solides totaux	797	na	
Sulfates totaux	49	57	
Sulfures dissous	na	nd	
Sulfures totaux	nd	0,04	
Température en °C	11	19,6	

→

Tableau 12.7 (*suite*)

Paramètres analysés	**Concentrations en hiver 1997 (6, 8 et 10 janvier)**	**Concentrations en été 1999 (6, 8 et 10 juillet)**	**Amplitudes de dépassement des critères de qualité aquatique (MENV et Environnement Canada, 2001)[7]**
B. Métaux en µg/l			
Aluminium	300	148	3,7 et 1,8 (CVAC)
Antimoine	nd	0,2	
Argent	8,0	2,2	80 et 22 (CVAC)
Arsenic	na	0,6	**4,3 (CPCEO)**
Baryum	na	39	
Béryllium	na	nd	
Bore	na	55	
Cadmium	nd	nd	
Chrome	5	1,9	2,5 et < 1 (CVAC)
Cobalt	na	0,3	
Cuivre	20	17	6,7 et 5,7 (CVAC)
Fer	870	780	2,9 et 2,6 (CVAC)
Mercure	nd	0,05	38 (CFTP)
Molybdène	na	7	
Nickel	nd	4	
Plomb	1,5	1,4	
Sélénium	nd	0,6	
Vanadium	na	0,6	
Zinc	40	29	
C. Composés organiques volatils (COV) en µg/l			
Benzène	nd	nd	
Toluène	29	nd	**15 (CVAC)**
Triméthylbenzènes	21	nd	
Xylènes	nd	nd	
Autres composés	6	nd	
Total des COV	56	nd	
D. Composés organiques semi volatils en µg/l			
	na	nd	
E. Surfactants en mg/l			
Anioniques	na	1,30	**33 (CVAC)**
Non ioniques	na	0,30	**13 (CVAC)**

Tableau 12.7 (*suite*)

Paramètres analysés	Concentrations en hiver 1997 (6, 8 et 10 janvier)	Concentrations en été 1999 (6, 8 et 10 juillet)	Amplitudes de dépassement des critères de qualité aquatique (MENV et Environnement Canada, 2001)(7)
F. Biphényles polychlorés totaux (BPC) en ng/l			
	8,98	8,72	75 et 73 (CFTP)
G. Hydrocarbures aromatiques polycycliques (HAP) en ng/l			
Groupe 1 des HAP avec évidence reconnue de cancérogénicité	20	29	
Groupe 2 des HAP avec évidence limitée de cancérogénicité	1561,7	837,5	
H. Phénols en ng/l			
	nd	na	
I. Dioxines et furannes chlorés (DF) en pg TEQ/l(6)			
	0,038	0,130	12 et 42 (CFTP)
J. Pesticides			
	na	na	

(1) Azote ammoniacal : somme d'azote d'ammoniac NH_3 et d'azote d'ammonium NH_4^+.

(2) Azote organique : azote déterminé par la méthode Kjedhal.

(3) nd : paramètre non détecté lors de l'analyse.

(4) na : paramètre non analysé.

(5) np : paramètre non précisé à l'analyse.

(6) Concentrations totales de 17 congénères d'intérêt (parmi 210) exprimées en toxique équivalent à la 2,3,7,8 tétrachlorodibenzo-p-dioxine qui est le congénère le plus toxique.

(7) Les critères de qualité pour des plans d'eau de surface ne s'appliquent pas comme tels à des effluents municipaux, car ces derniers sont assujettis à des normes réglementaires différentes (tableau 12.2). Toutefois, étant donné que ces effluents sont rejetés dans des eaux de surface, on ne peut ignorer les critères de qualité de celles-ci. Le MENV a proposé six types de critères de qualité aquatique (MEF, 1998) et a choisi le plus sévère parmi ceux-ci pour chaque application.

Dans le présent cas, voici les quatre types de critères de qualité qui ont été utilisés :

- CVAC : critère de qualité pour la vie aquatique en considérant la toxicité chronique;
- CARE : critère de qualité aquatique pour les activités récréatives et l'esthétique; les premières sont la baignade, la planche à voile ou le canotage et la seconde concerne la couleur, le goût et l'odeur de l'eau;
- CFTP : critère de qualité aquatique pour la faune terrestre piscivore (il tient compte de la bioamplification de composés toxiques persistants et s'avère ainsi le plus sévère, mais il ne s'applique que pour quelques composés);
- CPCEO : critère de qualité aquatique pour la prévention de la contamination de l'eau et (ou) des organismes aquatiques.

Sources : MENV et Environnement Canada (2001).

Étant donné que l'effluent traité de la station d'épuration Est de la Ville de Québec est rejeté dans le fleuve Saint-Laurent avec l'effluent traité de la papetière Stadacona, nous devons examiner les substances potentiellement toxiques détectées dans ce dernier en 1999 (Barrière *et al.*, 2000a) et en 2001 (Compagnie Papiers Stadacona Québec, 2001a; Environnement ESA, 2002). Celles-ci sont présentées dans le tableau 12.8.

Tableau 12.8 Paramètres analysés dans l'effluent traité de la papetière Stadacona

Paramètres analysés	Concentrations en 1999 (12 septembre 1999)	Concentrations en 2001 (15, 16 et 17 octobre)	Amplitudes de dépassements des critères de qualité aquatique[8]
A. Paramètres physicochimiques généraux en mg/l sauf indications			
Azote ammoniacal[1]		nd[2]	
Conductivité en µS/cm	641[3]	766	
Cyanures totaux	na[4]	nd	
Débit en m^3/j	81 429	77 547	
Demande biochimique en oxygène (DBO_5)	27[3]	27[3]	9,0 et 9,0 (CVAC)
Dureté en Ca CO_3/l	na	240	
Matières en suspension (MES)	36[3]	28[3]	3,6 et 2,8 (CVAC)
Oxygène dissous	na	6,6	
pH	6,4[3]	6,5[3]	
Phénols totaux		0,003	
Phosphore total	0,45	1,11	15 et 37 (CARE)
Sulfures totaux	na	0,29	
Température en °C	na	26,7	
B. Métaux en µg/l			
Aluminium	243	260[3]	3,0 et 3,2 (CVAC)
Argent	na	nd	
Arsenic	na	nd	
Bore	na	40	
Cadmium	na	nd	
Chrome	na	0,6	

Tableau 12.8 (*suite*)

Paramètres analysés	**Concentrations en 1999 (12 septembre 1999)**	**Concentrations en 2001 (15, 16 et 17 octobre)**	**Amplitudes de dépassements des critères de qualité aquatique[8]**
Cobalt	na	0,6	
Cuivre	24	2,54[3]	8 et < 1 (CVAC)
Fer	1140	586	3,8 et 1,9 (CVAC)
Manganèse	na	1 026	20 (CPCEO)
Mercure	nd	nd	
Nickel	12	nd[3]	
Plomb	nd	0,6	
Vanadium	na	nd	
Zinc	134	166[3]	1 et 1,3 (CVAC)
C. Composés organiques volatils (COV) en µg/l			
Benzène	nd	na	
Styrène	nd	na	
Toluène	1,1	na	
Xylènes	nd	na	
Chloroforme	na	1,9	
Acétone	na	19	
Formaldéhyde	na	126	
D. Surfactants en mg/l			
Anioniques	na	0,31	7,7 (CVAC)
Non ioniques	na	nd	
E. Biphényles polychlorés totaux (BPC) en ng/l			
F. Hydrocarbures aromatiques polycycliques (HAP) en ng/l[5]			
Groupe 1 : HAP avec évidence reconnue de cancérogénicité	nd	nd	
Groupe 2 : HAP avec évidence limitée de cancérogénicité	500	nd	
G. Phénols en ng/l			
		800	

→

Tableau 12.8 (*suite*)

Paramètres analysés	Concentrations en 1999 (12 septembre 1999)	Concentrations en 2001 (15, 16 et 17 octobre)	Amplitudes de dépassements des critères de qualité aquatique(8)
H. Dioxines et furannes chlorés (DF) en pg TEQ/l(7)			
		0,666(6)	21 (CFTP)
I. Acides résiniques en µg/l			
Acide déhydroabiétique	20	9,03(3)	
Acides résiniques totaux	50	32,24(3)	

(1) Azote ammoniacal : somme d'azote d'ammoniac NH_3 et d'azote d'ammonium NH_4^+.

(2) nd = paramètre non détecté lors de l'analyse.

(3) Moyenne annuelle des résultats des analyses demandées par les règlements des effluents des fabriques de pâtes et papiers par les gouvernements du Canada et du Québec.

(4) na : paramètre non analysé.

(5) Résultats de la caractérisation faite en 1996.

(6) Concentrations nettes = concentrations calculées à partir de charges nettes (concentrations × débits), lesquelles équivalent à des charges de l'effluent- charges de l'eau d'alimentation de la rivière Saint-Charles.

(7) Concentrations totales de 17 congénères d'intérêt (parmi 210), exprimées en toxique équivalant à la 2, 3, 7, 8 tétrachlorodibenzo-p-dioxine qui est le congénère le plus toxique.

(8) Les critères pour les plans d'eau de surface ne s'appliquent pas comme tels à des effluents de papetières, car ceux-ci sont assujettis à des normes réglementaires différentes définies dans les règlements des effluents des fabriques de pâtes et papiers par les gouvernements du Canada et du Québec. Toutefois, étant donné que ces effluents sont rejetés dans des eaux de surface, on ne peut ignorer les critères de qualité de celles-ci. Le MDDEP a proposé six types de critères de qualité aquatique (MDDEP, 2006) et a choisi le plus sévère parmi ceux-ci pour chaque application.

Dans le présent cas, voici les quatre types de critères de qualité qui ont été utilisés :

- CVAC : critère de qualité pour la vie aquatique en considérant la toxicité chronique.
- CARE : critère de qualité aquatique pour les activités récréatives et l'esthétique; les premières sont la baignade, la planche à voile ou le canotage et la seconde concerne la couleur, le goût et l'odeur de l'eau;
- CFTP : critère de qualité aquatique pour la faune terrestre piscivore (il tient compte de la bioamplification de composés toxiques persistants et s'avère ainsi le plus sévère mais il ne s'applique que pour quelques composés);
- CPCEO : critère de qualité pour la prévention de la contamination de l'eau et des organismes aquatiques;

Sources : Barrière *et al.* (2000a); Compagnie Papiers Stadacona Québec (2001a) et Environnement ESA inc. (2002).

Nous devons interpréter avec prudence les dépassements des critères de qualité aquatique des plans d'eau de surface. En effet, ces critères présentés par le MENV à partir de données du CCME (Conseil canadien des ministres de l'Environnement) et de l'USEPA (United States Environmental Protection Agency) s'avèrent des concentrations très inférieures aux concentrations toxiques les plus basses pour les substances considérées.

De fait, les seuils toxiques minimaux de celles-ci sont divisés par un facteur de sécurité de 10 à 1000 selon les substances concernées. Si celles-ci sont relativement peu biodisponibles et peu persistantes et ont des seuils toxiques minimaux au-delà du µg/l, les CCME et USEPA adoptent souvent des facteurs de sécurité de 10 à 100. Par contre, ils recommandent des facteurs de sécurité de 100 à 1000 pour des substances très biodisponibles et très persistantes et bioaccumulables avec des seuils toxiques minimaux en deçà du µg/l. Compte tenu de ce qui précède, nous pouvons considérer que les dépassements des critères de qualité aquatique deviennent néfastes lorsqu'ils excèdent la valeur 10, laquelle correspond au facteur minimal de sécurité.

En se limitant aux dépassements de critères de qualité aquatique qui excèdent 10 et en tenant compte du fait que les débits respectifs de l'effluent de Stadacona et de la station d'épuration Est de la Ville de Québec constituent respectivement 29 % et 71 % du rejet dans le fleuve (proportions : tableaux 12.5, 12.7 et 12.8), voici dans le tableau 12.9 les dépassements de critères à considérer pour ce rejet.

Les dix dépassements précités (5,8 à 57,8) disparaissent lorsque les deux effluents traités et combinés sont mélangés 100 fois avec l'eau du fleuve.

C'est également le cas pour les bactéries coliformes fécales (cf). En effet, l'effluent de la station d'épuration Est de la Ville de Québec renfermait 20 000 cf/100 ml en 1997 et 17 100 cf/100 ml en 1999 (tableau 12.2). L'effluent traité de Stadacona contenait, quant à lui, 1933 cf/100 ml en octobre 2001 (Compagnie Papiers Stadacona Québec, 2001a et Environnement ESA inc., 2002). Ils dépassaient alors le critère de qualité aquatique, à savoir 200 cf/100 ml pour les activités récréatives (MENV, 2001c), de respectivement 100 × 71 % + (9,6 × 29 %) = 73,8 fois et 85,5 × 71 % + (9,6 × 29 %) = 63,5.

Tableau 12.9 Amplitudes de dépassement des critères de qualité aquatique à l'émissaire des deux effluents conjoints traités de la station d'épuration Est de la Ville de Québec et de Stadacona

Substances	**Amplitudes majeures de dépassement des critères de qualité aquatique à l'émissaire des deux effluents conjoints**		
Azote ammoniacal	11,6 et 9,1 (tableau 12.7) × 71 %	=	8,2 et 6,5
Phosphore total	42 et 53 (tableau 12.7) × 71 %	=	29,8 et 37,6
	15 et 37 (tableau 12.8) × 29 %	=	4,3 et 10,7
			34,1 et 48,3
Argent	22 et 80 (tableau 12.7) × 71 %	=	15,6 et 56,8
Manganèse	20 (tableau 12.8) × 29 %	=	5,8
Mercure	38 (tableau 12.7 × 71 %	=	27,0
Toluène	15 (tableau 12.7) × 71 %	=	10,6
Surfactants anioniques	33 (tableau 12.7) × 71 %	=	23,4
Surfactants non ioniques	13 (tableau 12.7) × 71 %	=	17,7
BPC	73 et 75 (tableau 12.7) × 71 %	=	51,8 et 53,2
	0 et 15,8 (tableau 12.8 × 29 %	=	0 et 4,6
			51,8 et 57,8
DF en TEQ	12 et 42 (tableau 12.7) × 71 %	=	8,5 et 29,8
	21 (tableau 12.8) × 29 %	=	6,1 et 6,1
			14,6 et 35,9

12.4 Toxicité

Maintenant que le cheminement des effluents conjoints ainsi que leur composition physicochimique sont connus, nous analyserons quelle est la toxicité des effluents, pris individuellement ou conjointement, lorsque mesurée à l'aide de différents bioessais.

12.4.1 Effluent traité de la station d'épuration Est de la Ville de Québec

Dix tests de toxicité de l'effluent de la station d'épuration Est de la Ville de Québec ont été effectués concomitamment avec leurs analyses physicochimiques :

- bioessais de létalité aiguë (≤ 4 jours) avec des truites arc-en-ciel (Environnement Canada, 1990a et 2000j) et avec des daphnies (Environnement Canada, 1990c et 2000 k);
- biotests de létalité subaiguë (7 jours) avec des ménés tête-de-boule (Environnement Canada, 1992d) et avec des cériodaphnies (Environnement Canada, 1992c);
- essais d'inhibition sublétale de la croissance de ménés tête-de-boule (Environnement Canada, 1992d) et de la reproduction de cériodaphnies (Environnement Canada, 1992c),
- tests d'inhibition sous-létale de la croissance de cultures d'algues unicellulaires (Environnement Canada, 1992b) et de la bioluminescence de bactéries (Environnement Canada, 1992a),
- essais de génotoxicité chez des bactéries en absence et en présence d'un activateur métabolique S9 (Environnement Canada, 1993e).

Ces dix bioessais de l'effluent ont été réalisés aux laboratoires de Bodycote à Pointe-Claire, du Centre Saint-Laurent d'Environnement Canada à Montréal et de LCQ Environnement à Sainte-Foy. Les délais entre les échantillonnages de l'effluent et les bioessais et les contrôles de qualité de ces bioessais sont précisés par Environnement Canada (1996c) et ont été pleinement respectés (MENV et Environnement Canada, 2001).

La toxicité de l'effluent de la station d'épuration Est de la Ville de Québec est présentée dans le tableau 12.10 (MENV et Environnement Canada, 2001).

Tableau 12.10 Toxicité de l'effluent traité de la station d'épuration Est de la Ville de Québec

Types de toxicité testée, organismes testés et paramètres testés	**Concentrations toxiques de l'effluent[1] et unités toxiques**		**Critères du MENV et (ou) Environnement Canada et amplitudes de dépassements de ces critères (chiffres entre parenthèses) (2001)**
	Hiver 1997 (6, 8 et 10 janvier)	**Été 1999 (6, 8 et 10 juillet)**	
	A. Toxicité létale		
Truites juvéniles *Oncorhynchus mykiss* : 50 % de mortalité en 4 jours	> 100 %[2] < 1 UTa[3]	> 100 % < 1 UTa	> 100 % < 1 UTa
Menés larvaires *Pimephales promelas* : seuil de mortalité en 7 jours	> 100 % < UTsa[4]	71 % < 1,4 UTsa	> 100 % < 1 UTsa (1,4)
Puces d'eau néonates *Daphnia magna* : 50 % d'immobilisation mortelle en 2 jours	> 100 % < 1 Uta	> 100 % < 1 UTa	> 100 % < 1 UTa
Micropuces d'eau néonates *Ceriodaphnia dubia* : seuil d'immobilisation mortelle en 7 jours	> 100 % < 1 UTcl	> 100 % < 1 UTcl	> 100 % < 1 UTcl
	B. Toxicité sous-létale		
Menés larvaires *Pimephales promelas* : seuil d'inhibition de la croissance en 7 jours	< 6 % < 16,7 UTc sl[5]	36 % 2,8 UTc sl	> 100 % < 1 UTc sa (16,7 et 2,8)
Micropuces d'eau néonates *Ceriodaphnia dubia* : seuil d'inhibition de la reproduction asexuée en 7 jours	71 % à > 100 % 1,4 UTc sl et < 1 UTsl	71 % à > 100 % 1,4 UTsl et < 1 UTsl	> 100 % < 1 UTc sl (1,4 et 1,4)
Algues unicellulaires *Pseudokirchneriella subcapitata* : seuil d'inhibition de la croissance d'une culture en 3 jours	> 100 % < 1 UTc sl (stimulation)[6]	> 100 % < 1 UTc sl (stimulation)	> 100 % < 1 UTc sl
Bactéries *Vibrio fisheri* : seuil d'inhibition de la bioluminescence en 15 minutes	> 50 % < 2 UTcl sl[7]	> 50 % < 2 UTcl sl	ac[8] ac

Tableau 12.10 (*suite*)

Types de toxicité testée, organismes testés et paramètres testés	Concentrations toxiques de l'effluent[1] et unités toxiques — Hiver 1997 (6, 8 et 10 janvier)	Concentrations toxiques de l'effluent[1] et unités toxiques — Été 1999 (6, 8 et 10 juillet)	Critères du MENV et (ou) Environnement Canada et amplitudes de dépassements de ces critères (chiffres entre parenthèses) (2001)
C. Génotoxicités			
Bactéries *Escherichia coli PQ 37* : seuil d'agression et de réparation de l'ADN en 2 heures	8,8 % / 11,3 UTg[9]	8,8 % / 11,3 UTg	ac / ac
Bactéries *Escherichia coli PQ 37* : + extraits de foie de mammifères S9 : seuil d'agression et de réparation de l'ADN en 2 heures	17,5 % / 5,7 UTg	> 50 %[10] / < UTg[10]	ac / ac

(1) Concentrations exprimées en % de v/v (volume de l'effluent/volume total avec dilution).

(2) > 100 % : effluent plus concentré théoriquement que l'effluent tel quel (100 %).

(3) UTa : unité toxique aiguë pour des létalités pendant 2 ou 4 jours = 100 % de l'effluent/ CL_{50}, 2 ou 4 jours de l'effluent en % CL_{50} = concentration de l'effluent en % de v/v qui tue la moitié des individus pendant 2 ou 4 jours.

(4) UTsa : unité toxique subaiguë pour des létalités pendant 7 jours = 100 % de l'effluent/ CL seuil, 7 jours de l'effluent en %.
CL seuil = concentration de l'effluent en % de v/v à partir de laquelle une mortalité est constatée chez les individus pendant 7 jours.

(5) UTsl : unité toxique pour des sous létalités pendant 7 jours ou moins de 100 % de l'effluent/CI seuil, 7 jours ou moins de l'effluent en %.
CI seuil : concentration de l'effluent en % de v/v à partir de laquelle une Inhibition significative est observée chez les individus pendant 7 jours ou moins.

(6) Au lieu d'une inhibition, on a constaté une stimulation de la croissance d'une culture d'algues unicellulaires de *Pseudokirchneriella subcapitata.*

(7) La méthode ne permet pas de dépasser 50 % d'effluent (Environnement Canada, 1992a).

(8) ac : absence de critères promulgués par le MDDEP et Environnement Canada.

(9) UTg : unité toxique de génotoxicité pour des agressions de l'ADN pendant deux heures, ce qui équivaut à 100 % de l'effluent/concentration d'effet seuil en %.

(10) La méthode ne permet pas de dépasser 50 % d'effluent (Environnement Canada, 1993).

Sources : MENV et Environnement Canada (2001).

L'examen du tableau 12.10 révèle que la toxicité de l'effluent traité de la station d'épuration Est de la Ville de Québec n'a été manifeste que pour la croissance des ménés tête-de-boule au niveau sous-létal. (2,8 à au moins 16,7 UT sous-létales) et pour l'agression des gènes des bactéries *Escherichia coli souche PQ 37* parmi les dix tests de toxicité effectués. Sa toxicité sous-létale s'avère indéniable (2,8 à au moins 16,7 UT sous-létales).

Par contre, sa génotoxicité est très discutable. En effet, elle a été déterminée en utilisant une souche bactérienne manipulée génétiquement et des extraits organiques obtenus après un traitement de l'échantillon avec du chlorure de méthylène (Environnement Canada, 1993). Sa représentativité naturelle paraît ainsi peu appropriée. Ajoutons aussi qu'en plus du bioessai avec cette souche *E. Coli PQ 37*, quelques autres tests de génotoxicité auraient dû être faits comme cela fut le cas pour les tests de toxicité létale et les tests de toxicité sous-létale (tableau 12.10). En outre, on ne dispose pas de critère de comparaison pour la génotoxicité contrairement aux toxicités létale et sous-létale (tableau 12.10). Face à ces diverses réserves, les résultats de génotoxicité obtenus pour l'effluent de la station d'épuration Est de la Ville de Québec doivent être considérés avec retenue dans la suite de notre démarche et ne peuvent donc pas être comptabilisés.

12.4.2 Effluent traité de la papetière Stadacona

Il faut également tenir compte des toxicités létale et sous-létale éventuelles de l'effluent traité de la papetière Stadacona étant donné que celui-ci est déversé dans le fleuve Saint-Laurent concomitamment avec l'effluent traité de la station d'épuration Est de la Ville de Québec.

Les bioessais de toxicité létale et sous-létale adoptés pour ce dernier effluent ont aussi été effectués avec l'effluent traité de la papetière Stadacona en appliquant les mêmes protocoles (Environnement Canada, 1990a, c et d; 1992a, b, c et d et 2000j et k). Ils ont aussi été réalisés au laboratoire Bodycote et au LCQ Environnement inc. à Sainte-Foy et ont respecté les délais de livraison des échantillons d'effluent et les contrôles de qualité (Environnement Canada, 1996c).

Les résultats de toxicité de l'effluent traité de la papetière Stadacona sont exposés dans le tableau 12.11 (Barrière *et al.*, 2000a et ESA Environnement inc., 2002).

Tableau 12.11 Toxicité de l'effluent traité de la papetière Stadacona

Types de toxicité testée, organismes testés et paramètres testés	**Concentrations toxiques de l'effluent[1] et unités toxiques de l'effluent** 15 septembre 1999	15 et 16 octobre 2001	**Critères du MENV et (ou) Environnement Canada et amplitudes de dépassements de ces critères (chiffres entre parenthèses) (2001)**
	A. Toxicité létale		
Truites juvéniles *Oncorhynchus mykiss* : 50 % de mortalité en 4 jours	> 100 %[2] < 1 UTa[3]	> 100 % < 1 UTa	> 100 % < 1 UTa
Menés larvaires *Pimephales promelas* : seuil de mortalité en 7 jours	> 100 % < 1 UTsa[4]	70 % 1,4 UTsa	> 100 % < 1 UTsa (1,4)
Puces d'eau néonates *Daphnia magna* : 50 % d'immobilisation mortelle en 2 jours	> 100 % < 1 Uta	> 100 % < 1 UTa	> 100 % < 1 UTa
Micropuces d'eau néonates *Ceriodaphnia dubia* : 50 % d'immobilisation mortelle en 7 jours	> 100 % < 1 UTsa	> 100 % < 1 UTsa	> 100 % < 1 UTsa
	B. Toxicité sous-létale		
Menés larvaires *Pimephales promelas* : seuil d'inhibition 25 % de la croissance en 7 jours	96 % 1,04 UTsl[5]	83 % 1,2 UTsl	> 100 % ≤ 1 UTsl (1,04 et 1,2)
Micropuces d'eau néonates *Ceriodaphnia dubia* : seuil d'inhibition à 25 % de la reproduction asexuée en 7 jours	> 100 % ≤ 1 UTc sl	68 % 1,5 UTc sl	> 100 % < 1 UTc sl (1,5)
Algues unicellulaires *Pseudokirchneriella subcapitata* : seuil d'inhibition 25 % de la croissance d'une culture en 3 jours	77 % 1,3 UTc sl	> 100 % < 1 UTc sl	> 100 % < 1 UTc sl (1,3 et < 1)
Bactéries *Vibrio fisheri* : seuil d'inhibition de la bioluminescence en 15 minutes	na[6]		
	C. Génotoxicité		
	Na	na	ac

(1) Voir (1) du tableau 12.10.
(2) Voir (2) du tableau 12.10.
(3) Voir (3) du tableau 12.10.
(4) Voir (4) du tableau 12.10.
(5) Voir (5) du tableau 12.10.
(6) na = non analysé.

Sources : Barrière *et al.* (2000a), Compagnie Papiers Stadacona Québec (2001a et b) et ESA Environnement inc. (2002).

12.4.3 Effluents conjoints

Les dépassements des critères de toxicité dans les deux effluents traités doivent être pondérés en fonction des proportions de débit de ces deux effluents étant donné que ceux-ci sont combinés, à savoir 29 % pour celui de la papetière Stadacona et 71 % pour celui de la station d'épuration Est de la Ville de Québec (tableau 12.5). Ces dépassements sont affichés dans le tableau 12.12.

Tableau 12.12 Amplitudes de dépassement des critères de toxicité aquatique à l'émissaire des deux effluents conjoints traités de la station d'épuration Est de la Ville de Québec et de Stadacona

Types de toxicité testée	Amplitudes majeures de dépassement des critères de qualité aquatique à l'émissaire des deux effluents conjoints	
Toxicité létale chez des ménés larvaires	1 et 1,4 UTsa (tableau 12.10) × 71 % 1 et 1,4 UTsa (tableau 12.11) × 29 %	0,99 UTsal 0,41 UTsal 1,40 UTsal
Toxicité sous-létale chez des ménés larvaires	> 16,7 et 2,8 UTsl (tableau 12.10) × 71 % 1,04 et 1,2 UTsl (tableau 12.10) × 29 %	> 11,86 et 1,99 UTsl 0,30 et 0,35 UTsl > 12,16 et 2,34 UTsl
Toxicité sous-létale chez des micropuces létales	1,4 et 1,4 UTsl (tableau 12.10) × 71 % 1 et 1,5 UTsl (tableau 12.11) × 29 %	0,99 et 0,99 UTsl 0,43 UTcsl 0,99 et 1,42 UTsl
Toxicité sous-létale chez des algues unicellulaires	1,3 et < 1 UTsl (tableau 12.11) × 29 %	0,38 UTsl

* Les UT sont définies aux tableaux 12.10 et 12.11.

L'examen du tableau 12.12 montre que les deux effluents conjoints ont peu de toxicité létale. Par contre, ils ont une toxicité sous-létale évidente chez des ménés larvaires (dépassement de 2,34 à > 12,16).

12.5 Danger

Le danger écotoxicologique d'un effluent est défini non seulement à partir de ses concentrations physicochimiques et microbiologiques par rapport à des critères de qualité aquatique, mais aussi à partir de ses concentrations toxiques comparativement à des critères de toxicité aquatique (Van Coillie, 2004a). Le danger écotoxicologique est plus difficile à déterminer pour un effluent que pour une substance isolée.

En effet, alors qu'on peut facilement évaluer le danger écotoxicologique que représente une substance isolée dont la teneur chimique dépasse sa concentration toxique seuil à court terme, l'évaluation de ce même danger pour un effluent pris dans son ensemble est plus compliquée puisqu'il résulte des effets de plusieurs substances qui agissent en interactions antagonistes et (ou) synergiques.

Ce danger ne correspond donc pas à une simple addition des concentrations toxiques individuelles des substances de l'effluent (Environment Canada, 1997). Cependant, parmi ces dernières, on peut présumer que les concentrations chimiques qui y dépassent plus de 10 fois (seuil de sécurité minimal) les critères de qualité aquatique les plus sévères peuvent avoir un impact toxique (section 12.3.4).

Nous vous présentons, par ordre décroissant, les substances qui ont ces concentrations dans les deux effluents conjoints de la station d'épuration Est de la Ville de Québec et de la papetière Stadacona (tableau 12.9).

- BPC : dépassements de 51,8 à 57,8 fois
- Argent : dépassements de 15,6 à 56,8 fois
- Phosphore : dépassements de 34,1 à 48,3 fois
- DF en TEQ : dépassements de 14,6 à 35,9 fois
- Mercure : dépassements de 27 fois
- Surfactants anioniques : dépassements de 23,4 fois
- Surfactants non ioniques : dépassements de 17,7 fois

Ces sept substances sont vraisemblablement responsables de façon collective de la toxicité sous-létale dans les deux effluents conjoints, à savoir 2,34 à plus de 12,16 UTsl chez des ménés larvaires; cette toxicité sous-létale provient presque uniquement de l'effluent de la station d'épuration Est de la Ville de Québec (tableau 12.12).

Les coliformes fécaux des deux effluents conjoints peuvent également contribuer à une toxicité (Environment Canada, 1997) étant donné que leurs teneurs dépassent jusqu'à 73 fois le critère de qualité aquatique microbiologique du MDDEP; dans ce cas, également, l'effluent traité de la station d'épuration Est de la Ville de Québec a un apport prédominant (section 12.3.4).

Il ressort que le danger écotoxicologique à court terme des deux effluents conjoints est présent à la sortie de leurs deux diffuseurs au fond du fleuve Saint-Laurent puisqu'ils ont plusieurs dépassements majeurs (≥ 10 fois) des critères les plus sévères de qualité aquatique, lesquels dépassements causent une toxicité sous-létale chez des ménés larvaires.

Toutefois, le danger écotoxicologique des deux effluents conjoints dans le fleuve diminue rapidement avec leur mélange. De fait, mélangés 100 fois dans l'eau du fleuve, ils respectent alors tous les critères de qualité chimique, le critère des coliformes fécaux et tous les critères de toxicité étant donné que les plus hauts dépassements de ces critères se chiffrent respectivement à 57,8 fois, 73 fois et plus de 12,16 fois. Ce mélange de 100 fois a lieu au fond du fleuve (section 12.3.2) où il ne dépasse guère 66 m de long, 7,8 m de large et 3,1 m de haut, à 53 m de profondeur (tableau 12.6) et s'avère donc très limité.

Au-delà de ce panache au fond du fleuve, la diffusion et le mélange des deux effluents conjoints augmentent beaucoup dans la masse d'eau du fleuve Saint-Laurent en remontant vers la surface du corridor central de ce dernier à environ 1 km en amont et en aval de leurs diffuseurs de fond. En surface, ces deux effluents conjoints sont mélangés au moins 950 fois (tableau 12.3) et ne représentent pas alors un danger écotoxicologique à court terme à cette diffusion et à ce mélange.

À long terme, un danger écotoxicologique est causé par une persistance de certains contaminants tels que les BPC, le mercure et les DF. En effet, il est reconnu que ces trois contaminants sont peu ou pas dégradés dans le milieu aquatique et que, malgré leur adsorption à des particules en suspension (Cossa *et al.*, 1998), ils peuvent être bioaccumulés dans des organismes aquatiques (Niimi, 1994). Ceci s'applique probablement à ces trois contaminants contenus dans les deux effluents conjoints de la station d'épuration Est de la Ville de Québec et de la papetière Stadacona.

Signalons ici que l'argent (Ag) est également persistant, mais il s'avère peu bioaccumulable dans le monde animal qui dispose de métallothionéines pour l'éliminer (Denizeau, 1996 et Van Coillie, 1997b); cependant, il peut être pris en charge par l'algue *Pseudokirchneriella subcapitata* (Paquet *et al.*, 2006).

12.6 Exposition

À cette étape de l'évaluation écotoxicologique d'un rejet, il faut préciser quels sont les individus qui sont exposés et quelles sont les durées et les étendues de leur exposition (Van Coillie, 2004a).

La zone d'exposition immédiate aux deux effluents conjoints a une toxicité sous-létale. En effet, cette dernière est évidente chez des ménés larvaires dans ces effluents dilués 12,16 fois en laboratoire (tableau 12.12). Mentionnons à ce propos, que plusieurs études ont montré que des effluents ayant une toxicité sous-létale explicitée en laboratoire chez des ménés larvaires causent souvent une toxicité en diminuant la biodiversité des poissons dans les milieux receveurs immédiats de ces effluents (Eagleson *et al.*, 1990; USEPA, 1991a; Dickson *et al.*, 1992 et Environnement Canada, 1999b).

Toutefois, la zone d'exposition immédiate, où la toxicité et le danger à court terme des deux effluents conjoints sont présents, est marginale au fond du fleuve Saint-Laurent par rapport aux dimensions et aux volumes locaux du fleuve à Québec. De plus, le fond fluvial autour des deux diffuseurs des deux effluents conjoints est un « mort-terrain » composé de débris rocailleux peu favorables à des organismes aquatiques (figure 12.2 et section 12.3.1). En outre, ce fond est également soumis de façon continue à des courants très forts qui vont jusqu'à 1,5 m/seconde en période de flux lors des marées montantes et jusqu'à 2,2 m/seconde en période de reflux lors des marées descendantes (section 12.3.3).

Dans ces conditions, la zone d'exposition immédiate au danger à court terme des deux effluents conjoints apparaît peu propice à la présence de phytoplancton, à une sédimentation, à une colonisation subséquente par une faune benthique et à une présence de frayères de poissons. Cette zone est donc peu favorable à une vie aquatique. Conséquemment, les organismes biologiques exposés au-delà du panache de mélange à 1 % des deux effluents conjoints dans l'eau du fleuve sont vraisemblablement rares et (ou) y ont une exposition brève et peu fréquente.

Pour confirmer ceci, des échantillonnages de benthos et de poissons auraient du être faits dans la zone de mélange à 1 % des deux effluents. Ils n'ont pas pu être effectués, car Transports Canada et la Société du Port de Québec les ont interdits dans cette zone de fond et autour de celle-ci pour des motifs de sécurité du trafic maritime (Barrière *et al.*, 2000a et b).

Les informations précédentes soutiennent que l'exposition à court terme au danger écotoxicologique des deux effluents conjoints est minime et donc peu importante pour la suite de leur évaluation écotoxicologique.

Par contre, à long terme, la zone d'exposition au danger écotoxicologique des deux effluents conjoints est plus longue que la zone d'exposition à court terme. En effet, il faut considérer les possibilités de bioaccumulation toxique des substances de longue durée, à savoir les biphényles polychlorés (BPC), les dioxines et furannes chlorés (DF) et le mercure (section 12.5), et il faut alors envisager que la zone d'exposition remonte jusqu'à la surface du fleuve. Elle atteint cette surface à plus d'un km en amont et en aval des deux diffuseurs et les deux effluents conjoints y sont mélangés 950 fois avec l'eau du fleuve (Roche et associés, 1983).

Subséquemment, les concentrations de BPC, de DF et de mercure des deux effluents conjoints (tableaux 12.7 et 12.8) sont très diminuées à la surface du fleuve, à savoir :

- (8,98 × 71 % + 1,90 × 29 %) ng/l × 1/950 = 7,30 pg/l pour les BPC;
- (0,13 × 71 % + 0,07 × 29 %) pg/l × 1/950 = 0,12 fg/l pour les DF en TEQ;
- (0,05 × 71 %) µg/l × 1/950 = 37,30 pg/l pour le mercure.

Par rapport à ces très basses concentrations, les teneurs des trois contaminants dans le fleuve en amont de Québec s'avèrent beaucoup plus hautes, soit :

- 57 fois pour les BPC (416,5 pg/l, selon Cossa *et al.*, 1998);
- 25 fois pour les DF en TEQ (jusqu'à 3 fg/l dans les eaux de surface, selon Niimi, 1994);
- 53 367 fois pour le mercure (1990,6 × 10^3 pg/l, selon Cossa *et al.*, 1998).

Ceci se constate aussi pour tous les autres contaminants et les coliformes fécaux des deux effluents conjoints lorsqu'on compare leurs teneurs dans ceux-ci avec leurs teneurs dans le fleuve en amont de Québec. Ces dernières ont été précisées par Cossa *et al.* (1998) et par Hébert (1999).

À la surface du fleuve Saint-Laurent à Québec, les contaminants et les coliformes fécaux proviennent donc très peu des deux effluents conjoints de la station d'épuration Est de la Ville de Québec et de la papetière Stadacona; ils sont surtout issus de plusieurs autres sources diverses proches ou lointaines, situées en amont proche et lointain (Cossa *et al*, 1998 et Barrière *et al.*, 2000a). Mentionnons à ce propos que les concentrations précitées de BPC et de mercure dans le fleuve à Québec dépassent de 3,5 fois et de 1531 fois respectivement les critères de qualité aquatique pour les bioaccumulations de ces contaminants, à savoir des critères de 120 pg/l pour les BPC et 1,3 ng/l pour le mercure (MENV, 2001c).

L'exposition à long terme au danger écotoxicologique des deux effluents conjoints de la station d'épuration Est de la Ville de Québec et de la papetière Stadacona à la surface du fleuve à Québec apparaît donc marginale par rapport à l'exposition aux contaminants apportés par l'amont du fleuve à Québec. Ceci s'applique, entre autres, à deux lieux d'approvisionnement local en eau dans le fleuve à Lévis et à Lauzon. Soulignons ici que le panache de mélange de 950 fois des deux effluents conjoints n'atteint pas ces deux lieux étant donné qu'il est confiné au corridor central du fleuve en profondeur et en surface (Roche et associés, 1983).

12.7 Risque

En écotoxicologie, le risque intègre le danger d'un rejet et l'exposition à celui-ci. Il peut être estimé de deux façons (Van Coillie, 2004a).

D'une part, on peut utiliser une approche appelée « triade », basée sur un cumul de preuves établies à partir d'analyses physicochimiques du rejet, de bioessais toxicologiques de celui-ci et d'enquêtes biologiques dans son milieu récepteur (Environnement Canada, 1999). Son application aux deux effluents conjoints de cette étude ne peut pas être faite, car des enquêtes biologiques dans leur milieu récepteur ne sont pas autorisées pour des motifs de sécurité du trafic maritime.

D'autre part, on peut calculer un quotient Q de risque écotoxicologique de la façon suivante (MEF, 1996a et Van Coillie, 2004a) :

$$Q = \frac{\text{expositions estimées au danger d'une substance}}{\text{exposition de référence tolérée à cette substance}}$$

Si $Q \geq 1$, il y a un risque.

Si $Q < 1$, il n'y a pas de risque formel.

Nous avons adopté l'approche du quotient de risque écotoxicologique pour évaluer le risque écotoxicologique que représentent les deux effluents conjoints de la station d'épuration Est de la Ville de Québec et de la papetière Stadacona. À cette fin, nous avons considéré trois expositions possibles pour l'humain à ces deux effluents dans le fleuve Saint-Laurent à Québec.

Elles ont été estimées pour leurs trois contaminants de longue durée, soit les BPC, les DF et le mercure, car ils sont les plus préoccupants (section 12.6). Ces expositions ont aussi été estimées pour ces trois contaminants en amont du rejet des deux effluents.

i) *Ingestion d'eau potable à partir de l'eau du fleuve à Lévis et Lauzon selon une consommation moyenne quotidienne évaluée à 1,57l/j par personne pesant 70 kg (MEF, 1996a).*

- 7,30 pg de BPC/l × 1,57 l/j = 11,46 pg/j
  par personne de 70 kg pour les BPC issus des deux effluents conjoints

  par rapport à

  416,50 pg de BPC/l × 1,57 l/j = 653,90 pg/j
  par personne de 70 kg pour les BPC issus du fleuve en amont.

- 0,12 fg de DF en TEQ/l × 1,57 l/j = 0,19 fg/j
  par personne de 70 kg pour les DF en TEQ issus des deux effluents conjoints

  par rapport à

  3 fg de DF en TEQ/l × 1,57 l/j = 4,71 fg/j
  par personne de 70 kg pour les DF en TEQ issus du fleuve en amont.

- 37,30 pg de mercure/l × 1,57 l/j = 58,56 pg/j
  par personne de 70 kg pour le mercure issu des deux effluents conjoints

  par rapport à

  1990,60 × 10^3 pg de mercure/l × 1,57 l/j = 3125,24 × 10^3 pg/j
  par personne de 70 kg pour le mercure issu du fleuve en amont.

ii) *Absorption occasionnelle d'eau du fleuve lors de baignades, de retournements de planche à voile, voire de motomarine dans les vagues générées par des gros navires et (ou) autres incidents qui provoquent des ingestions estimées à ≤ 0,26 litre par personne (MEF, 1996a) × 3 absorptions par jour (scénario sévère) = 0,78 l/j par personne de 70 kg = ½ de l'ingestion d'eau potable à partir de l'eau du fleuve* (voir i) :

- 11,46 pg de BPC/j × ½ = 5,73 pg/j
  par personne de 70 kg pour les BPC issus des deux effluents conjoints

  par rapport à

  653,90 pg de BPC/j × ½ = 326,95 pg/j
  par personne de 70 kg pour les BPC issus du fleuve en amont.

- 0,19 fg de DF en TEQ/j × ½ = 0,10 fg/j
  par personne de 70 kg pour les DF en TEQ issus des deux effluents conjoints

  par rapport à

  4,71 fg de DF en TEQ/j × ½ = 2,35 fg/j
  par personne de 70 kg pour les DF en TEQ issus du fleuve en amont.

- 58,56 pg de mercure/j × ½ = 29,28 pg/j
  par personne de 70 kg pour le mercure issu des deux effluents conjoints

  par rapport à

  3125,24 × 10^3 pg de mercure/j × ½ = 1562,62 × 10^3 pg/j
  par personne de 70 kg pour le mercure issu du fleuve en amont.

iii) *Ingestion de poissons locaux du fleuve selon une consommation moyenne évaluée à 12 g/jour et donc 360 g/mois par personne pesant 70 kg (Blaney et al., 1997).*

Elle est inférieure à la consommation tolérée de quatre repas de 230 g de poissons/personne/mois soit de 920 g de poissons/personne/mois. Cette dernière consommation est basée sur des « doses journalières tolérées provisoires » de 70 µg de BPC/j, 5 pg de DF en TEQ/j et 50 µg de mercure/j par personne de 70 kg (Blaney *et al.*, 1997).

En abaissant la consommation tolérée de 920 g de poissons/personne/mois à une consommation moyenne de 360 g de poissons locaux/personne/mois, soit une diminution de 2,55 fois, les doses journalières absorbées de BPC, de DF et de mercure, par jour, à partir des poissons locaux, peuvent également être abaissées de 2,55 fois et sont alors les suivantes :

- 70 µg de BPC/j par personne (Blaney *et al*, 1997) × 1/2,55 = 27,45 µg/j
  par personne de 70 kg pour les BPC issus du fleuve en amont

  prépondérants par rapport à

  27,45 µg de BPC/j par personne (Blaney *et al.*, 1997) × 1/57 = 0,48 µg/j
  par personne de 70 kg pour les BPC issus des deux effluents conjoints.

- 5 pg de DF en TEQ/j par personne (Blaney *et al.*, 1997) × 1/2,55 = 1,96 pg/j
  par personne de 70 kg pour les DF en TEQ issus du fleuve en amont

  prépondérants par rapport à

  1,96 pg de DF en TEQ/j par personne × 1/25 = 0,08 pg/j
  par personne de 70 kg pour les DF en TEQ issus des deux effluents conjoints.

- 50 µg de mercure/j par personne (Blaney *et al.*, 1997) × 1/2,55 = 19,61 µg/j
  par personne de 70 kg pour le mercure issu du fleuve en amont

  prépondérants par rapport à

  19,61 µg de mercure/j par personne × 1/53 367 = 367,46 pg/j
  par personne de 70 kg pour le mercure issu des deux effluents conjoints.

Nous vous présentons dans le tableau 12.13 les sommes des trois voies d'exposition estimées aux trois contaminants de longue durée à partir des deux effluents conjoints et des sommes de même type calculées à partir de ces trois contaminants de l'eau du fleuve en amont.

Il ressort que l'ingestion de poissons pêchés dans le fleuve Saint-Laurent à Québec est la voie d'exposition locale très prédominante aux trois contaminants de longue durée (BPC, DF et mercure). De plus, ajoutons que les teneurs de ces trois contaminants dans les poissons pêchés entre l'île d'Orléans et le pont de Québec sont souvent inférieures aux normes de consommation, à savoir 2 mg de BPC/kg frais, 15 ng de DF en TEQ/kg frais et 0,5 mg de mercure/kg frais (Blaney *et al.*, 1997).

Il appert aussi que les expositions estimées aux trois contaminants de longue durée à partir du fleuve en amont sont beaucoup plus élevées que leurs expositions à partir des deux effluents conjoints, soit 57, 25 et 53 367 fois respectivement pour les BPC, les DF en TEQ et le mercure.

Les expositions par absorption cutanée sont généralement marginales par rapport aux expositions par ingestion (MEF, 1996; Van Coillie, 2005d).

Les quotients Q de risque toxicologique calculés pour ces trois contaminants en provenance des deux effluents conjoints et en provenance de l'eau fluviale sont calculés dans le tableau 12.14.

Compte tenu du fait que les quotients de risque présentés dans le tableau 12.4 sont très inférieurs à la valeur 1, ils indiquent qu'il n'y a pas de risque toxicologique dû aux trois substances préoccupantes de longue durée, soit les BPC, les DF et le mercure dans l'eau du fleuve en amont et encore moins dans les deux effluents conjoints de la station d'épuration Est de la Ville de Québec et de la papetière Stadacona.

Tableau 12.13 Évaluation de l'exposition humaine aux BPC, aux DF et au mercure en fonction de deux scénarios

Contaminants de longue durée	Expositions par personne de 70 kg à partir de deux effluents conjoints		Expositions par personne de 70 kg à partir du fleuve en amont des rejets	
BPC	11,46 pg/j	(voir i)	653,90 pg/j	(voir i)
	5,73 pg/j	(voir ii)	326,95 pg/j	(voir ii)
	0,48 µg/j	(voir iii)	27,45 µg/j	(voir iii)
	0,48 µg/j		**27,45 µg/j**	
DF en TEQ	0,19 fg/j	(voir i)	4,71 fg/j	(voir i)
	0,10 fg/j	(voir ii)	2,35 fg/j	(voir ii)
	0,08 pg/j	(voir iii)	1,96 pg/j	(voir iii)
	0,08 pg/j		**1,96 pg/j**	
Mercure	58,56 pg/j	(voir i)	3 125,24 × 10^3 pg/j	(voir i)
	29,28 pg/j	(voir ii)	1 562,62 × 10^3 pg/j	(voir ii)
	367,46 pg/j	(voir iii)	19,61 µg/j	(voir iii)
	455,30 pg/j		**19,61 µg/j**	

Tableau 12.14 Évaluation des quotients Q de risque toxicologique aux BPC, aux DF et au mercure en fonction de deux scénarios

Contaminants de longue durée	Quotients Q* de risque toxicologique à partir des deux effluents conjoints	Quotients Q* de risque toxicologique à partir du fleuve en amont
BPC	$Q = \frac{0{,}48\ \mu g/j^{**}}{\mathbf{70\ \mu g/j}^{***}} = 0{,}0068$	$Q = \frac{27{,}45\ \mu g/j^{**}}{\mathbf{70\ \mu g/j}^{***}} = 0{,}392$
DF en TEQ	$Q = \frac{0{,}08\ pg/j^{**}}{\mathbf{5\ pg/j}^{***}} = 0{,}016$	$Q = \frac{1{,}96\ pg/j^{**}}{\mathbf{5\ pg/j}^{***}} = 0{,}392$
Mercure	$Q = \frac{455{,}30\ pg/j^{**}}{\mathbf{50\ \mu g/j}^{***}} = 0{,}0074$	$Q = \frac{19{,}61\ \mu g/j^{**}}{\mathbf{50\ \mu g/j}^{***}} = 0{,}392$

* Q = quotient Q de risque (voir l'équation plus haut).

** Expositions journalières estimées par personne de 70 kg (valeurs citées plus haut).

*** Expositions journalières de référence tolérées par personne de 70 kg = « doses journalières tolérées provisoires » (Blaney *et al.*, 1997).

Étant donné que les BPC et les DF peuvent être cancérogènes à long terme, nous avons calculé leurs indices de risque cancérogène à l'aide de l'équation suivante (MEF, 1996) :

Dose d'exposition moyenne durant 70 ans multipliée par
un coefficient de cancérogénicité, lequel est

1,08/(mg BPC/kg p.c/jour) et 3820/(mg DF en TEQ/kg p.c/jour)

Les indices de risque cancérogène obtenus de cette façon pour les concentrations de BPC et de DF des deux effluents conjoints sont inférieurs à un excès de risque de cancer par million de personnes et indiquent qu'il n'y a pas de risque cancérogène formel pour ces concentrations en considérant l'effectif de la population locale exposée.

Les résultats de cette dernière étape de l'évaluation toxicologique des deux effluents traités et combinés montrent que le risque environnemental des deux effluents dans le fleuve Saint-Laurent à Québec n'est pas un problème pour la population locale.

Par ailleurs, le risque environnemental pour les organismes aquatiques locaux du fleuve n'a pas pu être estimé, car les calculs des voies d'exposition (ingestion et absorption branchiale) aux trois contaminants précités de longue durée ne sont guère précisés dans la littérature scientifique pour les organismes aquatiques.

Facteurs d'incertitude

Les réserves suivantes doivent être mentionnées pour l'appréciation du risque écotoxicologique des effluents traités conjoints de la station d'épuration Est de la Ville de Québec et de la papetière Stadacona.

a) Bien que les caractéristiques chimiques des deux effluents traités aient été détaillées, quelques paramètres n'ont pas été analysés. Parmi ces derniers, il y a certains pesticides, des chloramines et des toxines naturelles. De plus, les alkylphénols polyéthoxylates de détergents et divers composés résiduels d'anovulants rejetés avec les eaux de toilette n'ont pas été analysés alors qu'ils sont reconnus comme des perturbateurs endocriniens de féminisation (Gagné *et al.*, 2001a et b et Sabik *et al.*, 2003).
b) Les caractérisations microbiologiques ont été limitées aux bactéries coliformes fécales sans préciser les variétés de *Escherichia coli* (rappelons

à ce sujet la contamination bactérienne survenue à Walkerton en Ontario) et de *Klebsella sp.* (celles-ci sont originaires des copeaux de bois) et sans analyser les espèces de virus et protozoaires pathogènes; ces variétés et ces espèces peuvent contribuer à la toxicité des deux effluents traités.

c) La génotoxicité n'est pas retenue dans l'appréciation du danger écotoxicologique des deux effluents traités bien qu'elle ait été analysée pour l'effluent traité de la station d'épuration Est de la Ville de Québec (MENV et Environnement Canada, 2001). Toutefois, les bioessais faits à ce sujet ont été effectués avec des bactéries manipulées génétiquement et donc peu représentatives pour l'environnement. De plus, le ministère de l'Environnement du Québec et Environnement Canada n'ont pas promulgué des exigences à propos de la génotoxicité bien que cette dernière ait une importance indéniable.

d) Les effets perturbateurs endocriniens éventuels des deux effluents n'ont pas été évalués avec des bioessais, lesquels ont été mis au point par Gagné et Blaise (1998) et Gagné *et al.* (2001a).

e) Puisque l'exposition aux deux effluents n'a pu être explicitée que pour l'humain, leur risque écotoxicologique évalué se limite à l'humain. Comme il a été démontré, ce risque s'avère non formel pour l'humain. Ceci est également vraisemblable pour les poissons et les invertébrés benthiques et autres organismes aquatiques du fleuve local. En effet, l'état de ces ressources aquatiques, décrit par Mousseau et Armellin (1995) pour le Plan d'Action Saint-Laurent, les données de suivi d'Environnement Canada (2003) pour les poissons locaux et la réintroduction réussie de certaines espèces de poissons telles que le bar rayé (Robitaille, 2002) soutiennent que le milieu local aquatique est favorable pour ces organismes aquatiques et ne révèle donc pas de risque écotoxicologique évident.

Conclusion

Nous avons précisé dans la première partie du chapitre le danger écotoxicologique que représente l'effluent traité de la station d'épuration Est de la Ville de Québec auquel est combiné l'effluent traité de la papetière voisine Stadacona. Ce danger écotoxicologique est causé par huit apports majeurs de substances polluantes (biphényles polychlorés, argent, phosphore, dioxines et furannes chlorés, mercure, surfactants anioniques et surfactants non ioniques par ordre décroissant et coliformes fécaux). Ces substances provoquent une toxicité sous-létale dans ces effluents conjoints. Le danger est présent à la sortie des deux diffuseurs contigus de ces derniers au fond du fleuve Saint-Laurent. L'approche d'évaluation dite « bout de tuyau » se termine ici et est complétée par celle dite « milieu ».

La zone d'exposition immédiate au danger écotoxicologique des deux effluents traités, combinés et rejetés de la station d'épuration Est de la Ville de Québec et de la papetière Stadacona, est située dans leur panache de diffusion à 1 % au fond du chenal maritime central du fleuve Saint-Laurent à Québec. On peut qualifier cette zone comme relativement minuscule (66 m de longueur, 7,8 m de largeur et 3,1 m de hauteur à 53 m de profondeur) par rapport aux dimensions locales du fleuve. De plus, cette zone ne favorise pas la présence d'organismes biologiques. L'impact écotoxicologique y est donc marginal.

À long terme, l'exposition aux biphényles polychlorés (BPC), aux dioxines et furannes chlorés (DF) et au mercure persistants et bioaccumulables des deux effluents conjoints est également marginale dans le fleuve lors du mélange de ceux-ci au-delà de leur panache de diffusion de 1 %. De fait, leurs concentrations de BPC, de DF et de mercure ne représentent alors respectivement que 1/57, 1/25 et 1/53 367 de celles du fleuve lorsque ces deux effluents arrivent à la surface fluviale à 1 km en amont ou en aval de leurs diffuseurs contigus dans son corridor central. Ce dernier n'atteint pas les lieux d'approvisionnement en eau dans le fleuve à Sainte-Foy, à Lévis et à Lauzon. Il faut donc souligner que l'exposition à ces trois contaminants est beaucoup plus élevée à partir de l'eau du fleuve en amont qu'à partir des deux effluents.

Bien que l'exposition au danger écotoxicologique des deux effluents conjoints soit marginale, leur risque environnemental a été estimé à l'aide d'un quotient de risque toxicologique. Ce dernier est un rapport entre les expositions estimées à un contaminant par différentes voies et une exposition de référence à ce contaminant; il est calculé pour une durée d'un jour et pour une personne pesant 70 kg, et indique qu'il y a un risque formel lorsqu'il dépasse la valeur 1 et qu'il n'y a pas de risque formel lorsqu'il est inférieur à la valeur 1. Les quotients de risque toxicologique des deux effluents conjoints sont nettement plus faibles que la valeur 1 pour les trois contaminants bioaccumulables précités. Ils sont aussi plus bas que les quotients toxicologiques de ces contaminants de l'eau du fleuve, lesquels ont également des valeurs inférieures à 1.

Les indices de risque cancérogène calculés pour les BPC et les DF des deux effluents conjoints révèlent que ces deux contaminants n'ont pas de risque cancérogène formel en considérant l'effectif de la population locale exposée.

À partir des informations connues et publiques, il appert que les deux effluents traités, combinés et rejetés de la station d'épuration Est de la Ville de Québec et de la papetière Stadacona ne présentent pas de risque environnemental formel dans le fleuve Saint-Laurent. De plus, ces effluents respectent toutes les exigences de rejets gouvernementales actuelles. Dans ces conditions, l'ajout d'équipements additionnels, pour éliminer toute toxicité résiduelle, implique des investissements importants qui ne sont pas actuellement jugés critiques pour l'écosystème fluvial.

Tout en demeurant vigilante face à cette problématique, la Ville de Québec oriente plutôt ses investissements vers la résolution de problèmes qui sont beaucoup plus néfastes pour les écosystèmes aquatiques en amont du traitement des eaux usées et vise ainsi à réduire à la source les contaminants générés. Dans cette optique, la Ville de Québec privilégie d'abord la construction de bassins de rétention en amont de ses stations de traitement des eaux usées afin de réduire les débordements des réseaux unitaires dans les cours d'eau de la région lors de fortes pluies. Elle continue également son programme de caractérisation et de suivi des rejets industriels de même que son programme de diagnostic et d'intervention relatif à la contamination du réseau d'égout pluvial. De son côté, la papetière Stadacona contribue à ce même objectif de réduction à la source.

Références bibliographiques

Adams, W. J. et Rowland, C. D. 2003. Aquatic toxicology test methods. Dans D. J. Hoffmann, B. A. Rattner, G. A. Burton *et al.*, *Handbook of ecotoxicology,* 2e édition, CRC Press, Boca Raton, Floride, 19-43.

Adeel, Z., Luthy, R. G., Dzombak, D. A. *et al.* 1997. Leaching of PCB compounds from untreated and biotreated sludge-soil mixtures. *Journal of Contaminant Hydrology*, 290-309.

ADS Groupe-conseil inc. 1992. *Étude hydrogéologique complémentaire du site d'enfouissement sanitaire Bestan inc., canton de Magog.* ADS Groupe-conseil inc., Montréal, 20 pages.

ADS Groupe-conseil inc. 1991. *Étude hydrogéologique du site d'enfouissement sanitaire Bestan inc., canton de Magog.* ADS Groupe-conseil inc., Montréal, 26 pages.

ASA (André Simard et associés). 2002. *Lieu d'enfouissement technique du canton de Magog, étude de dispersion atmosphérique des SRT.* André Simard et associés, Québec, 29 pages.

AFNOR (Association française pour les normalisations). 1985. *Détermination de l'indice biologique global (IBG).* AFNOR, Essais des eaux, Paris, T90-350.

AFNOR (Association française pour les normalisations). 1983. *Détermination de l'inhibition de la mobilité de Daphnia magna.* AFNOR, Paris, NF T90-301.

Alaee, M., Luross, J., Sergeant, D. B., Muir, D. C. G., Whittle, D. M. et Solomon, K. 1999. Distribution of polybrominated diphenyl esthers in the Canadian environment. *Organohalogen Compounds, 40,* 347-350.

Alaee, M. et Wenning, R. J. 2002. The significance of brominated flame retardants in the environment : current understanding, issues and challenges. *Chemosphere, 46,* 347-350.

Alexander, A., Leblanc, H., Cessna, A. *et al.* 2009. Ecological risk assessment of pesticides using realistic Canadian mixture scenarios. *Proceedings of the 36th Aquatic Toxicity Workshop*, La Malbaie (Québec), 27 au 30 septembre, 49.

Ali, N., Cloutier, I., Humphrey, S. *et al.* 1997. Exposed or not exposed : the effectiveness of using tracers to verify exposure of fish to pulp and paper mill effluent. *Canadian Technical Report of Fisheries and Aquatic Sciences, 2162,* 51 pages.

Ali, N., Humphrey, S., Van Coillie, R. *et al.* 1995. *Identification of the need for research on chemical tracers to detect pulp mill effluent exposure.* 2nd Society of Environmental Toxicology and Chemistry World Congress, Vancouver, 5 au 9 novembre, PM087.

Amdur, M. O. 1986. Air pollutants. Dans C. D. Klaassen, M. O. Amdur et J. Doull (dir.), *Casarett and Doull's toxicology : the basic science of poisons,* 3e édition, Macmillan Publishing Compagny, New York, 801-824.

Amiard, J. C. et Amiard-Triquet, C. 2009. Biomarkers, metal speciation and metabolites : from scientific knowledge to regulation. *Proceedings of the 36th Aquatic Toxicity Workshop*, La Malbaie (Québec), 27 au 30 septembre, 23.

Amiard, J. C. et Cosson, R. 1997. Les métallothionéines. Dans L. Lagadic, T. Caquet, J. C. Amiard et F. Ramade (dir.), *Biomarqueurs en écotoxicologie : aspects fondamentaux*, Masson, Paris, 53-66.

Ankley, G., Mihaich, E., Stahl, R. *et al.* 1998. Overview of a workshop on screening methods for detecting potential of (anti) estrogenic/androgenic chemicals in wildlife. *Environmental Toxicology and Chemistry, 17,* 68-87.

APHA (American Public Health Association), AWWA (American Water Works Association) et WEF (Water Environment Federation). 1998. *Standard methods for the examination of water and wastewater.* 20e édition, APHA, Washington, multipagination.

Aravindakshan, J., Paquet, V., Gregory, M. *et al.* 2004. Consequences of xenoestrogen exposure on male reproductive function in spottail shiners (*Notropis hudsonius*). *Toxicological Sciences, 78*, 156-165.

Arcand-Hoy, L. D., Nimrod, A. C. et Benson, W. H. 1998. Endocrine-modulating substances in the environment : estrogenic effects of pharmaceutical products. *International Journal of Toxicology, 17,* 139-158.

Arciszewski, T., Kidd, K. et Munkittrick, K. 2009. Contrasting responses of blacknose dace *Rhinichthys atratus* and slimy sculpin *Cottus cognatus* exposed to municipal and industrial effluents in the upper St. John River. *Proceedings of the 35th Annual Toxicity Workshop*, Saskatoon, 5 au 8 octobre 2008, *Canadian Technical Report of Fisheries and Aquatic Sciences*, *2841*, 154.

Armstrong, F. A. 1979. Effects of mercury compounds on fish. Dans J. O. Nriagu (dir.), *The biochemistry of mercury in the environment,* Elsevier, Amsterdam, 657-670.

ASTM (American Society for Testing and Materials). 2000a. Standard guide for conducting static 96h toxicity tests with microalgae. Dans *Annual book of ASTM standards 2000,* ASTM, Philadelphie, volume 11.05, 514-527.

ASTM (American Society for Testing and Materials). 2000b. Standard guide for conducting laboratory soil toxicity or bioaccumulation tests with the lumbricid earthworm *Eisenia fetida.* Dans *Annual book of ASTM standards 2000,* ASTM, Philadelphie, volume 11.05, 1040-1058.

ASTM (American Society for Testing and Materials). 2000c. Standard guide for conducting terrestrial plant toxicity tests. Dans *Annual book of ASTM standards 2000,* ASTM, Philadelphie, volume 11.05, 1464-1483.

ASTM (American Society for Testing and Materials). 1994. *Standard practice for conducting early seedling growth tests.* ASTM, Washington, rapport E 1598-94, 7 pages.

ASTM (American Society for Testing and Materials). 1993. A review of the current status of marine algal toxicity testing in USA. Dans *Environmental toxicity and risk assessment : aquatic plant and terrestrial,* ASTM, Philadelphie, rapport STP 1179.

ASTM (American Society for Testing and Materials). 1991a. Standard guide for conducting acute toxicity tests whith fishes, macroinvertebrates and amphibians. Dans *Annual book of ASTM standards,* ASTM, Philadelphie, rapport E, 729-88.

ASTM (American Society for Testing and Materials). 1991b. *Plants for toxicity assessment.* ASTM, Philadelphie, rapport STP 1114.

ASTM (American Society for Testing and Materials). 1990. Testing sediment toxicity with *Hyalella azteca* (amphipoda) *and Chironomus riparius* (diptera). Dans *Aquatic toxicology and risk assessment*, ASTM, Philadelphie, rapport STP 1096.

ASTM (American Society for Testing and Materials). 1989a. Standard guide for conducting three brood renewal toxicity tests with *Ceriodaphnia dubia*. Dans *Annual book of ASTM standards*, ASTM, Philadelphie, rapport E 1295, 879-897.

ASTM (American Society for Testing and Materials). 1989b. *Aquatic toxicology and environmental fate*. ASTM, Philadelphie, rapport STP 1007.

ASTM (American Society for Testing and Materials). 1987. Standard guide for conducting renewal life-cycle toxicity tests with *Daphnia magna*. Dans *Annual book of ASTM standards*, ASTM, Philadelphie, rapport E 1193, 765-781.

ASTM (American Society for Testing and Materials). 1986. *Manual of presentation of data and control chart analysis*. ASTM, Philadelphie, Special technical publication 15, multipagination.

ASTM (American Society for Testing and Materials). 1984. Standard practice for conducting static acute toxicity tests on waste water with *Daphnia*. Dans *Annual book of ASTM standards*, ASTM, Philadelphie, rapport D 4229, 27-39.

ATSDR (Agency for Toxic Substances and Disease Registry). 2000. *Toxicological profil for polychlorinated biphenyls (PCBs)*. ATSDR, US Department of Health, Atlanta, 765 pages.

Auclair, J., Gagné, F. Blaise, C. *et al.* 2009. Toxicological effects of a new nanoscale drug delivered system to rainbow trout hepatocytes *Oncorhynchus mykiss*. *Proceedings of the 36th Aquatic Toxicity Workshop*, La Malbaie (Québec), 27 au 30 septembre, 102.

Babut, M., Perrodin, Y., Bedell, J. P. *et al.* 2004. *Méthodologie d'évaluation écotoxicologique de matériaux de dragage – Rapport final*. Ministère de l'Équipement, des Transports et du Logement, Centre d'études techniques maritimes et fluviales (CETMEF) et voies navigables de France, Paris, 98 pages.

Badiwa-Bizowe, B., Fortier, M., Van Coillie, R. *et al.* 2005. *Évaluation des effets immunotoxiques chez des souris juvéniles C 57BL/6 exposées dans leur diète à du poisson contaminé au tributylétain (TBT).* Communication présentée au 9e colloque annuel du Chapitre Saint-Laurent, SETAC – SRA, Montréal, 2 et 3 juin.

Baker, J. I. et Hites, R. A. 2000. Is combustion the major source of polychlorinited dibenzo-p-dioxins and dibenzofurans to the environment? A mass balance investigation. *Environmental Science and Technology, 34,* 2979-2891.

Barnthouse, L. W. et Suter, G. W. 1986. *Users manual for ecology risk assessment.* USEPA, Office of Research and Development, Oak Ridge National Laboratory, Oak Ridge, Tennessee, multipagination.

Barrière, M., Roberge, J. et Van Coillie, R. 2007. *Rapport d'étude du cycle 4 de l'étude du suivi des effets sur l'environnement (ESEE) de 2004 à 2007 présenté à Environnement Canada par Stadacona S.E.C.* Environnement Canada, Direction de la protection de l'environnement, Montréal, 90 pages et annexes (130 pages).

Barrière, M., Roberge, J. et Van Coillie, R. 2000a. *Rapport du second cycle de l'étude du suivi des effets sur l'environnement (ESEE 1997-2000) présenté à Environnement Canada par Daishowa inc., usine de Québec.* Environnement Canada, Direction de la protection de l'environnement, Montréal, 113 pages et annexes (233 pages).

Barrière, M., Roberge, J. et Van Coillie, R. 2000b. *Plan de l'étude du cycle 3 de l'étude du suivi des effets sur l'environnement (ESEE) de 2000 à 2004 présenté à Environnement Canada par Daishowa inc., usine de Québec.* Environnement Canada, Direction de la protection de l'environnement, Montréal, 104 pages et annexes (129 pages).

Barron, M. G. 2003. Bioaccumulation and bioconcentration in aquatic organisms. Dans D. J. Hoffmann, B. A. Rattner, G. A. Burton et *al.*, *Handbook of ecotoxicology*, 2e édition, CRC Press, Boca Raton, Floride, 878-892.

Bastien, C., Cardin, R., Warren, A. *et al.* 2009. Validation of a phycocyanin probe for the monitoring of cyanobacteria. *Proceedings of the 36th Aquatic Toxicity Workshop,* La Malbaie (Québec), 27 au 30 septembre, 117.

Béliveau, R. et Gingras, D. 2005. *Les aliments contre le cancer*. Éditions Trécarré, Montréal, 213 pages.

Benes, P. et Havlik, H. 1979. Speciation of mercury in natural waters. Dans J. O. Nriagu (dir.), *The biogeochemistry of mercury in the environment*, Elsevier, Amsterdam, 175-202.

Benguira, S. et Hontela, A. 2000. Adrenocorticotrophin and cyclic adenosine 3,5-monophosphate stimulated cortisol secretion in interrenal tissue or rainbow trout exposed in vitro to DDT compounds. *Environmental Toxicology and Chemistry, 19,* 842-847.

Benson, W. et Schlenk, D. 2001. *Target organ toxicity in marine and freshwater teleosts fishes.* Taylor and Francis, New York, 606 pages.

Bentley, K. S., Sarrif, A. M., Cimino, M. C. *et al.* 1994. Assessing the risk of heritable gene mutation in mammals : drosophila sex-linked recessive lethal test and tests measuring DNA damage and repair in mammalian germ cells. *Environmental and Molecular Mutagenesis, 23,* 3-11.

Bermingham, N. 1989. *Évaluation écotoxicologique intégrée des rejets en milieu aquatique.* Thèse de doctorat, Université catholique de Louvain, Belgique, 253 pages.

Berryman, D., Beaudoin, J., Cloutier, S., Laliberté, D., Messier, F., Tremblay, H., Moissa, A. 2009. *Les polybromodiphényléthers (PBDE) dans quelques cours d'eau du Québec méridional et dans l'eau de consommation produite à deux stations de traitement d'eau potable.* Québec, ministère du Développement durable, de l'Environnement et des Parcs, Québec, Direction du suivi de l'état de l'environnement,18 pages et 3 annexes.

Berryman, D. et François, R. 2009. Diminution des concentrations de plusieurs substances toxiques dans la rivière Yamaska Nord à la suite d'interventions d'assainissement industriel à Grandby. *Proceedings of the 36th Aquatic Toxicity Workshop*, La Malbaie (Québec), 27 au 30 septembre, 72.

Berryman, D. et Nadeau, A. 1998. Le bassin de la rivière Richelieu : contamination de l'eau par des métaux et certaines substances organiques toxiques. Dans *Le bassin de la rivière Richelieu : l'état de l'écosystème aquatique,* ministère de l'Environnement et de la Faune du Québec, Direction des écosystèmes aquatiques, Québec, rapport EA-13, section 2, 44 pages et 7 annexes.

BEST (Bureau d'étude sur les substances toxiques). 1980. *Fluorures.* Ministère de l'Environnement, Bureau d'étude sur les substances toxiques, Québec, 38 pages.

Birge, W. J., Black, J. A., Westerman, A. G. *et al.* 1979. The effects of mercury on reproduction of fish and amphibians. Dans J. O. Nriagu (dir.), *The biochemistry of mercury in the environment,* Elsevier, Amsterdam, 629-655.

Birkett, J. W. et Lester, J. N. 2003. *Endocrine disruptors in wastewater and sludge treatement processes.* CRC Press, Boca Raton, Floride, 312 pages.

Bisson, M. et Hontela, A. 2002. Cytotoxic and endocrine disrupting potential of atrazine, diazinon, endosulfan and mancozeb in adrenocortical steroidogenic cells in rainbow trout exposed in vitro. *Toxicology and Applied Pharmacology, 160,* 110-117.

Blaise, C. 1984. *Développement de bioessais sublétaux avec des microalgues pour les évaluations écotoxicologiques des effluents.* Thèse de doctorat, Université de Metz, France, 172 pages.

Blaise, C., Bermingham, N. et Van Coillie, R. 1985. La méthode d'évaluation écotoxicologique intégrée : une contribution à la lutte contre l'écotoxicité. *Bulletin de la qualité des eaux, 10*, 4-11.

Blaise, C., Bermingham, N. et Van Coillie, R. 1984. An integrated approach to assess ecotoxicity. *Proceedings of the International Workshop Biological Testing Effluents*, Duluth, OECD, US Environmental Protection Agency, Washington, 10 au 14 septembre, 215-244.

Blaise, C. et Férard, J. F. 2005a. *Small scale freshwater toxicity investigation.* Springer, Dordrecht, Pays-Bas, volumes 1 et 2, 549 pages et 421 pages.

Blaise, C. et Férard, J. F. 2005b. Overview of contemporary toxicity testing. Dans C. Blaise et J. F. Férard (dir.), *Small scale freshwater toxicity investigations*, Springer, Dordrecht, Pay-Bas, volume 2, 1-68.

Blaise, C. et Férard, J. F. 2005c. Effluent assessment with the PEEP (potential ecotoxic effects probe) index. Dans C. Blaise et J. F. Férard (dir.), *Small scale freshwater toxicity investigations,* Springer, Dordrecht, Pays-Bas, volume 2, 69-88.

Blaise, C., Férard, J. F. et Vasseur, P. 1998. Microplate toxicity tests with microalgae : a review. Dans P. G. Wells, K. Lee et C. Blaise (dir.), *Microscale testing in aquatic toxicology,* CRC Press, Boca Raton, Floride, 270-288.

Blaise, C., Gagné, F., Pellerin, J. *et al.* 1999. Determination of vitellogenin-like proportion in Mya arenaria hemolymph (Saguenay Fjord, Canada) : a potential biomarker for endocrine disruption. *Environmental Toxicology, 14*, 455-465.

Blaise, C., Legault, R. et Van Coillie, R. 1986. A simple microplate algal assay for aquatic assessment. *Toxicity Assessment*, *1*, 261-281.

Blaise, C., Van Coillie, R., Bermingham, N. *et al.* 1987. Comparaison des réponses toxiques de trois indicateurs biologiques (bactéries, algues et poissons) exposés à des effluents de fabriques de pâtes et papiers. *Revue internationale des sciences de l'eau, 3,* 9-17.

Blaise, C. et Vasseur, P. 2005d. Algal microplate toxicity test. Dans C. Blaise et J. F. Férard (dir.), *Small scale freshwater toxicity investigations,* Springer, Dordrecht, Pays-Bas, volume 1, 137-180.

Blaney, S., Thibault, M. et Gauvin, D. 1997. *Synthèse de la contamination du poisson du fleuve Saint-Laurent et évaluation des risques à la santé.* Centre de santé publique de Québec, Québec, 111 pages.

Bliefert, C. et Perraud, R. 2008. *Chimie de l'environnement : air, eau, sols, déchets.* Éditions De Boeck, Bruxelles, 478 pages.

Bocquené, G., Galgani, F. et Walker, C. H. 1997. Les cholinestérases, marqueurs de neurotoxicités. Dans L. Lagadic, T. Caquet, J. C. Amiard et F. Ramade (dir.), *Biomarqueurs en écotoxicologie : aspects fondamentaux*, Masson, Paris, 209-240.

Boddington, M. J., Gilman, A. P., Newhook, R. C. *et al.* 1990. *Rapport d'évaluation sur les polychlorodibenzodioxines et polychlorodibenzofuranes. Loi canadienne sur la protection de l'environnement, liste des substances d'intérêt prioritaire.* Environnement Canada et Santé et Bien-être social Canada, Hull, 68 pages.

Boily, M., Knoua, A. et Spear, P. 2005. *Rétinoïdes comme biomarqueurs chez les ouaouarons dans les écosystèmes agricoles.* Communication présentée au colloque annuel du Chapitre Saint-Laurent, SETAC – SRA, Québec, 2 et 3 juin.

Bombardier, M. et Harwood, M. 1999. *Caractérisation bioanalytique des eaux usées municipales en période estivale : Station d'épuration de la Communauté urbaine de Québec – Station Est.* Environnement Canada, Centre Saint-Laurent, Montréal, multipagination.

Bonvalot, Y., Gagnon, C., Benjamin, M. *et al.* 2000. *Rapport d'étude sur le chauffage au bois, hiver 1998-1999.* Environnement Canada, Direction de la protection de l'environnement, Montréal, 77 pages.

Borgmann, U. et Munawar, M. 1989. A new standardized sediment bioassay protocol using the amphipod *Hyalella azteca. Hydrobiologia, 188,* 425-431.

Borgmann, U., Norwood, W. P. et Nowoerski, M. 2005. Amphipod *Hyalella azteca* solid-phase toxicity test. Dans C. Blaise et J. F. Férard (dir.), *Small scale freshwater toxicity investigations*, Springer, Dordrecht, Pays-Bas, volume 1, 413-436.

Boudou, A. et Ribeyre, F. 1989a. *Aquatic ecotoxicology : fundamental concepts and methodologies.* CRC Press, Boca Raton, Floride, volumes 1 et 2, 332 pages et 314 pages.

Boudou, A. et Ribeyre, F., 1989b. Fish as biological model for experimental research in ecotoxicology. Dans A. Boudou et F. Ribeyre (dir.), *Aquatic ecotoxicology : fundamental concepts and methodologies*, CRC Press, Boca Raton, Floride, volume 2, 127-162.

Boudreau, D., Costan, G., Bermingham, N. *et al.* 1993. *Évaluation écotoxicologique sommaire des effluents de huit usines des secteurs de la métallurgie et de traitement de surface.* Environnement Canada, Direction de la protection de l'environnement, Montréal, 79 pages.

Brockmann, H. E., de Serres, F. J., Ong, T. *et al.* 1984. Mutation test in Neurospora crassa : a report of US Environmental Protection Agency gene-tox program. *Mutation Research, 133*, 87-134.

Brodeur, J. et Tardif, R. 1998a. Absorption. Dans P. Wexler (dir.), *Encyclopedia of toxicology,* Academic Press, San Diego, volume 1, 1-7.

Brodeur, J. et Tardif, R. 1998b. Distribution. Dans P. Wexler (dir.), *Encyclopedia of toxicology,* Academic Press, San Diego, volume 1, 500-503.

Brodeur, J. et Tardif, R. 1998c. Excretion. Dans P. Wexler (dir.), *Encyclopedia of toxicology,* Academic Press, San Diego, volume 2, 585-588.

Brouard, D. 1988. *Évaluation hydrochimique et écotoxicologique des retombées des précipitations acides pour les rivières à saumon*. Thèse de doctorat, Université Paul Sabatier, Toulouse, 225 pages et 3 annexes.

Brouard, D., Demers, C., Lalumière, R. *et al.* 1991. *Rapport synthèse sur l'évolution des teneurs en mercure des poissons du complexe hydroélectrique La Grande, Québec*. Hydro-Québec, Montréal, 100 pages.

Brousseau, P., Dunter, M., Deschaux, P. *et al.* 1997. Marqueurs immunologiques. Dans L. Lagadic, T. Caquet, J. C. Amiard et F. Ramade (dir.), *Biomarqueurs en écotoxicologie*, Masson, Paris, 287-314.

Bruckner, J. V. et Warren, D. A. 2001. Toxic effects of solvants and vapors. Dans C. D. Klaassen (dir.), *Casarett and Doull's toxicology : the basic science of poisons*, 6e édition, Mc Graw-Hill, New York, 869-916.

BSER (Bromine Science and Environmental Forum). 2003. *Major brominated flame retardants volume estimates*. BSEF, Bruxelles, Belgique.

Buhler, D. R. et Williams, D. E. 1989. Enzymes involved in metabolism of PAH by fishes and other aquatic animals. Dans *Metabolism of polycyclic aromatic hydrocarbons in the aquatic environment*, CRC Press, Boca Raton, Floride, 151-184.

Buikema, A. L. et Cairns Jr, J., 1980. Aquatic invertebrates bioassays. *ASTM special technical publication*, Philadelphie, rapport 715.

Bulich, A. A. 1986. Bioluminescence assays. Dans G. Bitton et B. J. Dutka (dir.), *Toxicity testing using microorganisms*, CRC Press, Boca Raton, Floride, volume 1, 57-74.

Bulich, A. A. 1984. Microtox : a bacterial toxicity test with several environmental applications. Dans D. Liu et B. J. Dutka (dir.), *Toxicity screening procedures using bacterial systems*, M. Dekker, New York, 55-64.

Bull, K., Gagné, F., Yu, L. *et al.* 2009. Eco-toxicogenomics of Cd Te quantum dots in rainbow trout. *Proceedings of the 35th Annual Toxicity Workshop*, Saskatoon, 5 au 8 octobre 2008, *Canadian Technical Report of Fisheries and Aquatic Sciences, 2841*, 158.

Burden, R. 2000. *Genes and the environment*. Taylor and Francis, New York, 256 pages.

Burns-Naas, L. A., Meade, B. J. et Munson, A. E. 2001. Toxic responses of the immune system. Dans C. D. Klaassen (dir.), *Casarett and Doull's toxicology : the basic science of poisons*, 6e édition, Mc Graw-Hill, New York, 419-470.

Butler, G. C. 1978. *Principles of ecotoxicology*. John Wiley, Toronto, 350 pages.

Byer, J., Alaee, M., Brown, S. *et al*. 2009. Spatial occurrence of PCDD/Fs and PCBs determined in american eel. *Proceedings of the 36th Aquatic Toxicity Workshop*, La Malbaie (Québec), 27 au 30 septembre, 95.

CAEAL (Canadian Association of Environmental Analytical Laboratories). 1991. *Code of practice and quality assurance manual for laboratory analysis*. CAEAL, Toronto, multipagination.

Cairns Jr, J. 1995. Restoration ecology and ecotoxicology. Dans D. J. Hoffman, B. A. Rattner, G. A. Burton et J. Jr. Cairns (dir.), *Handbook of ecotoxicology*, Lewis Publishers, Boca Raton, Floride, 717-731.

Cairns Jr, J.1988. Putting the eco in ecotoxicology. *Regulatory Toxicology and Pharmacology, 8*, 226-238.

Cairns Jr, J. et Niederlehner, B. R. 1995. Predictive ecotoxicology. Dans D. J. Hoffman, B. A. Rattner, G. A. Burton et J. Jr. Cairns (dir.), *Handbook of ecotoxicology*, Lewis Publishers, Boca Raton, Floride, 667-680.

Calow, P. 1994. *Handbook of ecotoxicology*. Blackwell Scientific Publications, Londres, volume 2, 416 pages.

Calow, P. 1993. *Handbook of ecotoxicology*. Blackwell Scientific Publications, Londres, volume 1, 478 pages.

Campbell, P. G. C. 1995. Interactions between trace metals and aquatic organisms : a critique of the free-ion activity model. Dans A. Tessier et D. Turner (dir.), *Metal speciation and bioavailability in aquatic systems*, J. Wiley and Sons, Chichester, Royaume-Uni, 45-102.

Campbell, P. G. C. et Couillard, Y. 2004. Prise en charge et détoxication des métaux chez des organismes. Dans E. Pelletier, P. G. C. Campbell et F. Denizeau (dir.), *Écotoxicologie moléculaire : principes fondamentaux et perspectives de développement*, Presses de l'Université du Québec, 9-62.

Campbell, P. G. C. et Stokes, P. M. 1985. Acidification and toxicity of metals to aquatic bio. *Canadian Journal of Fisheries and Aquatic Sciences, 42,* 2034-2049.

Campbell, P. G. C. et Tessier, A. 1996. Ecotoxicology of metals in the aquatic environment : geochemical aspects. Dans M. C. Newman et C. H. Jagoe (dir.), *Ecotoxicology, a hierarchical treatment,* Lewis Publishers, Boca Raton, Floride, 11-58.

Campeau, S., Lavoie, I. et Grenier, M. 2009. Le suivi de la qualité de l'eau des rivières à l'aide de l'Indice des Diatomées de l'Est du Canada (IDEC). *Proceedings of the 36th Aquatic Toxicity Workshop,* La Malbaie (Québec), 27 au 30 septembre, 77.

Carrier, G. 1991. *Réponse de l'organisme humain aux BPC, dioxines et furannes et analyse de risques toxiques.* Édition Le Passeur, Québec, 484 pages.

Carrier, G. et Bard, D. 2003. Analyse du risque toxicologique. Dans M. Gérin, M. P. Gosselin, S. Cordier *et al.* (dir.), *Environnement et santé publique – Fondements et pratiques,* Edisem (Québec) et Éditions Tec et Doc (France), 204-225.

CCME (Conseil canadien des ministres de l'Environnement). 2000. *Recommandations canadiennes pour la qualité de l'environnement.* CCME. Winnipeg, multipagination.

CCME (Conseil canadien des ministres de l'Environnement). 1999. *Recommandations canadiennes pour la qualité des sédiments : protection de la vie aquatique vis-à-vis des hydrocarbures aromatiques polycycliques.* CCME, Winnipeg, 17 pages.

CCME (Conseil canadien des ministres de l'Environnement). 1997a. *Cadre de travail pour l'évaluation du risque écotoxicologique : annexes techniques.* CCME, Winnipeg, 73 pages.

CCME (Conseil canadien des ministres de l'Environnement). 1997b. *Recommandations canadiennes pour la qualité des eaux au Canada.* Environnement Canada, Hull, P 6, 203 pages.

CCME (Conseil canadien des ministres de l'Environnement). 1997c. *Recommandations canadiennes pour la qualité des sols concernant le pentachlorophénol : environnement et santé humaine.* CCME, Winnipeg, rapport EN 108-4/12-1997 F, 56 pages.

CCME (Conseil canadien des ministres de l'Environnement). 1996. *Cadre pour l'évaluation du risque écotoxicologique : orientation générale.* CCME, Winnipeg, 37 pages.

CCMRE (Conseil canadien des ministres des Ressources et de l'Environnement). 1987. *Recommandations pour la qualité de l'eau au Canada.* Environnement Canada, Hull, pagination multiple.

CEAEQ (Centre d'expertise en analyse environnementale du Québec). 2007. *Mise à jour des valeurs de référence intérimaires pour les récepteurs terrestres.* Ministère de l'Environnement, CEAEQ, Sainte-Foy, 6 pages.

CEAEQ (Centre d'expertise en analyse environnementale du Québec). 1998. *Procédure d'évaluation du risque écotoxicologique.* Ministère de l'Environnement, CEAEQ, Sainte-Foy, 139 pages.

CEAEQ (Centre d'expertise en analyse environnementale du Québec). 1997. *Détermination de la toxicité : inhibition de la croissance chez l'algue Selenastrum capricornatum.* Ministère de l'Environnement, CEAEQ, Sainte-Foy, rapport MA 500-S. cap. 2-0.

CEAEQ (Centre d'expertise en analyse environnementale). 1996. *Détermination des polychlorodibenzo-p-dioxines et polychlorodibenzofurannes.* Ministère de l'Environnement, CEAEQ, Laval, méthode MA-400-DF 1.0.

CEE (Communauté économique européenne). 1990. *Assessment of risk associated with chemicals (ecotoxicology).* CEE, Environmental Research Program, Bruxelles.

CFPT (Comité fédéral provincial et territorial sur l'eau potable). 2003. *Le trichloroéthylène dans l'eau potable.* CFPT, CCME, Ottawa, 52 pages.

Champoux, L., Rodrigue, J. et Fernie, K. 2009. Contaminants and biomarker responses in St. Lawrence wildlife : a review of signs of impairment. *Proceedings of the 36th Aquatic Toxicity Workshop*, La Malbaie (Québec), 27 au 30 septembre, 60.

Chang, L. W. 1979. Pathological effects of mercury poisoning. Dans J. O. Nriagu (dir.), *Biogeochemistry of mercury in the environment*, Elsevier, Amsterdam, 519-580.

Chapman, P. M. 2009. Ecology comes first in ecotoxicology. *Proceedings of the 35th Annual Toxicity Workshop,* Saskatoon, 5 au 8 octobre 2008, *Canadian Technical Report of Fisheries and Aquatic Sciences, 2841*, 144.

Chapman, P. M. 1996. Presentation and interpretation of sediment quality triad. *Ecotoxicology, 5*, 327-339.

Chapman, P. M. 1990. The sediment quality triade approach to determining pollution-induced degradation. *Science of the Total Environment, 97/98*, 815-825.

Chapman, P. M. et McDonald, B. G. 2005. Using the sediment quality triad in ecological risk assessment. Dans C. Blaise and J. F. Férard (dir.), *Small scale freshwater toxicity investigations,* Springer, Dordrecht, Pays-Bas, volume 2, 305-330.

Charlatchka, R., Férard, J., Garric, J. *et al.* 2009. DIESE (diagnostic de l'écotoxicité des sédiments) : un projet pour l'évaluation des risques écotoxicologiques liés aux sédiments contaminés. *Proceedings of the 36th Aquatic Toxicity Workshop*, La Malbaie (Québec), 27 au 30 septembre, 123.

Charlet, L. et Boudou, A. 2002. Cet or qui file un mauvais mercure. *La Recherche, 359,* 52-59.

Chartier, R. 1998. *Site d'enfouissement sanitaire Intersan inc. à Magog, modélisation Hydrogéologique et simulation de traceurs à l'échelle régionale.* Université de Sherbrooke, Département de génie civil, 60 pages.

Chartrand, J., Duchesne, J. F. et Gauvin, D. 1995. *Synthèse des connaissances sur les risques de la santé reliés aux divers usages du fleuve Saint-Laurent.* Centre de santé publique du Québec, Québec, 113 pages et 4 annexes.

Chen P. H., Luo, M. L., Wong, C. K. et Chen, C. J. 1982. Comparative rates of elimination of some individual polychlorinated biphenyls from the blood of PCB-poisoned patients in Taïwan. *Food and Chemical Toxicology, 20*, 417-425.

Chen, T. T., Sonstegard, R. A. et Stegemon, J. J. 1986. Effect of Arochlor 1254 and Mirex on estradiol-induced vitellogenin production in juvenile rainbow trout (Salmo gairdneri). *Canadian Journal of Fisheries and Aquatic Sciences, 43*, 169-173.

Clarence, S., Muttray, A., Reinisch, C. *et al.* 2009. Cancer regulating proteins in neoplastic *Mytilus edulis* and *Mytilus trossulus* from contaminated sites in greather Vancouver. *Proceedings of the 36th Aquatic Toxicity Workshop*, La Malbaie (Québec), 27 au 30 septembre, 131.

Clarkson, T. W. 1993. Molecular and ionic mimicry of toxic metals. *Annual Review of Pharmacology and Toxicology, 33*, 545-573.

CNRC (Conseil national de recherches du Canada). 1983a. *Les hydrocarbures aromatiques polycycliques dans le milieu aquatique : formation, sources, devenir et effets sur le biote aquatique.* CNRC, Secrétariat de l'environnement, Ottawa, rapport 18 982, 218 pages.

CNRC (Conseil national de recherches du Canada). 1983b. *Fiches de données sur certains éléments toxiques.* CNRC, Secrétariat de l'environnement, Ottawa, rapport 19 253, 48 pages.

CNRC (Conseil national de recherches du Canada). 1982a. *Acidification dans l'environnement aquatique au Canada : critères scientifiques pour évaluer les effets du dépôt acide dans les écosystèmes aquatiques.* CNRC, Secrétariat de l'environnement, Ottawa, rapport 18 476, 377 pages.

CNRC (Conseil national de recherches du Canada), 1982b. *Polychlorodibenzo-p-dioxines : critères relatifs à leurs effets sur l'homme et son environnement.* CNRC, Secrétariat de l'environnement, Ottawa, rapport 18 575, 276 pages.

CNRC (Conseil national de recherches du Canada). 1980. *Effets quantitatifs du plomb dans l'environnement : aspects quantitatifs.* CNRC, Secrétariat de l'environnement, Ottawa, rapport 16 737, 853 pages.

CNRC (Conseil national de recherches du Canada). 1979a. *Les effets de l'arsenic sur l'environnement canadien.* CNRC, Secrétariat de l'environnement, Ottawa, rapport 15 392, 415 pages.

CNRC (Conseil national de recherches du Canada). 1979b. *Polychlorobiphényles : critères biologiques pour évaluer leurs effets sur l'état de l'environnement.* CNRC, Secrétariat de l'environnement, Ottawa, rapport 16 078, 208 pages.

CNRC (Conseil national de recherches du Canada). 1979c. *Le fluorure dans l'environnement.* CNRC, Secrétariat de l'environnement, Ottawa, rapport 16 082, 175 pages.

CNRC (Conseil national de recherches du Canada). 1979d. *Herbicides phénoxy : analyse de leurs effets sur l'état de l'environnement accompagnée de tétrachlorodibenzo-p-dioxine.* CNRC, Secrétariat de l'environnement, Ottawa, rapport 16 076, 452 pages.

CNRC (Conseil national de recherches du Canada). 1976. *Fenitrothion : effet de son utilisation*. CNRC, Secrétariat de l'environnement, Ottawa, rapport 14 105, 165 pages.

Cohen, D. E. et Rice, R. H. 2001. Toxic responses of the skin. Dans C. D. Klaassen (dir.), *Casarett and Doull's toxicology : the basic science of poisons*, 6e édition, Mc Graw-Hill, New York, 653-672.

Coler, R. A., Coler, M. S. et Kostecki, P. T. 1988. Tubificid behaviour as a stress indicator. *Water Research*, *22*, 263-267.

Collins, J. F., Brown, J. P., Alexeeff, G. V. *et al.* 1998. Potency equivalency factors for some polycyclic aromatic hydrocarbons and polycyclic aromatic hydrocarbon derivatives. *Regulatory Toxicology and Pharmacology*, *28*, 45-54.

Comité de la Baie James sur le mercure. 1988. *Rapport d'activités*. Hydro-Québec, Montréal, 20 pages.

Compagnie Papiers Stadacona Québec. 2001a. *Suivi réglementaire de l'effluent entre le 1er octobre 2000 et le 30 septembre 2001 pour les règlements des effluents des fabriques de pâtes et papiers*. Compagnie Papiers Stadacona ltée, Québec, multipagination.

Compagnie Papiers Stadacona Québec. 2001b. *Données d'étude de suivi des effets sur l'environnement pour Environnement Canada*. Compagnie Papiers Stadacona ltée, Québec, multipagination.

Connell, D. W. 1994. The octanol-water partition coefficient. Dans P. Calow (dir.), *Handbook of ecotoxicology*, Blackwell Scientific Publication, Oxford, volume 2, 311-320.

Consortium HDS/Shermont et Van Coillie. 2010. *Évaluation des risques toxicologiques et écotoxicologiques et des impacts sur l'eau souterraine et l'eau de surface du site de Pointe Saint-Charles, Montréal*. Agence métropolitaine de transport, Montréal, 113 pages et 16 annexes.

Cooper, S. et Fortin, C. 2006. *Accumulation de métaux et synthèse de métallothionéine chez les ouaouarons du bassin versant de la rivière Yamaska*. Communication présentée au colloque annuel du Chapitre Saint-Laurent, SETAC – SRA, Québec, 1er et 2 juin.

Cooper, R. L., Goldman, J. M. et Stoker, T. E. 1999. Neuroendocrine and reproductive effects of contemporary-use pesticides. *Toxicology and Industrial Health*, *15*, 26-36.

Cooper, R. L., Stoker, T. E., Tyrey, L. *et al.* 2000. Atrazine disrupts the hypothalamic control of pituitary-ovarian function. *Toxicological Sciences, 53,* 297-307.

Cossa, D., Pham, T. T., Rondeau, B. *et al.* 1998. *Bilan massique des contaminants chimiques dans le fleuve Saint-Laurent.* Environnement Canada, Centre Saint-Laurent, Montréal, ST-163, 258 pages.

Cossa, D., Rondeau, B., Pham, T. T., Proulx, S. et Quémarais, B. 1997. *Principes et pratiques d'échantillonnage des eaux en vue du dosage de substances et d'éléments présents à l'état de traces et ultra traces.* Environnement Canada, Centre Saint-Laurent, Montréal, DT-5, 28 pages.

Cossu, C., Doyotte, A., Jacquin, M. C. *et al.* 1997a. Mécanismes de formation et effets des espèces réactives de l'oxygène. Dans L. Lagadic, T. Caquet, J. C. Amiard et F. Ramade (dir.), *Biomarqueurs en écotoxicologie,* Masson, Paris, 125-148 pages.

Cossu, C., Doyotte, A., Jacquin, M. C. *et al.* 1997b. Biomarqueurs du stress oxydant chez les animaux aquatiques. Dans L. Lagadic, T. Caquet, J. C. Amiard et F. Ramade (dir.), *Biomarqueurs en écotoxicologie,* Masson, Paris, 149-164 pages.

Costa, D. L. 2001. Air pollution. Dans C. D. Klaassen (dir.), *Casarett and Doull's toxicology : the basic science of poisons*, 6e édition, Mc Graw-Hill, New York, 979-1012.

Costan, G., Bermingham, N., Blaise, C. *et al.* 1993. Potential ecotoxic effects probe (PEEP) : a novel toxic potential of industrial effluents. *Environmental Toxicology and Water Quality, 8*, 115-140.

Couillard, C., Roy, R., Lebeuf, M. *et al.* 2009. Effect of 3,3', 4,4' – tetrachlorobiphenyl on thyroid hormones, sexual maturation and EROD activity in male Atlantic/cod undergoing winter fasting. *Proceedings of the 35th Annual Toxicity Workshop,* Saskatoon, 5 au 8 octobre 2008, *Canadian Technical Report of Fisheries and Aquatic Sciences, 2841*, 73.

Couillard, Y. 1997. *Évaluation technique de la métallothionéine comme biomarqueur en vue de son utilisation par l'industrie minière.* Rapport technique pour le programme d'évaluation des techniques de mesure d'impacts en milieu aquatique (ETIMA), Projet ETIMA 2.2.1, préparé pour Ressources naturelles Canada, CANMET, 191 pages.

Couillard, Y., Cambell, P., Tessier, A. *et al.* 1995. Field transplantation of a frehswater bivalve, Pyganodon grandis, across a metal contamination gradient. *Canadian Journal of Fisheries and Aquatic Sciences, 52*, 690-702.

Couillard, Y., Masson, S., Hontela, A., Pinel-Alloul, B., Olsen, C., Martel, L., Parent, L. et Campbell, P. G. C. 2009. Développement d'outils d'évaluation du milieu récepteur pour l'industrie minière. *Déchets, Sciences et Techniques, 54*(2), 41-48.

Couture, P. 1990. *Approches écotoxicologiques pour évaluer les dangers et les risques environnementaux des polluants aux niveaux population et communauté phytoplanctoniques.* Université de Toulouse, doctorat d'État d'habilitation, 209 pages.

Couture, P. 1981. *Contribution des bioessais avec algues pour l'étude des impacts environnementaux en eaux douces.* Thèse de doctorat, Université de Toulouse, France, 127 pages.

Couture, P., Van Coillie, R., Campbell, P. G. C. *et al.* 1982. *Le phytoplancton, un réactif biologique sensible pour détecter rapidement la présence de toxiques.* Institut national de la santé et de la recherche médicale (INSERM), Paris, volume 106, 255-272.

Couture, P., Visser, S., Van Coillie, R. *et al.* 1986. Algal bioassays : their significance in monitoring water quality with respect to nutrients and toxicants. *Schweizerische Zeitschrift fur Hydrologie-Swiss Journal of Hydrology, 47*, 127-158.

Crane, M. et Newman, M. C. 1996. Scientific method in environmental toxicology. *Environmental Reviews, 4*, 112-122.

CSST (Commission de la santé et et de la sécurité du travail). 1994. Notions de toxicologie. *Répertoire toxicologique.* CSST, Montréal, 25 pages.

Csuros, M. et Csuros, C. 2003. *Environmental sampling and analysis for metals.* CRC Press, Boca Raton, Floride, 408 pages.

CUQ (Communauté urbaine de Québec). 2001. *Données d'opération de la station Est, CUQ de 1995 à 2001.* CUQ, Québec.

CUQ (Communauté urbaine de Québec). 1981. *Plans des projets N-13 à 16 et 319-5.*

Daishowa inc. 1995. *Étude du suivi des effets sur l'environnement aquatique de la papetière Daishowa : complément des données du plan d'étude*. Environnement Canada, Direction de la protection de l'environnement, Montréal, 7 pages et 10 annexes.

Dean, J. H., Murray, M. J. et Ward, E. C. 1986. Toxic responses of the immune system. Dans C. D. Klaassen, M. O. Amdur et J. Doull (dir.), *Casarett and Doull's toxicology : the basic science of poisons,* Macmillan Publishing Company, New York, 245-285.

Debenest, T., Gagné, F., Petit, A. N. *et al.* 2009. Toxicity of tetrabromobisphenol A on microalgae with a multispecies bioassay. *Proceedings of the 36th Aquatic Toxicity Workshop*, La Malbaie (Québec), 27 au 30 septembre, 20.

Deblois, C. et Sarrasin, B. 2009. Occurrence of pharmaceuticals compounds and steroid in drinking water, surface water and wastewater from 2003 to 2008. *Proceedings of the 36th Aquatic Toxicity Workshop*, La Malbaie (Québec), 27 au 30 septembre, 99.

De Fur, P. L., Crane, M., Ingersoll, C. *et al.* 1999. *Endocrine disruption in invertebrates.* SETAC, Pensacola, Floride, 320 pages.

De Henau, H. 1993. Biodegration. Dans P. Calow (dir.), *Handbook of ecotoxicology,* Blackwell Scientific Publications, Oxford, volume 1, 355-377.

De Lafontaine, Y., Gagné, F., Blaise, C. *et al.* 2000. Biomarkers in zebra mussels Dreissena polymorpha for the assessment and monitoring of water quality of the St Lawrence River. *Aquatic Toxicology*, *50*, 51-57.

De Marini, D. M., Brockmann, H. E., de Serres, F. J. *et al.* 1989. Specific-locus mutations induced in eukaryotes (especially mammalian cells) by radiation and chemicals; a perspective. *Mutation Research*, *220*, 11-29.

Denizeau, F. 1996. *Biochimie des agresseurs toxiques.* Université du Québec à Montréal, Centre de recherche en toxicologie de l'environnement (TOXEN), CHI 2560, 257 pages.

Desrosiers, M., Methot, G., Pinel-Alloul, B. *et al.* 2009. Functional traits of benthic macroinvertebrates as alternative tools for ecological risk assessment (ERA) : the case of St. Lawrence River. *Proceedings of the 36th Aquatic Toxicity Workshop*, La Malbaie (Québec), 27 au 30 septembre, 80.

Dessau-Soprin. 2002. *Suivi environnemental de la qualité des eaux souterraines : échantillonnages au site technique Bestan, Magog.* Dessau-Soprin, Montréal, 13 pages.

Desy, J. C., Archambeault, J. F., Pinel-Alloul, B. *et al.* 2000. Relationships between total mercury in sediments and methyl mercury in the freshwater gastropod prosobranch Bithynia tentaculata in the St Lawrence River, Quebec. *Canadian Journal of Fisheries and Aquatic Sciences, 57,* 164-173.

Devillers, J. 2008. *Ecotoxicology modeling.*ILM Publications, St Albans, U.K., 400 pages.

Dewailly, E., Laliberté, C. et Gingras, S. 1992. *La contamination du lait maternel par des organochlorés au Québec.* Département de santé communautaire, Centre hospitalier de l'Université Laval, Québec, 114 pages.

Dewailly, E., Weber, J. P., Gingras, S. et *al.* 1991. Coplanar PCB in human milk in the Province of Quebec, Canada : are they more toxic than dioxin for breast fed infants? *Bulletin of Environmental Contamination and Toxicology, 47,* 491-498.

De Wit, C. 2002. An overview of brominated flame retardants in the environment. *Chemosphere, 46,* 583-624.

Dickson, K. L., Walker, W. T., Kennedy, J. H. et Amman, L. P. 1992. Assessing the relationship between ambient toxicity and in stream biological response. *Environmental Toxicology and Chemistry, 11,*1307-1322.

Dillon, P. J., Reid, R. A. et Girard, R. 1986. Changes in the chemistry of lakes near Sudbury, Ontario, following reductions of SO2 emission. *Water, Air and Soil Pollution, 31,* 59-65.

Dimacaos, C., Ruby, S., Boily, M. *et al.* 2006. *Correlations between herbicides (atrazine) and degenerating testes in sexually differentiating Rana catesbania tadpodes from sampling sites in the Yamaska River basins.* Communication présentée au colloque annuel du Chapitre Saint-Laurent, SETAC – SRA, Québec, 1er et 2 juin.

Di Toro, D. M. *et al.* 2001. Biotic ligand model of the acute toxicity of metals. 1. Technical basis. *Environnemental Toxicology and Chemistry, 20,* 2383-2396.

Di Toro, D. M., Zarba, C. S., Hansen, D. J. *et al.* 1991. Technical basis for establishing sediment quality criteria for nonionic organic chemicals using equilibrium partitioning. *Environmental Toxicology and Chemistry, 10*, 1541-1586.

Dodard, S., Lachance, B., Besnier, N. *et al.* 2009. Toxicity of nano-sized titanium dioxyde Ti O_2 on the freswater green algae species *Pseudokirchneriella subcapitata. Proceedings of the 35th Annual Toxicity Workshop*, Saskatoon, 5 au 8 octobre 2008, *Canadian Technical Report of Fisheries and Aquatic Sciences, 2841*, 62.

Dodet, B. 1989. Allergie : une cascade de réactions. *Biofutur*, août, 25-35.

Donkin, P. 1994. Quantitative structure – activity relationships. Dans P. Calow (dir.), *Handbook of ecotoxicology,* Blackwell Scientific Publications, Oxford, volume 2, 321-347.

Doull, J. 2001. Recommended limits for exposure to chemicals. Dans C. D. Klaassen, M. O. Amdur et J. Doull (dir.), *Casarett and Doull's toxicology : the basic science of poisons,* 6e édition, Mc Graw-Hill, New York, 1155-1176.

Doull, J. et Bruce, M. C. 1986. Origin and scope of toxicology. Dans C. D. Klaassen, M. O. Amdur et J. Doull (dir.), *Casarett and Doull's toxicology : the basic science of poisons,* 3e édition, Macmillan Publisching Company, New York, 3-10.

Douville, M., Gagné, F., André, C. *et al.* 2009. Occurrence of the transgenic corn cryl 1 Ab gene in freshwater mussels *Ellipso complanata* near corn fields : evidence of exposure by bacterial ingestion. *Proceedings of the 35th Annual Toxicity Workshop*, Saskatoon, 5 au 8 octobre 2008, *Canadian Technical Report of Fisheries and Aquatic Sciences, 2841,* 70.

Doyon, C., Fortin, R. et Spear, P. 1999. Retinoic acid hydroxylation and teratogenesis in lake esturgeon Acipenser fulvescens from St. Lawrence River and Abitibi region. *Canadian Journal of Fisheries and Aquatic Sciences*, *56*, 1428-1436.

Drolet-Vives, K., Zayed, J. et Sauvé, S. 2006. *Potentiel des cheveux humains comme indicateurs de l'exposition au béryllium.* Communication présentée au colloque annuel du Chapitre Saint-Laurent, SETAC – SRA, Québec, 1er et 2 juin.

DSP (Direction de la santé publique). 2002. *Étude de la contamination des lacs Lovering et Massawippi*. DSP, Régie régionale de la santé de l'Estrie, Sherbrooke, 8 pages et 1 annexe.

DSP (Direction de la santé publique). 2000a. *Contamination de l'eau et des poissons des lacs Lovering et Massawippi et de leurs principaux tributaires : rapport d'analyse toxicologique*. DSP, Régie régionale de la santé de l'Estrie, Sherbrooke, 18 pages.

DSP (Direction de la santé publique). 2000b. *Avis de santé publique sur la contamination de l'eau et de poissons provenant des lacs Lovering et Massawippi*. DSP, Régie régionale de la santé de l'Estrie, Sherbrooke, 2 pages.

Dubé, M. 2009. Comparative analysis of response patterns between laboratory and field mésocosme studies. *Proceedings of the 35th Annual Toxicity Workshop*, Saskatoon, 5 au 8 octobre 2008, *Canadian Technical Report of Fisheries and Aquatic Sciences*, *2841,* 146.

Eagleson, K. W., Lenat, D. L., Ausbey, L. W. et Winborn, F. B. 1990. Comparison of measured in stream biological regulation with responses predicted using the Ceriodaphnia dubia chronic toxicity test. *Environmental Toxicology and Chemistry, 9,* 1019-1028.

Eaton, R. 1989. *Radon technical and social aspects*. Health and Welfare Canada, Emergency Digest, Ottawa, pagination multiple.

Eaton, D. L. et Klaassen, C. D. 2001. Principles of toxicology. Dans C. D. Klaassen (dir.), *Casarett and Doull's toxicology : the basic science of poisons*, 6e édition, Mc Graw-Hill, New York, 11-34.

Ecobichon, D. J. 2001. Toxic effects of pesticides. Dans C. D. Klaassen (dir.), *Casarett and Doull's toxicology : the basic science of poisons*, 6e édition, Mc Graw-Hill, New York, 763-810.

Ecobichon, D. J. 1998. Toxicity acute, chronic and subchronic. Dans P. Wexler (dir.), *Encyclopedia of toxicology,* Academic Press, San Diego, volume 3, 252-269.

Ecobichon, D. J. 1996. Toxic effects of pesticides. Dans C. D. Klaassen, M. O. Amdur et J. Doull (dir.), *Casarett and Doull's toxicology : the basic science of poisons*, 5e édition, Mc Graw-Hill, New York, 643-689.

Envir-Eau inc. 2004a. *Plan de sécurisation environnementale. Programme de suivi environnemental accru. Présentation et interprétation des données de 2003. Lieu d'enfouissement Bestan à Magog (Québec).* Envir-Eau inc., Montréal, 36 pages et 3 annexes.

Envir-Eau inc. 2004b. *Plan de sécurisation environnementale du LES Bestan. Revue et bilan des contaminants dans l'environnement au lac Lovering.* Envir-Eau inc., Montréal, 34 pages.

Envir-Eau inc. 2003a. *Plan de sécurisation environnementale. Programme de suivi environnemental. Programme de suivi environnemental accru – Résultats de 2001-2002. Lieu d'enfouissement Bestan à Magog (Québec).* Envir-Eau inc., Montréal, 68 pages et 2 annexes.

Envir-Eau inc. 2003b. *Plan de sécurisation environnementale. Programme de suivi environnemental. Programme de suivi environnemental accru – Étude des MES au printemps 2003. Lieu d'enfouissement Bestan, Magog (Québec).* Envir-Eau inc., Montréal, 27 pages et 5 annexes.

Environment Canada. 2000. *Comparison of urban and rural concentration of PCDD and PCDF across Canada (1989-1999).* Environment Canada, Canadian Prairie and Northern Region, Edmonton, 2 pages.

Environment Canada. 1999. *Dioxins and furans and hexachlorobenzene inventory of releases.* Environment Canada, Canadian Environmental Protection Act, Federal-Provincial Advisory Committee, Ottawa, rapport, 80 pages.

Environment Canada. 1997. *Review of the impacts of municipal wastewater effluents on Canadian waters and human health.* Environment Canada, Ecosystem Science Directorate, Hull, 84 pages.

Environment Canada. 1996. *Guidance document on the interpretation and application data for environmental toxicology.* Environment Canada, Environmental Protection Service, Hull, 227 pages.

Environment Canada. 1993. *Canadian toxicological testing laboratory accreditation program.* Environment Canada, Environmental Technology Directorate, Ottawa, 26 pages.

Environment Canada. 1992. *Canadian water quality guidelines for organotins.* Environment Canada, Water Quality Guidelines Scientific Series, 26 pages.

Environment Canada and Department of Fisheries and Oceans. 1993. *Technical guidance document for aquatic environmental effects monitoring related to federal fisheries act requirements*. Environment Canada, Directorate of Environmental Conservation, Hull, 128 pages.

Environnement Canada. 2007a. *Méthode d'essai biologique : essai d'inhibition de la croissance d'une algue d'eau douce*. Environnement Canada, Centre des sciences et technologiques environnementales, Ottawa, rapport SPE 1/RM/25, 43 pages et 5 annexes.

Environnement Canada. 2007b. *Méthode d'essai biologique : essai de mesure de l'inhibition de la croissance de la plante macroscopique dulcicole Lemna minor*. Environnement Canada, Centre des sciences et technologiques environnementales, Ottawa, rapport SPE 1/RM/37, 61 pages et 8 annexes.

Environnement Canada. 2007c. *Méthode d'essai biologique : essai de reproduction et de survie du cladocère Ceriodaphnia dubia*. Environnement Canada, Centre des sciences et technologiques environnementales, Ottawa, rapport SPE 1/RM/21, 51 pages et 7 annexes.

Environnement Canada. 2007d. *Essai de mesure de la survie et de la reproduction de collemboles exposés à des contaminants dans le sol*. Environnement Canada, Centre de technologie environnementale, Ottawa, rapport SPE 1/RM/47, 94 pages et 9 annexes.

Environnement Canada. 2006a. *Rapport d'évaluation écologique préalable des polybromodiphényléthers (PBDE). Loi canadienne sur la protection de l'environnement*. Environnement Canada, Hull, 57 pages.

Environnement Canada. 2006b. *Rapport sur le sulfonate de perfluoro octane (SPFO) et produits reliés (PFA). Loi canadienne sur la protection de l'environnement*. Environnement Canada, Hull, 77 pages.

Environnement Canada. 2004a. *Essais pour déterminer la toxicité de sols contaminés pour les vers de terre Eisenia andrei, Eisenia fetida ou Lumbricus terrestris*. Environnement Canada, Centre de technologie environnementale, Ottawa, rapport SPE 1/RM/43, 67 pages.

Environnement Canada. 2004b. *Guide des essais de pathénogénicité et de toxicité de nouvelles substances microbiennes pour les organismes aquatiques et terrestres*. Environnement Canada, Centre de technologie environnementale, Ottawa, rapport SPE 1/RM/44, 173 pages.

Environnement Canada. 2004c. *Essai de mesure de la levée et de la croissance de plantes terrestres exposées à des contaminants dans le sol.* Environnement Canada, Centre de technologie environnementale, Ottawa, rapport SPE 1/RM/45.

Environnement Canada. 2004d. *Méthodes statistiques applicables aux essais de toxicité.* Environnement Canada, Centre de technologie environnementale, Ottawa, rapport SPE 1/RM/46, 88 pages.

Environnement Canada. 2003. *Polybrominated diphenyl ether (PBDE) brominated flame retardant (BFR).* Avis concernant certaines substances inscrites sur la Liste intérieure des substances (LIS) en vertu de l'article 71 (LCPE 1999), Direction des substances existantes, Environnement Canada, juin 2003 (version 2.0).

Environnement Canada. 2002. *Méthode de référence servant à déterminer la toxicité des sédiments à l'aide d'une bactérie luminescente dans un essai en phase solide.* Environnement Canada, Centre de technologie environnementale, Ottawa, rapport SPE 1/RM/42, 61 pages.

Environnement Canada. 2001a. *Rapport d'évaluation sur les chloramines. Loi canadienne sur la protection de l'environnement. Liste des substances prioritaires.* Environnement Canada, Hull, 76 pages.

Environnement Canada. 2001b. *Rapport d'évaluation sur les phtalates de butyle et de benzyle. Loi canadienne sur la protection de l'environnement. Liste des substances prioritaires.* Environnement Canada, Hull, 54 pages.

Environnement Canada. 2001c. *Rapport d'évaluation sur les effluents des usines de textile. Loi canadienne sur la protection de l'environnement. Liste des substances prioritaires.* Environnement Canada, Hull, 50 pages.

Environnement Canada. 2001d. *Rapport d'évaluation sur le nonyphénol et ses dérivés éthoxylés. Loi canadienne sur la protection de l'environnement. Liste des substances d'intérêt prioritaire.* Environnement Canada, Hull, 105 pages.

Environnement Canada. 2001e. *Rapport d'évaluation sur le formaldéhyde. Loi canadienne sur la protection de l'environnement. Liste des substances prioritaires.* Environnement Canada, Hull, 114 pages.

Environnement Canada. 2001f. *Rapport d'évaluation sur les sels de voirie. Loi canadienne sur la protection de l'environnement. Liste des substances prioritaires*. Environnement Canada, Hull, 158 pages.

Environnement Canada. 2001g. *Méthode d'essai biologique : essai de survie et de croissance des vers polychètes spionides Polydora cornuta dans les sédiments*. Environnement Canada, Service de protection de l'environnement, Hull, rapport SPE 1/RM/41, 135 pages.

Environnement Canada. 2001h. *Autorisation de l'étude du suivi des effets sur l'environnement (ESEE), troisième cycle, pour la fabrique Compagnie Papiers Stadacona Québec*. Environnement Canada, Direction de la protection de l'environnement, Montréal, 4 pages.

Environnement Canada. 2000a. *Rapport d'évaluation sur les chlorures, nitrates et sulfates d'aluminium. Loi canadienne sur la protection de l'environnement, liste des substances d'intérêt prioritaire*. Environnement Canada, Hull, 129 pages.

Environnement Canada. 2000b. *Rapport d'évaluation sur l'ammoniac. Loi canadienne sur la protection de l'environnement. Liste des substances prioritaires*. Environnement Canada, Hull, 68 pages.

Environnement Canada. 2000c. *Rapport d'évaluation sur les particules inhalables de 10 microns et moins. Loi canadienne sur la protection de l'environnement. Liste des substances prioritaires*. Environnement Canada, Hull, 83 pages.

Environnement Canada. 2000d. *Rapport d'évaluation sur le 1,3 butadiène. Loi canadienne sur la protection de l'environnement. Liste des substances prioritaires*. Environnement Canada, Hull, 110 pages.

Environnement Canada. 2000e. *Rapport d'évaluation sur l'acrylonitrile. Loi canadienne sur la protection de l'environnement. Liste des substances prioritaires*. Environnement Canada, Hull, 47 pages.

Environnement Canada. 2000f. *Rapport d'évaluation sur l'acétaldéhyde. Loi canadienne sur la protection de l'environnement. Liste des substances prioritaires*. Environnement Canada, Hull, 61 pages.

Environnement Canada. 2000g. *Rapport d'évaluation sur l'éthylène glycol. Loi canadienne sur la protection de l'environnement. Liste des substances prioritaires*. Environnement Canada, Hull, 73 pages.

Environnement Canada. 2000h. *Rapport d'évaluation sur le phénol. Loi canadienne sur la protection de l'environnement. Liste des substances prioritaires*. Environnement Canada, Hull, 72 pages.

Environnement Canada. 2000i. *Rapport d'évaluation sur l'hexachlorobutadiène. Loi canadienne sur la protection de l'environnement. Liste des substances prioritaires*. Environnement Canada, Hull, 55 pages.

Environnement Canada. 2000j. *Méthode d'essai biologique : méthode de référence pour la détermination de la létalité aiguë d'effluents chez la truite arc-en-ciel*. Environnement Canada, Centre de technologie environnementale, Ottawa, rapport SPE 1/RM/13, 23 pages.

Environnement Canada. 2000k. *Méthode de référence pour la détermination de la létalité aiguë d'effluents chez Daphnia sp.* Environnement Canada, Conservation et protection, Ottawa, rapport SPE 1/RM/14, 23 pages.

Environnement Canada. 2000l. *Contaminants du Saint-Laurent*. Environnement Canada, Saint-Laurent, Vision 2000, Sainte-Foy, 2 pages.

Environnement Canada. 2000m. *Substances toxiques aéroportées dans la vallée du fleuve Saint-Laurent*. Environnement Canada, Plan d'action Saint-Laurent, Sainte-Foy, 228 pages.

Environnement Canada. 1999a. *Rapport d'évaluation sur l'acroléine. Loi canadienne sur la protection de l'environnement. Liste des substances prioritaires*. Environnement Canada, Hull, 64 pages.

Environnement Canada. 1999b. *Guide des essais écotoxicologiques employant une seule espèce et de l'interprétation des résultats*. Environnement Canada, Centre de technologie environnementale, Ottawa, SPE 1/RM/34, 209 pages.

Environnement Canada. 1999c. *Rapport d'évaluation sur le disulfure de carbone. Loi canadienne sur la protection de l'environnement. Liste des substances prioritaires*. Environnement Canada, Hull, 69 pages.

Environnement Canada. 1999d. *Rapport d'évaluation sur le chloroforme. Loi canadienne sur la protection de l'environnement. Liste des substances prioritaires*. Environnement Canada, Hull, 124 pages.

Environnement Canada. 1999e. *Méthode d'essai biologique : essai de mesure de l'inhibition de la croissance de la plante macroscopique dulcicole Lemna minor.* Environnement Canada, Centre de technologie environnementale, Ottawa, SPE 1/RM/37, 107 pages.

Environnement Canada. 1998a. *Essai de toxicité sur des salmonidés (truite arc-en-ciel) aux premiers stades de leur cycle biologique.* Environnement Canada, Centre de technologie environnementale, Ottawa, rapport SPE 1/RM/28, 104 pages.

Environnement Canada. 1998b. *Méthode de référence pour la détermination de la létalité aiguë d'un sédiment pour des amphipodes marins ou estuariens.* Environnement Canada, Centre de technologie environnementale, Ottawa, rapport SPE 1/RM/35, 60 pages.

Environnement Canada. 1998c. *Autorisation de l'étude du suivi des effets sur l'environnement (ESEE), 2e cycle, pour la fabrique Daishowa à Québec.* Environnement Canada, Direction de la protection de l'environnement, Montréal, 4 pages.

Environnement Canada. 1997a. *Essai de survie et de croissance des larves dulcicoles de chironomes (Chironomus tentas ou Chironomus raparius).* Environnement Canada, Centre de technologie environnementale, Ottawa, rapport SPE 1/RM/32, 133 pages.

Environnement Canada. 1997b. *Essai de survie et de croissance de l'amphipode dulcicole Hyalella azteca dans les sédiments.* Environnement Canada, Centre de technologie environnementale, Ottawa, rapport SPE 1/RM/33, 122 pages.

Environnement Canada. 1996a. *L'état de l'environnement au Canada.* Environnement Canada, Hull, pagination multiple.

Environnement Canada. 1996b. Apport de substances toxiques. Dans *Rapport synthèse sur l'état du Saint-Laurent.* Environnement Canada, Sainte-Foy, volume 1, 159-120.

Environnement Canada. 1996c. *Guide de caractérisation des eaux usées industrielles.* Environnement Canada, Centre Saint-Laurent, Montréal, pagination multiple.

Environnement Canada. 1994a. *Rapport d'évaluation sur les hydrocarbures aromatiques polycycliques. Loi canadienne sur la protection de l'environnement, liste des substances d'intérêt prioritaire.* Environnement Canada, Hull, 69 pages.

Environnement Canada. 1994b. *Rapport d'évaluation sur le chrome. Loi canadienne sur la protection de l'environnement, liste des substances d'intérêt prioritaire.* Environnement Canada, Hull, 39 pages.

Environnement Canada. 1994c. *Rapport d'évaluation sur le nickel. Loi canadienne sur la protection de l'environnement, liste des substances d'intérêt prioritaire.* Environnement Canada, Hull, 93 pages.

Environnement Canada. 1993a. *Rapport d'évaluation sur l'arsenic et ses composés. Loi canadienne sur la protection de l'environnement, liste des substances d'intérêt prioritaire.* Environnement Canada, Hull, 60 pages.

Environnement Canada. 1993b. *Rapport d'évaluation sur les composés organo-stanniques non pesticides. Loi canadienne sur la protection de l'environnement, liste des substances d'intérêt prioritaire.* Environnement Canada, Hull, 37 pages.

Environnement Canada. 1993c. *Rapport d'évaluation sur le trichloroéthylène. Loi canadienne sur la protection de l'environnement, liste des substances d'intérêt prioritaire.* Environnement Canada, Hull, 55 pages.

Environnement Canada. 1993d. *Rapport d'évaluation sur le benzène. Loi canadienne sur la protection de l'environnement, liste des substances d'intérêt prioritaire.* Environnement Canada, Hull, 41 pages.

Environnement Canada. 1993e. *Test de génotoxicité avec la bactérie Escherichia coli PQ 37 (SOS chromotest) : protocole pour échantillons aqueux.* Environnement Canada, Centre Saint-Laurent, Montréal, 20 pages.

Environnement Canada. 1992a. *Méthode d'essai biologique : essai de toxicité sur la bactérie luminescente Photobacterium phosphoreum.* Environnement Canada, Conservation et protection, Ottawa, rapport SPE 1/RM/24, 67 pages.

Environnement Canada. 1992b. *Méthode d'essai biologique : essai d'inhibition de la croissance de l'algue d'eau douce Selenastrum capricornitum.* Environnement Canada, Conservation et protection, Ottawa, rapport SPE 1/RM/25, 43 pages.

Environnement Canada. 1992c. *Méthode d'essai biologique : essai de reproduction et de survie sur le cladocère Ceriodaphnia dubia.* Environnement Canada, Conservation et protection, Ottawa, rapport SPE 1/RM/21, 78 pages.

Environnement Canada. 1992d. *Méthode d'essai biologique : essai de croissance et de survie sur des larves de tête-de-boule.* Environnement Canada, Conservation et protection, Ottawa, rapport SPE 1/RM/22, 72 pages.

Environnement Canada. 1992e. *Essai de toxicité aiguë de sédiments chez des amphipodes marins ou estuariens.* Environnement Canada, Centre de technologie environnementale, Ottawa, rapport SPE 1/RM/26, 99 pages.

Environnement Canada. 1992f. *Essai sur la fécondation chez les échinides (oursins verts et oursins plats).* Environnement Canada, Centre de technologie environnementale, Ottawa, rapport SPE 1/RM/27, 109 pages.

Environnement Canada. 1992g. *Méthode d'essai biologique : essai de toxicité sur des salmonidés aux premiers stades de leur cycle biologique (truite arc-en-ciel, saumon coho et saumon de l'Atlantique).* Environnement Canada, Centre de technologie environnementale, Ottawa, rapport SPE/1/RM/28, 104 pages.

Environnement Canada. 1991. *L'état de l'environnement au Canada.* Environnement Canada, Hull, pagination multiple.

Environnement Canada. 1990a. *Essai de létalité aiguë sur la truite arc-en-ciel.* Environnement Canada, Conservation et protection, Ottawa, rapport SPE 1/RM/9, 61 pages.

Environnement Canada. 1990b. *Essai de létalité aiguë sur l'épinoche à trois épines Gasterosteus aculateus.* Environnement Canada, Centre de technologie environnementale, Ottawa, rapport SPE/RM/10, 51 pages.

Environnement Canada. 1990c. *Méthode de référence pour la détermination de la toxicité aiguë d'effluents chez Daphnia sp.* Environnement Canada, Service de la protection de l'environnement, Hull, rapport SPE 1/RM/11, 61 pages.

Environnement Canada. 1990d. *Contrôle de la précision des essais de toxicité au moyen de produits toxiques de référence.* Environnement Canada, Centre de technologie environnementale, Ottawa, rapport SPE 1/RM/12, 44 pages.

Environnement Canada. 1985. *Guide pour les déversements de produits dangereux.* Environnement Canada, Service de la protection de l'environnement, Hull, Env. 40-320, pagination multiple.

Environnement Canada. 1984a. *L'acide sulfurique et l'oléum*, Environnement Canada, Service de la protection de l'environnement, collection Enviroguide, Hull, 110 pages.

Environnement Canada. 1984b. *Le fluorure d'hydrogène.* Environnement Canada, Service de la protection de l'environnement, collection Enviroguide, Hull, 104 pages.

Environnement Canada. 1980. *Références sur la qualité des eaux : guide des paramètres sur la qualité des eaux.* Environnement Canada, Eaux intérieures, Hull, 100 pages.

Environnement Canada et ministère de l'Environnement du Québec. 1992. *Critères intérimaires pour l'évaluation de la qualité des sédiments du Saint-Laurent.* Environnement Canada, Centre Saint-Laurent, Montréal, EM 40-418, 28 pages.

Environnement Canada et partenaires. 1998. *Fiche synthèse sur l'évaluation des risques pour l'environnement et la santé humaine du secteur 103 de la zone portuaire de Montréal.* Environnement Canada, Direction de la protection de l'environnement, Montréal, 4 pages.

Environnement Canada et Pêches et Océans. 1993a, 1997 et 2000a. *Exigences en matière de suivi des effets sur l'environnement aquatique : annexe 1.* Environnement Canada, Direction de l'évaluation et interprétation, Hull, rapports ESEE/1993/1, ESEE/1997/1 et SEE/2000/1.

Environnement Canada et Pêches et Océans. 1993b, 1998 et 2000b. *Guide technique pour l'étude du suivi des effets sur l'environnement visée par la Loi fédérale sur les pêches.* Environnement Canada, Direction de l'évaluation et interprétation, Hull, rapports ESEE/1993/2, ESEE/1998/1 et ESEE/2000/2.

ESA Environnement inc. 2003 et 2004. *Suivi accru des eaux de surface du LES d'Intersan au canton de Magog.* ESA Environnement inc., Sherbrooke.

ESA Environnement inc. 2002. *Papiers Stadacona Québec : caractérisation de 2e génération des effluents de la fabrique (15,16 et 17 octobre 2001).* Environnement ESA, Sherbrooke, 86 pages et 11 annexes.

EURA (European Union Risk Assessment). 2001. *Report on trichloroethylene.* EURA, Health and Safety Executive, Merseyside, Royaume-Uni, 342 pages et 2 annexes.

Faustman, E. M. et Omenn, G. S. 2001. Risk assessment. Dans C. D. Klaassen (dir.), *Casarett and Doull's toxicology : the basic science of poisons*, 6e édition, Mc Graw-Hill, New York, 83-104.

Faustman, E. M. et Omenn, G. S. 1996. Risk assessment. Dans C. D. Klaassen, M. O. Amdur et J. Doull (dir.), *Casarett and Doull's toxicology : the basic science of poisons*, 5e édition, Mc Graw-Hill, New York, 75-88.

FDA (Food and Drug Administration). 1987. Report of the in vitro teratology task force. *Environmental Health Perspectives, 72*, 201-249.

Fent, K. 1996. Ecotoxicology of organotin compounds. *Critical Reviews in Toxicology*, *26*, 1-34.

Ferrier, V., Gauthier, L., Zoll-Moreux, C. *et al.* 1998. Genotoxicity tests in amphibians : a review. Dans P. G. Wells, K. Lee et C. Blaise (dir.), *Microscale testing in aquatic toxicology : advances, techniques and practice,* CRC Press, Boca Raton, Floride, 507-519.

Filion, S., Spear, P., Boily, M. *et al.* 2009. *Impact de la pollution agricole sur le métabolisme et le transport des rétinoïdes chez les ouaouarons Rana catesbeiana au bassin versant de la rivière Yamaska.* Communication présentée au 13e colloque annuel du Chapitre Saint-Laurent, SETAC – SRA, Montréal, 28 et 29 mai.

Fimreite, N. 1979. Accumulation and effects of mercury in birds. Dans J. O. Nriagu (dir.), *The biogeochemistry of mercury in the environment,* Elsevier, Amsterdam, 601-628.

Fisher, J. W., Dilego, R. A., Petman M. E. *et al.* 1983. Biological monitoring of bluegill activity. *Water Resources Bulletin, 19*, 211-215.

Fitzgerald, W. F. 1979. Distribution of mercury in natural water. Dans J. O. Nriagu (dir.), *The biogeochemistry of mercury in the environment,* Elsevier, Amsterdam, 161-173.

Flessas, C., Couillard, Y., Pinel-Alloul, B. *et al.* 2000. Metal concentration in two freshwater gastropods mollusca in the St Lawrence River and relationships with environmental contamination. *Canadian Journal of Fisheries and Aquatic Sciences*, *57*, 126-137.

Flouriot, G., Pakdel, F., Ducouret, B. *et al.* 1995. Influence of xenobiotics on rainbow trout liver estrogen receptor and vitellogenin gene expression. *Journal of Molecular Endocrinology*, *15*, 143-151.

Fort, D. J., Strover, E. L., Farmer, D. R. *et al.* 2000. Assessing the predictive validity of frog embryo teratogenesis assay Xenopus (FETAX). *Teratogenesis Carcinogenesis Mutagenesis, 20*, 87-98.

Fortin, C., Campbell, P. G. C. et Lavoie, M. 2009. Protective role of calcium and iron against cadmium accumulation and toxicity in the green alga *Chlamydomonas reinhardtii. Proceedings of the 36th Aquatic Toxicity Workshop,* La Malbaie (Québec), 27 au 30 septembre, 36.

Fouchécourt, M. O., Beausoleil, M., Lefebvre, L. *et al.* 2005. *Validation des critères B et C de la politique de protection des sols et de réhabilitation des terrains contaminés : protection de la santé humaine.* MSSS, Québec, 66 pages et annexes.

Fournier, M., Blakley, B., Boermans, H. *et al.* 2005. Toxicological considerations – making the connection between toxicologic and immunotoxicologic studies as theses relate to human and ecosystem health. Dans H. Tryphonas, M. Fournier, P. Brousseau *et al.*, *Investigative immunotoxicology,* Taylor and Francis, CRC Presse, 385-406.

Fournier, M., Lalancette, A., Ménard, L. *et al.* 2004. Biomarqueurs immunologiques appliqués à l'écotoxicologie. Dans E. Pelletier, P. G. Campbell et F. Denizeau (dir.), *Écotoxicologie moléculaire : principes fondamentaux et perspectives de développement*, Presses de l'Université du Québec, Québec, 401-444.

Francis, M. F. 1994. *Toxic substances in the environment*. John Wiley, New York, 360 pages.

Gagné, F., André, C. et Blaise, C. 2009a. The dual nature of metallothioneins in the metabolism of heavy metals and reactive oxygen species in aquatic organism. *Proceedings of the 35th Annual Toxicity Workshop*, Saskatoon, 5 au 8 octobre 2008, *Canadian Technical Report of Fisheries and Aquatic Sciences, 2841*, 39.

Gagné, F., André, C. et Blaise, C. 2009b. Time course of the expression of biomarkers during the manifestation of lethal effects in *Ellipsio complanata* mussels exposed to aeration lagoons treating domestic waters. *Proceedings of the 35th Annual Toxicity Workshop*, Saskatoon, 5 au 8 octobre 2008, *Canadian Technical Report of Fisheries and Aquatic Sciences, 2841,* 69.

Gagné, F. et Blaise, C. 1998. Estrogenic properties of municipal and industrial wastewaters evaluated with a rapid and sensitive chemoluminescent in situ hybridization assay in rainbow trout hepatocytes. *Aquatic Toxicology, 44*, 83-91.

Gagné, F., Blaise, C., Aoyama, I. *et al.* 2002. Biomarker study of municipal effluent dispersion plume in two species of freshwater mussels. *Environmental Toxicology, 17*, 149-159.

Gagné, F., Blaise, C., Pellerin, J. *et al.* 2003. Sex alterations in soft-shell clams Mya arenaria in an intertidal zone of St Lawrence River (Quebec, Canada). *Comparative Biochemistry and Physiology, Part C, 134*, 189-198.

Gagné, F., Blaise, C., Salazar, M. *et al.* 2001a. Evaluation of estrogenic effects of municipal effluents to the freshwater mussel Elliptio complanata. *Comparative Biochemistry and Physiology, 128*, 213-225.

Gagné, F., Cejka, P., Blaise, C. *et al.* 2009. Neurotoxicological effects of a primary and ozonated treated wastewater on freshwater mussels exposed to a real time flow through system. Proceedings of the 35th Annual Toxicity Workshop, Saskatoon, 5 au 8 octobre 2008, *Canadian Technical Report of Fisheries and Aquatic Sciences*, 2841, 117.

Gagné, F., Fournier, M. et Blaise, C. 2006. Effects of pharmaceutical products on the immune system in freshwater mussels-finding critical mechanisms of toxicity. *Proceedings of the 33th Annual Aquatic Toxicity Workshop,* Jasper, Alberta, 1er au 4 octobre, 36.

Gagné, F., Marcoghiese, D. J., Blaise, C. *et al.* 2001b. Occurrence of compounds estrogenic to freshwater mussels in surface waters in an urban area. *Environmental Toxicology, 16,* 260-268.

Gagné, F., Pardos, M. et Blaise, C. 1999. Estrogenic effects of organic environmental extracts with the trout hepatocyte vitellogenin assay. *Bulletin of Environmental Contamination and Toxicology, 62,* 723-730.

Gagnon, M. M., Dodson, J. J., Vander Krark, P. V. *et al.* 1994. Seasonal effects of bleached Kraft mill effluent on reproductive parameters of white suckers Catostomus commersoni populations of the St. Maurice River, Quebec. *Canadian Journal of Fisheries and Aquatic Sciences, 51,* 337-347.

Gala, W. R. et Giesy, J. P. 1992. Photo-induced toxicity of anthracene to the green alga Selenastrum capricornutum. *Archives of Environmental Contamination and Toxicology, 23,* 316-323.

Gallo, M. A. 2001. History and scope of toxicology. Dans C. D. Klaassen (dir.), *Casarett and Doull's toxicology : the basic science of poisons,* 6e édition, Mc Graw-Hill, New York, 3-10.

Galloway, S. M., Aardema, M. J., Ishidate, M. *et al.* 1994. Report from working group on in vitro tests for chromosomal aberrations. *Mutation Research, 312*, 241-261.

Gatehouse, D., Haworth, S., Cebula, T. *et al.* 1994. Recommendations for the performance of bacterial mutation assays. *Mutation Research, 312*, 217-233.

Gaylor, D. W. et Kodell, R. L. 1980. Linear interpolation algorithm for low dose risk assessment of toxic substances. *Journal of Environmental Pathology and Toxicology, 4*, 305-312.

Gélinas, M., Juneau, P. et Gagné, F. 2009. Biochemical responses after exposure to microcystins in young trout. *Proceedings of the 36th Aquatic Toxicity Workshop*, La Malbaie (Québec), 27 au 30 septembre, 58.

Genschow, E., Scholz, G., Brown N. *et al.* 2000. Development of prediction models for three in vitro embryotoxicity tests in an ECVAM validation study. *In Vitro and Molecular Toxicology, 13,* 51-65.

Gérin, M., Gosselin, P., Cordier, S. *et al.* 2003. *Environnement et santé publique – Fondements et pratiques.* Edisem (Québec) et Éditions Tec et Doc (France),1023 pages.

Germain, A., Chin, C. et Poole, G. 2002. *Utilisation d'aiguilles de pins pour l'identification de sources de polychlorodibenzo-p-dioxines et de polychlorodibenzofuranes à l'atmosphère dans la région de Jonquière*. Environnement Canada, Direction de la protection de l'environnement, Montréal, 19 pages et 7 annexes.

Germain, A., Perron, F. et Van Coillie, R. 1993. *Cheminements, écotoxicités et réglementations des HAP dans l'environnement*. Document de support au *Rapport d'évaluation sur les hydrocarbures aromatiques polycycliques. Loi canadienne de protection environnementale. Liste des substances prioritaires*. Environnement Canada, Ottawa, 103 pages.

Gibbs, P. E. et Bryan, G. W. 1986. Reproductive failure in populations of dogwhelk *Nucella lapillus* caused by imposex induced by tributylin from antifouling points. *Journal of the Marine Biological Association of the United Kingdom, 66*, 767-777.

Giesy, J. P. et Hoke, R. A. 1990. Freshwater sediment quality criteria : toxicity bioassessement. Dans R. Baudo et J. P. Giesy (dir.), *Sediments, chemistry and toxicity of in place pollutants,* Lewis Publishers, Ann Arbor, Michigan, 265-348.

Gillesby, B. E. et Zacharewski, T. R. 1998. Exoestrogens : mechanisms of action and strategies for identification and assessment. *Environmental Toxicology and Chemistry, 17,* 3-14.

GIPASL (Groupe d'intervention du Plan d'action Saint-Laurent). 1993. *Ensemble des fiches d'information sur les 50 industries visées par le Plan d'action Saint-Laurent*. Environnement Canada, Direction de la protection de l'environnement, Montréal.

Gopalapillai, Y., Vigneault, B. et Hale, B. 2009. The effect of environmental ligands on toxicity of nickel to *Lemna minor.* Proceedings of the 35th Annual Toxicity Workshop, Saskatoon, 5 au 8 octobre 2008, *Canadian Technical Report of Fisheries and Aquatic Sciences, 2841*, 96-106.

Gouin, T., Thomas, G. O., Cousins, I., Barber, J., Mackay, D. et Jones, K. C. 2002. Air-surface exchange of polybrominated diphenyl ethers and polychlorinated biphenyls. *Environmental Science and Technology, 36*(7), 1426-1434.

Goyer, R. A. 1996. Toxic effects of metals. Dans Casarett C. D. Klaassen, M. O. Amdur et J. Doull (dir.), *Doull's toxicology : the basic science of poisons*, 5e édition, Mc Graw-Hill, New York, 691-736.

Goyer, R. A. et Clarkson, T. W. 2001. Toxic effects of metals. Dans C. D. Klaassen (dir.), *Casarett and Doull's toxicology : the basic science of poisons*, 6e édition, Mc Graw-Hill, New York, 811-867.

Grant, W. F. 1994. The present status of higher plant bioassays for the detection of environmental mutagens. *Mutation Research*, *310*, 175-185.

Greenberg, B. M. 2002. Xenobiotics impacts on plant and biomarkers of contaminant phytotoxicity. Dans G. I. Sunahara, A. Y. Renoux, C. Thellen *et al.* (dir.), *Environmental analysis of contaminated sites*, John Wiley and Sons, Inc., New York, 135-152.

Gregus, Z. et Klaassen, C. D. 2001. Mechanisms of toxicity. Dans C. D. Klaassen (dir.), Casarett *and Doull's toxicology : the basic science of poisons*, 6e édition, Mc Graw-Hill, New York, 35-81.

Grenon, S. 1997. *Utilisation de mousses de sphaigne Sphagnum sp. comme instrument de mesure des contaminants atmosphériques dans la région de Sorel-Tracy.* Environnement Canada, Direction de la protection de l'environnement, Montréal, 10 pages.

Grothe, D. R., Dickson, K. L. et Reed-Judkins, D. K. 1996. *Whole effluent toxicity testing : an evaluation of methods and prediction of receiving system impacts.* SETAC, Pensacola, Floride, 371 pages.

GSI Environnement inc. 2000. *Étude des eaux de surface dans le cadre de l'étude d'impact du plan de développement du système de gestion des déchets solides chez Bestan inc.* GSI Environnement inc., Montréal, 14 pages et annexes.

Guillette, L. J. et Craine, A. 2000. *Environmental endocrine disruptors.* Taylor and Francis, New York, 356 pages.

Guillette, L. J., Pickford, D. B., Crain, D. A. *et al.* 1999. Reduction in penis size and plasma testosterone concentrations in juvenile alligators living in a contaminated environment. *General and Comparative Endocrinology, 101*, 680-688.

Haddad, S., Tardif, G. C. et Tardif, R. 2006. Development of physiologically based toxicokinetic models for improving the human indoor exposure assessment to water contaminants : trichloroethylene and trihalomethanes. *Journal of Toxicology and Environmental Health, 69*, 2095-2136.

Halfon, E. 1989. Mathematical models for predicting the fate contaminants in freshwater ecosystems. Dans A. Boudou et F. Ribeyre (dir.), *Aquatic ecotoxicology : fundamental concepts and methodologies*, CRC Press, Boca Raton, Floride, volume 2, 258-274.

Halling-Sorensen, B., Nielsen, N., Lansky P. F. *et al.* 1998. Occurrence, fate and effects of pharmaceuticals in the environment : a review. *Chemosphere, 36*, 357-393.

Hayashi, M., Mac Gregor, J. T., Gatehouse, D. G. *et al.* 2000. In vivo rodent erythrocyte micronucleus assay : some aspects of protocol design including repeated treatments and automated scoring. *Environmental Mutagenesis, 35*, 234-252.

Hayashi, M.,Tice, R. R, Mac Gregor, J. T. *et al.* 1994. In vivo rodent erythrocyte micronucleus assay. *Mutation Research, 312*, 293-304.

Harley, N. H. 2001. Toxic effects of radiation and radioactive materials. Dans C. D. Klaassen (dir.), *Casarett and Doull's toxicology : the basic science of poisons*, 6e édition, Mc Graw-Hill, New York, 917-944.

Hébert, S. 1999. *Qualité des eaux du fleuve Saint-Laurent, 1990-1997*. Ministère de l'Environnement et de la Faune du Québec, Direction des écosystèmes aquatiques, Québec, 38 pages et 4 annexes.

Hébert, S., Cloutier, S., d'Auteuil-Potvin, F. *et al.* 2009. Suivi des métaux à l'état de trace dans les rivières du Québec. *Proceedings of the 36th Aquatic Toxicity Workshop*, La Malbaie (Québec), 27 au 30 septembre, 73.

Hedhi, M., Giasson, P. Jaouich, A. *et al.* 2009. Utilisation de plantes et de mycorhizes dans la biodégradation d'HAP dans un sédiment. Communication présentée au 13e colloque annuel du chapitre Saint- Laurent, SETAC – SRA, Montréal, 28 et 29 mai.

Helbing, C., Van Aggelen, G., Borchers, C. *et al.* 2009. Evaluation of nanometals effects on frogs using toxicogenomics and biological endpoints through « frogSCOPE ». *Proceedings of the 36th Aquatic Toxicity Workshop*, La Malbaie (Québec), 27 au 30 septembre, 68.

Hendry, S., Princz, J. et Scroggins, R. 2006. Validation of environmental Canada's biological test method for assessing contaminated soils : collembolan toxicity. *Proceedings of the 33th Annual Aquatic Toxicity Workshop*, Jasper, Alberta, 1er au 4 octobre, 90.

Hersikorn, B. et Smith, J. E. 2009. *In situ* caging of wood frog *Rana sylvatica* larvae in wetlands formed from oil sands tailings materiel. *Proceedings of the 35th Annual Toxicity Workshop,* Saskatoon, 5 au 8 octobre 2008, *Canadian Technical Report of Fisheries and Aquatic Sciences, 2841,* 61.

Hobbs, C. H. et Mc Clellan, R. O. 1986. Toxic effects of radiation and radioactive materials. Dans C. D. Klaassen, M. O. Amdur et J. Doull (dir.), *Casarett and Doull's toxicology : the basic science of poisons*, 3e édition, Macmillan Publishing Company, New York, 669-705.

Hodson, P. V., Sherry, J. et Parrott, J. 1998. Bioassays to measure MFO inducers in effluents. Dans P. G. Wells, K. Lee et C. Blaise (dir.), *Microssale testing in aquatic toxicology : advances, techniques and practice,* CRC Press, Boca Raton, Floride, 53-76.

Hoffmann, G. R. 1996. Genetic toxicology. Dans C. D. Klaassen, M. O. Amdur et J. Doull (dir.), *Casarett and Doull's toxicology : the basic science of poisons*, 5e édition, Mc Graw-Hill, New York, 269-300.

Hoffmann, D. J., Rattner, B. A., Burton, G. A. *et al.* 2003. *Handbook of ecotoxicology.* 2e édition, CRC Press, Boca Raton, Floride, 1312 pages.

Hontela, A., Daniel, C. et Rasmussen, J. B. 1997. Structural and functional impairment of the hypothalamus-pituitary-interrenal axis in fish exposed to bleached Kraft mill effluent in the St. Maurice River, Quebec. *Ecotoxicology, 6*, 1-12.

Hose, J. E. 1994. Large scale genotoxicity assessments in the marine environment. *Environmental Health Perspectives, 102,* suppl. 12, 29-32.

Hose, J. E. 1985. Potential uses of sea urchin embryos for identifying toxic chemicals : description of a bioassay incorporating cytologic, cytogenetic and embryologic endpoints. *Journal of Applied Toxicology*, *5*, 245-254.

Huckabee, J. W., Elwood, J. W. et Hildebrand, S. G. 1979. Accumulation of mercury in freshwater biota. Dans J. O. Nriagu (dir.), *The biogeochemistry of mercury in the environment*, Elsevier, Amsterdam, 277-302.

Hudson, R. J. M. 1998. Which aqueous species control the rates of trace metal uptake by aquatic biota? Observations and predictions of non-equilibrium effets. *Science of the Total Environment, 219*, 95-115.

Huebert, D. 1999. A critical review of the Environment Canada *Lemna minor* biological test method EPS I/RM/37. *Proceedings of the 35th Annual Toxicity Workshop*, Saskatoon, 5 au 8 octobre 2008, *Canadian Technical Report of Fisheries and Aquatic Sciences,* 162-166.

Hugues, W. W. 1996. *Essentials of environmental toxicology*. Taylor and Francis, NewYork, 176 pages.

Hydro-Québec. 1992. *Pulvérisation aérienne de phytocides : programme d'entretien des emprises*. Hydro-Québec, Montréal, 466 pages.

Hydro-Québec. 1990. *Étude et évaluation des recherches sur les effets biologiques des lignes de transport d'énergie à courant continu en haute tension*. Hydro-Québec, Montréal, 45 pages.

IARC (International Agency for Research on Cancer). 2003. *Monographs for carcinogenic chemicals : overall evaluation of carcinogenicity : on updating of IARC monographs*. IARC, Lyon.

Ikemoto, Y., Motoba, K., Suzuki, T. *et al.* 1992. Quantitative structure-activity relationships of non specific and specific toxicants in several organism species. *Environmental Contamination and Toxicology, 11*, 931-940.

IML (Institut Maurice Lamontagne). 1996. *La contamination en mercure de la crevette nordique du fjord du Saguenay*. Feuillet d'information sur l'état de l'environnement marin du Saint-Laurent. IML, Pêches et Océans Canada, Sainte-Flavie, 6 pages.

INRS (Institut national de recherche en sécurité). 2002. *Trichloroéthylène*. INRS, Paris, fiche technologique 22, 8 pages.

INRS (Institut national de recherche en sécurité). 1995. *Matières plastiques et adjuvantes*. INRS, Paris, 321 pages.

INRS (Institut national de recherche en sécurité). 1991a. *Cadmium et composés minéraux*. INRS, Paris, fiche toxicologique 60, 5 pages.

INRS (Institut national de recherche en sécurité). 1991b. *Benzène*. INRS, Paris, fiche toxicologique 74, 5 pages.

INRS (Institut national de recherche en sécurité). 1991c. *Dioxyde de manganèse*. INRS, Paris, fiche toxicologique 52, 5 pages.

Intersan inc. 2002. *Plan de sécurisation environnementale du lieu d'enfouissement du canton de Magog.* Intersan, Magog, 12 pages et 3 figures.

Ishidate, M., Harnois, M. C. et Sofuni, T. 1988. A comparative analysis of data on clastogenicity of 951 chemical substances tested in mammalian cell cultures. *Mutation Research*, *195,* 151-213.

ISO (International standardization Office). 1999a. *Qualité de l'eau : détermination de la toxicité à long terme vis-à-vis de Daphnia magna Strauss (cladocera, crustacea).* ISO, Genève, FDIS 10706, 18 pages.

ISO (International standardization Office). 1999b. *Qualité du sol : inhibition de la reproduction de collemboles (Falsomia candida) par des polluants du sol.* ISO, Genève, FDIS 11267, 16 pages.

Jackman, P. M., Doe, K., Scroggins, R. *et al.* 2006. Development of standardized toxicity tests with the leopard frog Rana pipiens. *Proceedings of the 33th Annual Aquatic Toxicity Workshop*, Jasper, Alberta, 1er au 4 octobre, 57.

James, M. O. 1989. Biotransformation and disposition of PAH in aquatic invertebrates. Dans U. Varanasi (dir.), *Metabolism of polycyclic aromatic hydrocarbons in the aquatic environment,* CRC Press, Boca Raton, Floride, 69-92.

Jauron, L., Bégin, C., Boulanger, D. *et al.* 2009. Evaluation of exceedance of water quality based limits for the effluents of 37 pulp and paper mills in Quebec. *Proceedings of the 36th Aquatic Toxicity Workshop*, La Malbaie (Québec), 27 au 30 septembre, 45.

Jarworski, J. F. 1983. *Fiches de données sur certains éléments toxiques.* Conseil national de recherches du Canada, Ottawa, rapport 19 253, 48 pages.

Jaworski, J. F. 1979. The determination of mercury and its compounds. *Effects of mercury in the Canadian environment*. Conseil national de recherches du Canada, Ottawa, rapport 16 739, 188-200.

Jaylet, A., Deparis, P., Ferrier, V. *et al.* 1986. A new micronucleus test using peripheral blood erythrocytes of the new *Pleurodeles waltlii* to detect mutagens in fresh water pollution. *Mutation Research*, *164*, 245-257.

Jepson, P. C. 1993. Insects, spiders and mites. Dans P. Calow (dir.), *Handbook of ecotoxicology*, Blackwell Scientific Publications, Oxford, volume 1, 299-325.

Johnson, B. T. 2005. Microtox acute toxicity test. Dans C. Blaise et J. F. Férard (dir.), *Small scale freshwater toxicity investigations*, Springer, Dordrecht, Pays-Bas, volume 1, 69-106.

Johnson, E. M. et Gabel, B. E. G. 1982. Application of the hydra assay for rapid detection of developmental hazards. *Journal of American College of Toxicology*, *1*, 57-71.

Jonczyck, E. et Giron, G. 2005. Acute and chronic toxicity testing with *Daphnia sp.* Dans C. Blaise et J. F. Férard (dir.), *Small scale freshwater toxicity investigations*, Springer, Dordrecht, Pays-Bas, volume 1, 337-394.

Jones, G. et Bennett, B. 1989. Human exposure to environmental polychlorinated dibenzo-p-dioxins and dibenzofurans : an exposure commitment assessment for 2,3,7,8 TCDD. *Science of the Total Environment*, *78*, 99-116.

Jorgensen, S. E. et Halliny-Sorensen, B. 2000. Drugs in the environment. *Chemosphere*, *40*, 691-699.

Juneau, P. et Beauchemin, C. 2004. *Influence de la qualité des eaux du bassin de la rivière Yamaska sur l'activité photosynthétique des communautés algales.* Communication présentée au colloque du Centre de recherche en toxicologie de l'environnement, Université du Québec à Montréal.

Kapustka, L. A. et Reporter, M. 1993. Terrestrial primary producers. Dans P. Calow (dir.), *Handbook of ecotoxicology*, Blackwell Scientific Publications, Oxford, volume 1, 278-298.

Karr, J. R. 1991. Biological integrity : a long neglected aspect of water resource. *Ecological Applications*, *1*, 55-68.

Karr, J. R., Fausch, K. D., Anyermeier, P. L. *et al.* 1986. Assessing biological integrity in running waters : a method and its rationale. *Illinois Natural History Survey Special Publications*, *5*, 28 pages.

Kelly, J. 2009. Ecotoxicological assessment of juvenile northern pike inhabiting lakes downstream of a metal mine. *Proceedings of the 35th Annual Toxicity Workshop*, Saskatoon, 5 au 8 octobre 2008, *Canadian Technical Report of Fisheries and Aquatic Sciences*, *2841*, 1.

Kendall, R., Dickerson, R., Giesy, J. *et al.* 1998. *Principles and processes for evaluating endocrine disruption in wildlife.* SETAC Press, Pensacola, Floride, 515 pages.

Kirsch-Volders, M., Sofuni, T., Aardema, M. *et al.* 2000. Report from the in vitro micronucleus assay working group. *Environmental and Molecular Mutagenesis, 35,* 167-172.

Klaassen, C. D. 2008. *Casarett and Doull's toxicology : the basic science of poisons.* 7e édition, Mc Graw-Hill, New York, 1497 pages.

Klaassen, C. D. 2001. *Casarett and Doull's toxicology : the basic science of poisons.* 6e édition, Mc Graw-Hill, New York, 1126 pages.

Klaassen, C. D. 1986a. *Principles of toxicology.* Dans C. D. Klaassen, M. O. Amdur et J. Doull (dir.), *Casarett and Doull's toxicology : the basic science of poisons*, Macmillan Publishing Company, New York, 11-32.

Klaassen, C. D. 1986b. *Distribution, excretion and absorption of toxicants.* Dans C. D. Klaassen, M. O. Amdur et J. Doull (dir.), *Casarett and Doull's toxicology : the basic science of poisons*, Macmillan Publishing Company, New York, 33-63.

Klaassen, C. D., Amdur, M. et Doull, J. 1996. *Casarett and Doull's toxicology : the basic science of poisons.* 5e édition, Mc Graw-Hill, New York, 1111 pages.

Klaassen, C. D., Amdur, M. et Doull, J. 1986. *Casarett and Doull's toxicology : the basic science of poisons.* 3e édition, Macmillan Publishing Company, New York, 974 pages.

Klecka, G. M. et Muir, D. C. G. (éd.). 2008. *Science-based guidance and framework for the evaluation and identification fo PBTs and POPs. Summary of a SETAC Pellston Workshop.* SETAC, 30 pages.

Kobryn, B. 2009. The municipal wastewater perspective on pharmaceuticals and personal care products. *Proceedings of the 35th Annual Toxicity Workshop*, Saskatoon, 5 au 8 octobre 2008, *Canadian Technical Report of Fisheries and Aquatic Sciences, Canadian Technical Report of Fisheries and Aquatic Sciences, 2841,* 107-116.

Kolic, T. M., MacPherson, K. A., Reiner, E. J., Ho, T., Kleywegt, S., Dove, A. et Marvin, C. 2004. Brominated diphenyl ether levels : a comparison of tributary sediments versus biosolid material. *Organohalogen Compounds, 66,* 3830-3835.

Koren, H. et Bisebi, M. S. 2003. *Handbook of environmental health.* 4e édition, CRC Press, Boca Raton, Floride, volumes 1 et 2, 824 pages et 904 pages.

Korner, W., Hanf, V., Schuller, W. *et al.* 1999. Development of a sensitive E-screen assay for quantitative analysis of estrogenic activity in municipal sewage plant effluents. *Science of the Total Environment*, *225*, 33-48.

Koshland, D. E. 1994. Molecule of the year : the DNA repair enzyme. *Science*, *226*, 1925.

Kotsoni, F. N. et Mackey, M. 2001. *Nutritional toxicology.* Taylor and Francis, New York, 464 pages.

Kotsoni, F. N., Burdoch, G. A. et Flamm, W. G. 2001. Food toxicology. Dans C. D. Klaassen (dir.), *Casarett and Doull's toxicology : the basic science of poisons*, 6e édition, Mc Graw-Hill, New York, 1049-1088.

Kovacs, T. G., Martel, P. H. et Voss, R. H. 2002. Assessing the biological status of fish in a river receiving pulp and paper mill effluents. *Environmental Pollution*, *118*, 123-140.

Kovacs, T. G., Voss, R. H., Megraw, S. R. *et al.* 1997. Perspectives on Canadian field studies examining the potential of pulp and paper mill effluent to effect fish reproduction. *Journal of Toxicology and Environmental Health*, *51*, 305-352.

Kromey, N., Nelson, E., Hontela, A. 2009. Reproductive effects of wastewater treatment plant effluent in fathead minnow, *Pimephales promelus. Proceedings of the 35th Annual Toxicity Workshop*, Saskatoon, 5 au 8 octobre 2008, *Canadian Technical Report of Fisheries and Aquatic Sciences*, *2841*, 21.

Kurladze, G. V. 2008. *Environmental microbiology research trends.* Nova Science Publishers Inc., New York, 320 pages.

Lagadic, L., Caquet, T., Amiard, J. C. 1997a. Intérêt d'une approche multiparamétrique pour le suivi de la qualité de l'environnement. Dans L. Lagadic, T. Caquet, J. C. Amiard et F. Ramade (dir.), *Biomarqueurs en écotoxicologie.* Masson, Paris, 393-402.

Lagadic, L., Caquet, T., Amiard, J. C. *et al.* 1997b. *Biomarqueurs en écotoxicologie.* Masson, Paris, 407 pages.

Lähdetie, J., Keiski, A., Suutari, A. *et al.* 1994. Etoposide (VP 16) is a potent inducer of micronuclei in male rat meiosis : spermatid micronucleus test and DNA flow cytometry after etoposide treatment. *Environment and Molecular Mutagenesis*, *24*, 192-202.

Lampe, K. F. 1986. Toxic effects of plant toxins. Dans C. D. Klaassen, M. O. Amdur et J. Doull (dir.), *Casarett and Doull's toxicology : the basic science of poisons*, 3e édition, Macmillan Publishing Company, New York, 757-770.

Landis, W. G. et Hu, M. H. 1995. Ecological risk assessment and environmental toxicology. *Dans Introduction to environmental toxicology : impacts of chemicals upon ecological systems,* Lewis Publishers, CRC Press, Boca Raton, Floride, chapitre 10, 251-269.

Langevin, R., Rasmussen, J. B., Sloterdijck, H. *et al.* 1992. Genotoxicity in water and sediment extracts from the St Lawrence River system, using the SOS chromotest. *Water Research*, *26*, 419-429.

Langlois, C. et Dubuc, N. 1999. *Études de suivi des effets sur l'environnement (ESEE) des fabriques de pâtes et papiers : synthèse des 47 études réalisées au Québec au cycle 1.* Environnement Canada, Direction de la protection de l'environnement, Montréal, 66 pages et annexes.

Laperle, M., Sbeghen, J. et Messier, D. 1999. Assessment of the ecotoxic risk of methylmercury exposure in mink Mustela vison inhabiting Northern Quebec. Dans M. Lucotte, R. Schetagne *et al.* (dir.), *Mercury in the biogeochemical cycle : natural environments and hydroelectric reservoirs of Northern Quebec (Canada)*, Springer, Berlin, 275-285.

Lapointe, D., Gentès, S., Hare, L. *et al.* 2009. Exposition au thallium chez le tête-de-boule : sources, transfert et effets. Communication présentée au 13e colloque annuel du Chapitre Saint-Laurent, SETAC – SRA, Montréal, 28 et 29 mai.

Latruffe, N. 1993. Les peroxysomes, marqueurs de toxicité. *Biofutur,* septembre, 35-40.

Lauwerijs, R. R. 1996. Occupational toxicology. Dans C. D. Klaassen, M. O. Amdur et J. Doull (dir.), *Casarett and Doull's toxicology : the basic science of poisons,* 5e édition, Mc Graw-Hill, New York, 987-1009.

Lauwerijs, R. R. 1990. *Toxicologie industrielle et intoxications professionnelles.* 3e édition, Masson, Paris, 694 pages.

Leblond, V. S. et Hontela, A. 1999. Effects of in vitro exposures to cadmium, mercury, zinc and DDD on steroidogenesis by dispersed interrenal cells of rainbow trout *Oncorhynchus mykiss*. *Toxicology and Applied Pharmacology*, *157*, 16-22.

Le Cren, F. 1999. *Les antioxydants*. Éditions Quebecor, Montréal, 223 pages.

Leduc, G. 1975. Deleterious effects of cyanide on salmonids. *Proceedings of the International Conference of Heavy Metals Environment*, Toronto, Conseil national de recherches du Canada, Ottawa, C18-C20.

Leduc, G., Pierce, R. C. et McCracken, I. R. 1983. *Effets des cyanures sur les organismes aquatiques, notamment sur les poissons d'eau douce*. Conseil national de recherches du Canada, Secrétariat de l'environnement, Ottawa, no 19 247, 144 pages.

Leduc, G., Van Coillie, R., Brodeur, J. *et al.* 1987. *Étude du portrait actuel de la toxicologie au Québec*. Environnement Canada, Direction de la protection de l'environnement, Montréal, 20 pages et annexes.

Legal, Y., Lagadic, L., Lebras, S. *et al.* 1997. Charge énergétique en adénylates (CEA) et autres marqueurs associés au métabolisme énergétique. Dans L. Lagadic. T. Caquet, J. C. Amiard *et al.* (dir.), *Biomarqueurs en écotoxicologie*, Masson, Paris, 241-286 pages.

Legault, R., Blaise, C., Rokosh, D. *et al.* 1994. Comparative assessment of the SOS chromotest kit and the Mutatox test with the Salmonella plate incorporation ames test and fluctuation tests for screening genotoxic agents. *Environment Toxicology and Water Quality*, *9*, 45-47.

Lemaire, N. et Pelletier, E. 2009. Developing an iterative process to assess and manage multiple stressors at the regional scale of Saguenay St. Lawrence marine Park. *Proceedings of the 36th Aquatic Toxicity Workshop*, La Malbaie (Québec), 27 au 30 septembre, 69.

Le Mer, C., Roy, R., Pellerin, J. *et al.* 2009. Effects of chronic exposures to the herbicides atrazine and glyphosate on larvae three-spined stickleback *Gastoresteus aculateus*. *Proceedings of the 35th Annual Toxicity Workshop*, Saskatoon, 5 au 8 octobre 2008, *Canadian Technical Report of Fisheries and Aquatic Sciences, 2841*, 91.

Levin, S. A., Harwell, M. A., Kelly, J. R. *et al.* 1988. *Ecotoxicology : problems and approaches*. Springer Verlag, New York, 547 pages.

Lewis, D. F. 2001. *Guide to cytochrome P 450.* Taylor and Francis, New York, 256 pages.

Lewis, M. A. 1993. Freshwater primary producers. Dans P. Calow (dir.), *Handbook of ecotoxicology,* Blackwell Scientific Publications, Oxford, volume 1, 28-50.

Lipnick, R. L. 1995. Structure – activity relationships. Dans G. M. Reid (dir.), *Fundamentals of aquatic toxicology*, 2e édition, Taylor and Francis, Washington, 609-655.

Liu, J., Goyer, R. A. *et al.* 2008. Toxic effects of metals. Dans C. D. Klaassen (dir.), *Casarett and Doull's toxicology : the basic science of poisons,* 7e édition, Mc Graw-Hill, New York, 931-980.

Lokke, H. et Van Gestel, C. A. 1998. *Handbook of soil invertebrate toxicity tests.* John Wiley and Sons, Inc., New York, 281 pages.

Loranger, S., Martel, L., Mckee, P. *et al.* 2006. *Évaluation du risque écotoxicologique associé aux sols contaminés en zinc et cuivre suite à la fermeture d'une mine située en Abitibi.* Communication présentée au 10e colloque du Chapitre Saint-Laurent, SETAC – SRA, Québec, 1er et 2 juin, F1.

Loomis, T. 1978. *Essentials of toxicology.* 3e édition, Lea and Febiger, Philadelphie, 391 pages.

Lowell, B. R., Ring, B., Pasternak, B. *et al.* 2005. *Évaluation nationale des données des études de suivi des effets sur l'environnement des fabriques de pâtes et papiers : résultats des cycles 1 à 3.* Institut national de recherche sur les eaux, Burlington, Ontario, séries de rapports d'évaluation de l'INRE, no 5, 44 pages.

LRA (Lupian, Rosenberg et associés). 1990. *Étude géologique et hydrogéologique du lieu d'enfouissement sanitaire de Bestan.* LRA, Montréal, 219 pages.

Lu, F. C. et Kacew, S. 2002. *Lu's basic toxicology.* Taylor and Francis, New York, 424 pages.

Lu, F. C. 1991. *Toxicologie : données générales, procédures d'évaluation, organes cibles et évaluation de risque.* Masson, Paris, 362 pages.

Lu, F. C. 1988. Acceptable daily intakes : inception, evolution and application. *Regulatory Toxicology and Pharmacology, 8*, 45-60.

Lucotte, M., Schetagne, R. et Thérien, N. 1999. *Mercury in the biogeochemical cycle : natural environments and hydroelectric reservoirs of northen Quebec.* Springer, Berlin, 317 pages.

Luoma, S. N. et Ho, K. T. 1993. Appropriates uses of marine and estuarine sediment bioassays. Dans P. Calow (dir.), *Handbook of ecotoxicology*, Blackwell Scientific Publications, Oxford, volume 1, 193-226.

Lynch, D. W., Schuler, R. L., Hood, R. D. *et al.* 1991. Evaluation of Drosophila for screening developmental toxicants : test results with 18 chemicals and presentation of a new Drosophila bioassay. *Teratogenesis Carcinogenesis Mutagenesis*, *11*, 147-173.

Mackay, D. 1994. Fate models. Dans P. Calow (dir.), *Handbook of ecotoxicology*, Blackwell Scientific Publication, Oxford, 311-320.

Mackay, D. et Paterson, S. 1982. Fugacity revisited : the fugacity approach to environmental transport. *Environmental Science and Technology*, *16*, 654-663.

Madle, S., Dean, S. W., Andrae, V. *et al.* 1994. Recommendations for the performance of unscheduled DNA synthesis test in vitro and in vivo. *Mutation Research, 312*, 263-285.

Maines, M. D. 1990. Effect of cis-platinum on heme, drug and steroid metabolism pathways : possible involvement in nephrotoxicity and infertility. *Critical Reviews in Toxicology, 21*, 1-17.

Manahan, S. E. 2003. *Toxicological chemistry and biochemistry.* 3e édition, CRC Press, Boca Raton, Floride, 448 pages.

Manson, J. M. 1986. Teratogens. Dans C. D. Klaassen, M. O. Amdur et J. Doull (dir.), *Casarett and Doull's toxicology : the basic science of poisons*, Macmillan Publishing Company, New York, 195-220.

Maréchal, V. 2007. Virus en embuscade dans l'organisme. *Dossier pour la science*, *55,* avril, 66-71.

Maron, D. M. et Ames, B. N. 1983. Revised methods for the Salmonella mutagenicity test. *Mutation Research*, *113*, 173-215.

Marshall, G., Mc Carthy, L., Boston, V. *et al.* 2009. The use of freshwater aquatic invertebrates in a real time early warning monitoring system designed to protect Canada's drinking water. *Proceedings of the 35th Annual Toxicity Workshop*, Saskatoon, 5 au 8 octobre 2008, *Canadian Technical Report of Fisheries and Aquatic Sciences, 2841.*Martel, L.,

Babut, M. P., Desrosiers, M. *et al.* 2009. Predictive ability of sediment quality guidelines and design of a Tier 1 risk assessment framework for dredged sediments : how to dual with confounding factors in practice? *Proceedings of the 35th Annual Toxicity Workshop*, Saskatoon, 5 au 8 octobre 2008, *Canadian Technical Report of Fisheries and Aquatic Sciences, 2841*, 136.

Martel, L., Chassé, R., Lafortune, A. M. *et al.* 2002. Application requirements for ecotoxicological risk assessment of contaminated sites. Dans G. I. Sunahara, A. Y. Renoux, C. Thellen *et al.* (dir.), *Environmental analysis of contaminated sites*, John Wiley and Sons, Inc., New York, 257-280.

Martel, P. H. 2006. *Recherche d'outils biologiques mesurant la performance environnementale des papetières pour leurs effluents au Canada.* Thèse de doctorat, Université catholique de Louvain, Belgique, 345 pages.

Martel, P. H. et Kovacs, T. 1997. A comparison of the potential of primary andsecondary treated pulp and paper mill effluents to induce mixed function oxydase (MFO) activity in fish. *Water Research, 31*, 1482-1488.

Martel, P. H., Kovacs, T. et Voss, R. 2000. *Évaluation des approches de suivi du poisson à la suite d'investissements dans la protection du milieu aquatique.* Institut canadien de recherches en pâtes et papiers, Pointe-Claire, Québec, rapport MR 420F, 18 pages.

Martel, P. H., Kovacs, T., Voss, R. *et al.* 2003. Evaluation of caged freshwater mussels as an alternative for environmental effects monitoring (EEM) studies. *Environmental Pollution, 124*, 471-483.

Martin-Diaz, L., Franzellitti, S., Buratti, S., Valbonesi, P., Capuzzo, A., Fabbri, E. 2009. Effects of environmental concentrations of the antiepilectic drug carbamazepine on biomarkers and cAMP-mediated cell signalling in the mussel *Mytilus galloprovincialis. Aquatic Toxicology, 94*, 177-185.

Masan, J. M., Aaron, C. S., Lee, W. R. *et al.* 1987. A guide for performing germ cell mutagenesis assays using *Drosophila melenogaster. Mutation Research, 189,* 93-102.

Mason, R. et Pirrone, N. 2009. *Mercury fate and transport in the global atmosphere : emissions, measurements and models.* ILM Publications, St Albans, U.K., 644 pages.

Mathes, K. et Weidemann, G. 1990. A baseline-ecosystem approach to the analysis of ecotoxicological effects. *Ecotoxicology and Environmental Safety*, *20*, 197-202.

Matthiessen, P. et Gibbs, P. E. 1998. Critical appraisal of the evidence for tributylin-mediated endocrine disruption in molluscs. *Environmental Toxicology and Chemistry*, *17*, 37-43.

Mayfield, C. I. 1993. Microbial systems. Dans P. Calow (dir.), *Handbook of ecotoxicology*, Blackwell Scientific Publications, Oxford, volume 1, 9-27.

Mc Master, M., Sherry, J., Brown, S. *et al.* 2009. Re-assessment of liver tumor incidences in wild fish from Canadian areas of concern. *Proceedings of the 35th Annual Toxicity Workshop*, Saskatoon, 5 au 8 octobre 2008, *Canadian Technical Report of Fisheries and Aquatic Sciences, 2841,* 67.

Mc Master, M. E., Vander Kraak, G. J. et Munkittrick, K. R. 1996. Exposure to bleached Kraft pulp mill effluent reduces the steroid biosynthetic capacity of white sucker ovarian follicles. *Comparative Biochemistry and Physiology Pharmacology Toxicology and Endocrinology*, *112*, 169-178.

Mc Master, M. E., Van der Kraak, G. J., Portt, C. B. *et al.* 1991. Changes in hepatic mixed-function oxygenase MFO activity, plasma steroid levels and age at maturity of a white sucker Catostomus commersoni population exposed to bleached Kraft pulp mill effluent. *Aquatic Toxicology*, *21*, 199-218.

MDDEP (ministère du Développement durable, de l'Environnement et des Parcs). 2008. *Critères de l'eau de surface au Québec.* MDDEP, Direction du suivi de l'état de l'environnement, Québec, 424 pages et 12 annexes.

MDDEP (ministère du Développement durable, de l'Environnement et des Parcs). 2007. *Calcul et interprétation des objectifs environnementaux de rejet pour les contaminants du milieu aquatique.* 2e édition, MDDEP, Direction du suivi de l'état de l'environnement, Québec, 57 pages et 4 annexes.

MDDEP (ministère du Développement durable, de l'Environnement et des Parcs). 2006. *Critères de qualité de l'eau de surface au Québec.* MEF, Direction des écosystèmes aquatiques, Québec, 375 pages.

Medinsky, M. A. et Klaassen, C. D. 2001. Toxicokinetics. Dans C. D. Klaassen (dir.), *Casarett and Doull's toxicology : the basic science of poisons,* 6e édition, Mc Graw-Hill, New York, 225-237.

MEF (ministère de l'Environnement et de la Faune du Québec). 1998. *Procédure d'évaluation du risque écotoxicologique pour la réhabilitation des terrains contaminés.* MEF, Centre d'expertise en analyse environnementale du Québec, Sainte-Foy, 139 pages.

MEF (ministère de l'Environnement et de la Faune du Québec). 1996a. *Méthode de calcul des objectifs environnementaux de rejet pour les contaminants du milieu aquatique.* MEF, Direction des écosystèmes aquatiques, Québec, 26 pages.

MEF (ministère de l'Environnement et de la Faune du Québec). 1996b. *Lignes directrices pour la réalisation des analyses des risques toxicologiques.* MEF, Direction des laboratoires, Québec, document de travail, 88 pages.

MEF (ministère de l'Environnement et de la Faune du Québec). 1996c. *Guide technique pour la réalisation des analyses préliminaires de risques toxicologiques.* MEF, Direction des laboratoires, Québec, document de travail, 771 pages.

Melançon, M. J. 2003. Bioindicators of contaminant exposure and effect in aquatic and *terrestrial monitoring.* Dans D. J Hoffmann, B. A. Rattner, G. A. Burton *et al.*, *Handbook of ecotoxicology*, 2e édition, CRC Press, Boca Raton, Floride, 258-27.

Mellianen, P. 1996. Wood-derived estrogens : studies in vitro with breast cancer lines and in vivo with trout. *Toxicology and Applied Pharmacology*, *136*, 381-388.

MENV (ministère de l'Environnement). 2004a. *Étude de la contamination des lacs Lovering et Massawippi par des substances toxiques : résultats de la campagne d'échantillonnage de 2003.* MENV, Direction régionale de l'Estrie, Sherbrooke, 16 pages.

MENV (ministère de l'Environnement). 2004b. *BPC et PCDD/F dans l'air et les aiguilles de conifères au LES Bestan*. MENV, Direction du suivi de l'état de l'environnement, Québec, 4 pages.

MENV (ministère de l'Environnement). 2003. *Lieu d'enfouissement sanitaire Bestan : principaux résultats et conclusions du programme de suivi environnemental effectué par Intersan en 2002 et au printemps 2003.* MENV, Direction régionale de l'Estrie, Comité de travail sur l'étude de la contamination des lacs Magog, Lovering et Massawippi, Sherbrooke, 23 pages.

MENV (ministère de l'Environnement). 2002a. *Mise à jour de la Politique de protection des sols et de réhabilitation des terrains contaminés.* MENV, Québec, 24 pages.

MENV (ministère de l'Environnement). 2002b. *Méthodologie permettant d'identifier une norme supplémentaire de rejet dans le processus d'assainissement pour le secteur des pâtes et papiers.* MENV, Direction des politiques du secteur industriel, Québec, 45 pages.

MENV (ministère de l'Environnement). 2002c. *Étude des sources de contamination des lacs Lovering et Massawippi par des substances toxiques.* MENV, Direction du suivi de l'état de l'environnement, Québec, 94 pages et 7 annexes.

MENV (ministère de l'Environnement). 2001. *Critères de qualité de l'eau de surface au Québec.* MENV, Direction du suivi de l'état de l'environnement, Québec, 430 pages.

MENV (ministère de l'Environnement). 2001a. *Liste des valeurs de référence intérimaires pour les récepteurs terrestres.* MENV, Centre d'expertise en analyse environnementale du Québec, Québec, document de travail, 5 pages.

MENV (ministère de l'Environnement). 2001b. *Guide d'élaboration des valeurs de référence pour la procédure d'évaluation du risque écotoxicologique.* MENV, Centre d'expertise en analyse environnementale du Québec, Québec, document de travail, 28 pages.

MENV (ministère de l'Environnement). 2001c. *Critères de qualité de l'eau de surface au Québec.* MENV, Direction du suivi de l'état de l'environnement, Québec, 430 pages.

MENV (ministère de l'Environnement). 2001d. *Règlement sur la qualité de l'eau potable.* Éditeur officiel du Québec, Québec, décret 647-2001, 10 pages et 2 annexes.

MENV (ministère de l'Environnement). 2001e. *Critères de qualité de l'air au Québec.* MENV, Direction du suivi de l'état de l'environnement, Québec, 306 pages.

MENV (ministère de l'Environnement). 2001f. *Critères provisoires pour la valorisation des matières résiduelles fertilisantes.* MENV, Direction des politiques du secteur agricole, Québec, 165 pages.

MENV (ministère de l'Environnement). 2000a. *Banque de données sur la qualité du milieu aquatique,* MENV, Direction du suivi de l'environnement, Québec.

MENV (ministère de l'Environnement). 2000b. *Étude des causes de la contamination des poissons des lacs Lovering et Massawippi par des substances toxiques.* MENV, Direction du suivi de l'état de l'environnement, Québec, 32 pages et 9 annexes.

MENV (ministère de l'Environnement du Québec). 1999. *Calcul et interprétation des objectifs de rejet.* MENV, Direction du suivi de l'environnement, Québec, 6 pages.

MENV (ministère de l'Environnement). 1998. *Politique de protection des sols et de réhabilitation des terrains contaminés.* MENV, Publications du Québec, Québec, 124 pages.

MENV (ministère de l'Environnement) et Environnement Canada. 2001. *Évaluation du potentiel toxique des effluents des stations d'épuration municipales du Québec – Rapport final.* Environnement Canada, Saint-Laurent Vision 2000, Sainte-Foy, 136 pages et 15 annexes.

MENVIQ (ministère de l'Environnement du Québec). 1992a. *Glossaire d'écotoxicologie.* MENVIQ, Direction des laboratoires, Sainte-Foy, 18 pages.

MENVIQ (ministère de l'Environnement du Québec). 1992b. *Méthodologie du calcul des critères de qualité de l'eau pour les substances toxiques* MENVIQ, Direction de l'expertise scientifique, Sainte-Foy, 105 pages et 12 annexes.

MENVIQ (ministère de l'Environnement du Québec). 1981. *Règlement sur les déchets solides.* MENVIQ, Québec, RRQ c. Q 2, r. 14.

Merill, R. A. 2001. Regulatory toxicology. Dans C. D. Klaassen, *Casarett and Doull's toxicology : the basic science of poisons*, 6e édition, Mc Graw-Hill, New York, 1141-1153.

Microbics. 1993. *Mutatox TM manual*. Microbics Corporation, Carlsbad, Californie, 22 pages.

Middaugh, D. P., Goodman, L. R. et Hemmer, M. J. 1993. Methods for spawning, culturing and conducting toxicity tests with early life stages of estuarine and marine fishes. Dans P. Calow (dir.), *Handbook of ecotoxicology*, Blackwell Scientific Publications, Oxford, volume 1, 167-192.

Miller, J., Biedenbach, J. et Buday, C. 2009. The improvement of Environment Canada's echinoid fertilization assay for powerwater testing. *Proceedings of the 35th Annual Toxicity Workshop*, Saskatoon, 5 au 8 octobre 2008, *Canadian Technical Report of Fisheries and Aquatic Sciences, 2841,* 147.

Miller, L., Rasmussen, J., Palace, V. *et al.* 2009. Physiological and biochemical responses of rainbow trout and brook trout exposed to elevated selenium from coal mines. *Proceedings of the 35th Annual Toxicity Workshop*, Saskatoon, 5 au 8 octobre 2008, *Canadian Technical Report of Fisheries and Aquatic Sciences, 2841,* 27.

Ministry of Environment and Energy of Ontario. 1995. *Scientific criteria document for the development of provincial water quality guidelines for organotins.* Ministry of Environment and Energy of Ontario, Toronto.

Mirsalis, J. C., Monforte, J. A. et Winegar, R. A. 1994. Transgenic animal models for measuring mutation in vivo. *Critical Review in Toxicology, 24*, 255-280.

Modrich, P. 1994. Mismatch repair, genetic stability and cancer. *Science, 266*, 1959-1960.

Monod, G. 1997. L'induction du cytochrome P-450 1A1. Dans. L. Lagadic, T. Caquet, J. C. Amiard et F. Ramade (dir.), *Biomarqueurs en écotoxicologie : aspects fondamentaux,* Masson, Paris, 33-52.

Moody, M. et Miller, J. 2005. *Lemna minor* growth inhibition test. Dans C. Blaise et J. F. Férard (dir.), *Small scale freshwater toxicity investigations*, Springer, Dordrecht, Pays-Bas, volume 1, 271-298.

Moore, M. N., Livingstone, D. R. et Widdows, J. 1989. Hydrocarbons in marinemollusks : biological effects and ecological consequences. Dans *Metabolism of polycyclic aromatic hydrocarbons in the aquatic environment*, CRC Press, Boca Raton, Floride, 291-328.

Morel, F. M. M. 1983. *Principles and applications of aquatic chemistry*. J. Wiley and Sons, New York.

Moriarty, F. 1988 et 1983. *Ecotoxicology : the study of pollutants in ecosystems*. 2e édition et 1re édition, Academic Press, Londres, 289 pages et 228 pages.

Mount, D. I. et Norberg, T. J. 1984. A seven-day life cycle cladoceran toxicity test. *Environmental Toxicology and Chemistry*, *3*, 425-434.

Mousseau, P. et Armellin, A. 1995. *Synthèse et connaissance sur les communautés biologiques du secteur d'étude Québec-Lévis, zone d'intervention prioritaire 14*. Environnement Canada, Centre Saint-Laurent, Montréal, 194 pages.

MRN (ministère des Richesses naturelles du Québec). 1994. *Compilation d'échantillons de glyphosate en 1994 : résultats d'analyse dans les feuillages et ramillesimmédiatement après des pulvérisations aériennes de 1,5 kg/ha*. MRN, Direction de l'environnement forestier, Québec, multipagination.

MSC (ministère de la Santé du Canada) et MSSS (ministère de la Santé et des Services sociaux du Québec). 1998. *Le Saint-Laurent et la santé : état de la question*. MSC, Ottawa, 48 pages.

MSSS (ministère de la Santé et des Services sociaux du Québec). 2002. *Lignes directrices pour la réalisation des évaluations du risque toxicologique pour la santé humaine*. MSSS, Québec, 56 pages et 3 annexes.

MSSS (ministère de la Santé et des Services sociaux du Québec). 1999. *Évaluation du risque toxicologique au Québec : lignes directrices pour la réalisation des évaluations du risque toxicologique à la santé humaine dans le cadre de la procédure d'évaluation et d'examen de la réhabilitation de terrains contaminés*. MSSS, document de travail, Québec, 51 pages.

Mueller, K. K., Campbell, P. G. C. et Fortin, C. 2009. Modélisation et mesure de Cd, Ni et Zn libres dans les eaux douces naturelles. Communication présentée au 13e colloque annuel du Chapitre Saint-Laurent, SETAC – SRA Montréal, 28 et 29 mai.

Muir, D. C. G., Norstrom, R. J., Simon, M. *et al.* 1988. Organochlorine contaminants in arctic marine food chain. *Environmental Science and Technology*, *22*, 1071-1079.

Munawar, M., Dixon, G. et Mayfield, C. I. 1989. *Environmental bioassay techniques and their applications.* Kluwer Academic Publishers, Dordrecht, Pays-Bas.

Murphy, S. D. 1986. Toxic effects of pesticides. Dans C. D. Klaassen, M. O. Amdur et J. Doull (dir.), *Casarett and Doull's toxicology : the basic science of poisons*, Macmillan Publishing Company, New York, 519-581.

Muscatello, J., A. Belknap et Janz, D. 2006. Selenium accumulation in aquatic organisms downstream of a metal mining and milling area in Northern Saskatchewan, Canada. *Proceedings of the 33th Annual Aquatic Toxicity Workshop*, Jasper, Alberta, 1er au 4 octobre, 48.

Nadon, B., Germain, A. et Van Coillie, R. 1995. Assessment of a substance under Canadian environmental protection act, a case study : polycyclic aromatic hydrocarbons. *Proceedings of the 10th World Clean Air Congress*, International Union of Air Pollution Prevention and Environmental Protections Associations (IUAPPA), Espoo, Finlande, mai-juin 1995, 537-541.

Naile, J., Khim, J., Newsted, J. *et al.* 2009. Aquatic toxicology of perfluoro octane sulphate and related fluoro chemicals. *Proceedings of the 35th Annual Toxicity Workshop*, Saskatoon, 5 au 8 octobre 2008, *Canadian Technical Report of Fisheries and Aquatic Sciences, 2841*, 62.

Nantel, A. 2003. Évaluation clinique en santé environnementale. Dans M. Gérin, P. Gosselin, S. Cordier *et al.* (dir.), *Environnement et santé publique – Fondements et* pratiques, Edisem (Québec) et Éditions Tec et Doc (France), 872-880.

Narbonne, J. F. et Michel, X. 1997. Système de biotransformation chez les mollusques aquatiques. Dans L. Lagadic, T. Caquet, J. C. Amiard et F. Ramade (dir.), *Biomarqueurs en écotoxicologie,* Masson, Paris, 11-32 pages.

Naz, R. R. *et al.* 1998. *Endocrine disruptors : effects on male and female reproductive systems.* CRC Press, Boca Raton, Floride, 352 pages.

Nebeker, A. V., Cairns, M. A. et Gakstatter, J. H. 1984. Biological methods for determining toxicity of contaminated freshwater sediments to invertebrates. *Environmental Toxicology and Chemistry*, *3*, 617-630.

Newman, M. C. 2001. *Fundamentals of ecotoxicology.* CRC Press, Boca Raton, Floride, 377 pages.

Newman, M. C. et Mc Intosh, A. 1990. *Metal ecotoxicology : concepts and applications.* CRC Press, Boca Raton, Floride.

Newman, M. C. et. Unger, M. A. 2003. *Fundamentals of ecotoxicology.* 2e édition, CRC Press, Boca Raton, Floride, 480 pages.

Norton, S. 2001. Toxic effects of plants. Dans C. D. Klaassen (dir.), *Casarett and Doull's toxicology : the basic science of poisons*, 6e édition, Mc Graw-Hill, New York, 965-976.

Novak, L. J. et Holtze, K. E. 2005. Overview of toxicity reduction and identification evaluation for use with small scales tests. Dans C. Blaise et J. F. Férard (dir.), *Small scale freshwater toxicity investigations*, Springer, Dordrecht, Pays-Bas, volume 2, 169-214.

NRCC (National Research Council of Canada). 1985. *Organotin compounds in the aquatic environment.* NRCC, Environmental Secretariat, Ottawa, rapport 21 343, 106 pages.

NRCC (National Research Council of Canada). 1983. *Radioactivity in the Canadian aquatic environment.* NRCC, Environmental Secretariat, Ottawa, rapport 19 250, 292 pages.

NRCC (National Research Council of Canada). 1979a. *Effects of cadmium in the Canadian environment.* NRCC, Environmental Secretariat, Ottawa, rapport 16 743, 148 pages.

NRCC (National Research Council of Canada). 1979b. *Effects of mercury in the Canadian environment.* NRCC, Environmental Secretariat, Ottawa, rapport 16 739, 290 pages.

NRCC (National Research Council of Canada). 1978. *Phenoxy herbicides : their effects on environmental quality with accompanying scientific criteria for 2,3,7,8 tetrachlorodibenzo-p-dioxin (TCDD).* NRCC, Environmental Secretariat, Ottawa, rapport 16 075, 440 pages.

Nriagu, J. O. 1979. *The biogeochemistry of mercury in the environment.* Elsevier, Amsterdam, 696 pages.

Nriagu, J. O. 1978. *The biogeochemistry of lead in the environment.* Elsevier, Amsterdam, 514 pages.

Nriagu, J. O. et Nieboer, E. 1988. *Chromium in the natural and human environments.* John Wiley and Sons, Inc., New York, 592 pages.

Nriagu, J. O. et Sprague, J. 1987. *Cadmium in the aquatic environment.* John Wiley and Sons, Inc., New York, 272 pages.

OCDE (Organisation de coopération et de développement économique). 2000. *Lignes directrices de l'OCDE pour les essais de produits chimiques : poisson, essai sur la croissance des juvéniles*. OCDE, Direction de l'environnement, Paris, essai 215.

OCDE (Organisation de coopération et de développement économique). 1999. *Assurance et qualité et bonnes pratiques de laboratoire*. OCDE, Direction de l'environnement, Paris, rapport ENV/JM/MONO (99) 20.

OCDE (Organisation de coopération et de développement économique). 1998a. *Les principes de l'OCDE des bonnes pratiques de laboratoire*. OCDE, Direction de l'environnement, Paris, rapport ENV/MC/CHEM (98) 17.

OCDE (Organisation de coopération et de développement économique). 1998b. *Lignes directrices de l'OCDE pour les essais de produits chimiques : Daphnia magna, essai de reproduction*. OCDE, Direction de l'environnement, Paris, essai 211.

OECD (Organization for Economic Co-operation and Development). 2002. *Guidelines for the testing of chemicals Lemna sp. growth inhibition test*. OECD, Environment Directorate, Paris, essai 221.

OECD (Organization for Economic Co-operation and Development). 1998. *Report of the OECD workshop on statistical analysis of aquatic toxicity data*. OECD, Environmental Health and Safety Publications, Paris, Series on Testing and Assessment, no 10, 133 pages.

OECD (Organization for Economic Co-operation and Development). 1984. *Daphnia spp., acute immobilization and reproduction test*. OECD, Guidelines for testing chemicals, Genève, essai 20.

Olea, N., Olea-Serrano, F., Lardelli-Claret, P. *et al.* 1999. Inadvertent exposure to xenoestrogens in children. *Toxicology and Industrial Health*, *15*, 151-158.

OME (Ontario Ministry of Environment). 1997. *Scientific criteria document for multimedia standards development : polycyclic aromatic hydrocarbons PAH*. OME, Standards Development Branch, 254 pages.

OMS (Office mondial de la santé). 1981. Le manganèse. *Critères d'hygiène de l'environnement*. OMS, Genève, 17, 123 pages.

Oikari, A., Holmborn, B. et Bister, H. 1982. Uptake of resin acids into tissues of trout *Salmo gairdneri*. *Annales Zoologici Fennici*, *19*, 61-64.

Olsson, P. E., Kling, P., Peterson, C. *et al.* 1995. Interaction of cadmium and oestradial-17 B on MT and vitellogenesis in rainbow trout *Oncorhynchus mykiss. Biochemical Journal*, *307*, 197-203.

Orrego, R., Guchardi, J., Krauss, R. *et al.* 2009. Estrogenic and anti-estrogenic activity of wood extractives present in pulp and paper mill effluents evaluated in rainbow trout. *Proceedings of the 35th Annual Toxicity Workshop*, Saskatoon, 5 au 8 octobre 2008, *Canadian Technical Report of Fisheries and Aquatic Sciences, 2841*, 20.

Paine, A. J. 1995. Heterogeneity of cytochrome P 450 and its toxicological significance. *Human and Experimental Toxicology*, *14,* 1-7.

Paquet, N., P. G. C., Campbell, et Fortin, C. 2006. *Toxicité et prise en charge de l'argent par l'algue verte Pseudokirchneriella subcapitata en présence de matière organique.* Communication présentée au 10e colloque du Chapitre Saint-Laurent, SETAC – SRA, Québec, 1er et 2 juin, A2.

Pandard, P., Vasseur, P. et Rawson, D. M. 1993. Comparison of two types of sensors using eukariotic algae to monitor pollution of aquatic systems. *Water Research*, *27*, 427-431.

Parent, L. 1991. *Biodisponibilité de l'aluminium dans les eaux douces en relation avec les pluies acides.* Thèse de doctorat présentée à l'INRS-EAU, août 1991, 450 pages.

Parent, L., 1985. *Effets des acidifications à court et à long terme sur la productivité du périphyton d'un ruisseau du Bouclier-Canadien.* Mémoire de maîtrise, Sciences de l'environnement, Université du Québec à Montréal.

Parent, L., Allard, M., Planas, D., and Moreau, G., 1986. The effects of short-term and continuous experimental acidification on biomass and productivity of running water periphytic algae, impact of acid rain and deposition on aquatic biological systems. ASTM STP 928. Dans B. G. Isom, S. D. Dennis, et J. M. Bates (dir.), *American Society for Testing and Materials*, Philadelphie p. 28-41.

Parent, L. et Campbell, P. G. C. 1993. Aluminum bioavailability to green alga *Chlorella pyrenoidosa* in acidified synthetic soft water. *Environmental Toxicology and Chemistry*, *13*(4), 587-598.

Parent, L., Campbell, P. G. C. et Stokes, P. M. 1987. Manganese bioavailability towards freshwater algae in acidified environments. Dans Percy R., R. M. Harrison, J. N. B. Bell et J. N. Lester (dir.), *Acid rain : scientific and technical advances*, p. 415-419.

Parent, L., Couture, P., Campbell, P. G. C. et Dubreuil, B. 1988. Sensibilité des alevins vésiculés du saumon atlantique à l'acidité en présence et en absence d'aluminium. *Water pollution Research Journal of Canada*, *23*(2), 227-242.

Parent, L., Martel, L., Olsen, C., Masson, S., Campbell, P. G. C., Hare, L., Pinel-Alloul, B., Méthot, G., Hontela, A. et Couillard, Y. 2005. *Signification écologique des paramètres de mesure d'exposition et d'effet d'une contamination métallique du milieu lotique.* Communication présentée au colloque annuel du Chapitre Saint-Laurent, SETAC – SRA, Montréal, 2 et 3 juin.

Parent L. en collaboration avec le RQFE. 2009. *Sabotage hormonal – comment des produits d'usage courant menacent notre santé.* Télé-université, Québec, 32 pages.

Parent, L., Twiss, M. R. et Campbell, P. G. C. 1996. Influences of natural dissolved organic matter on the interaction of aluminum with the microalga Chlorella : a test of the free-ion model of trace metal toxicity. *Environmental Science and Technology*, *30*(5), 1713-1720.

Parkinson, A. 2001. Biotransformation of xenobiotics. Dans C. D. Klaassen (dir.), *Casarett and Doull's toxicology : the basic science of poisons*, 6e édition, Mc Graw-Hill, New York, 133-224.

Parmann, T., Wiley, M. J. et Wells, P. G. 1999. Free radical-mediated oxidative DNA damage in the mechanism of thalidomide teratogenicity. *Nature Medecine*, *5*, 582-585.

Pastink, A. et Lohman, P. H. M. 1999. Repair and consequences of double-strand breaks in DNA. *Mutation Research*, *428*, 141-156.

Pellerin, J., Blaise, C., Fournier, M. *et al.* 2009. *Mya arenaria* used successfully as sentinel species in an estuarine context. *Proceedings of the 36th Aquatic Toxicity Workshop*, La Malbaie (Québec), 27 au 30 septembre, 24.

Pelletier, E., Al-Sid-Cheikh, M., Zuykov, M. *et al.* 2009. The radio-labeling approach to study the biodynamic of nanoparticles in aquatic organisms. *Proceedings of the 36th Aquatic Toxicity Workshop*, La Malbaie (Québec), 27 au 30 septembre, 7.

Pelletier, E., Campbell, P. G. et Denizeau, F. 2004. *Écotoxicologie moléculaire : principes fondamentaux et perspectives de développement.* Presses de l'Université du Québec, Québec, 462 pages.

Pelletier, L. et Moisan, J. 2009. La surveillance biologique basée sur les macro-invertébrés benthiques au Québec. *Proceedings of the 36th Aquatic Toxicity Workshop*, La Malbaie (Québec), 27 au 30 septembre, 28.

Perron, M. et Juneau, P. 2009. Effects of microcystins on chlorophyll a fluorescence of *Scenedesmus obliquus, Chlarnydomanas reinhardtii, Pseudokirchneriella subcapitata* and *Navicula pellicosa. Proceedings of the 36th Aquatic Toxicity Workshop*, La Malbaie (Québec), 27 au 30 septembre, 57.

Persoone, G. 2009. Sensitivity and precision of acute *Daphnia magna* tests performed with organisms from laboratory cultures or hatched from dormant eggs. *Proceedings of the 36th Aquatic Toxicity Workshop*, La Malbaie (Québec), 27 au 30 septembre, 83.

Persoone, G. et Janssen, C. R. 1993. Freshwater invertebrate toxicity tests. Dans P. Calow (dir.), *Handbook of ecotoxicology*, Blackwell Scientific Publications, Oxford, volume 1, 51-65.

Persoone, G., Jaspers, E. et Clauss, C., 1984. *Ecotoxicological testing for the marine environment.* State University of Ghent, Belgique, volumes 1 et 2.

Péry, A. R., Mons, R. et Garric, J. 2005. *Chironomus riparius* solid-phase assay. Dans C. Blaise et J. F. Férard (dir.), *Small scale freshwater toxicity investigations*, Springer, Dordrecht, Pays-Bas, volume 1, 437-452.

Petty, D. G., Skogerboe, J. G., Getsinger, K. D. *et al.* 2001. The aquatic fate of trichlorpyr in whole-pond treatment. *Pest Management Science*, *57*, 764-775.

Phillips, D. J. 1993. Bioaccumulation. Dans P. Calow (dir.), *Handbook of ecotoxicology*, Blackwell Scientific Publications, Oxford, volume 1, 378-396.

Piché, I. 1998. Le bassin de la rivière Richelieu : les communautés benthiques et l'intégrité biotique du milieu. Dans *Le bassin versant de la rivière Richelieu : l'état de l'écosystème aquatique*, ministère de l'Environnement et de la Faune du Québec, Direction des écosystèmes aquatiques, Québec, rapport EA-13, section 4, 24 pages et 8 annexes.

Piché, I. et Laliberté, D. 1998. Le bassin de la rivière Richelieu : contamination du poisson par des métaux et certaines substances organiques toxiques. Dans *Le bassin de la rivière Richelieu : l'état de l'écosystème aquatique*, ministère de l'Environnement et de la Faune du Québec, Direction des écosystèmes aquatiques, Québec, rapport EA-13, section 3, 36 pages et 12 annexes.

Pichet, P., Morrison, K., Rheault, I. *et al.* 1999. Analysis of total mercury and methylmercury in environmental sample. Dans M. Lucotte, R. Schetagne *et al.* (dir.), *Mercury in the biogeochemical cycle : natural environments and hydroelectric reservoirs of Northern Quebec (Canada)*, Springer, Berlin, 41-52.

Picot, A. et Proust, N. 1998. Le mercure et ses composés : de la spéciation à la toxicité. *Actualité chimique*, avril 1998, 16-26.

Pigeon, B. et Duschesneau, G. 1992. *The chimiotox index : a toxic waste indicator, methodology applied to the 50 priority industrial plants under the St Lawrence Action Plan.* Environnement Canada, Direction de la protection de l'environnement, Montréal, 32 pages.

Pinel Alloul, B. 2000. Écotoxicologie et toxicologie de l'environnement. Dans le cours TXL 6014 *Toxicologie de l'environnement*, Université de Montréal, pagination multiple.

Pinel Alloul, B., Perceval, O., Giguère, A. *et al.* 2004. La métallothionéine : un biomarqueur d'exposition au cadmium pour les invertébrés d'eau douce. Dans E. Pelletier, P. G. Campbell et F. Denizeau (dir.), *Écotoxicologie moléculaire : principes fondamentaux et perspectives de développement*, Presses de l'Université du Québec, Québec, 63-108.

Pirkle, J. L. Wolfe, W. H., Patterson, D. G., Needham, L. L., Michalek, J. E., Miner, J. C., Peterson, M. R., Phillips, D. L. 1989. Estimates of the half-life of 2,3,7,8 tetrachlorodibenzo-p-dioxin in Vietnam veterans of Operation Ranch Hand. *Journal of Toxicology and Environmental Health, 27,* 65-171.

Pitot, H. C. et Dragan, Y. P. 2001. Chemical carcinogenesis. Dans C. D. Klaassen (dir.), *Casarett and Doull's toxicology : the basic science of poisons*, 6e édition, Mc Graw-Hill, New York, 241-319.

Plaa, G. L. 1986. Toxic responses of the liver. Dans C. D. Klaassen, M.O. Amdur et J. Doull (dir.), *Casarett and Doull's toxicology : the basic science of poisons*, Macmillan Publishing Company, New York, 286 -309.

Poissant, L. et Koprivnak, J. F. 1996. *Concentrations de quelques composés organiques semi-volatils dans l'air et la précipitation en milieu rural (Villeroy, Québec) et leur dynamique environnementale.* Vecteur Environnement, volume 29, no 1, 29-39 pages.

Porter, W. R. *et al.* 1999. Endocrine, immune and behavioural effects of aldicarb (carbamate), atrazine (triazine) and nitrofertilizer mixtures at groundwater concentrations. *Toxicology and Industrial Health*, *15*, 133-150.

Prairie, R., St Cyr, M., Van Coillie, R. *et al.* 1998. *Méthodologies utilisées pour l'évaluation des risques pour l'environnement et la santé humaine au secteur 103 de la zone portuaire de Montréal.* Communication présentée au colloque sur la gestion environnementale au Québec avec l'approche basée sur les risques, ministère de l'Environnement du Québec, Centre d'expertise en analyse environnementale du Québec, Québec, 24 pages.

Préfontaine, D., Jumarie, C., Morin, A. *et al.* 2004. *Bioactivité in vitro des produits de combustion de douze constituants de tabac.* Communication présentée au colloque du Centre de recherche en toxicologie de l'environnement, décembre 2004, Université du Québec à Montréal.

Preston, R. J. et Hoffmann, G. R. 2001. Genetic toxicology. Dans C. D. Klaassen (dir.), *Casarett and Doull's toxicology : the basic science of poisons*, 6e édition, Mc Graw-Hill, New York, 321-386.

Prouse, N. J. et Ellis, D. V. 1997. A baseline survey of dogwhelk Nucella lamellose imposex in Eastern Canada and interpretation in terms of tribultin (TBT) contamination. *Environmental Toxicology*, *18,* 1255-1264.

Puga, A. et Wallace, K. B. 1998. *Molecular biology of the toxic response.* Taylor and Francis, New York, 420 pages.

Purba, H. S., King, E. J., Richert, P. *et al.* 1994. Effect of aromatase inhibitors on estrogen 2 hydroxylase in rat liver. *Journal of Steroid Biochemistry and Molecular Biology*, *48*, 215-219.

Quilliam, L. et Milet, P. 1998. *Mise à jour des indicateurs environnementaux du rapport-synthèse sur l'état du Saint-Laurent.* Environnement Canada, Plan d'action Saint-Laurent Vision 2000, Sainte-Foy, 94 pages.

Quillardet, P. et Hoffmann, M. 1993. The SOS chromotest : a review. *Mutation Reseach*, *297*, 235-279.

Qureshi, A. A., Bulich, A. A. et Isenberg, D. L. 1998. Microtox toxicity systems : where they stand to day. Dans P. G. Wells, K. Lee et C. Blaise (dir.), *Microscale testing in aquatic toxicology; advances, techniques and practices,* CRC Press, Boca Raton, Floride, 185-199.

Raach, M., Lebeuf, M. et Pelletier, E. 2009. Tendances temporelles (1993-2007) des BPC et PBDE dans le foie du béluga *Delphinapterus leucas* de l'estuaire du Saint-Laurent. Communication présentée au 13e colloque annuel du Chapitre Saint-Laurent, SETAC – SRA, Montréal, 28 et 29 mai.

Ramade, F. 2007. *Introduction à l'écotoxicologie, fondements et applications*. Lavoisier, Paris, 618 pages.

Ramade, F. 1992. *Précis d'écotoxicologie*. Masson, Paris, 300 pages.

Ramade, F. 1987. *Ecotoxicology*. John Wiley, New York, 360 pages.

Ramade, F. 1979. *Écotoxicologie*. 2e édition, Masson, Paris, 228 pages.

Ramade, F. 1977. *Écotoxicologie*. Masson, Paris, 214 pages.

Rand, G. M. 1995. *Fundamentals of aquatic toxicology*. Taylor and Francis, New York, 1150 pages.

Rasmussen, L. 1984. Ecotoxicology. *Ecological Bulletin*, *26*, 170 pages.

Rawson, D. M. 1993. Bioprobes and biosensors. Dans P. Calow (dir.), *Handbook of ecotoxicology*, Blackwell Scientific Publications, Oxford, volume 1, 428-437.

Rayne, S., Ilonomou, M. G. et Anteliffe, B. 2003. Rapidly increasing polybrominated diphenyl ether concentrations in the Columbia River system from 1992 to 2000. *Environmental Science and Technology, 37*(13), 2847-2854.

Reader, S., Steen, H. B. et Denizeau, F. 1994. Intracellular calcium and pH alterations induced by tributylin chloride in isolated rainbow trout hepatocytes : a flow cytometric analysis. *Archives of Biochemistry and Biophysics*, *312*, 407-413.

Reichl, F. X., Perraud, R. et Krahe, E. 2004. *Guide pratique de toxicologie.* 1re édition, De Boeck, Bruxelles, 348 pages.

Rether, B., Masfarand, J. F., Keith, G. *et al.* 1997. Biomarqueurs de génotoxicité chez les animaux et les végétaux. Dans L. Lagadic, T. Caquet, J. C. Amiard et F. Ramade (dir.), *Biomarqueurs en écotoxicologie : aspects fondamentaux*, Masson, Paris, 185-208.

Reynoldson, T. B. et Day, K. E. 1993. Freshwater sediments. Dans P. Calow (dir.), *Handbook of ecotoxicology*, Blackwell Scientific Publications, Oxford, volume 1, 83-100.

Ribeyre, F. et Boudou, A. 1989. Trophic chains and experimental ecosystems : study of bioaccumulation and transfer processes. Dans A. Boudou et F. Ribeyre (dir.), *Aquatic ecotoxicology : fundamental concepts and methodologies,* CRC Press, Boca Raton, Floride, volume 2, 3-46.

Richard, Y. 1996. *Le bassin versant de la rivière Saint-François : les communautés ichtyologiques et l'intégrité du milieu.* Ministère de l'Environnement et de la Faune du Québec, Direction des écosystèmes aquatiques, Québec, rapport EA-3, 70 pages.

Richardson, M. 1995. *Environmental toxicology assessment*. Taylor and Francis, Bristol, 438 pages.

Rickwood, C., Dubé, M., Weber, L. *et al.* 2006. Assess effects of metal mining effluent on fathead minnow (*Pimephales promelas*) reproduction in a field-based trophic-transfer artificial stream system. *Proceedings of the 33th Annual Aquatic Toxicity Workshop,* Jasper, Alberta, 1er au 4 octobre, 21.

Rickwood, C., King, M. et Huntsman-Mapila, P. 2009. An assessment of thallium speciation and the relative toxicity of thallium species. *Proceedings of the 36th Aquatic Toxicity Workshop*, La Malbaie (Québec), 27 au 30 septembre, 137.

Roberge, J., Barrière, M. et Van Coillie, R. 1998. *Étude de suivi des effets sur l'environnement aquatique (second cycle 1997-2000) : renseignements demandés et plan d'étude pour la fabrique Daishowa inc.* Environnement Canada, Direction de la protection de l'environnement, Montréal, 64 pages et annexes (88 pages).

Robertson, E. et Nicholson, R. 2009. The use of derived effluent release limits to guide the environmental design of a new uranium mine. *Proceedings of the 35th Annual Toxicity Workshop*, Saskatoon, 5 au 8 octobre 2008, *Canadian Technical Report of Fisheries and Aquatic Sciences, 2841,* 128.

Robinson, I., Junqua, G., Van Coillie, R. *et al.* 2008. Trends in the detection of pharmaceutical products and their impacts and mitigations in water and wastewater in North America. *Analytical and Bioanalytical Chemistry, 387,* 1143-1151.

Robinson, I., Thomas, O. et Van Coillie, R. 2006. *Micropolluants émergents d'origine pharmaceutique en tant que perturbateurs endocriniens.* Communication présentée au 10e colloque du Chapitre Saint-Laurent, SETAC – SRA, Québec, 1er et 2 juin, AF 7.

Robitaille, J. A. 2002. *La réintroduction du bar rayé : un jalon important de la restauration du fleuve.* Environnement Canada, Suivi de l'état du Saint-Laurent, Sainte-Foy, Québec.

Robichaud, A. et Drolet, R. 1998. *Les fluctuations des niveaux d'eau du Saint-Laurent.* Environnement Canada, Plan d'action Saint-Laurent, Sainte-Foy, 170 pages.

Roche et associés. 1983. *Étude des effets de la diffusion des eaux usées sur le fleuve Saint–Laurent. Tome I : relevés et interprétation.* Communauté urbaine de Québec (CUQ), Québec.

Rogers, J. M. et Kavlock, R. J. 2001. Developmental toxicology. Dans C. D. Klaassen (dir.), *Casarett and Doull's toxicology : the basic science of poisons*, 6e édition, Mc Graw-Hill, New York, 351-386.

Rousseaux, C. G., Branchaud, A. et Spear, P. 1995. Evaluation of liver histopathology and EROD activity in St Lawrence lake esturgeon Acipenser fulvescens in comparison with a reference population. *Environmental Toxicology and Chemistry, 14*, 843-850.

Roy, Y. 1995. *Étude des bioessais écotoxicologiques pour le contrôle des effluents industriels.* Thèse de doctorat, Université catholique de Louvain, Belgique, 186 pages.

Roy, R., Couillard, C., Lebeuf, M. *et al.* 2009. Population indices and reproductive biomarkers of St. Lawrence three spine sticklebacks *Gastoresteus aculateus* subjected to inputs of agricultural chemicals. *Proceedings of the 35th Annual Toxicity Workshop*, Saskatoon, 5 au 8 octobre 2008, *Canadian Technical Report of Fisheries and Aquatic Sciences, 2841*, 92.

Roy, V., Amyot, M. et Carignan, R. 2009. Le castor, un ingénieur de l'écosystème qui augmente les concentrations en méthylmercure et en nutriments dans les ruisseaux des Laurentides. *Proceedings of the 36th Aquatic Toxicity Workshop*, 27 au 30 septembre, La Malbaie (Québec), 76.

Rozman, K. K. et Klaassen, C. D. 2001. Absorption, distribution and excretion of toxicants. Dans C. D. Klaassen (dir.), *Casarett and Doull's toxicology : the basic science of poisons,* 6e édition, Mc Graw-Hill, New York, 107-132.

Rozman, K. K. et Klaassen, C. D. 1996. Absorption, distribution and excretion of toxicants. Dans C. D. Klaassen, M. O. Amdur et J. Doull (dir.), *Casarett and Doull's toxicology : the basic science of poisons,* 5e édition, Mc Graw-Hill, New York, 91-112.

Russell, F. E. 2001. Toxic effects of terrestrial animal venoms and poisons. Dans C. D. Klaassen (dir.), *Casarett and Doull's toxicology : the basic science of poisons*, 6e édition, Mc Graw-Hill, New York, 945-964.

Russell, L. B. et Russell, W. L. 1992. Frequency and nature of specific locus mutations induced in female mice by radiations and chemicals : a review. *Mutation Research*, *296*, 107-127.

Sabik, H., Gagné, F., Blaise, C. *et al.* 2003. Occurrence of alkylphenol polyethoxylates in the St Lawrence River and their bioconcentration by mussels Elliptio complanata. *Chemosphere*, *51*, 349-356.

Safe, S. H. 1994. Polychlorinated biphenyls (PCBs) : environmental and toxic responses and implications for risk assessment. *Critical Reviews in Toxicology*, *24*, 87-149.

Safe, S. H. 1987. Determination of 2,3,7,8 TCDD equivalent factors (TEFs) : support for the use of in vitro AHH induction assay. *Chemosphere*, *16*, 791-802.

Saint-Jacques, N. 1998. *Le bassin de la rivière Richelieu : les communautés Ichtyologiques et l'intégrité biotique du milieu.* Dans *Le bassin versant de la rivière Richelieu : l'état de l'écosystème aquatique,* ministère de l'Environnement et de la Faune du Québec, Direction des écosystèmes aquatiques, Québec, rapport EA-13, section 5, 42 pages et 11 annexes.

Saint-Louis, N., Van Coillie, R. et Lebrun, P. 1987. Écotoxicité d'une préparation commerciale d'insecticide fénitrothion sur les salmonidés. *Actae Oecologica, 8,* 301-315.

Saison, C., Perrault, F., Daigle, J. C. *et al.* 2009. Effect of core shell copper oxide nanoparticles on cell culture morphology and photosynthesis in *Chlamydomonas reinhardtii. Proceedings of the 36th Aquatic Toxicity Workshop*, La Malbaie (Québec), 27 au 30 septembre, La Malbaie (Québec), 8.

Salazar, M. H. et Salazar, S. M. 1998. Using caged bivalves as part of an exposure – dose – response triad to support an integrated risk assessment strategy. Dans A. de Peyster et K. Day (dir.), *Proceedings of Ecological Risk Assessment, a Meeting of Policy and Science*, SETAC special publication, SETAC Press, Pensacola, Floride, 167-192.

Sample, B. E., Aplin, M. S., Efroymson, R. A. *et al.* 1997. *Methods and tools for estimation of the exposure of terrestrial wildlife to contaminants.* Oak Ridge National Laboratory, rapport ORNL/TM-13391.

Samson, G. et Popovic, R. 1988. Use of algal fluorescence for determination of phytotoxicity of heavy metals and pesticides as environmental pollutants. *Ecotoxicology and Environmental Safety*, *16*, 272-278.

Santé Canada et Environnement Canada. 1999. *Objectifs nationaux de qualité de l'air ambiant sur l'ozone trophosphérique*. Santé Canada, Direction de l'hygiène du milieu, Ottawa, Résumé du rapport d'évaluation scientifique, 78 pages.

Santé et Bien-être social du Canada. 1986. *Loi et règlements des aliments et drogues : Lignes directrices sur les contaminants du poisson et des produits du poisson au Canada.* Santé et Bien-être social du Canada, Ottawa, 72 pages.

Santé et Bien-être social du Canada. 1983. *Rapport d'évaluation des dangers potentiels du cadmium. Loi sur les contaminants de l'environnement*. Santé et Bien-être social du Canada, Ottawa, 35 pages.

Satore, R. C. *et al.* 2001. Biotic lignad model of the acute toxicity of metals. 2. Application to acute copper toxicity in freshwater fish and *Daphnia. Environmental Toxicology and Chemistry, 20,* 2397-2402.

Schetagne, R. 2009. Impact of the Sainte-Marguerite 3 hydro-electric reservoir on the mercury exposure of local fish consumers. *Proceedings of the 36th Aquatic Toxicity Workshop*, La Malbaie (Québec), 27 au 30 septembre, La Malbaie (Québec), 75.

Scroggins, R. P., Borgmann, A. I., Miller, J. A. *et al.* 2005. Strategies for monitoring environmental effects of industrial effluents. Dans C. Blaise et J. F. Férard (dir.), *Small scale freshwater toxicity investigations,* Springer, Dordrecht, Pays-Bas, volume 2, 139-168.

SEBSC (Santé et Bien-être social du Canada). 1986. *Lignes directrices sur les contaminants chimiques du poisson et des produits de poisson au Canada.* SEBSC, Loi et règlements des aliments et drogues, Ottawa, 125 pages.

Servos, M., Carey, J., Ferguson, M. *et al.* 1992. Impact of a modernized bleached Kraft mill on white sucker populations in the Spanish River, Ontario. *Water Pollution Research Journal of Canada*, *27*, 423-437.

Sherry, J., Edge, T., Gagné, F. *et al.* 2009. « Omics 2007 » : a way forward for Omics science in Environment Canada's water science and technology directorate. *Proceedings of the 35th Annual Toxicity Workshop*, Saskatoon, 5 au 8 octobre 2008, *Canadian Technical Report of Fisheries and Aquatic Sciences, 2841*, 4.

Shi, M. et Faustman, E. M. 1989. Development and characterization for a morphological scoring system for madaka *Oryzias latipes* embryo culture. *Aquatic Toxicology, 15,* 127-140.

Shore, L. S., Gurevitz, M. et Shemesh, M. 1993. Estrogen as a environmental pollutant. *Bulletin of Environmental Contamination and Toxicology*, *51*, 361-366.

Shugart, R. J., Bickham, G., Jackim, G. *et al.* 1992. DNA alterations. Dans R. J. Huggett, R. A. Kimerle, P. M. Mehle *et al.* (dir.), *Biomarkers; biochemical, physiological and histological markers of anthropogenic stress*, Lewis Publication, Boca Raton, Floride, 125-153.

Simon, T. P. 2003. *Biological response signatures.* CRC Press, Boca Raton, Floride, 600 pages.

Sinkkonen, S. et Paasivirta, J. 2000. Degradation half-life times of PCDDs, PCDFs and PCBs for environmental fate modeling. *Chemosphere, 40,* 943-949.

Sipes, I. G. et Gandolfi, A. J. 1986. Biotransformation of toxicants. Dans C. D. Klaassen, M. O. Amdur et J. Doull (dir.), *Casarett and Doull's toxicology : the basic science of poisons,* Macmillan Publishing Company, New York, 64-98.

Sloterdijck, H. H. 1992. *Utilisation des jeunes poissons comme indicateurs de bioaccumulation de substances toxiques.* Thèse de doctorat, Université de Toulouse, France, 212 pages et deux annexes.

Sloth Weidner, I. *et al.* 1998. Cryptorchidism and hypospodias in sons of gardeners and farmers. *Environmental Health Perspectives, 106,* 793-796.

Smith, E. et Lead, J. R. 2009. *Environmental and human heath impacts of nanotechnology.* ILM Publications, St Albans, U.K., 456 pages.

Smith E. A. et Oehme, F. W. 1991. Acrylamide and polycrylamide : a review of production, use and environmental fate and neurotoxicity. *Reviews on Environmental Health, 9,* 215-228.

Smith, R. H. 1993. Terrestrial mammals. Dans P. Calow (dir.), *Handbook of ecotoxicology*, Blackwell Scientific Publications, Oxford, volume 1, 339-352.

Snell, T. W. et Persoone, G. 1989. Acute toxicity bioassays using rotifers. I. A test forbrackish and marine environments with *Brachionus plicatilis. Aquatic Toxicology, 14*, 65-80.

Solbé, J. F. 1993. Freshwater fish. Dans P. Calow (dir.), *Handbook of ecotoxicology*, Blackwell Scientific Publications, Oxford, volume 1, 66-82.

Sonnenschein, C. et Soto, A. M. 1998. An update review of environmental estrogen and androgen mimies and antagonists. *Journal of Steroid Biochemistry and Molecular Biology, 65,* 143-150.

Soumis-Dugas, S., Boillot, C., Galvez, R. *et al.* 2009. The use of mono-specific and multispecific bioassays to assess the ecocompatibility of alun application in eutrophicated lake restoration. *Proceedings of the 36th Aquatic Toxicity Workshop*, La Malbaie (Québec), 27 au 30 septembre, La Malbaie (Québec), 124.

Sprague, J. B. 1997. *Review of methods for sublethal aquatic toxicity tests relevant to the Canadian metal in mining industry.* Natural Resources Canada, Canada Centre for Mineral and Energy Technology, Ottawa, AETE, projet 1.2.1, 102 pages.

Sprague, J. B. 1970. Utilizing and applying bioassays. *Water Research, 4,* 3-32.

Sprague, J. B. 1970. Measurement of pollutant toxicity. II. Utilizing and applying bioassay results. *Water Research, 4,* 3-32.

Sprague, J. B. 1969. Measurement of pollutant toxicity. I. Bioassay methods for acute toxicity. *Water Research, 3,* 793-821.

SREA (Service de recherche des agences de l'eau). 1991. *Détermination de l'indice biologique global normalisé (IBGN).* SREA, Essais des eaux, Paris, 10 pages.

SRC (Société royale du Canada). 1986. *Le plomb dans l'environnement au Canada : science et réglementation.* SRC, Commission d'étude sur le plomb dans l'environnement, Toronto, 469 pages.

Sura, S., Waiser, M. et Donald, D. 2009. Effect of herbicide mixtures on microbial communities from prairie wetlands : a mesocosme approach. *Proceedings of the 35th Annual Toxicity Workshop*, Saskatoon, 5 au 8 octobre 2008, *Canadian Technical Report of Fisheries and Aquatic Sciences, 2841,* 94.

Steele, R. L. et Thursby, G. B. 1983. A toxicity test using life stages of Champia parvula (rhodophyta). *Aquatic toxicology and hazard assessment.* ASTM, Philadelphie, 73-89.

Stephenson, G. L., Kuperman, R. G., Linder, G. L. *et al.* 2002. Toxicity tests for assessing contaminated soils and ground water. Dans G. I. Sunahara, A. Y. Renoux, C. Thellen *et al.* (dir.), *Environmental analysis of contaminated sites,* John Wiley and Sons, Inc., New York, 25-44.

Styles, J. A. et Penmann, M. G. 1985. The mouse spot test : evaluation of its performance in identifying chemical mutagens and carcinogens. *Mutation Research, 154,* 183-204.

Sumpter, J. P. 1995. Feminized responses in fish to environmental estrogens. *Toxicology Letters*, *82-83,* 737-742.

Sumpter, J. P. et Jobling, S. 1995. Vitellogenesis as a biomarker for estrogeniccontamination of the aquatic environment. *Environmental Health Perspectives, 103,* 173-178.

Sunahara, G. I., Renoux, A. Y., Thellen, C. *et al.* 2002. *Environmental analysis of contaminated sites.* John Wiley and Sons, Inc., New York, 467 pages.

Suter, G. W. 1993. *Ecological risk assessment.* Lewis Publishers, Boca Raton, Floride, 538 pages.

Suzuki, T. 1979. Dose-effect and dose-response relationships of mercury and its derivatives. Dans J. O. Nriagu (dir.), *The biogeochemistry of mercury in the environment*, Elsevier, Amsterdam, 399-432.

Svendsen, C., Paton, G. et Weeks, J. M. 2002. Soil biomarkers (invertebrates and microbes) for assessing site toxicity. Dans G. I. Sunahara, A. Y. Renoux, C. Thellen *et al.* (dir.), *Environmental analysis of contaminated sites*, John Wiley and Sons, Inc., New York, 95-134.

Takizawa, Y. 1979. Epidemiology of mercury poisoning. Dans J. O. Nriagu (dir.), *The biogeochemistry of mercury in the environment,* Elesevier, Amsterdam, 325-365.

Tease, C. 1992. Radiation and chemically induced chromosome aberrations in mouse oocytes : a comparison with effects in males. *Mutation Research, 296*, 135-142.

Tester, M., Ellis, D. V. et Thompson, D. J. 1996. Neogastropod imposex for monitoring recovery from TBT contamination. *Environmental Toxicology and Chemistry, 15,* 560-567.

Ternes, T. et Joss, A. 2008. *Human pharmaceuticals hormones and fragrances : the challenge of micropollutants in urban water management.* Iwa Publishing, Londres, 468 pages.

Tétreault, G., McMaster, M., Bennett, J. *et al.* 2009. Effects of municipal wastewater effluent on reproductive function in wild fish exposed in a small receiving environment. *Proceedings of the 35th Annual Toxicity Workshop*, Saskatoon, 5 au 8 octobre 2008, *Canadian Technical Report of Fisheries and Aquatic Sciences, 2841,* 118.

Thellen, C. 1983. *Contribution des tests écotoxicologiques sous létaux pour des études environnementales en eaux douces.* Thèse de doctorat, Université de Toulouse, France, 151 pages.

Thellen, C., Joubert, G. et Van Coillie, R. 1981. Comparaison des répartitions à court terme et à long terme pour le mercure méthylé et le mercure inorganique chez la truite *Salmo gairdneri*. *Canadian Technical Report of Fisheries and Aquatic Sciences, 990,* 86-107.

Thilly, W. G. et Call, K. M. 1986. Genetic toxicology. Dans C. D. Klaassen, M. O. Amdur et J. Doull (dir.), *Casarett and Doull's toxicology : the basic science of poisons*, Macmillan Publishing Company, New York, 174-194.

Thorne, P. S. 2001. Occupational toxicology. Dans C. D. Klaassen (dir.), *Casarett and Doull's toxicology : the basic science of poisons,* Mc Graw-Hill, New York, 1141-1153.

Tice, R. R., Hayashi, M., Mac Gregor, J. T. *et al.* 1994. Report from the working group on the in vivo mammalian bone marrow chromosomal aberration test. *Mutation Research, 312,* 305-312.

Trask, B. J., Allen, S., Massa, H. *et al.* 1993. Studies of metaphase chromosomes using fluorescence in situ hybridization. *Cold Spring Harbor Symposia on Quantitative Biology, 58,* 767-775.

Treinen-Moslen, M. 2001. Toxic responses of the liver. Dans C. D. Klaassen (dir.), *Casarett and Doull's toxicology : the basic science of poisons*, 6e édition, Mc Graw-Hill, New York, 471-490.

Tremblay, A. 1999. Bioaccumulation of methylmercury in invertebrates from boreal hydroelectric reservoirs. Dans M. Lucotte, R. Schetagne *et al.* (dir.), *Mercury in the biogeochemical cycle : natural environments and hydroelectric reservoirs of Northern Quebec (Canada)*, Springer, Berlin, 193-214.

Truhaut, R. 1977. Ecotoxicology : objectives, principles and perspectives. *Ecotoxicology and Environmental Safety, 1,* 157-173.

Truhaut, R. 1974. Écotoxicologie et protection de l'environnement. Dans *Actes du colloque mondial Biologie et devenir de l'homme*, Mc Graw-Hill, Londres, 101-121.

Tsuaki, T. et Irukayama, K. 1977. *Minamata disease : Methyl mercury poisoning in Minamata and Niigata, Japon*. Elsevier, New York, 265 pages.

Tucker, J. D., Auletta, A., Cimino, M. *et al.* 1993a. Sister-chromatid exchange : second report of the Gene-Tox program. *Mutation Research, 297,* 101-180.

Tucker, J. D., Ramsey, M. J., Lee, D. A. *et al.* 1993b. Validation of chromosome painting as a biodensitometer in human peripheral lymphocytes following acute exposure to ionizing radiation in vitro. *International Journal of Radiation Biology, 64,* 27-37.

Tysklind, M. 1993. Atmospheric transport and transformation of polychlorinated dibenzo-p-dioxins and dibenzofurans. *Environmental Science and Technology, 27,* 2190-2197.

Tytka, N., Hornung, L., Karaga, R. *et al.* 2006. Pharmaceuticals : lethal and sublethal impacts on the freswater oligochaete *Lumbricus variegatus. Proceedings of the 33th Annual Aquatic Toxicity Worshop*, Jasper, Alberta, 1er au 4 octobre, 73.

Ui, J. 1972. Mercury pollution of sea and fresh waters. *Revue internationale d'océanographie médicale, 22,* 79-128.

USDH (United States Department of Health). 2004. *10th Report on Carcinogens.* USDH, National Toxicology Program, Washington, 260 pages.

USDH (United States Department of Health). 1991. *Toxicological profile for cadmium.* USDH, Agency for Toxic Substances and Disease Registry, Washington, 163 pages.

USEPA (United States of Environmental Protection Agency). 2002a. *Short term methods for estimating receiving waters to freshwater organisms.* 4e édition, USEPA, Office of Water, Washington, DC, rapport EPA 821 R-02-013, 350 pages.

USEPA (United States of Environmental Protection Agency), 2002b. *Short term methods for estimating the chronic toxicity of effluents and receiving waters to marine and estuarine organisms.* 3e édition, USEPA, Office of Water, Washington DC, rapport EPA 821 R-02-014, 486 pages.

USEPA (United States of Environmental Protection Agency). 2001a. *Integrated risk information system (IRIS).* USEPA, Office of Research and Development, Washington, DC, rapport EPA 630/R 95/002 F, 153 pages.

USEPA (United States of Environmental Protection Agency), 2001b. *Trichloroethylene health risk assessment : synthesis and characterization.* USEPA, Office of Research and Development, Washington, DC, rapport EPA 600/R 00/099, 317 pages.

USEPA (United States of Environmental Protection Agency), 2000. *Estimation programm interface.* USEPA, Office of Pollution Prevention and Toxics, Washington, DC.

USEPA (United States of Environmental Protection Agency). 1998. *Guidelines for ecological risk assessment.* USEPA, Washington, DC, rapport EPA 630/R 95/002 F, 153 pages.

USEPA (United States of Environmental Protection Agency). 1997a. *Exposure factors handbook.* USEPA, Office of Research and Development, Washington, DC.

USEPA (United States Environmental Protection Agency). 1997b. *Locating and estimating air emissions from sources of dioxins and furans.* USEPA, Washington, DC, rapport EPA 454/R – 97-003.

USEPA (United States of Environmental Protection Agency). 1996a. *Ecological effects test guidelines : earthworm subchronic toxicity tests.* USEPA, Office of Prevention for Pesticides and Toxic Substances, Washington, DC, rapport EPA 712 C-96-167, 11 pages.

USEPA (United States of Environmental Protection Agency). 1996b. *Ecological effects test guidelines : honey bee acute contact toxicity.* USEPA, Office of Prevention for Pesticides and Toxic Substances, Washington, DC, rapport EPA 712 C-96-147, 6 pages

USEPA (United States Environmental Protection Agency). 1995. *Great lakes water quality initiative criteria documents for the protection of wildlife.* USEPA, Office of Water, Washington, DC, Report EPA 820-B-95-008.

USEPA (United States of Environmental Protection Agency). 1994. *Short term methods for estimating the chronic toxicity of effluents and receiving waters to freshwater organisms.* USEPA, Environmental Monitoring Systems Laboratory, Cincinnati, Ohio, rapport EPA/600/4-91-002, multipagination.

USEPA (United States of Environmental Protection Agency). 1993. *Wildlife exposure factors handbook.* USEPA, Office of Research and Development, Washington, DC, rapport EPA/600/R-93/187a.

USEPA (United States of Environmental Protection Agency). 1991a. *Technical support document for water quality-based toxics control.* USEPA, Office of Water, Washington, rapport EPA 505/2-90-001.

USEPA (United States of Environmental Protection Agency). 1991b. *Methods for aquatic toxicity identification evaluation : phase 1, toxicity characterization procedures.* USEPA, Environmental Research Laboratory, Duluth, rapport EPA 600/6-91/003

USEPA (United States of Environmental Protection Agency). 1988a. Reference dose : description and use in health risk assessments. *Regulatory Toxicology and Pharmacology, 8,* 471-486.

USEPA (United States of Environmental Protection Agency). 1988b. *Aquatic mesocosms tests to rapport pesticides registrations.* USEPA, Washington, rapport EPA 540109-88-035.

USEPA (United States of Environmental Protection Agency). 1988c. *Generalized methodology for conducting industrial toxicity reduction evaluation.* USEPA, Office of Research and Development, Cincinnati, rapport EPA 600/2-88/070.

USEPA (United States of Environmental Protection Agency). 1988d. *Methods for toxicity tests of single substances and liquid complex wastes with marine unicellular algae.* USEPA, Gulf Breeze, rapport EPA 600/8-87/043.

USEPA (United States of Environmental Protection Agency). 1983. *435 Atmospheric sampling.* Course of Air Pollution Training Institute (APTI). 2e édition, USEPA, Office of Air Quality Planning and Standards, Research Triangle Park, N. C., USEPA 450-/2-80-004.

Vaillancourt, G., 1975. *Projet Thermopol : effets des rejets de la centrale nucléaire de Gentilly sur le benthos du fleuve Saint-Laurent.* Hydro-Québec, Montréal, 28 pages.

Van Bruinessen, H. et Metcalfe, C. 2009. The anti-depressant venlafaxine : distribution in surface water and effects on the feeding of japanese medaka *Oryzia latipes. Proceedings of the 35th Annual Toxicity Workshop,* Saskatoon, 5 au 8 octobre 2008, *Canadian Technical Report of Fisheries and Aquatic Sciences, 2841,* 119.

Van Coillie, R. 2010. *Évaluation des facteurs de toxicité et de qualité des contaminants de 15 règlements fédéraux en environnement.* Environnement Canada, Direction générale de l'application de la Loi, Ottawa, 96 pages.

Van Coillie, R. 2009a. *Chimie environnementale appliquée.* Université du Québec à Montréal, Département de chimie, CHI1801, 550 pages.

Van Coillie, R. 2009b. *Évaluation des risques à l'environnement et à la santé pour l'épandage de matières résiduelles fertilisantes dans le canton d'Elgin, Québec.* GSI – Environnement, Varennes, 48 pages.

Van Coillie, R. 2009c. Toxicologie reliée à la contamination de trichloroéthylène (TCE) dans l'eau souterrraine à Shannon. Cour supérieure de justice de Québec, 72 pages et annexes.

Van Coillie, R. 2008a. *Projet d'intégration des bioessais au Québec.* Université du Québec à Montréal, Département de chimie, projet 06-07-CHI-16, 238 pages.

Van Coillie, R. 2008b. *Eau, ressource naturelle.* Université du Québec à Montréal, Département de chimie, CHI1830, 405 pages.

Van Coillie, R. 2008c. *Environnement industriel.* Université du Québec à Montréal, Département de chimie, CHI 2815, 312 pages.

Van Coillie, R. 2008d. *Problématique en santé environnementale.* Université de Sherbrooke, Centre universitaire de formation en environnement, ENV769, 410 pages.

Van Coillie, R. 2007a. *Estimation détaillée des risques (éco)toxicologiques du lieu d'enfouissement sanitaire à Magog.* Bureau d'audience publique de l'environnement du MDDEP du Québec, Québec, 59 pages.

Van Coillie, R. 2007b. *Estimation des risques éventuels d'un scénario catastrophique de déversement des bassins du lixiviat du lieu d'enfouissement sanitaire de Bestan inc. à Magog pour la protection de la santé et de l'environnement.* Bureau d'audience publique de l'environnement du MDDEP du Québec, Québec, 36 pages.

Van Coillie, R. 2007c. *Estimation des risques éventuels d'un scénario catastrophique de déversement des bassins du lixiviat d'un camion citerne provenant du lieu d'enfouissement sanitaire de Bestan inc. à Magog pour la protection de la santé et de l'environnement.* Bureau d'audience publique de l'environnement du MDDEP du Québec, Québec, 16 pages.

Van Coillie, R. 2005a. *Chimie de l'environnement.* Université du Québec à Montréal, Département de chimie, CHI 1800, multipagination.

Van Coillie, R. 2005b. *Chimie du milieu.* Université du Québec à Montréal, Département de chimie et biochimie, CHI 1822, multipagination.

Van Coillie, R. 2005c. *Bioessais des contaminants.* Université du Québec à Montréal, Département de chimie, CHI 2530, multipagination.

Van Coillie, R. 2005d. *Analyse de risques écotoxicologiques.* Université de Sherbrooke, Centre universitaire de formation en environnement, ENV 789, multipagination.

Van Coillie, R. 2005e. *Indicateurs environnementaux.* Université de Sherbrooke, Centre universitaire de formation en environnement, ENV 773, multipagination.

Van Coillie, R. 2005f. *Toxicologie de l'environnement.* Université de Montréal, Département d'hygiène du milieu, TXL 6014, multipagination.

Van Coillie, R. 2004a. *Écotoxicologie.* Université de Sherbrooke, Centre universitaire de formation en environnement, ENV 764, multipagination.

Van Coillie, R. 2004b. *Méthodologie en environnement.* Université du Québec à Trois–Rivières, Département de chimie et biologie, ECL 1008, multipagination.

Van Coillie, R. 2002a. *Éléments de chimie environnementale.* Université du Québec à Trois-Rivières, Département de chimie et biologie, CHM 1005, multipagination.

Van Coillie, R. 2002b. *Évaluation écotoxicologique.* Université catholique de Louvain, Unité d'écologie, POLU 2201, multipagination.

Van Coillie, R. 2001. *Introduction à l'écotoxicologie.* Université du Québec à Trois–Rivières, Département de chimie, TXL 1001, multipagination.

Van Coillie, R. 2000a. *Introduction à la toxicologie biochimique.* Université du Québec à Montréal, Département de chimie, CHI 1560, multipagination.

Van Coillie, R. 2000b. *Biochimie des agresseurs toxiques.* Université du Québec à Montréal, Département de chimie, CHI 2560, multipagination.

Van Coillie, R. 1999. Bioaccumulation et devenir du mercure et du plomb dans les rhizomes de scirpes du fleuve Saint-Laurent. Dans R. Van Coillie *et al.* (dir.), *Proceedings of the 25th Annual Aquatic Toxicity Workshop, Canadian Technical Report of Fisheries and Aquatic Sciences, 2260*, 61.

Van Coillie, R. 1998a. *Toxicologie.* Université du Québec à Trois-Rivières, Département de chimie et biologie, TXL 6001, multipagination.

Van Coillie, R. 1998b. *Toxicologie appliquée.* Université de Montréal, Faculté de l'éducation permanente, MSN 3900G, multipagination.

Van Coillie, R. 1997a. *Problèmes en toxicologie éco-industrielle.* Université de Montréal, Faculté de l'éducation permanente, MSN 3900G, multipagination.

Van Coillie, R. 1997b. *Métaux : toxicologie industrielle et environnementale.* Université de Montréal, Faculté de l'éducation permanente, TXL 2030G, multipagination.

Van Coillie, R. 1996a. *Introduction à la toxicologie éco-industrielle.* Université de Montréal, Faculté de l'éducation permanente, MSN 3200G, multipagination.

Van Coillie, R. 1996b. *Démarche toxicologique et analyse de risque.* Université de Montréal, Faculté de l'éducation permanente, MSN 3210G, multipagination.

Van Coillie, R. 1996c. *Pesticides.* Université du Québec à Trois-Rivières, Département de chimie et biologie, CHM 6004, multipagination.

Van Coillie, R. 1996d. *Hygiène du milieu.* Université du Québec à Trois-Rivières, Département de chimie et biologie, SSA 6001, multipagination.

Van Coillie, R. 1994. *Orientation des études d'impact environnemental aquatique des industries.* Communauté économique européenne, Institut de recherche agronomique, Bruxelles, 9 décembre.

Van Coillie, R. 1991. *Problématique écotoxicologique du mercure dans les réservoirs hydroélectriques nordiques du Québec en vue du projet hydroélectrique de Grande Baleine.* Environnement Canada, Direction de la protection de l'environnement, Montréal, 18 pages.

Van Coillie, R. 1979. *Toxicologie en milieu aquatique.* Université Paul Sabatier, Toulouse, BH 204, 163 pages.

Van Coillie, R. 1977. *Effets sublétaux des métaux lourds dans les œufs et les ostéoïdes de poissons d'eau douce.* Thèse de doctorat d'État, Université Paul Sabatier, Toulouse, 334 pages et 4 annexes.

Van Coillie, R., Bermingham, N., Blaise, C. *et al.* 1992. Integrated ecotoxicological evaluation of effluents from dumpsites. Dans J. O. Nriagu (dir.), *Advances in environmental science and technology*, John Wiley and Sons, Inc., New York, volume 22, 161-191.

Van Coillie, R., Bermingham, N., Blaise, C. *et al.* 1991. *Version abrégée de la méthodologie d'évaluation écotoxicologique développée au Centre Saint-Laurent (1980-1990).* Environnement Canada, Centre Saint-Laurent, Montréal, 35 pages.

Van Coillie, R., Bermingham, N., Blaise, C. *et al.* 1990. *Méthodologie d'évaluation écotoxicologique des effluents développée au Centre Saint-Laurent.* Environnement Canada, Centre Saint-Laurent, Montréal, 186 pages et annexes.

Van Coillie, R., Bermingham, N., Blaise, C. *et al.* 1989. Ecotoxicology of heavy metals : cytochemical hazard assessment for fish development. *Proceedings of the International Conference on Heavy Metals in the Environment,* Genève, 11 au 16 septembre, National Research Council Canada, Ottawa, 491-494.

Van Coillie, R., Blaise, C. et Bermingham, N. 1988. Ecotoxicological mechanisms of cadmium in salmonid embryo. *Proceedings of the 4th International Congress of Cell Biology,* Montréal, 14 au 18 août, *13*, 4-35.

Van Coillie, R., Brouard, D., Lachance, M. *et al.* 1984. Possibilités écotoxicologiques des précipitations acides pour les saumons dans quatre rivières à la Côte Nord du fleuve Saint-Laurent. *Annales de Limnologie, 20*, 215-227.

Van Coillie, R., Chevalier, G., Hontela, A. *et al.* 1988. Bioessais de différenciation des effets de l'aluminium chez les poissons en relation avec les précipitations acides. *Canadian Technical Report of Fisheries and Aquatic Sciences, 1607*, 42-43.

Van Coillie, R., Couture, P. et Visser, S. 1983. Use of algae in aquatic ecotoxicology. Dans J. O. Nriagu (dir.), *Aquatic ecotoxicology,* J. Wiley and Sons, Inc., New York, 488-502.

Van Coillie, R., de Ladurantaye, R., Humphrey, S. *et al.* 1996. Suivi national des impacts d'effluents industriels au Canada. Dans le *Septième entretien du Centre Jacques-Cartier*, colloque environnemental de l'Institut Pasteur et Université de Montréal, Chambery, 20 pages.

Van Coillie, R. et Dol, J. C. 1978. Évolution des insecticides dans la biosphère. *Revue de l'Université Sainte-Anne, 2,* 41-45.

Van Coillie, R., Dol, J. C. et Muise, S. 1979. Biochemical effects of heavy metals (Cd, Pb, Zn) in embryonic development of fishes. *11th International Congress of Biochemistry,* Toronto, 8 au 13 juillet, 699.

Van Coillie, R., Jones, H. G., Poirier, D. *et al.* 1975. Effets sublétaux du cuivre et du zinc chez les œufs des salmonidés. *Procedings of the International Conference of Heavy Metals Environment*, Toronto, National Research Council Canada, Ottawa, C21-C24.

Van Coillie, R. et Lajoie, A. 2004a. Évaluation écotoxicologique de l'effluent de la station est de la Ville de Québec. Partie I : évaluation du danger environnemental. *Vecteur Environnement, 37*(1), 41-52.

Van Coillie, R. et Lajoie, A. 2004b. Évaluation écotoxicologique de l'effluent de la station est de la Ville de Québec. Partie II : évaluation du risque environnemental. *Vecteur Environnement*, *37*(3), 54-59.

Van Coillie, R. et Langlois, C. 1997. *Essais toxicologiques des effluents.* Communication présentée au Colloque régional des études de suivi des effets sur l'environnement pour le secteur des pâtes et papiers. Environnement Canada, Direction de la protection de l'environnement, Montréal, pagination multiple.

Van Coillie, R. et Laquerre, M. 2003a. *Impact écotoxicologique des matières résiduelles fertilisantes sur la santé.* Cinquième édition biennale d'Americana 2003, Réseau Environnement, Montréal, 63-67.

Van Coillie, R. et Laquerre, M. 2003b. Critères de qualité et risques du cadmium et des dioxines et furannes chlorés des matières résiduelles fertilisantes au Québec. *Vecteur Environnement*, *36,* 22-33.

Van Coillie, R., Leduc, G., Nantel, A. *et al.* 1986. Situation de la toxicologie au Québec. *Comptes rendus du 2e colloque sur les substances toxiques*. Environnement Canada, Direction de la protection de l'environnement, Montréal, 191-202.

Van Coillie, R. et Rousseau, A. 1973. *X-Ray microanalysia in the study of heavy metals incorporated in plant and animal tissues.* 2nd International Symposium on Electron Microscopy Cytochemistry. Drienerlo, Pays-Bas, 26 au 29 juin, 17.

Van Coillie, R., Rousseau, A. et Ouellette, M. 1976. Examen des divers métaux incorporés dans les structures ostéoïdes. *Annales d'histochimie, 21,* 179-187.

Van Coillie et Roy, Y. 1991. *Chronic toxicity evaluation of wastewaters in environmental impact studies : potential application of biotest measuring poly ADP ribosylation activity.* Paul Mendel International Meeting on Poly ADP Ribosylation Reactions, Université Laval, Québec, 6.

Van Coillie, R., Sasseville, J. L. et Visser, S. A. 1977. Cheminement du mercure et des insecticides vers les organmismes aquatiques. II. Changements au niveau du milieu support. *Eau du Québec, 10,* 19-26.

Van Coillie, R., Thellen, C. et Schoenert, R. 1980. Toxicité sous-létale du cuivre chez les oeufs d'omble de fontaine : caractéristiques biochimiques de la toxicité retardée. *Canadian Technical Report of Fisheries and Aquatic Sciences, 975,* 57-67.

Van Coillie, R., Thellen, C., Campbell, P. G. C. *et al.* 1983. Effets toxiques de l'aluminium chez les salmonidés en relation avec des conditions physico-chimiques acides. *Rapport technique canadien des sciences halieutiques et aquatiques, 1237,* 88 pages.

Van Coillie, R. et Visser, S. 1974. *Studies on snow bacteria.* 71st International Meeting of the Society of General Microbiology, Galway, 71.

Vanhaecke, P. et Persoone, G. 1984. The ARC test : a standardized short term routine toxicity test with Artemia nauplii. Dans G. Persoone, E. Jaspers et C. Clauss (dir.), *Ecotoxicological testing for the marine environment*, State University of Ghent, Belgique, volume 2, 143-157.

Van Straalen, N. M. et Van Gestel, C. A. M. 1993. Soil invertebrates and micro-organisms. Dans P. Calow (dir.), *Handbook of ecotoxicology*, Blackwell Scientific Publications, Oxford, volume 1, 251-277.

Varanasi, U. 1989. *Metabolism of polycyclic aromatic hydrocarbons in the aquatic environment.* CRC Press, Boca Raton, Floride, 341 pages.

Varanasi, U., Stein, J. E. et Nishimoto, M. 1989. Biotransformation and disposition of PAH in fish. Dans U. Varanasi (dir.), *Metabolism of polycyclic aromatic hydrocarbons on* the aquatic environment, CRC Press, Boca Raton, Floride, 93-150.

Veilleux, E., Bastien, C., Lemire, R. *et al.* 2009. Évaluation de toxkits commerciaux et comparaison avec des tests de toxicité standards. Communication présentée au 13e colloque annuel du Chapitre Saint-Laurent, SETAC – SRA, Montréal, 28 et 29 mai.

Verdon, R. et Tremblay, A. 1999. Mercury accumulation in fish from La Grande Complex : influence of feeding habits and concentrations of mercury in ingested prey. Dans M. Lucotte, R. Schetagne *et al.* (dir.), *Mercury in the biogeochemical cycle : natural environments and hydroelectric reservoirs of Northern Quebec (Canada),* Springer, Berlin, 215-233.

Viala, A. 1998. *Éléments de toxicologie.* Lavoisier Tec et Doc, Paris, 521 pages.

Viau, C. et Tardif, R. 2003. Toxicologie. Dans M. Gérin, M. P. Gosselin, S. Cordier *et al.* (dir.), *Environnement et santé publique – Fondements et pratiques*, Edisem (Québec) et Éditions Tec et Doc (France), 120-143.

Ville de Québec. 2007. *Données d'opération de la station d'épuration Est de la Ville de Québec*, pagination multiple.

Walker, C. H. 2001. *Organics pollutants : an ecotoxicological perspective.* Taylor and Francis, New York, 280 pages.

Walker, C. H. 1993. Birds. Dans P. Calow (dir.), *Handbook of ecotoxicology*, Blackwell Scientific Publications, Oxford, volume 1, 326-338.

Walker, C. H., Hopkin, S. P., Sibley, R. M. *et al.* 2000. *Principles of ecotoxicology.* 2e édition, Taylor and Francis, New York, 328 pages.

Walker, J. D. 2003. *QSAR's for pollution prevention, toxicity screening and risk assessment.* SETAC, Pensacola, Floride, 362 pages.

Walker, M. K., Spitsbergen, J. M., Olson, J. R. *et al.* 1991. 2,3,7,8 Tetrachlodibenzo-p-dioxine (TCDD) toxicity during early life stage development of lake trout *Salvalinus namaycush. Canadian Journal of Fisheries ad Aquatic Sciences*, *48*, 875-883.

Walker, S., Lowell, R. B. et Wilsie, A. 2006. Metal mining environmental effects monitoring : overview of the national assessment of the first monitoring phase. *Proceedings of the 33th Annual Aquatic Toxicity Workshop*. Jasper, Alberta, 1er au 4 octobre, 23.

Wallace, K. B. 1997. *Free radical toxicology*. Taylor and Francis, New York, 352 pages.

Walsh, G. E. 1993. Primary producers. Dans P. Calow (dir.), *Handbook of ecotoxicology*, Blackwell Scientific Publications, Oxford, volume 1, 119-144.

Wang, B. Y. 2008. *Environmental biodegradation research focus*. Nova Science Publishers, Inc., New York, 256 pages.

Webb, J. L. A. 1966. Mercurials. Dans *Enzyme and metabolic inhibition*, Academic Press, New York, volume 2, 729-1070.

Wells, P. G., Lee, K. et Blaise, C. 1998. *Microscale testing in aquatic toxicology : advance technics and practice*. CRC Press, Boca Raton, Floride, 679 pages.

Westlake, G. F., Sprague, J. B. et Brown, I. T. 1983. Sublethal effect of treated liquid effluent from a petroleum refinery. IV Respiratory movements and coughing of rainbow trout. *Aquatic Toxicology, 4*, 317-325.

White, P. A. et Côté, C. 1998. Investigating the sources and fate of genotoxic substances in aquatic ecosystems with the SOS chromotest. Dans P. G. Wells, K. Lee et C. Blaise (dir.), *Microscale testing in aquatic toxicology : advances, techniques and practice*, CRC Press, Boca Raton, Floride, 607-630.

White, R. S., Jobling, S. A., Hoare, S. A. *et al.* 1994. Environmentally persistent alkyl phenolic compounds are estrogenic. *Endocrine, 135*, 175-182.

WHO (World Health Organization). 1998. Diazinon. *Environmental Health Criteria, 198*, WHO, Genève.

WHO (World Health Organization). 1987. Selenium. *Environmental Health Criteria, 58*, WHO, Genève.

Widdows, J. 1993. Marine and estuarine invertebrate toxicity tests. Dans P. Calow (dir.), *Handbook of ecotoxicology*, Blackwell Scientific Publications, Oxford, volume 1, 145-166.

Wiener, J. G. et Spry, D. G. 1996. Toxicological significance of mercury in freshwater fish. Dans W. N. Beyer, G. H. Heinz et A. W. Redmon-Norwood (dir.), *Environnemental contaminants in wildlife : interpreting tissue concentrations*, Lewis Publishers, Boca Raton, 297-339.

Williams, G. M. et Weisburger, J.1986. Chemical carcinogens. Dans C. D. Klaassen, M. O. Amdur et J. Doull (dir.), *Casarett and Doull's toxicology : the basic science of poisons*, Macmillan Publishing Company, New York, 99-173.

Yan, N., Gunn, J., Henneberg, J. *et al.* 2009. Recovery of acidified metal contaminated near Sudbury, Ontario. *Proceedings of the 35th Annual Toxicity Workshop*, Saskatoon, 5 au 8 octobre 2008, *Canadian Technical Report of Fisheries and Aquatic Sciences, 2841*, 83.

Zhang, X., Wiseman, S., Higley, E. *et al.* 2009. *In vitro* evaluation of the toxic effects and endocrine disrupting potential of oil sands processed water and naphthenic acids. *Proceedings of the 35th Annual Toxicity Workshop*, Saskatoon, 5 au 8 octobre 2008, *Canadian Technical Report of Fisheries and Aquatic Sciences*, *2841*, 51.

Zimmerman, F. K., Van Borstel, R. C., Van Halle, E.S. *et al.* 1984. Testing of chemicals for genetic activity with Saccharamyces cerevisiae : a report of US Environmental Protection Agency Genetox Program. *Mutation Research*, *133,* 199-244.

Zmirou, D., Beausoleil, M., De Coninck., P. *et al.* 2003. Déchets et sols pollués. Dans M. Gérin, P. Gosselin, S. Cordier *et al.* (dir.), *Environnement et santé publique – Fondements et pratiques,* Edisem (Québec) et Tec et Doc (France), 398-440.

LISTE DES ACRONYMES

A	Base adénine ou nucléotide adénosine avec adénine
A	Récepteur pour les composés aromatiques
2AAF	2aminoacétylfluorène (HAP)
ACh	Acétylcholine
AChE	Acétylcholinestérase
ACTH	Hormone adréno-cortico-trophine hypophysaire
ADN	Acide désoxyrobonucléique
Ah	Gène responsable de la synthèse du récepteur A
AHH	Enzyme aryle hydrocarbure hydroxylase
Alkyles	Méthyle, éthyle, propyle ou autres radicaux de la chimie aliphatique
AMPc	Adénosine monophosphate cyclique
AQ-CQ	Assurance de qualité et contrôle de qualité des mesures chimiques, physiques ou biologiques
AQG	Air Quality Guidelines
ARN	Acide ribonucléique
Aryles	Phényle, naphtyle et autres radicaux de la chimie aromatique
ASTM	American Society for Testing and Materials
ATP	Adénosine triphosphate
ATPase	Adénosine triphosphatase
ATSDR	Agency for Toxic Substances and Disease Registry
BAL	British Anti Lewisite = 2-3 dimercapto 1-1 propanol
BaP	Benzo-a-pyrène (HAP)
BbjkF	Benzo-b,j,k fluoranthène (HAP)
BEEP	Barême d'évaluation écotoxicologique potentielle
BPC	Biphényles polychlorés
Bq	Unité Becquerel en radioactivité

C	Base cytosine ou nucléotide cytidine avec cytosine
CARE	Critère de qualité aquatique pour la protection des activités récréatives et de l'esthétique
CCME	Conseil canadien des ministres de l'Environnement
CE	Concentration d'effet (EC en anglais)
CEL	Continuous Exposure Limit (AQG for 90 days)
CES	Concentration d'effet seuil (extrapolée)
CESO	Concentration avec effet seuil observé (TOEC en anglais)
Cf	Coliforme fécal
CFTP	Critère de qualité aquatique pour la protection de la faune terrestre piscivore
$-CH_2-CH_3$	Radical éthyle
$-CH_3$	Radical méthyle
Ci	Carbone en position à (1 à 18)
Cl_{25}	Concentration inhibant à 25 % une fonction (IC_{25} en anglais)
CL_{50}	Concentration létale pour 50 % des individus traités (LC en anglais)
CIRC	Centre international de recherche sur le cancer (OMS)
Cl	Chlore
CMA	Concentration maximale acceptable
CMAT	Concentration maximale acceptable temporaire (norme de qualité d'eau potable)
CMAT	Concentration maximale acceptable de toxique (MATC en anglais) (valeur de toxicité seuil)
CMEO	Concentration minimale d'effet observé (LOEC en anglais)
CNRC	Conseil national de recherches du Canada
CPC(EO)	Critère de qualité aquatique pour la prévention de la contamination à partir de l'eau et (ou) des organismes aquatiques
CRf	Concentration de référence (RFc en anglais)
CSE	Concentration sans effet (TEC en anglais)
CSEO	Concentration sans effet observé (NOEC en anglais)

CSST	Commission de la santé et de la sécurité du travail
CVAC	Critère de qualité pour la protection de la vie aquatique contre la toxicité chronique
Cyt P450	Cytochrome P450
2,4D	Acide 2,4 dichlorophénoxyacétique
Dalton	Unité de base des poids atomiques et moléculaires : choix arbitraire de 1 pour l'hydrogène
DDD	Dichlorodiphényl(1,1)dichloroéthane
DDE	Dichlorodiphényl(1,1)dichloroéthylène
DDT	Dichlorodiphényl(1,1,1)trichloroéthane
DE	Dose d'effet (ED en anglais)
DEN	Diéthyle nitrosamine
DES	Dose d'effet seuil (extrapolée)
DF	Dioxines et furannes chlorés
DI	Dose d'inhibition (ID en anglais)
Diol	Composé avec deux radicaux hydroxy
DJA	Dose journalière admissible
DJT	Dose journalière temporaire
DL_{50}	Dose létale pour 50 % des individus traités (LD en anglais)
DMBA	7-12 diméthylbenzo-a-anthracène
DMENO	Dose minimale d'effet néfaste observé (LOAEL en anglais)
DMEO	Dose minimale sans effet observé
DNAse	Enzyme désoxyribonucléase qui hydrolyse l'ADN
DRf	Dose de référence (RfD en anglais)
DSE	Dose sans effet
DSENO	Dose sans effet néfaste observé (NOAEL en anglais)
DSEO	Dose sans effet observé
DT 0,05	Dose toxique pour 5 % de risque (TD en anglais)
E	Exposant
EEGL	Emergency Exposure Guidance Level

éq	Équivalent = poids moléculaire en gramme divisé par le nombre de liens ionisés
ESEE	Étude de suivi des effets sur l'environnement
Éthyle	$- CH_2 - CH_3$
FB	Facteur de bioaccumulation
FBA	Facteur de bioamplification (FBA en anglais)
FBC	Facteur de bioconcentration (BFC en anglais)
G	Base guanine ou nucléotide guanosine avec guanine
GDP	Guanosine diphosphate
GB	Globule blanc
GMPc	Guanosine monophosphate cyclique
GR	Globule rouge
GSH	Glutathion
GTP	Guanosine triphosphate
H	Hydrogène
HAP	Hydrocarbure aromatique polycyclique
Hb	Hémoglobine
HCB	Hexachlorobenzène
Hydroxy	Radical -OH
In situ	Techniques débutées ou faites dans un écosystème à certains sites
In vitro	Techniques avec des cultures cellulaires ou techniques limitées au laboratoire
In vivo	Techniques avec des organismes biologiques
IRc	Indice de risque cancérogène
IRnc	Indice de risque non cancérogène
K	Coefficient ou constante d'équilibre selon le contexte
K_{co}	Coefficient de sorption avec le carbone organique
K_{oe}	Coefficient de solubilité dans octanol/eau
LES	Lieu d'enfouissement sanitaire
LOAEL	Lowest Observed Adverse Effet Level (dose)

LOEC	Lowest Observed Effect Concentration
LOEL	Lowest Observed Effect Level (dose)
M	Métal
M	Mole = poids moléculaire en gramme
MATC	Maximum Acceptable Toxicant Concentration
Mb	Myoglobine
3MC	3Méthylchlolanthrène (HAP)
MDDEP	Ministère du Développement durable, de l'Environnement et des Parcs
MEF	Ministère de l'Environnement et de la Faune
MENV	Ministère de l'Environnement
MENVIQ	Ministère de l'Environnement du Québec
Méthyle	Radical - CH_3
MSSS	Ministère de la Santé et des Services sociaux
MT	Métallothionéine
µS	Micro-Siemens pour la conductivité électrique
N	Azote
N	Solution normale : solution avec une M/l
NEL	No Effect Level (dose)
NIOSH	National Institute of Safety and Health
NOAEL	No Observed Adverse Effect Level (dose)
NOEC	No Observed Effect Concentration
NOEL	No Observed Effect Level (dose)
NP	Nonylphénol
NPE	Nonylphénol éthoxylate
NRCC	National Research Council of Canada
O	Oxygène
OCDE	Organisation de coopération et de développement économiques
OECD	Organization for Economic Co-operation and Development

OER	Objectifs environnementaux de rejet
OFM	Oxydase à fonction mixte
OH	Radical hydroxyle
OMS	Organisation mondiale de la santé (WHO en anglais)
P	Phosphore
p	Poids
PBDE	Polybromodiphényléther
p.c.	Poids corporel
PCDD	Polychlorodibenzodioxines
PCDF	Polychlorobenzofurannes
PÉRÉ	Procédure d'évaluation du risque écotoxicologique
PFA	Perfluoro acide octanoïque
Phényle	Radical $-C_6H_5$
PM	Poids moléculaire
p/p	Rapport poids/poids
ppb	Partie par billion (milliard)
ppm	Partie par million
ppq	Partie par quadrillion
ppt	partie par trillion
p.s.	poids sec
Q	Quotient Q de risque non cancérogène ou quotient de risque écotoxicologique
QSAR	Quantitative Structure-Activity Relationships (RQSA en français : rapports quantitatifs structure-activité)
R	Radical ou récepteur selon le contexte
R	Récepteur cellulaire pour des hormones ou autres substances
RE	Réticulum endoplasmique intracellulaire
RL	Radical libre
RNAse	Enzyme ribonucléase qui hydrolyse l'ARN
R'	Autre radical

S	Soufre
2,4,5 T	Acide 2,4,5 trichlorophénoxyacétique
T	base thymine ou nucléotide thymidine avec thymine
TBT	Tributylétain (tributyltin en anglais)
TCDD	Tétrachlorodibenzodioxines
TCE	Trichloroéthylène
TEC	Threshold Effect Concentration (concentration extrapolée)
TEL	Threshod Effect Level (dose extrapolée)
TEQ	Toxique équivalent par rapport au congénère le plus toxique des dioxines et furannes chlorés, à savoir le 2,3,7,8 tétrachlorodibenzo-p-dioxine
Tétrol	Composé avec quatre radicaux hydroxy
TLV-STEL	Threshold limit value for short term exposure limit (15 min)
TLV-TWA	Threshold limit value for time weighted average (5 x 8 h)
TOEC	Threshold observed effect concentration
TPA	Tétradécanoyle phorbol acétate
U	Base uracyle ou nucléotide uridine avec uracyle
UNT	Unité néphélométrique totale pour la turbidité
USEPA	United States Environmental Protection Agency
UT	Unité toxique
v	Volume
v/v	Rapport volume/volume
VCT	Valeur critique de toxicité
VEE	Valeur estimée d'exposition
VESEO	Valeur estimée sans effet observé
Vg	Vitellogénine
X	Autre radical

RECYCLÉ
Papier fait à partir de matériaux recyclés
FSC® C103072

Imprimé sur du papier Enviro 100 % postconsommation
traité sans chlore, accrédité Éco-Logo et fait à partir de biogaz.

Achevé d'imprimer en juin 2016
sur les presses des Copies de la Capitale inc.
à Québec